MERVEILLES
DU
GÉNIE DE L'HOMME

MERVEILLES

DU

GÉNIE DE L'HOMME

DÉCOUVERTES, INVENTIONS.

RÉCITS HISTORIQUES, AMUSANTS ET INSTRUCTIFS

SUR L'ORIGINE ET L'ÉTAT ACTUEL

DES DÉCOUVERTES ET INVENTIONS LES PLUS CÉLÈBRES.

PAR AMÉDÉE DE BAST.

Ouvrage illustré de magnifiques Dessins par A. BEAUCÉ, J. DAVID, C. NANTEUIL, etc., etc.

PARIS
PAUL BOIZARD, ÉDITEUR.

PARIS. — TYP. D'AD. BLONDEAU, RUE DU PETIT-CARREAU, 32.

SOMMAIRE
DES
CHAPITRES.

CHAPITRE IX. — **LES BALLONS** : Icare et Dédale. — Un Aérostat en Chine en 1390. — Les Aéronautes modernes. — L'Aigle d'un Czar, etc.

— X. — **LA MÉDECINE** : Épidame et Montpellier. — Les Médecins à Athènes, à Rome et à Paris. — La Peste et la Guerre. — Miracles de la Chirurgie moderne, etc.

— XI. — **LES TÉLÉGRAPHES** : Rapide communication des idées. — Le Bourgeois de Pékin et le Bourgeois de Londres. — Télégraphes de jour, de nuit, etc.

— XII. — **LE GAZ HYDROGÈNE** : Éclairage des grandes villes. — Inconvénients. — L'Huile, la Chandelle et la Bougie détrônés. — Les Lanternes de M. de Sartines, les Réverbères de M. Lenoir et les Lampadaires de M. de Rambuteau, etc.

— XIII. — **L'ASTRONOMIE** : Moïse, premier astronome connu. — Les Systèmes. — Les Astrologues au XIIIe siècle. — Les Bergers de la Chaldée et les Membres de l'Institut, etc.

— XIV. — **LA NAVIGATION** : Les Phéniciens. — Les Pilotes. — La Boussole. — Les Phares. — La Vapeur appliquée à la Marine militaire et marchande, etc.

— XV. — **LETTRES ALPHABÉTIQUES** : Chiffres arabes. — Les Croisades. — Chiffres romains. — Les Sourds-Muets, etc.

— XVI. — **L'HORLOGE** : Les Clepsydres ou Horloges d'eau. — Les Sabliers ou Horloges de sable. — Une Horloge de bois dans le palais de Charlemagne. — Les Montres. — Les Pendules, etc.

— XVII. — **LES CHEMINS DE FER** : Ses Tunnels, sous les montagnes, sous les fleuves. — Les Voies de fer aériennes. — Le Caucase et l'Atlas, etc.

— XVIII. — **L'ARCHITECTURE** : Les Castors. — Les Huttes. — Les Cabanes. — Les Chaumières. — Les Maisons. — Les Palais. — Les Temples et les Églises. — Les Édifices publics depuis le moyen-âge, etc.

— XIX. — **L'ART DU POTIER** : Les Verres, la Poterie, la Fayence, la Porcelaine en Chine, en Saxe et à Sèvres, etc.

— XX. — **LA PEINTURE** : Sur la Toile, le Bois, la Tapisserie, le Verre, la Porcelaine. — Les Gobelins. — L'École vénitienne. — L'École flamande. — L'École française, etc.

— XXI. — **LA SCULPTURE** : La Statuaire à Athènes, à Rome, en France. — Les Marbres de Paros, de Corse, d'Auvergne. — Le Rémouleur et les Chevaux de Marly, etc.

— XXII. — **LA PHYSIQUE** : L'Électricité. — Les Paratonnerres. — Optique. — Baromètre. — Thermomètre. — Chambre noire, etc.

— XXIII. — **LES TISSUS** : Les premiers Tisserands. — Les Arabes de Ségovie. — Les Abencerrages. — Laine, Fil, Soie, Coton, Cachemire, etc.

LA POUDRE A CANON.

CHAPITRE PREMIER.

—

LA POUDRE A CANON.

Le couvent des Cordeliers de Fribourg. — Les premiers canons. — Les armes à feu. — Les mines. — Les fêtes de Médicis, etc.

On oublie le nom de ceux qui ont été les bienfaiteurs de l'humanité, on garde fatalement la mémoire de ceux qui en ont été les fléaux; on élève des autels aux hommes qui ont trouvé le secret de perfectionner la destruction et de multiplier la mort, et on abandonne aux gémonies de l'ingratitude et de l'indifférence les inspirés de Dieu, qui, en créant un outil, en ébauchant une idée, ont ouvert à l'intelligence humaine le champ immense du travail et de l'immortalité. Quel savant pourrait nous apprendre le nom de celui qui inventa le premier rouet ou le premier marteau? Dans quels climats, sous quels cieux placerons-nous les premières ruches, et quel est l'homme qui sut rassembler sous quelques brins de jonc ou d'osier les républiques éparses de l'industrieuse abeille? Qui encore alluma sur les abymes de l'Océan les lampes éternelles dont les clartés ardentes signalent au nautonier, au fort de la tempête, les écueils qu'il doit éviter? Le silence répond aux questions d'une curieuse gratitude.

Mais en revanche, nous n'ignorons ni le nom de ceux qui ont découvert et popularisé les poisons les plus subtils, ni la vie de ceux qui ont inventé les armes les plus meurtrières. Les poètes ont divinisé, sous le nom de Vulcain, le premier fabricant des foudres humaines, et le nom de Locuste a traversé bien des siècles pour se rajeunir dans le nom de la Brinvilliers.

Les grands maux se relayent sur la terre; la mort change ses étapes sans changer l'allure de sa course dévorante. L'humanité venait d'être à peine délivrée de cette horrible maladie, qu'on appelait la lèpre, et qui décimait annuellement les populations européennes, qu'un moine de Fribourg, par un de ces hasards auxquels on doit la plupart des grandes découvertes, trouva le secret de la poudre à canon.

Un autre homme aurait peut-être enseveli dans le mystère de son laboratoire cet épouvantable secret; mais un moine a besoin de se révéler au monde: quand il est éloquent et savant comme Luther, il lutte corps à corps avec la papauté; quand il est envieux et cupide comme Schwartz, il met aux enchères de la mort les entrailles de l'humanité.

Ce moine s'appelait donc Berthold Schwartz, et il était cordelier du grand couvent des cordeliers de Fribourg en Allemagne. Son humeur sombre, atrabilaire, était en harmonie parfaite avec son nom, qui signifie, en langue tudesque, *noir*. Berthold se mêlait d'alchimie et employait les instants que lui laissait la servitude monachale à transmuter des métaux, à mélanger mille sortes de substances arrachées aux trois règnes de la nature, à pâlir sur de vieux et indéchiffrables manuscrits qu'un rabbin de Fribourg lui avait légués, on ne sait à quel titre. La cellule de Berthold Schwartz encombrée de cornues, d'alambics, de plaques de métal, de soufflets, de fourneaux et de vases de toutes grandeurs, inspirait à ses confrères une si profonde aversion, qu'ils se la désignaient sous le nom d'*Arche de Satan*. Au surplus Berthold était un mauvais compagnon, un mauvais moine et un mauvais chrétien. Plus d'une fois sa conduite irrégulière, son orgueil et ses mœurs trop libres avaient attiré sur lui les châtiments de ses supérieurs spirituels. Il subissait la correction, mais il restait incorrigible.

Ce fut donc ce moine qui, en cherchant la pierre philosophale, trouva la poudre à canon. Il ne voulait que de l'or, il rencontra la célébrité d'Erostrate. Ceci se passait vers la fin de 1379.

Nous empruntons à une chronique allemande du quatorzième siècle les détails que nous allons reproduire ici.

Un succès inespéré donne de la hardiesse aux hommes les plus timides ; si ce succès tombe sur un cœur déjà gonflé d'orgueil, il engendre l'insolence et la fureur.

Schwartz, radicalement édifié sur la portée de sa découverte, alla trouver le supérieur de son couvent.

— Je viens, dit-il, en regardant fièrement le vieillard, je viens vous demander deux choses, mon révérend père.

— S'il m'est possible de vous les accorder, dit le supérieur, je le ferai volontiers. Mais avant tout, mon frère, quittez ce maintien superbe, modérez l'éclat de votre voix, abaissez ces regards pleins de flamme qui ne sauraient convenir à un enfant de saint François qui a fait vœu de chasteté, d'obéissance et de pauvreté.

Un instant subjugué par la candide mansuétude de son supérieur, Berthold baissa les yeux, prit une attitude plus modeste et garda le silence. Mais il le rompit bientôt.

— Je viens vous demander deux choses, mon révérend père, répéta-t-il d'une voix moins éclatante.

— Quelles sont-elles ? parlez.

— Ma liberté d'abord, ma sécularisation ensuite, fit Schwartz d'une voix stridente.

Le prieur tressaillit comme s'il eut été mordu au talon par un aspic.

— Votre liberté ! est-il en mon pouvoir de vous la rendre, répondit le vieillard après s'être recueilli quelques instants, les vœux que vous avez prononcés n'élèvent-ils pas une barrière infranchissable entre le cloître et ce monde que vous avez volontairement quitté ? Votre sécularisation ? Ignorez-vous qu'au pape seul appartient le droit de lier et de délier sur la terre, et pensez-vous qu'il me soit permis, à moi, chétif enfant de saint François, d'empiéter sur l'autorité universelle du vicaire de Jésus-Christ ?

— Je ne puis être plus longtemps retranché du siècle, répartit Berthold, il faut que je retourne dans ce monde dont je suis appelé à changer la face ; dans ce monde où Dieu m'appelle pour modifier, transformer ou détruire les institutions des hommes, les lois, la politique et la guerre des nations.

Le prieur regarda son moine d'un air ébahi ; il le crut fou. Berthold pénétra la pensée du vieillard.

— Vous croyez, mon révérend père, reprit-il, que la folie de Saül a passé dans mon esprit, j'excuse votre erreur. Mais les moments sont précieux, je n'ai plus que le tiers de ce sable à voir tomber de ce mesureur de temps — et il indiquait du doigt le sablier posé sur le prie-dieu du Gardien, — et je veux consacrer cet instant à accomplir mon vœu d'obéissance une suprême et dernière fois. M'accordez-vous, mon très-révérend père, ma double sollicitation ?

— Je ne le puis, répliqua froidement le prieur, en étendant sa main sur la règle de saint François, tracée sur la muraille de la cellule.

— Vous ne le pouvez !!! exclama Berthold, mais écoutez-moi, révérend père, tout service mérite un salaire, toute faveur mérite récompense. Je prétends vous prouver que je ne suis point un ingrat. Une partie de votre cloître menace ruine ; votre église n'est point achevée... je vous rebâtirai à neuf le cloître et j'achèverai votre église... et cela d'ici à une année tout au plus. Consentez-vous à poursuivre ma sécularisation en cour de Rome, consentez-vous à me donner la liberté sur-le-champ, sur-le-champ, comprenez-vous?

— Je vous accorde le premier point, je vous refuse le second, répondit le prieur, dont les traits avaient repris toute l'austérité et toute l'inflexibilité du commandement.

— Imprudent vieillard, s'écria Berthold en souriant à la manière des démons, tu ne sais donc pas que j'ai ici, ajouta t-il en montrant les larges manches de sa robe, de quoi réduire ton opiniâtreté. Il ne tiendrait qu'à moi de renverser ces murailles, de faire trembler la cité de Fribourg jusque dans ses fondements, de faire vomir aux sépultures de ses églises les ossements qu'elles renferment, aussi rapidement que si la trompette de la vallée de Josaphat annonçait le grand jour du jugement?

Un léger sourire d'incrédulité passa sur les lèvres du vieillard et alla se perdre dans les ondes incultes de sa barbe blanche.

— Tu doutes comme un autre saint Thomas, prieur, reprit Berthold, qui paraissait agir et parler sous une étrange influence; eh bien! puisqu'il te faut des preuves évidentes, palpables, vois, écoute et tremble.

Et plus prompt que l'éclair, le fougueux Schwartz tire de sa robe une boîte de carton goudronnée terminée par une mèche, l'approche de la lampe qui brûle perpétuellement devant l'image de saint François... Aussitôt une horrible détonnation se fait entendre, les meubles de la cellule se trémoussent comme les pâles acteurs de la danse macabre, le vitrail de la fenêtre éclate et tombe en poussière de diamant, le plancher frémit et une épaisse fumée, une fumée pareille à celle qui s'élève de l'enfer, obscurcit les rayons du jour..

Le vieux prieur frappé d'épouvante à la vue de ce prodige était tombé à genoux.

Ah! partez, partez, frère Berthold, s'écria-t-il en pressant contre ses lèvres tremblantes la croix de son chapelet, partez; la maison du Seigneur ne peut plus être la vôtre... que Dieu pourtant ait pitié de vous!!

— Adieu prieur, fit Schwartz, j'aurais désiré vous épargner cette leçon; mais vous l'avez voulu, adieu; — j'obéis à l'ordre que vous m'avez donné, rappelez-vous-le bien, et je vais accomplir la mission que le ciel m'a confiée.

L'audacieux moine se retira aussitôt, et profitant du désordre qu'une explosion si soudaine et si nouvelle avait causé dans le couvent, il franchit, sans coup férir, les limites de l'asile sacré qu'il ne devait plus revoir.

Berthold Schwartz se rendit en Italie. Les Vénitiens faisaient alors la guerre aux Gênois et la victoire flottait incertaine entre les deux armées. Berthold écrit au Conseil des Dix, et quelques heures après avoir jeté sa requête dans la terrible gueule de bronze, il est admis à expliquer son aventure devant le doge et ses impénétrables ministres. L'invention du moine allemand paraît excellente, car les nations marchandes font assez peu de cas du sang humain; et Berthold Schwartz, comblé d'or, de promesses et de dignités, est envoyé, sous la conduite ou plutôt sous la garde d'un provéditeur de la République, au camp de l'armée vénitienne.

L'Enfer et Schwartz avaient donné la recette de la poudre à canon; un grec de Corinthe, nommé Perdiccas, se chargea d'en faire l'application. Ce Grec fit couler de longs tubes de fer qu'on appela *couleuvrine* à cause de leur forme allongée, et entassa dans ces engins des lingots sphériques de plomb et d'airain, que la poudre chassait avec fracas. Dès cette année — **1380** — l'artillerie était inventée.

Avec de semblables auxiliaires les Vénitiens ne pouvaient manquer de triompher. Aussi les Gênois, tout intrépides, tout supérieurs qu'ils étaient aux Esclavons et aux troupes mercenaires de Venise, ne tardèrent-ils pas à s'avouer vaincus en acceptant de la sérénissime République un traité de paix, plus onéreux et plus honteux qu'une défaite.

Berthold Schwartz, toujours sous la conduite d'un provéditeur, fut envoyé à Candie et dans quelques îles de la Grèce, où la domination vénitienne, encore mal assise, étouffait à grand peine des germes de révolte. Ce fut dans une de ces îles que le moine apostat, que l'inventeur de la poudre à canon disparut un beau jour comme Romulus au milieu d'une fête militaire. Ceux qui avaient le plus profité de son invention diabolique, n'accordèrent à sa mémoire ni une statue, ni un deuil public; ce qui fit présumer aux politiques du quatorzième siècle que la sérénissime République, toujours ingrate et toujours soupçonneuse, s'était débarrassée de Berthold pour jouir tout à son aise du sanglant monopole de son secret.

Ce qu'il y a de singulier, c'est que vers l'an 1383, les cordeliers de Fribourg reçurent par une voie inconnue, une somme de quarante mille ducats destinée à rebâtir leur couvent et leur église. Etait-ce un acte de reconnaissance ou un acte d'expiation du moine Berthold Schwartz? C'est un fait que les annalistes d'Allemagne n'ont jamais pu éclaircir.

On a disputé au moine allemand la priorité de l'invention de la poudre à canon : sans compter les Chinois, qui, avec leur modestie ordinaire, prétendent qu'ils font usage de la poudre depuis plus de trois mille ans, les Maures, si l'on en croit Pierre Mexia, l'ont découverte avant lui. Ces Maures, assiégés en 1343 par Alphonse XI, roi de Castille, tirèrent sur les troupes chrétiennes *certains* mortiers de fer qui faisaient un bruit semblable à celui du tonnerre. Ce fait singulier est confirmé par don Pèdre, évêque de Léon, dans la chronique du roi Alphonse, qui assure que dans un combat fort rude que se livrèrent le roi de Tunis et le roi maure de Séville, les soldats tunisiens avaient certains tonneaux de fer dont ils lançaient des foudres. D'un autre côté, notre savant et judicieux Ducange, affirme que les registres de la Chambre des Comptes, en France, font mention de poudre à canon en l'année 1338. Enfin, et ceci est d'un poids bien plus considérable, il paraît que Roger Bacon eut connaissance de la poudre plus de cent cinquante ans avant la naissance de Schwartz. Cet habile et savant religieux en fait la description en termes exprès dans son traité de *Nullitate Magiæ*, publié à Oxfort en 1216. Vous pouvez, dit-il, exciter du tonnerre et des éclairs quand vous voudrez : vous n'avez qu'à prendre du souffre, du nitre et du charbon, qui séparément ne font aucun effet, mais qui étant mêlés ensemble, et renfermés dans quelque chose de creux et de bouché, font plus de bruit et d'éclat qu'un coup de tonnerre.

Quoiqu'il en soit, Berthold Schwartz, malgré les Chinois, les Maures, Pierre Mexia, l'archevêque de Léon et le grand Roger Bacon lui-même, est resté en possession de l'honneur — lugubre et déplorable honneur ! — d'avoir inventé la poudre à canon. Cette invention qui, avec la découverte de la boussole et de l'imprimerie, a si profondément ébranlé le monde et a amené le miracle naval de Christophe Colomb et la réforme de Luther, a déplacé toutes les qualités héroïques, toutes les forces naturelles individuelles. En effet, depuis la poudre à canon, depuis que les haches, les framées, les lances, les piques, les épées, les rondaches, les arcs et les dagues ont fait place aux fusils à mèche et à rouet, aux espingoles, aux escopettes, aux pistolets, aux mousquets, aux carabines, et enfin, aux fusils à silex ou à percussion, la force musculaire, la vigueur léonine, comme disait Montaigne, est devenue inutile. Le courage ne consiste plus à affronter la mort, il consiste à l'attendre, à la voir venir de pied ferme. La bravoure qui se remue sans relâche a dû céder le pas à l'intrépidité, qui ne bouge pas plus qu'un bloc de granit. Cette politique militaire a peut-être été bien favorable aux nations flegmatiques, mais elle a été généralement désastreuse pour la France. Voyez donc combien nous avons perdu de batailles — et presque sans combattre — depuis François Ier jusqu'à la fin du règne de Louis XIV. C'est que le Français aime à courir après toute chose : après l'amour, après la gloire, après la mort ; il se refroidit dans l'attente, il se morfond dans l'immobilité. Nous avons reconquis les qualités des enfants de Brennus depuis l'invention de la baïonnette qui a poétisé, si l'on peut s'exprimer ainsi, le bâton à feu, le fusil de nos ancêtres. Peut-être le temps est-il proche où la bruyante invention du moine Berthold Schwartz disparaîtra sans retour, peut-être les grands coups d'épée — ces grands coups d'épée que madame de Sévigné aimait tant — donnés et reçus avec une loyauté chevaleresque, suffiront-ils, ainsi qu'au temps de la vieille Rome et de la vieille Albe, pour régler les différents et les rivalités des nations. Et, en conscience, l'œuvre monstrueuse du moine allemand, œuvre qu'on avait appelée dans sa plus formidable application — le canon — l'*ultima ratio regum*, la *dernière raison des rois*, doit-elle, peut-elle être la dernière raison des peuples?

La révolution opérée dans les armes de guerre offensives et défensives par la découverte de la poudre à canon s'étendit jusqu'à l'attaque et à la défense des places fortes. Ces formidables châteaux, ces énormes citadelles élevés par la féodalité sur tous les points de l'Europe, devinrent dès-lors presque tous des barrières impuissantes et des refuges peu sûrs. L'art des siéges devint une véritable science où la poudre joua le principal rôle, non pas seulement par l'artillerie, mais par la mine et la contre-mine. L'intrépidité du soldat ne consista plus à braquer des échelles contre des murailles ruisselantes de plomb fondu, d'huile et de poix bouillantes, elle fut employée tout entière à pratiquer dans les entrailles de la terre des chemins tortueux et à braver, au milieu d'épaisses ténèbres, accroupi entre la pioche et le mousquet, l'explosion de sa propre mine ou de la contre-mine de l'ennemi.

Mais si l'humanité eut à répandre des larmes de sang sur l'invention du moine de Fribourg, elle eut à se glorifier de l'auxiliaire puissant, énergique, que le hasard avait donné à la civilisation pour réunir et policer les nations. Grâce à la poudre, on pût combler des précipices, fermer des abymes et foudroyer des rochers aussi vieux que le monde. Annibal avait frayé un étroit passage à son armée en fendant les Alpes avec du vinaigre; et cette téméraire entreprise, qu'une poignée d'hommes pouvait faire avorter, coûta à ce grand homme et à Carthage des soins et des sommes immenses. La poudre, au dix-neuvième siècle, docile à la voix de

Napoléon, nivella le mont Cenis et le Simplon, et réunit comme par enchantement l'Italie et la France.

Les fêtes nationales et les fêtes populaires durent aussi à la poudre leurs plus rares et leurs plus radieuses magnificences. Dès **1450**, dans une fête donnée par le grand Côme de Médicis à des ambassadeurs Turcs, à Florence, un Lombard nommé Bartholomœo Capolini offrit un échantillon de cette industrie merveilleuse où les Italiens n'ont pas cessé d'exceller. Nous voulons parler des feux d'artifice qui, depuis le quinzième siècle, sont en quelque sorte le complément de toutes les solennités publiques en Europe.

Bartholomœo Capolini avait pris pour sujet de son œuvre gigantesque la divine comédie de Dante, le Purgatoire, l'Enfer, le Paradis. Les vers du poëte avaient si heureusement inspiré le *canonnier,* comme on disait alors, que cette trilogie pyrotechnique, jouée devant plus de douze cent mille spectateurs accourus de toutes les parties de l'Italie, arracha tour-à-tour des cris de terreur et de joie à ce peuple, passionné dans ses fureurs comme dans ses admirations.

Beaucoup de mal, beaucoup de bien, voilà ce que la poudre a produit. Cependant, il n'est point inutile de constater un fait consolant pour l'humanité, c'est que depuis l'invention de la poudre et depuis son application aux engins les plus rapidement meurtriers, aucune grande bataille n'a coûté la vie à toute une multitude comme dans cette sanglante victoire remportée par Marius sur les Barbares, où cent mille Cimbres et Teutons restèrent sur le terrain. C'est qu'en réalité, la poudre, semblable à beaucoup d'hommes qui ont aussi du salpêtre dans la parole, fait plus de bruit que de besogne.

CHAPITRE II.

—

L'AGRICULTURE.

La charrue. — Les laboureurs romains. — Le temple de Cybèle. — L'agriculture au moyen-âge. — Un Triptolème au XIXe siècle, etc.

ROME était dans la joie. Son empereur venait d'ajouter un nouveau royaume à l'empire, et la Tamise, comme le Rhin, comme le Nil, comme l'Euphrate, comme le Danube, allait voir s'élever sur ses rivages jusqu'alors indomptés, l'aigle de Romulus et les faisceaux consulaires.

Le sénat et le peuple romain avaient décerné les honneurs du triomphe à Claude[1], et ce prince, tout

[1] Claude était fils de Drusus et petit-fils d'Auguste par sa mère Livie. Tacite, le plus grand historien de l'antiquité, mais aussi le plus injuste et le plus passionné, a peint

ennemi du faste et des cérémonies d'apparat qu'il était, ne crut pas devoir refuser une ovation offerte sous l'inspiration de l'amour de la patrie. L'armée trouverait d'ailleurs dans la pompe et l'éclat de ce triomphe un encouragement digne d'elle, et les vétérans des légions romaines, disséminées dans l'Europe, dans l'Afrique et dans l'Asie, qui étaient venus à Rome pour s'associer à ce solennel hommage, iraient redire aux soldats qui combattaient contre les Parthes, les Numides, les Germains, les Celtes et les Bretons, comment le sénat et le peuple savaient honorer les défenseurs de l'Empire dans la personne de l'empereur.

Claude comme un imbécile et un tyran. Sénèque, que l'empereur avait banni à bon droit, ne l'a pas ménagé davantage. La postérité a dû redresser ou casser ces jugements empreints de la haine contemporaine. Claude, malgré les défectuosités de son corps et peut-être la faiblesse de son caractère, se montra, en plusieurs circonstances, digne de commander à un grand peuple. En montant sur le trône, son premier soin fut de veiller aux subsistances de Rome, menacée par la famine, en faisant venir des quantités prodigieuses de blé de la Sicile et de l'Afrique. La même année, il fait construire de vastes greniers de réserve et rend désormais impossible le retour d'un fléau presque décennal à Rome avant lui. Claude ne borne pas sa sollicitude impériale à l'Italie, il l'étend à tous les points de l'empire. Par ses ordres, de nombreux renforts sont envoyés aux généraux qui commandent en Afrique, et Claude leur écrit en même temps sur ses propres tablettes ces mots dignes d'un prince véritablement grand : « Avez-vous oublié que les aigles romaines ne se reposent qu'après la conquête d'un royaume? Marchez, combattez, vainquez! Voici de nouveaux soldats; s'il en faut un de plus, j'irai moi-même me jeter dans vos rangs et combattre avec vous. » Ces reproches excitèrent l'émulation des généraux romains, et bientôt cette partie de l'Afrique fut réduite et divisée en deux provinces romaines : la Tingitane et la Césarienne. Claude prouva, au surplus, qu'il ne savait pas seulement écrire des ordres à ses lieutenants, mais qu'il savait agir aussi dans l'occasion : Plantius, à la tête de trois légions, aborde en Angleterre, et après quelques combats insignifiants se cantonne sur les bords de la Tamise, et fait dire à l'empereur qu'il n'ose pas la franchir. Claude, à cette nouvelle, s'embarque aussitôt avec quelques cohortes, arrive en Angleterre, prend le commandement de l'armée romaine, franchit le fleuve avec elle, court à l'ennemi, le bat dans quatorze rencontres, lui prend onze places ou villes de guerre, le contraint à se réfugier dans les vastes forêts du pays de Galles, puis remettant à Plantius le suprême commandement qu'il lui avait emprunté : « Continuez ce que nous avons commencé, lui dit Claude, et apprenez qu'avec des soldats romains on peut tout oser et tout entreprendre. » Non, un pareil homme, le prince qui tient un pareil langage, n'était pas, ne pouvait pas être un soldat tremblant et poltron. Tacite n'est qu'un sublime calomniateur.

L'ARCHITECTURE.

Précisément à cette époque vivait à Rome, dans une vaste et splendide maison construite à une demi-stade de la Porte du Peuple et sur les bords du Tibre, un citoyen que ses lumières, les voyages qu'il avait entrepris et ses richesses rendaient un des hommes les plus considérables de la classe plébéienne. Ce citoyen se nommait Lucius-Junius-Moderatus Columelle, et était originaire de Cadix, où son aïeul, centurion dans la troisième légion campée en Espagne, s'était marié peu de temps après la bataille de Pharsale.

Columelle jouissant de plus de quatre cent mille sesterces de revenus, avait consacré son immense fortune à l'agriculture. Il avait fondé à quelques lieues de Rome, sur le territoire de l'ancienne Albe, une ferme magnifique où plus de trois cents esclaves Maures, Bretons, Illyriens et Sardes, se livraient aux travaux du labourage, aux soins de nombreux troupeaux, et aux essais des différentes méthodes agronomiques en usage chez les divers peuples du monde alors connu [1]. Avant de se fixer à Rome, Columelle avait parcouru non-seulement l'Espagne et l'Italie, mais encore la Sicile, l'Asie mineure, la Syrie, ainsi que toutes les contrées de l'Europe soumises à la domination romaine. Dans ses laborieuses pérégrinations, Columelle avait étudié avec la patience du philosophe et la sagacité de l'agronome tous les systèmes de culture. Il avait pesé, comparé, modifié, combiné toutes les pratiques des laboureurs de l'Europe, de l'Asie et de l'Afrique et en avait formé une espèce de Code. Les Césars avaient suspendu aux voûtes du temple de Jupiter Stator, les drapeaux et les trophées de soixante-quatorze nations vaincues. Le philosophe Columelle, lui, avait enrichi le

[1] Un oncle de Columelle Aspinus Crespus Moderatus, opulent agriculteur des environs de Cadix, avait fait venir d'au-delà les montagnes de l'Atlas, des béliers à laine fine et soyeuse, qu'il fit croiser avec les brebis d'Espagne, pour améliorer la qualité de leurs toisons. C'est sans aucun doute l'origine des races de mérinos qui furent pendant quinze cents ans une des branches les plus productives du commerce espagnol. Les fabriques de draps de Ségovie, de Burgos, de Valladolid et de Sarragosse, rapportèrent plus à l'Espagne que les trésors du Nouveau-Monde. Tant il est vrai que les richesses réelles d'une nation sont en elle-même : dans son sol, dans l'industrie de ses habitants et surtout dans les progrès de son agriculture.

temple de la Bonne Déesse (Cybèle) de plus de quarante socs de charrues et d'une quantité innombrable d'instruments aratoires, dépouilles pacifiques des peuples de l'Orient et du Septentrion.

Au moment même où Claude recevait au Capitole des mains du sénat la couronne de lauriers et la palme d'or des triomphateurs, au moment où la formidable voix du peuple romain décernait au César le surnom glorieux de *Britannicus*, Lucius-Junius Columelle, entouré de ses disciples, de ses clients, de plusieurs chevaliers romains et de ses affranchis, heurtait aux portes du temple de Vesta, et déposait, sur l'autel de la déesse, l'exemplaire écrit sur peau de bouc de son ouvrage intitulé : *De re rustica*.

Cette cérémonie dédicatoire accomplie, les disciples, les amis et les affranchis de Columelle se dispersèrent dans la ville, accompagnés d'une multitude d'esclaves qui portaient des rouleaux creux de bois de sycomore, dans chacun desquels se trouvait une copie de l'ouvrage écrit sur des feuilles de parchemin par des callygraphes rhodiens. Ces exemplaires furent répandus en moins de deux heures chez le préteur, chez les consuls et chez les principaux magistrats de Rome, édiles, censeurs et tribuns. Tel était alors le mode de publicité usité chez les Romains.

L'œuvre de Columelle fit une grande sensation. Posthumius Œnobarbus, alors préteur, en parla à Claude, qui manifesta le désir de voir l'auteur. Posthumius alla chercher Columelle et l'amena à l'empereur.

— J'ai lu votre traité d'agriculture, dit Claude au savant agronome, et je n'ai pu résister au désir de vous connaître et de vous féliciter. Quel homme êtes-vous? Vous n'adoptez, m'a-t-on dit, que le titre de laboureur, et vous écrivez comme un philosophe et comme un sage : Virgile, oui Virgile lui-même semble vous avoir légué la grandeur, la délicatesse, les charmants ornements de son style, et la matière aride que vous avez choisie s'embellit sous vos mains de toute la grâce de l'églogue et de toute la magnificence du discours philosophique.

— Seigneur, répondit Columelle en s'inclinant devant le César, un poète de notre temps a dit : *Si natura negat, facit indignatio versus;* c'est aussi l'indignation qui m'a fait saisir la plume et qui m'a poussé à écrire. J'ai jeté un long regard sur les vieux temps de la République, et j'ai vu que ses premiers citoyens avaient été des laboureurs. Soldats, quand la patrie et la liberté étaient menacées; nos ancêtres après la victoire retournaient pleins de joie à la charrue qu'ils avaient un instant délaissée.

Les conquêtes faites par le soc nourricier, sur des terres ingrates, dans des landes stériles n'étaient pas moins précieuses à leurs yeux que les conquêtes qu'ils devaient à leur indomptable courage et à leur discipline guerrière. Les pénates d'argile de ces vertueux citoyens n'étaient pas moins ennoblis par les blonds épis qui croissaient dans le Latium, à force de sueurs et de travaux, que par les étincelantes dépouilles des Sabins, des Volsques et des Etrusques. Seigneur, c'était le beau temps de la République, car l'agriculture instruit et façonne les hommes au travail, à la frugalité, à la vertu. Que sont devenues, hélas! ces saintes traditions de nos pères!! Où est le travail? Où est la frugalité? Où est la vertu? Un luxe dévorant et corrupteur a remplacé ce culte auguste et vénérable de nos premiers citoyens. Est-ce derrière une charrue que Rome va chercher aujourd'hui ses consuls, ses généraux et ses magistrats? Le champ cultivé par Cincinnatus, par Duillius, par Curtius, est abandonné aux mains mercenaires d'un esclave ou d'un affranchi. Nous rougissons de demander à la terre de Romulus le pain qui nous nourrit; et le principal tribut que nous imposons aux peuples subjugués, c'est de fournir nos greniers de blés et nos cirques de bêtes féroces! Dans quel avilissement, hélas! est tombé de nos jours l'art enseigné par Triptolème!! Je vois des écoles très-fréquentées par les rhéteurs, les géomètres, les musiciens, les cuisiniers et les coiffeurs; je déplore, grand empereur, que le premier des arts, que l'agriculture soit le seul pour lequel il n'y ait ni maîtres, ni disciples! Heureux, trois fois heureux, seigneur, si je puis par mes écrits, par mes exemples et surtout par votre appui tutélaire, rappeler aux Romains que Cybèle ne doit pas être moins honorée que Mars au Capitole et que la gloire et la liberté de Rome dépendent autant de la richesse et de l'abondance de ses moissons que de la valeur et de la discipline de ses soldats [1].

Columelle avait prononcé ces paroles avec une mâle assurance mais aussi avec une conviction profonde. Les nombreux courtisans, qui entouraient l'empereur, étaient étonnés de ce langage si empreint de franchise, de noblesse et de vérité. Claude lui-même, paraissait être sous l'influence d'un sentiment de surprise et d'admiration.

Il regarda ses favoris et se prit à sourire.

Ne dirait-on pas, fit-il, notre vieil Ennius engageant Scipion à partager les terres de l'Etrurie aux soldats vétérans de son armée?

Puis, avisant l'illustre laboureur, l'empereur ajouta :

Lucius Junius Columelle, vous êtes un vrai Romain et un digne citoyen, que voulez-vous être? Qu'elles sont les charges que vous désirez briguer? Le tribunat vous convient-il? Je vous y fais nommer. Voulez-vous entrer au sénat? Dès ce moment je vous accorde mon patronage. L'édilité a-t-elle des attraits pour vous? Dites un mot et je vous fais édile.

— Je vous remercie, César, de votre impériale sollicitude, répartit Columelle, mais je n'ai point d'ambition et le titre de simple citoyen suffit à mon orgueil; en est-il de plus glorieux! Assez d'autres, sans moi, parleront aux comices et veilleront à la sûreté de Rome; moi, je veux borner mes occupations et mes soins à la culture de mes champs, à l'amélioration de mes troupeaux, au bonheur de mes semblables et à l'éducation agricole, et par conséquent morale de mes esclaves, qui sont aussi mes semblables. . . .

— Mais Columelle, interrompit Claude, il faut un prix et une récompense à vos travaux, à vos écrits; quel prix, quelle récompense voulez-vous?

[1] Le traité de Columelle *de re rusticâ*, se compose de douze livres où toutes les questions agriculturales se trouvent discutées et approfondies avec un talent remarquable et dans un style élégant qui rappelle le beau siècle d'Auguste. Quelques années après la publication de ce traité, Columelle en composa un autre intitulé *de arboribus*. Il forme le treizième livre de son puissant et précieux ouvrage.

— L'estime publique, César, et rien de plus, répliqua l'agronome; avec elle je suis largement récompensé de mes travaux et de mes veilles.

— Elle est acquise à tes talents et à ta vertu, fit l'empereur.

— Puis, Seigneur, reprit Columelle, si vous avez daigné comprendre l'importance de l'agriculture, l'importance surtout de l'encourager et de la replacer au rang honorable qu'elle occupait dans les premiers temps de la République, eh bien! au nom du père des dieux protecteur de Rome et de l'Empire, au nom de la patrie et de l'humanité, au nom de mes faibles efforts, que vous voulez bien décorer du nom de vertu; accordez, César, accordez à l'art sublime qui nourrit l'homme, à l'art qui fait surgir du sol des soldats et des coursiers pour vos légions, des voiles et des câbles pour vos navires, accordez à cet art, je dirai mieux, à cette science une part dans vos bienfaits et dans vos encouragements. L'agriculture, seigneur, ne sera point ingrate et elle saura vous récompenser au centuple de ce que vous aurez fait pour elle. Les mêmes sillons qui produisent le blé pour nourrir les peuples produisent aussi, César, les lauriers qui couronnent la tête des grands princes! Seigneur, Jules César s'est immortalisé par ses victoires; votre aïeul, César-Auguste, par la magnifique protection qu'il accorda aux lettres. Il reste une place à prendre, un titre à conquérir, c'est celui de père de la patrie et de protecteur de l'agriculture. César, vous prendrez cette place, vous mériterez ce titre; c'est moi qui vous le dis, et cet oracle est plus sûr que toutes les prophéties des vers sybilliens.

— Oui, Columelle, oui, répondit Claude, vivement ému des paroles et de la vertueuse modestie du laboureur, tes sentiments, tes opinions, tes espérances ont passé dans mon âme. Je veux être, je serai, j'en atteste ici les Dieux immortels, le protecteur de l'agriculture comme je suis le maître du monde. Désormais la pourpre des Césars ne brillera plus seulement au front des armées, aux jeux de l'amphithéâtre, aux fêtes du Champ-de-Mars; on la verra flotter aussi dans les pacifiques mystères de Cybèle, de Cérès et de Vesta. Aux faisceaux de mes licteurs, aux lances étoilées de ma garde prétorienne je veux suspendre autant d'épis que de lauriers, et le diadème impérial sera surmonté d'un grain de froment[1] en souvenir des premiers soldats laboureurs de la République, en souvenir de la protection de la mère des dieux et des hommes, en souvenir de ta vertu et de tes ouvrages. Mais, Columelle, permets à ton empereur de demander à toi, qui ne demande rien, à toi, inaccessible à l'attrait de l'ambition et des honneurs, permets-lui, dis-je, d'exiger quelque chose de toi.

— César, répondit Columelle, vous êtes la patrie faite homme et je n'ai rien à refuser à la patrie.

— Eh bien Columelle, voilà ce que j'exige de toi : c'est de regarder le palais de ton empereur comme le tien propre; c'est d'y venir chaque jour conférer avec César sur les grands intérêts de l'agriculture, c'est de m'apporter exactement le tribut de tes lumières, de ton expérience et de ta vertu; c'est enfin de vivre avec Claude comme Mécénas vivait avec Auguste... Le veux-tu, Columelle?

— Ah! Seigneur, répartit le philosophe en s'inclinant devant l'empereur, l'honneur que vous me faites, surpasse tout ce que je pouvais espérer!

Puis, se retournant vers les chevaliers romains, les amis et les disciples qui lui avaient servi de cortége jusque dans le palais de l'empereur, Columelle ajouta :

— Le monde va reprendre espérance et courage quand la renommée lui apprendra que César veut consacrer une part de ses loisirs à parler avec un laboureur.

Depuis ce jour faste qui fut salué par les cris d'allégresse et d'enthousiasme du peuple romain, Lucius-Junius-Moderatus Columelle devint l'un des plus assidus favoris de l'empereur. Claude ne pouvait se passer de Columelle et Columelle ne pouvait se

[1] Le diadème impérial était fermé à son sommet par une olive ou un grain de blé en or massif. Claude fut le premier empereur qui ceignit la couronne des Césars ainsi faite. Le grand Constantin remplaça l'olive du diadème par une croix.

passer de l'empereur. Plus d'une fois la confiance de César, dans la haute sagesse et dans le pur patriotisme du laboureur-philosophe, fit entrer Columelle dans les conseils du gouvernement et le fit asseoir près du trône impérial au milieu des sénateurs, des proconsuls appelés à Rome, des tribuns militaires et des autres grands fonctionnaires de l'Empire; Columelle prenait souvent part aux délibérations et entraînait presque toujours à son avis, constamment appuyé de raisons lumineuses, les votes de la majorité de l'assemblée.

Le sénat romain, dont les rangs avaient été éclaircis depuis un siècle et demi par les guerres civiles, les tables de proscriptions et les assassinats de Tibère, réclamait une prompte et puissante organisation : Claude créa deux cent quatre-vingts sénateurs, et dans ce nombre il comprit plus de cent personnages gaulois, tous agriculteurs. On ne douta point à Rome que cette réforme et cette innovation politique ne fut l'ouvrage de Columelle et on applaudit à la sagesse de l'empereur, qui ouvrait ainsi la porte du sénat aux étrangers véritablement illustres, comme Auguste avait autrefois décerné les honneurs du Capitole aux dieux des nations soumises.

Assailli par la honte et les ignominies domestiques, Claude ne tarda pas à abandonner les rênes de l'Empire à de vils et méprisables flatteurs et à d'ignobles affranchis, tandis que Messaline, sa femme, traînait dans d'infâmes repaires ses monstrueux et effroyables amours. Le philosophe Columelle n'avait plus rien à faire au milieu d'une cour dépravée et auprès d'un empereur imbécile... Il quitta Rome, se confina dans sa métairie d'Albano et y attendit la mort avec l'impassibilité du sage et la confiance de l'homme de bien.

Les patriotiques efforts de Columelle pour ramener ses concitoyens à la culture de la terre, furent infructueux ; car les nations pas plus que les fleuves ne remontent vers leurs sources, et la décadence suit de près l'extrême civilisation. Mais lorsque cinq cents ans après, l'Italie épuisée, haletante sous les milliers de barbares qui l'avaient dépouillée de tout, excepté de son soleil, de ses volcans et de la ceinture bleue de ses mers, vit surgir de son sol des cénobites ardents qui partageaient leur vie entre la prière et le défrichement des terres envahies par les eaux ou saturées de sang humain, l'immortel ouvrage de Columelle, conservé comme par miracle sous les débris du temple de Cybèle, reparut dans tout son éclat et forma des agriculteurs, comme l'Evangile avait ormé des chrétiens.

L'agriculture, est la première assise de la civilisation; elle est la base de tout gouvernement régulier. Les nations véritablement puissantes tirent d'elle, et d'elle seule, leur force, leur éclat et leur durée. Les peuples chasseurs peuvent bien devenir conquérants, ils peuvent bien dévaster, piller et régner sur de vastes contrées, comme les Goths au troisième siècle et les Normands ou Danois au neuvième. Mais leur triomphe est éphémère; et si ces hordes sauvages, si ces multitudes nomades ont pris avec le temps un rang honorable parmi les nations, c'est quelles se sont transformées, c'est qu'elles ont dû remplacer par la force même des choses le glaive de l'assassin, et la torche de l'incendiaire par le soc de la charrue et l'aiguillon du laboureur.

L'antiquité a fait honneur de l'invention de la charrue à Triptolème, petit roi du royaume d'Eleusie, et la riante imagination des Grecs aidant, on a prétendu que Cérès elle-même avait révélé au fils de Méganire le secret du labourage et de la culture des champs. Croyons, à la gloire de l'humanité, que l'invention de la charrue est antérieure au règne de Triptolème. Les Pharaon, trois siècles avant le poète Hésiode, contemporain d'Homère, auteur des *OEuvres* et des *Jours*, poëme excellent qui contient des préceptes admirables d'agriculture; les Pharaon, disons-nous, dirigeaient chaque année aux portes de Memphis une charrue sur les terres d'où le Nil s'était retiré, et creusaient de leurs royales mains le sillon où devaient germer les premiers épis. Les empereurs de la Chine, qui font remonter l'origine du Céleste-Empire au-delà de sept mille ans, procèdent, dans des circonstances analogues, de temps immémorial, à une cérémonie semblable, et le fleuve Jaune est chaque année témoin de l'union symbolique du sceptre avec la charrue : fiançailles plus vraies, plus augustes, plus respectables ce me semble que celles du Doge de Venise avec la mer Adriatique. L'alliance du Doge avec la mer était des noces de marchand; l'alliance des souverains de Memphis avec le sillon qu'ils traçaient était les noces de l'égalité.

Les progrès de l'agriculture ont été lents et tardifs en Europe. La féodalité, qui dans le principe était la cuirasse et le bouclier du labourage, en devint le tyran et l'oppresseur à mesure qu'elle s'éloigna de l'esprit de son institution. Les guerres civiles, les guerres étrangères, mais surtout les guerres de religion, contribuèrent puissamment à la ruineuse immobilité de l'agriculture. La France et l'Allemagne surtout éprouvèrent les tristes effets de ces brusques révolutions d'idées qui mettent tout à coup l'existence d'une nation et parfois aussi la vie même d'une société caduque en péril. L'Angleterre plus heureuse, l'Angleterre qui sut, dès le douzième siècle, ressaisir ses droits politiques usurpés par les barons, entra la première dans la voie des améliorations agricoles et y persista si bien qu'elle marche aujourd'hui encore à la tête des nations de grande culture.

Notre France, dont le sol est plus riche, plus varié, plus étendu, plus généreux que celui de la Grande-Bretagne, était restée de 1789 à 1829 stationnaire. Il semblait que les conquêtes politiques de notre grande révolution dussent suffire à nos villageois, et que satisfaits de ne plus être serfs et corvéables ils abandonnaient à la terre la liberté de produire ou de ne produire point. La routine rurale a survécu de soixante ans à la routine politique. Cependant depuis vingt ans à peu près un grand mouvement s'est effectué, et de hautes intelligences, de fermes esprits, d'heureux instincts l'ont appuyé et propagé. Déjà des comices agricoles, des fermes modèles, des écoles d'agriculture théorique et pratique surgissent sur tous les points de la France et font présager qu'avant un demi-siècle peut-être, cette France, si cruellement éprouvée depuis trente-cinq ans, cette France, si amoureuse de tous les genres de gloire, saura conquérir celle-là et prouvera au monde qu'elle n'est pas plus étrangère à l'art d'augmenter ses moissons qu'à l'art de gagner des batailles.

Et, avant de mettre sous les yeux du lecteur un simple récit qui lui donnera de l'orgueil, — car peut-on se défendre d'un mouvement de superbe, quand on voit le génie de la France étinceler sur le front du plus humble de ses enfants, — rapportons un mot peu connu de Duguesclin, de ce sauveur de la France au quatorzième siècle, de ce guerrier intrépide, qui purgea le pays des bandits et des Anglais.

Le bon connétable venait d'expulser du Poitou les dernières troupes anglaises, et suivi d'un seul écuyer, il allait par les chemins de traverse rejoindre son vieux château de Broon, dans sa chère Bretagne.

En passant devant un champ d'une vaste étendue, le connétable vit une douzaine de paysans — l'aurore se montrait à peine — qui se disposaient à travailler.

— Eh! bonnes gens, leur cria le connétable, qu'allez-vous faire dans ce champ?

— Monseigneur, nous allons semer du froment, répondirent les villageois.

— Par la croix d'Auray, vous ferez bien, mes enfants, répondit Duguesclin, travaillez, travaillez, n'oubliez pas que c'est la fertilité de la terre qui fait les races fortes et les bons soldats; et *plus nous aurons d'épis en France, moins nous aurons d'Anglais.*

Le bon et vaillant connétable, formulait là sans s'en douter peut-être, la pensée politique la plus vraie et malheureusement la plus négligée ! ! !

L'INVENTEUR D'UNE CHARRUE.

Dans les premiers jours de l'automne de 183.., un Parisien avait été appelé et retenu pour affaires dans la petite ville de Vic, près de Château-Salins, département de la Meurthe, au plein cœur de l'ancienne province de Lorraine. On lui parla d'une expérience agricole pour la matinée suivante : il s'agissait d'une charrue nouvelle que l'on devait essayer, en présence d'une assemblée compétente, dans un champ qui touche au bois de Vic. Il s'y rendit par désœuvrement beaucoup plus que par curiosité; car il est peu agriculteur, ce qui tient peut-être à ce qu'il n'est pas du tout propriétaire.

La réunion était nombreuse. Les amateurs étaient accourus, et du chef-lieu d'arrondissement et des chefs-lieux de canton, et aussi des simples communes, même de celles les plus arriérées en civilisation. Il y avait là tel tricorne à bords rabattus, tel habit d'un gros drap violet bien ample, à basques longues et carrées, avec le large gilet de même étoffe, telle culotte courte à braguette, tels bas de laine à coin et couvrant le genou, et tels souliers à boucles qui avaient un grand prix pour un homme curieux d'étudier le costume indigène d'avant la vieille révolution, la révolution-mère. La traditionnelle petite coiffe de toile qui persiste encore à encadrer plus d'un visage féminin, et, par dessus, le petit chapeau de paille, bordé d'un galon de velours noir, n'étaient pas non plus à dédaigner, d'autant mieux que le sang lorrain est généralement beau.

Tandis que le prodige annoncé fonctionnait, le Parisien, qui ne porte aux progrès de l'agriculture qu'un intérêt médiocre, prit plaisir à visiter une petite troupe de bohémiens de Bitche, qui, dans l'espoir de vendre quelques poteries de Sarreguemines, et quelques verreries de Saint-Louis, transportées sur le dos de cinq ou six ânes, étaient venus planter leur piquet et creuser le foyer de leur maigre cuisine, tout proche du champ désigné pour la solennité agronomique. Il acheta des cigares de contrebande que lui offrit le patriarche de la tribu nomade, vigoureux gaillard au cuir basané, velu, grenu autant que celui d'un requin, et soigneusement enduit d'une épaisse couche de suif, destinée à entretenir les membres dans un état convenable de souplesse.

Après qu'il eut savouré goutte à goutte et épuisé toutes ses folles joies, le Parisien, voyant que l'officielle charrue continuait à fonctionner toujours, et ne voulant pas cependant rentrer seul en ville, où s'ouvrirait pour lui sa triste chambre d'auberge, se dirigea vers la lisière du bois, dans l'intention d'y attendre, couché mollement sous l'ombrage du hêtre ou du chêne, ou du frêne, que la fête fût terminée et que vînt pour tout ce monde l'heure de la retraite.

Il avise donc à la base d'un chêne séculaire, de l'arbre le plus honorable de tout le voisinage, un petit tertre rembourré de mousse, bien verdoyant, bien frais, et qui lui semble on ne peut plus propice. L'asile comptait déjà un premier occupant; mais les petits tertres ne sont pas comme le trône, tellement étroits qu'on n'y puisse tenir deux. Le Parisien, en s'asseyant, fit un signe de tête en manière de salut. L'inconnu, dont la mise était celle d'un paysan, et d'un paysan des plus modestes, y répondit en portant la main à son tricorne et en se découvrant. Sa maigreur pâle, son geste lent, sa pose languissante, annonçaient un homme jeune encore, mais qu'une longue maladie aurait épuisé.

— Or çà, mon brave, commença le Parisien, une fois qu'il eut trouvé pour son dos et pour ses jambes les points d'appui les plus commodes, il paraît que vous êtes de mon avis : vous ne raffolez pas des charrues. Vous laissez celle-ci marcher tout à son aise, sans vous en inquiéter.

— Quant à cette charrue, Monsieur, si vous ne me voyez pas me traîner dans le sillon pour baiser chacun des pas de celui qui la conduit, prenez-vous-en à mes pauvres jambes, mes jambes de malade, qui ont tout juste assez de force pour m'amener, et que je dois ménager pour le retour.

— Que me dites-vous là! c'est donc un homme bien extraordinaire.

— Monsieur, c'est Jean-Joseph.

Le Parisien s'inclina, et son sourire doucement railleur sembla demander : Qui est-ce que Jean-Joseph?

Sans s'émouvoir, le paysan reprit :

— C'est mon camarade, un simple valet de ferme comme moi ; mais pour l'imaginative et en même temps pour le cœur, je défie qu'on trouve son pareil. Ah ! Monsieur, si le monde pouvait jamais savoir l'histoire de Jean-Joseph, le monde...

— Une histoire! Il y a une histoire. Vous allez me la raconter.

— Volontiers. Pour cela je ne me fais pas prier. Je voudrais la raconter du haut d'un toit, et que toute la Lorraine, toute la France, toute la terre fussent là pour m'entendre.

Et il commença ainsi :

Jean-Joseph et moi nous sommes ce qu'on appelle *pays*, tous deux natifs d'Harol, à plus de vingt lieues d'ici auprès d'Epinal : un joli petit village qui a Darnay pour justice de paix et Mirecourt pour sous-préfecture. Nous ne nous sommes jamais quittés, et nous nous sommes toujours aimés depuis notre enfance. J'avais beau avoir trois ans de plus que lui, il avait déjà, dès cette époque, trois fois plus d'esprit que moi. C'était comme un instinct, comme une révélation qui lui disait au plus épais d'un bois la place où l'on trouverait des fraises, des cornouilles, un nid. En grandissant il en fut de même pour le travail. Quand il fallait remuer un bloc de pierre, un tronc d'arbre, il inventait toujours une certaine manière de l'attaquer; il plaçait le levier à la meilleure place, et le poids devenait moins lourd.

Que de fois il m'a raccourci ou rallongé le manche de mon fléau, de ma pioche! et à l'instant même, monsieur, avec le même outil, je me sentais bien autrement fort et j'abattais le double de besogne. « Chaque outil, disait-il, fait l'office d'un levier; il en faut calculer juste la proportion. » Il a toujours été vraiment l'homme du levier. Aussi, voyez-vous, je suis habitué à écouter chaque parole de Jean Joseph comme si c'était un mot d'Evangile. Le jour où il m'a dit qu'il serait plus profitable de se rapprocher de Nancy, qu'on y cultivait mieux, qu'il y avait plus à prendre, j'ai tourné sans sourciller les talons au clocher d'Harol, j'ai suivi Jean-Joseph, et j'ai passé des Vosges dans la Meurthe; je le suivrais aux quatre coins de la France. Je le verrais se jeter par la fenêtre, n'importe de quel étage, que je m'y jetterais après lui, bien convaincu que ce serait l'action la plus raisonnable à faire.

Nous avons trouvé à nous employer ensemble chez le même maître, dans une grosse ferme que je pourrais vous montrer du doigt, pour peu que nous eussions gravi le petit coteau que vous voyez là-bas vers le couchant. Par une matinée de l'avant-dernier printemps, il y a eu hier seize mois et une semaine (les malades comptent les jours), nous labourions tous les deux une grande belle pièce. Sa charrue mordait par la droite et la mienne par la gauche, de manière à ce que chaque nouveau sillon creusé nous rapprochait l'un de l'autre. Nos charrues marchaient depuis une heure au plus, et déjà la sienne avait l'avantage de près de deux sillons. J'étais piqué, car, pour pousser un soc droit et ferme, je vous prie de croire que je ne suis pas manchot; mais ce diable d'homme a un secret pour aller en tout mieux et plus vite que personne. Nous avions affaire à un sol argileux, tenace, compacte, mais égal, non pierreux, et où rien ne donnait lieu à soupçonner une mauvaise rencontre. Aussi, j'y allai de confiance, encourageant de la voix mes huit chevaux. Vous avez pu voir qu'en Lorraine nous en mettons quelquefois jusqu'à dix et même douze à nos lourdes charrues. Mon conducteur les émoustillait de son fouet, et tout cela tirait à plein collier et d'un rude pas. De mon côté, je pesais de tout ce que j'avais de force sur le manche. Tout à coup un choc survient; quel choc! monsieur, le plus épouvantable choc. Les traits, les harnais de l'attelage s'en étaient rompus en mille endroits; l'*age*, cette longue poutre qui est comme l'échine de la charrue, en était courbée et à demi brisée; figurez-vous votre canne que vous auriez essayé de rompre sur votre genoux. Jugez quel contre-coup j'avais ressenti dans tout mon pauvre corps! Mes deux mains lâchèrent à l'instant le double mancheron pour se porter sur le creux de mon estomac, laissant charrue et chevaux aller à la débandade. Aux cris que jette le conducteur, Jean-Joseph retourna la tête de notre côté. En voyant ma charrue sur le flanc, mes huit chevaux à demi déshabillés, les oreilles dressées, le nazeau ardent, qui commençaient à se quereller, et moi qui ne bougeait pas plus qu'une statue, il accourt. Il me trouve la figure pâle, effarée, les yeux éteints, regardant sans voir; mes dents claquaient; mes jambes tremblaient, et mes deux mains n'avaient pas quitté ma poitrine. Je ne puis pas vous dire quelle étrange douleur j'avais éprouvée ici dans le creux de l'estomac. Cela n'avait duré qu'une seconde, mais cela avait été horrible; absolument comme si l'on m'eût enfoncé la pointe d'un clou rougi au feu. Jean-Joseph eut besoin de me faire mille choses avant de me voir revenir un peu à moi.

Quand le désordre fut réparé, et que nous cherchâmes la cause de la catastrophe, nous découvrîmes que le soc avait heurté contre un damné bloc de pierre qui était enfoui là depuis des milliers d'années, dit-on. Plus tard, nous l'avons transporté à la ferme; les maçons en ont fait la pierre angulaire d'un bâtiment. L'autre jour, il est venu un bourgeois de Nancy pour le visiter. Il l'a regardé aussi tendrement qu'on regarderait une maîtresse; il l'a frotté avec son mouchoir pour nettoyer une douzaine de petits creux qu'il a appelés de l'écriture. Il l'a mesuré dans tous les sens; il l'a dessiné. J'ai dû lui raconter dans les moindres détails mon affreux accident. Après quoi il a fallu le conduire dans le champ, lui faire toucher du doigt la place même, tout en recommençant à chaque pas mon histoire. Il a fini par me dire que c'était un grand honneur pour moi, que je devais m'en réjouir, en être fier; que c'était une faveur du ciel. N'eût été une pièce de vingt sous qu'il avait tirée de sa poche et qu'il m'a donnée pour boire, j'allais lui répondre par des injures.

Croirez-vous, monsieur, que, depuis ce fatal événement, je n'ai pas eu un seul jour de bonne santé! Je ne tardai pas à perdre le sommeil et l'appétit, rien ne passait du peu que j'avais essayé de manger; aussi je commençai à maigrir à vue d'œil. C'est alors que j'ai pu connaître tout l'excellent cœur de Jean-Joseph. Il s'inquiétait, il était en vérité plus chagrin que moi, bien qu'il s'efforçât de son mieux pour me le cacher. Être pris par une maladie violente, une pleurésie, une colique de *Miserere*, qui vous couche pour une bonne fois sur le grabat, ce n'est rien : au bout de huit jours vous êtes dans la bière ou vous êtes guéri. Mais se retrouver chaque matin à demi malade, se miner de jour en jour et s'en aller en détail, sentir que le travail vous tue, songer qu'avec une année de soins et de tranquillité, en se promenant la canne à la main pendant une année, on aurait peut-être une chance d'échapper; et cependant, chaque jour, être obligé de retourner au collier de misère!

Être obligé de travailler pour gagner la plus triste des vies, une vie à laquelle on ne peut plus prendre goût, puisque d'heure en heure on perd davantage l'espérance et qu'on n'a plus que sa fosse en perspective; c'est une chose dure. Heureux le riche! son argent lui sert à se sauver de la mort, ou, quand il ne reste plus qu'à l'attendre, lui permet de se croiser les bras. Le malade pauvre se voit poussé par elle au lieu de pouvoir la fuir ; chaque morceau de ce pain quotidien qu'il lui faut continuer à arracher, lui coûte un pas de plus au-devant d'elle. Le pauvre est à plaindre! Et pourtant, monsieur, moi du moins, je n'étais pas abandonné comme il y en a tant, moi j'avais un ami.

Jean-Joseph, en outre de sa tâche, trouvait moyen d'expédier une bonne partie de la mienne; mais le mal n'en continuait pas moins à faire d'effrayants progrès. Que de fois, dans mes courts moments de repos, après qu'il était venu s'asseoir auprès de moi pour me donner un signe d'amitié, une parole d'encouragement, n'avons-nous pas adressé ensemble un regard amer à cette charrue qui était à me réclamer au milieu d'un champ commencé! On eût dit que le double mancheron me présentait une sommation ironique de me relever et de venir le reprendre. « Cette charrue, disais-je, est à la fois ma mère nourricière et mon assassin. » A quoi Jean-Joseph ajoutait : « C'est singulier, comme depuis ton accident, je la trouve chaque jour plus lourde et plus pénible à manier : auparavant je n'avais jamais songé à y faire attention; mais vois donc comme toutes ces pièces de bois sont mal combinées! Ses défauts m'ont sauté aux yeux tout d'un coup, après qu'elle t'a eu fait tant de mal. Maudite charrue! depuis ce temps-là j'en rêve. »

Je me plaignais d'un point de côté qui ne me quittait pas, et aussi d'une douleur entre les deux épaules. A certains mots du premier médecin que nous allâmes consulter, j'avais deviné que j'étais condamné comme pulmonique. Il m'ordonna des boissons adoucissantes et gluantes, qui ne me firent ni bien ni mal, et que je finis par m'ennuyer de prendre, d'autant plus que, tout délabré que je me sentais, il y avait des instants où je me flattais intérieurement que le médecin se trompait, que ce n'était pas du poumon que j'étais attaqué, que ma maladie était d'une autre nature et de celles dont il y a moyen de revenir. « Le meilleur remède, disait Jean-Joseph, serait de t'épargner le plus possible de fatigue. Une charrue qui serait légère et tout à fait facile à conduire, te procurerait déjà un grand soulagement. N'en pourrait-on pas imaginer une? Il ne se passe pas de nuit que je ne demande à Dieu qu'il m'envoie là-dessus une bonne idée. »

Nous couchions côte à côte dans une écurie. Un matin, je le vois levé avant moi, et qui, le menton appuyé sur l'une de ses mains, regardait gravement des manches de fouet disposés à terre devant lui d'une certaine façon. « Que fais-tu là? » demandais-je. Pour toute réponse, et sans me regarder, il me fit signe de ne pas l'interrompre. Cela dura assez longtemps. Il avait pris une figure sérieuse qui m'en aurait presque imposé. Un rayon du jour naissant glissait d'une petite lucarne sur son front, et l'éclairait plus vivement que le reste de sa personne. Je comptai sur ce front des plis mobiles qui s'y creusaient et s'y nivelaient tour à tour; puis enfin, et cela, monsieur, je vous l'atteste, ce n'est point une vision de malade, j'y distinguai comme une légère flamme qui s'étendit et passa aussi vite qu'un souffle. Au même instant, la voix forte de Jean-Joseph me criait: « J'y suis, je tiens ce qui va te guérir; j'ai trouvé la charrue. »

Il m'entraîne chez le charron. Celui-ci n'était pas encore levé.

« Ouvrez, ouvrez vite, il y va de la vie de notre malade. » Le charron nous reçoit, les yeux à demi-ouverts, en bâillant et en se détirant les bras. Jean-Joseph saisit un morceau de craie dans un coin de la boutique, et le voilà qui trace sur la muraille des barres dans tous les sens, et puis des carrés et des ronds. Si sa craie marchait, sa langue ne restait pas fainéante. Il parlait, parlait, miséricorde ! c'est la première fois et ça a été la seule où j'aie entendu sortir de sa bouche un tel flux de paroles. Nous autres Lorrains, l'éloquence n'est pas notre vice ; nous nous tenons assez la bouche cousue. De la main qui lui restait libre, il empoignait au bras, aux boutons de la veste, le charron qui s'éveillait davantage, et qui commençait à le regarder en dessous d'un air de compassion, et en même temps de l'air d'un homme qui n'est pas tout à fait rassuré.

« Vous comprenez, disait ou plutôt criait à tue-tête Jean-Joseph, car il s'échauffait en diable, vous comprenez, mon levier prend ici et vient aboutir là. Suivez-moi bien, mon cher, voici ma double chaîne. Attention, mon timon entre en jeu et le poids se porte sur ce point. » De temps en temps le charron, vigoureusement maintenu, se tournait vers moi du moins mal qu'il le pouvait, pour me lancer quelques mots à voix basse : « Ce n'est pas un coup de vin qu'il a dans la tête ; Jean-Joseph ne boit pas. Serait-ce que par hasard ?... »

Quand Jean-Joseph eut jeté son premier feu, il se retourna et lut sur la figure du charron que celui-ci ne l'avait pas du tout compris. Alors il recommença son explication posément et à diverses reprises. « Si je ne me trompe, dit enfin le charron complètement éveillé, je crois entrevoir que tu veux me parler d'une nouvelle manière, d'une manière à toi, de refaire la charrue. — Justement. — Peste ! mon garçon, comme tu y vas, c'est un plus malin que toi et moi qui a inventé la vieille charrue, sois-en sûr. Toutes les fortes têtes des sociétés d'agriculture, des académies de province, de l'Institut de Paris, ont essayé d'y fourrer le nez ; les plus savants n'ont fait que de l'eau claire. Ce n'était pas la peine de nous lever tous les trois si matin. — Que vous coûterait-il d'essayer? — C'est cela, rien que mes matériaux et mon temps! et un billet signé de toi pour me couvrir de mes avances, n'est-ce pas? merci! — Faites-le par charité; faites-le pour celui qui est malade! — Une charrue pour un malade, la drôle d'idée! Demandez à l'apothicaire de Château-Salins de s'en charger. »

Jean-Joseph n'est pas vaniteux. Le refus du charron le désola, mais sans l'offenser: « Je m'entends mal au dessin, me dit-il, il n'aura rien saisi dans tout mon gribouillage. Je ne suis pas du métier, je n'en puis pas parler comme lui; je me serai trop mal expliqué. C'est égal, j'ai la conviction que mon idée est bonne, et que tu en retireras un grand bien; aussi, dussé-je faire le charron moi-même, je n'y renoncerai pas.

Ce qu'un Lorrain veut, il le veut bien, et, sous le rapport de la persévérance et de la volonté, je ne connais pas de Lorrain fait pour en remontrer à Jean-Joseph. On entrait en hiver: c'est la saison où il y a moins à faire dans une ferme. Jean-Joseph avait donc un peu de temps à sa disposition. En échange de quelques services rendus dans le voisinage à de petits cultivateurs, comme d'aller battre en grange chez celui-ci pendant les matinées du dimanche, d'aider cet autre dans une corvée, il se procura du bois, un soc demi-vieux, un coutre, des débris de ferrures qu'il se proposait de rajuster à ses roues. Il trouva à emprunter chez le charron, qui, à tout prendre, n'était pas un méchant homme, une bisaiguë et une herminette; et il se mit bravement à l'œuvre.

Je vous laisse à penser si les mauvais plaisants se firent un jeu de le tourmenter: te voilà donc passé maître charron, toi, et sans apprentissage; c'est commode. — Ah! ça, il paraît que c'est une charrue que tu nous fabriques: une charrue à la vapeur, n'est-ce pas? — On dit qu'elle labourera toute seule. — Et ensuite qu'elle coupera la moisson. — Il y aura sur l'avant-train une meule qui fera de la farine. — Et par derrière un four à cuire. — On n'aura plus qu'à rentrer en grange le pain tout chaud. « Parlait-on d'un mariage douteux: » Ils seront mari et femme quand Jean-

Joseph aura fini sa charrue. « Dans une affaire manquée, on disait : « Ça marche comme la charrue de Jean-Joseph. » Mon pauvre ami laissait dire et n'en allait pas moins son train, équarrissant et taraudant son bois, dérouillant sa ferraille avec la même ardeur opiniâtre, et continuant à me donner bon courage.

Et, vraiment, j'en avais besoin; ce n'était plus le travail, mais la rigueur de la saison que j'avais contre moi. Mon mal était encore empiré. Un second médecin parla du pylore, d'une obstruction qui menaçait de se former. Il ordonna d'horribles drogues, tout ce qu'il y a plus de fort, pour donner du ton, à ce qu'il disait, et rouvrir le passage au manger. Je n'y gagnai que d'endetter par dessus les oreilles moi et Jean-Joseph, auprès du patron, pour payer l'apothicaire. A la fin de l'hiver, j'en étais à me demander quelquefois s'il ne valait pas mieux me laisser tout bonnement mourir. Je frémissais surtout à l'idée que nous entrions en mars, et qu'il m'allait falloir retourner aux champs et au terrible labour.

Heureusement, le printemps s'annonça chaud et point humide. Jean-Joseph, après s'y être pris de plus de vingt manières, après avoir refait telle pièce, supprimé telle autre, ajouté une cheville par-ci, un boulon par là, en était venu à son honneur. A lui seul, sans que personne lui eût jamais rien montré, sans avoir été aidé du moindre conseil, le valet de ferme avait construit une charrue, toute une charrue, depuis le mancheron jusqu'aux roues. Nous l'essayâmes en cachette dans un champ retiré. Elle marchait dans la perfection. Une charrue tout aimable et qui obéit d'elle-même au doigt et à l'œil, une charrue qui a l'air de vous comprendre et de vous deviner! Vous n'avez pas plus besoin d'appuyer que sur la détente d'un fusil de munition. Un enfant de dix ans aurait la force de la manier. Mais, tenez, j'en appelle à vous-même; car vous la voyez d'ici qui fonctionne à deux cents pas de nous devant tout ce monde. Je ne dis pas pour la masse et pour l'apparence, mais pour la légèreté réelle, elle est à l'ancienne charrue ce qu'est à la pesante bêche du manouvrier la bêche mignonne dont une jolie bourgeoise se sert pour jardiner, pour changer de place une touffe d'œillets ou de pensées. Et n'imaginez pas qu'elle reste en arrière pour la besogne, oui, da! elle vous creuse un sillon aussi avant, elle vous retourne une bande aussi large, et cela pour le moins aussi vite que la vieille et stupide machine qui a failli me tuer.

Brave Jean-Joseph ! avons nous été heureux ce jour-là! nous avons eu l'enfantillage d'en pleurer tous les deux, de nous embrasser, comme s'il était tombé du ciel une fortune à l'un ou à l'autre. Chose singulière, c'était moi qui me montrais le plus fier, j'éprouvais presque de l'orgueil, j'avais l'air d'avoir mis du mien dans l'invention. Il ne pensait, lui, qu'au soulagement que j'allais ressentir et à ma guérison prochaine. Depuis lors, le labour a cessé d'être pour moi un supplice : c'est devenu un travail supportable.

Un bonheur ne va pas sans l'autre. Je vous dirai que peu après, en défrichant une lande, autrefois boisée, nous fîmes la découverte d'une petite source : une eau qui ressemblait à du cristal de roche. J'eus la fantaisie d'en boire. Souvent la nature nous indique mieux que personne notre véritable remède, comme elle fait aux animaux. L'eau était très-fraîche, presque glacée, elle me procura une sensation délicieuse. J'en bus à longs traits, et à plusieurs reprises tout le long du jour, et chaque fois avec le même plaisir, suivi d'un grand bien-être. Je recommençai les jours suivants. Certainement l'eau de cette source doit avoir quelque vertu admirable : car, depuis lors, je me suis mis à aller mieux, et le mieux se soutient et se consolide. Un troisième médecin m'a dit dernièrement que mon mal était un petit ulcère qui avait pointé à l'intérieur de l'estomac quelque temps après le contre-coup de la vieille charrue. Les boissons innocentes du premier médecin ont laissé l'ulcère se former tout à son aise ; les drogues violentes du second médecin l'avaient profondément irrité ; l'eau fraîche de la source l'aide au contraire à se cicatriser.

Je crois, moi, qu'après le doigt de Dieu, ce qui achèvera peut-être de me guérir, c'est la joie que j'éprouve de la prospérité qui est venu trouver Jean-Joseph; car, monsieur, on n'a pas tardé à parler de sa charrue dans toute la contrée, comme cela devait être. Des savants l'ont visitée et lui ont fait compliment. Aujourd'hui mon ami n'est plus Jean-Joseph tout court, c'est un homme de mérite, un inventeur distingué, qui a dîné avec M. le sous-préfet et tous les personnages les plus huppés du département. Sur l'annonce de journaux, il s'est réuni ici plus de deux mille personnes, peut-être, pour le voir conduire ma charrue : Aujourd'hui, comme de raison, ce n'est plus moi, c'est lui qui a l'honneur de conduire. Tout Château-Salins, tout Nancy parlera demain de *Jean-Joseph Grangé*.

Cette histoire inspira au Parisien le désir de voir de près la fameuse charrue, pour laquelle il s'était montré d'abord si sauvagement insouciant. Il se leva du petit tertre, non sans avoir serré avec chaleur, en signe de reconnaissance, la main du malade ou plutôt de l'heureux convalescent. Celui-ci ne le suivit pas; l'émotion d'une telle journée l'avait un peu fatigué et le repos absolu lui était nécessaire. Le Parisien courut se mêler à un groupe de curieux qui devaient être des plus recommandables, à en juger par le ruban rouge qui brillait à bon nombre de boutonnières. Il y avait là un homme en qui rien ne trahissait le docte savoir, bien que sa physionomie annonçât une haute et sagace intelligence. Il gardait le silence, tout en suivant d'un œil scrutateur la marche et l'action du soc, le jeu des bras du laboureur, et la tension des traits de l'attelage. On voulut connaître son opinion.

« C'est ici, dit-il, un de ces cas où la science reste confondue et n'a plus qu'à s'incliner. Le simple ouvrier qui manie du matin au soir le même outil, qui en démonte et en remonte à chaque instant les pièces une à une, qui apprécie, par une expérimentation continue, et à la sueur de son front, quelle pièce aide le mieux à l'action de ses bras, ou quelle autre la contrarie, sera toujours l'homme le plus propre à perfectionner cet outil, pour peu que son cerveau soit capable de réflexion, et qu'une passion forte échauffe et soutienne sa volonté. Voici un homme qui, par l'intervention de son grand levier, a fait de la charrue un outil tout nouveau. L'idée de déplacer une portion du poids de l'avant-train pour la porter sur l'action du soc, au profit des bras du laboureur, qui n'a plus à dépenser que de la surveillance, est une idée de génie. Les chevaux y gagnent également, puisque le frottement des roues devient moindre, et que le tirage est diminué d'une différence qu'on peut évaluer du quart au sixième. C'est le plus grand perfectionnement qui, dans les temps modernes, ait été apporté à la charrue, n'importe de quelle espèce. »

Le Parisien demanda qui était ce savant dont la parole était modeste et accordait un éloge franc et sans restriction. On lui apprit que c'était le célèbre M. Dombasle, le fondateur de la ferme-modèle de Roville et l'inventeur de l'araire reconnue pour la meilleure.

L'expérience publique faite sous le bois de Vic fut bientôt suivie d'une autre dans les environs d'Epinal. D'après un rapport adressé à la Société d'encouragement, un terrain, que l'on ne pouvait labourer avec la charrue ordinaire qu'en y laissant de nombreux intervalles et des trous, a été labouré par la charrue Grangé dans toute sa surface, sans laisser des trous ni de places en friche. A Maisons-Alfort, près Paris, dans un terrain qui avait servi de chemin et dont le sol était d'une dureté extrême et pierreux, la charrue a cassé son grand levier, un levier ayant trois pouces de diamètre à son milieu, sans que le laboureur éprouvât de secousse; la destruction du levier a préservé la charrue.

A l'honneur de la Toscane, c'est un corps savant de Florence qui a décerné, le premier, une médaille à l'inventeur français.

CHAPITRE III.

—

LE MAGNÉTISME

Les Pythonisses de l'Antiquité. — Les Baquets du docteur jaune. — Le Somnambulisme — La Seconde Vue.

Les sociétés caduques, les sociétés décrépites qui discutent sur tout, qui nient tout, qui blasphêment Dieu, la religion, la morale et elles-mêmes, deviennent le patrimoine ordinaire des charlatans, des imposteurs et des fripons. Le dix-huitième siècle, le siècle de l'incrédulité, de l'encyclopédie et de la philosophie génevoise, avant de se noyer dans le sang se prostitua dans les burlesques méandres de la sottise et du ridicule. Janot régna sur les tréteaux de la foire comme l'horloger Caron de Beaumarchais sur la scène illustrée par Molière; les Porcherons et la Courtille furent les annexes des salons de Versailles et des boudoirs de Trianon; le scandaleux procès du collier détruisit, d'un seul coup, le bienfaisant prestige du pontificat et du trône, et pour comble de stupidité, trois hommes sortis on ne sait d'où, un fou, un fripon et un fanatique, vinrent tour à tour exploiter la curiosité, les hommages et l'admiration d'une cour frivole, d'une bourgeoisie aveugle et d'un peuple fatigué de son Dieu, de son roi, et de ses institutions de quatorze siècles.

Le fou était le comte de Saint-Germain, ce Mathusalem de cour, qui prétendait avoir hanté le palais du Tétrarque Hérode, à Jérusalem, et les tentes d'Alaric sur les bords de l'Arno; le fripon, le comte escamoteur Cagliostro; le fanatique, ou plutôt le rêveur, Mesmer, qui mêla l'idéologie allemande à la métaphysique des Mages et des Druides.

A Dieu ne plaise, cependant, que nous confondions Mesmer et sa doctrine avec les arlequinades historiques du comte de Saint-Germain et les tours de gibecière du prétendu comte de Cagliostro; que nous confondions surtout une conviction naïve, profonde, pleine de charité, il faut le croire, avec les fades calculs d'un intrigant titré et d'un saltimbanque de qualité. Non, sans doute. Le docteur Mesmer est à nos yeux, et aux yeux de tous les hommes qui pensent, un esprit vaste, pénétrant, novateur; mais il eut le tort, comme la plupart de ceux qui établissent un système, de renfermer sa doctrine dans le domaine de l'absolu; il commit surtout la faute, au début de sa carrière scientifique, de s'entourer de ces niais, de ces panégyristes maladroits, satellites ordinaires des astres intellectuels qui s'élèvent à l'horizon du monde et qui déshonoreraient le génie, si le génie pouvait être déshonoré.

Il serait fastidieux pour le lecteur de reproduire ici les contes absurdes forgés par les gazetiers de l'époque et dont Mesmer était le héros. Il faut reléguer dans la catégorie des fables cette scène de magnétisme exécutée par Mesmer dans une promenade publique de Vienne (le Prater). Si cette scène, dont nous avons lieu de suspecter la vérité, avait été réellement jouée, il faudrait ranger l'inventeur du magnétisme dans cet épais bataillon de fourbes célèbres qui, tantôt à l'aide d'une victoire, tantôt à l'aide d'une parole hypocritement inspirée, ont usurpé l'autorité souveraine en détrônant la liberté.

Non, rien ne nous forcera à croire qu'un homme convaincu de la sainteté de sa mission, de l'excellence de la doctrine qu'il veut faire triompher aux dépens même de son repos, de son bonheur et de sa vie, puisse avoir recours au mensonge, à la fraude, disons plus encore, à la plus abjecte parade pour inaugurer son système et pour populariser son nom. La haute politique compte peut-être de pareils bateleurs, mais la science n'en doit pas compter.

Disciple de Swieten, admirateur passionné de l'astronome Maximilien Stelle, Mesmer fut l'un des plus brillants élèves de l'Université de Vienne. Sa facilité prodigieuse lui permettait de suivre avec un égal succès les cours de physique, de philosophie, de mathématiques, de médecine et de chirurgie. A vingt-quatre ans il obtenait le bonnet de docteur et ce fut dans sa thèse inaugurale qu'il essaya d'admettre pour la première fois l'hypothèse d'un fluide qui fut d'abord pour lui l'électricité et plus tard le fluide magnétique.

Mesmer docteur, Mesmer libre de s'abandonner aux inspirations de son génie, travailla avec une incroyable ardeur à poser la base de sa nouvelle doctrine qui devait régénérer la science médicale, cette science qui selon lui était restée stationnaire depuis Hippocrate. Il écrivit beaucoup; il inonda l'Allemagne, la France et l'Italie de ses mémoires et de ses brochures, il guérit quelques malades; il parla en prophète, à la façon des hommes qui veulent soumettre les peuples à une grande idée ou à une grande fortune; il combattit à outrance ses confrères les médecins. Mais on n'attaque pas toujours impunément la routine et les préjugés; les médecins de Vienne, de Berlin, d'Iéna, de Léipsick, de Stutgard, de Munich et de Dresde se liguèrent, et bientôt, de par Esculape, le docteur Mesmer fut déclaré empirique, charlatan, imposteur. L'opinion publique à Vienne et à Berlin, surtout, confirma la sentence du Sanhédrin médical.

La persécution aiguise l'opiniâtreté des âmes fortes. On rêve d'abord la palme du triomphe, on finit par convoiter la palme du martyr. Mesmer fit courageusement tête à l'orage, mais le péril augmentait, et il crut prudent, pour le salut de son idée, de renoncer pour le moment à la couronne du martyr pour conquérir chez un peuple voisin l'auréole de la célébrité. Le jeune docteur se décida à venir en France.

Une archiduchesse d'Autriche était alors assise sur le trône des lys. Marie-Antoinette, française par l'esprit et par la grâce, avait conservé un cœur allemand, et entourait d'une sollicitude pleine de tendresse et d'atticisme ceux de ses compatriotes qui venaient implorer son appui. Mesmer se promit de ne pas négliger cette suprême protection; il quitta Vienne, et arriva à Paris, où sa réputation l'avait précédé.

Le poète comique Aristophane disait que, de son temps, les Athéniens étaient les aubergistes du Péloponèse. Avec plus de raison on pourrait dire que les Parisiens sont les hôteliers non pas seulement de la France, mais de l'Europe, mais du monde entier. Le plus notable et le plus beau titre que l'on puisse avoir à leurs yeux, c'est celui d'étranger : ne point parler français, ou mêler à la langue de Bossuet, de Corneille et de Lafontaine, des termes valaques ou iroquois, leur fait battre délicieusement le cœur. Aussi les Parisiens, pour interpréter leurs poètes, pour enseigner les sciences, pour garder leurs bibliothèques, pour édifier leurs monuments publics, pour orner leurs palais, ne veulent-ils que des étrangers. Le génie ou l'esprit national, fi donc! Cette superbe indifférence, ou plutôt cet incompréhensible mépris, explique pourquoi le grand Poussin peignit tous ses tableaux à Rome, et pourquoi notre illustre Brunel dota l'Angleterre du pont sous la Tamise.

Mesmer fut accueilli à Paris avec faveur, avec enthousiasme. Tous les salons lui furent ouverts, tous les palais lui offrirent des fêtes; la reine elle-même le reçut *villageoisement* dans sa laiterie suisse du petit Trianon, et s'entretint deux heures avec lui dans la langue de leur commune patrie.

Mesmer était arrivé à Paris en 1778; dès l'année suivante, il publia un mémoire fort substantiel sur sa découverte, dont on nous saura gré d'extraire le passage suivant, qui est en quelque sorte l'*exposé des motifs* de la doctrine mesmérienne :

« Le magnétisme animal est un fluide universellement répandu; il est le moyen d'une influence mutuelle entre les corps célestes, la terre et les corps animés; il est continué de manière à ne souffrir aucun vide; sa subtilité ne permet aucune comparaison; il est capable de recevoir, propager, communiquer toutes les impressions du mouvement; il est susceptible de flux et de reflux. Le corps animal éprouve les effets de cet agent, et c'est en s'insinuant dans la substance des nerfs qu'il les affecte immédiatement. On reconnaît particulièrement dans le corps humain des propriétés analogues à celles de l'aimant; on y distingue des pôles également divers et opposés. L'action et la vertu du magnétisme animal peuvent être communiqués d'un corps à d'autres corps animés et inanimés; cette action a lieu à une distance éloignée, sans le secours d'autres corps intermédiaires; elle est augmentée, réfléchie par les glaces; communiquée, propagée, augmentée par le son; cette vertu peut être accumulée, concentrée, transportée. Quoique ce fluide soit universel, tous les corps animés n'en sont pas également susceptibles; il en est même, quoiqu'en très-petit nombre, qui ont une propriété si opposée, que leur seule présence détruit tous les effets de ce fluide dans les autres corps.

« Le magnétisme animal peut guérir immédiatement les maux de nerfs, et médiatement les autres; il perfectionne l'action des médicaments; il provoque et dirige les crises salutaires, de manière qu'on peut s'en rendre maître; par son moyen, le médecin connaît l'état de santé de chaque individu, et juge avec certitude l'origine, la nature et les progrès des maladies les plus compliquées; il en empêche l'accroissement et parvient à leur guérison, sans jamais exposer le malade à des effets dangereux ou à des suites fâcheuses, quels que soient l'âge, le tempérament et le sexe. La nature offre dans le magnétisme, un moyen universel de guérir et de préserver les hommes. »

Ce mémoire fit grand bruit, et commença le prosélytisme de la nouvelle doctrine. Attaqué avec acharnement par les uns, défendu avec opiniâtreté par les autres, Mesmer vit sa réputation grandir et se développer avec une rapidité extrême. Enfin, pour que rien ne manquât à sa gloire, Mesmer fut chansonné comme Marlborough et Mazarin, dans les carrefours, et Curtius, le célèbre mouleur, le plaça dans son Olympe de cire et de carton, en compagnie de M. de Voltaire, du roi de Prusse, de la fille Salmon et de plusieurs scélérats illustres.

Ce ne fut pourtant qu'en 1784, c'est-à-dire cinq ans après la publication de son premier mémoire, que le roi nomma des commissaires pour examiner le magnétisme animal. Ces commissaires, au nombre de neuf, étaient, pour la Faculté de Paris, MM. Borie, Sallin, Darcet, Guillotin; pour l'Académie des sciences, MM. Franklin, Le Roy, Bailly, de Bory, Lavoisier.

Le rapport de ces médecins, de ces physiciens, de ces savants du premier ordre ne fut pas favorable au moyen curatif inventé par Mesmer; mais il ne sera sans doute pas inutile de puiser dans ce lumineux rapport la description de l'appareil magnétique. Nous n'écrivons pas un roman, et l'intérêt que nous cherchons à répandre dans nos récits, ne saurait être amoindri par un tableau tracé de la main du savant et infortuné Bailly.

« .... Au milieu d'une grande salle s'élève une caisse circulaire, faite de bois de chêne, et élevée d'un pied ou d'un pied et demi, que l'on nomme le *baquet;* ce qui fait le dessus de cette caisse est percé d'un nombre de trous d'où sortent des branches de fer coudées et mobiles. Les malades sont placés à plusieurs rangs autour de ce baquet, et chacun a sa branche de fer, laquelle, au moyen du coude, peut être appliquée directement sur la partie malade; une corde passée autour de leurs corps les unit les uns aux autres; quelquefois on forme une seconde chaîne en se communiquant par les mains, c'est-à-dire en appliquant le pouce entre le pouce et le doigt index de son voisin; alors on presse le pouce que l'on tient ainsi, l'impression reçue à la gauche se rend par la droite, et elle circule ainsi à la ronde. Un piano-forte est placé dans un coin de la salle, et on y joue différents airs sur des mouvements variés. On y joint quelquefois le son de la voix et le chant. Tous ceux qui magnétisent ont à la main une baguette de fer longue de dix à douze pouces. »

Quel singulier spectacle devaient offrir ces quarante ou cinquante malades de différents âges et de différents sexes, rangés autour de la piscine mesmérienne, et tout disposés, comme un demi-siècle avant, les jansénistes sur la tombe du diacre Pâris, à se livrer aux contorsions les plus échevelées. Il n'y a qu'une ville au monde où de semblables scènes puissent trouver des acteurs et des spectateurs bénévoles, et cette ville est Paris.

Les héritiers de la doctrine de Mesmer ont prodigieusement modifié cet appareil quelque peu magique, et on doit les en féliciter. La science n'est jamais plus digne de respect que lorsqu'elle se montre tout nue comme la vérité.

Quelques années après l'arrivée de Mesmer à Paris, le magnétisme, dont il était l'inventeur, ou du moins le *reproducteur*, trouva un puissant auxiliaire dans le somnambulisme. Un des plus fervents et des plus assidus disciples du docteur jaune, — ce fut ainsi que les gens de cour, fort nombreux aux expériences magnétiques, surnommèrent le médecin viennois, vraisemblablement à cause de la couleur de son teint, — le marquis de Puységur, avait remarqué plus d'une fois que parmi les *crisiaques* du baquet, plusieurs étaient pris d'un sommeil somnambulique. Il adressa la parole à un de ces dormeurs, et ce dormeur lui répondit. M. de Puységur continua ses expériences, et leur complète réussite ne laissa plus aucun doute dans l'esprit de M. de Puységur, sur la lucidité de certains somnambules. Dès-lors, le magnétisme se transforma; il fut doublé de somnambulisme, et le baquet mesmérien devint un mythe et n'exista plus que dans les caricatures de Duparc et de Boilly.

Résumons, en empruntant quelques lignes à un savant praticien, l'alliance du magnétisme et du somnambulisme.

Mesmer suppose que l'univers entier est plongé dans une sorte d'éther, de fluide éminemment subtil, que ce fluide pénètre tous les corps vivants comme les corps inorganisés, et qu'en se rendant maître de cet agent mystérieux on pouvait produire dans l'économie animale des effets merveilleux, et principalement amener la solution de certains états morbides, réfractaires aux moyens ordinaires de la médecine.

Partant de cette définition, le marquis de Puységur s'attacha à rendre le somnambulisme tributaire du magnétisme. La fortune, la position de M. de Puységur, lui fournirent le moyen de se livrer à des expériences coûteuses et réitérées : il se retira à son magnifique château de Busancy, et bientôt le manoir féodal fut aussi fréquenté par les oisifs, les curieux et les hypocondriaques de la cour et de la ville, que l'avait été naguère l'hôtel de la place Vendôme[1].

Dans le somnambulisme *lucide*, ainsi appelé pour le distinguer du somnambulisme naturel, l'individu, assure-t-on, placé dans des conditions physiologiques et morales tout à fait insolites, est sous la dépendance exclusive et absolue du magnétiseur; il peut

[1] On sait que Mesmer logea ses baquets et lui-même dans un splendide hôtel de la place Vendôme. Le savant docteur était, ce me semble aussi, un fort profond observateur. Il avait compris que pour réussir à Paris, il faut avant tout frapper les yeux et afficher les dehors d'une opulence véritable ou d'emprunt

lire sans le secours des yeux, il lit même dans la pensée des personnes qui sont mises en rapport avec lui; il a l'instinct des remèdes, il prédit l'avenir. Il n'est pas besoin pour produire ce résultat de l'appareil dont Mesmer croyait devoir s'entourer : quelques attouchements faits au front, le long des bras du sujet qu'il s'agit de magnétiser, attouchements que l'on appelle *passes*, de simples gestes, la volonté même sans aucune manifestation extérieure, suffisent pour développer ces phénomènes, dans leur ensemble ou en partie, chez les individus que leur constitution rend aptes à recevoir l'action magnétique.

L'Europe entière retentit des prodiges opérés par le seigneur de Busancy, qui continuait Mesmer et qui ajoutait à la doctrine du docteur allemand, et bientôt il se forma en Europe et en Amérique des sociétés magnétiques. On en compta soixante en France, vingt-sept en Angleterre, cinquante-trois en Italie, trente-deux à Boston, à New-York et à Philadelphie, onze en Suède et en Danemark, cinq en Espagne et plus de trois cents en Allemagne. En Prusse, spécialement, le magnétisme compta d'illustres prosélytes; des savants tels que Sprengel, Klugg, Wienold, Hufeland, Stregmann et Hauss s'efforcèrent de régulariser les études, et le roi de Prusse, pour arracher au charlatanisme les bénéfices certains qu'offrait une science encore au berceau, rendit une ordonnance qui défendait la pratique du magnétisme à quiconque serait étranger à l'art de guérir.

La révolution française qui ébranla le monde, qui fit trébucher tant de couronnes, qui renversa tant d'idées, tant d'institutions, tant de principes, fit oublier aussi Mesmer, le magnétisme et ses baquets, le marquis de Puységur, son ormeau magique, et le somnambulisme[1]; mais à la Restauration lorsque les jours de loisirs revinrent avec le soleil de la paix, il y eut en France une

[1] Le marquis de Puységur, dans sa fureur de grand-prêtre, avait magnétisé un vieil et bel ormeau qui se trouvait sous les fenêtres de son château, et prétendit que tous ceux qui s'asseyaient sous son ombrage étaient saisis d'un sommeil invincible. Ce sommeil magnétique était moins perfide cependant que celui du mancenillier.

recrudescence de magnétisme et de somnambulisme. Dès 1819 plusieurs brochures furent publiées sur le magnétisme Puységurien et MM. Virey, d'Hénin, Cuvillers, Barotte, Singlet, traitèrent dans divers écrits parfaitement inconnus aujourd'hui, les points controversés de la science magnétique. M. Deleuse, professeur au Muséum d'histoire naturelle, élève, ami et collaborateur de M. de Jussieu et propagateur ardent de la science magnétique, fit à cette époque la profession de foi suivante :

« Je crois à une émanation de moi-même parce que des effets se produisent sans que je touche le sujet que je magnétise, et que rien ne produit rien. J'ignore la nature de cette émanation, je ne sais à quel distance elle peut s'étendre, mais je sais qu'elle est lancée et dirigée par ma volonté, car lorsque je cesse de vouloir, elle n'agit plus. »

Une opinion bien autrement importante et bien autrement illustre que celle de M. Deleuse s'était déjà formulée sur cet objet délicat. Le savant La Place, dans sa *Théorie des calculs de la probabilité* avait dit :

« Les phénomènes singuliers qui résultent de l'extrême sensibilité des nerfs chez quelques individus ont donné naissance à diverses opinions sur l'existence d'un nouvel agent que l'on a nommé *magnétisme animal*. Il est naturel de penser que l'action de ces causes est très-faible et peut être facilement troublée par un grand nombre de circonstances accidentelles. Ainsi, de ce que, dans plusieurs cas, elle ne s'est point manifestée, on ne doit point conclure qu'elle n'existe jamais. Nous sommes si éloignés de connaître tous les agents de la nature et leurs divers modes d'action, qu'il serait peu philosophique de nier l'existence des phénomènes, uniquement parce qu'ils sont inexplicables dans l'état actuel de nos connaissances. »

Le corps médical, jusque-là hostile au magnétisme, commença, dès les vingt-cinq premières années de ce siècle, à étudier, sans prévention et sans haine, la doctrine de Mesmer et les expériences de M. le marquis de Puységur. En 1825, un médecin de la faculté de Paris, le docteur Foissac, proposait à l'Académie de médecine une séance magnétique, afin que cette compagnie pût rendre compte des phénomènes dont elle serait témoin. Après des débats longs et animés, l'Académie accepta la proposition, et nomma, en 1826, une commission composée de MM. Husson, Isard, Bourdois de la Motte, Guenault de Mussy, Marc, Tillaye, Fouquier, Double et Magendie.

Pendant cinq années consécutives la commission fonctionna, et on doit le penser, avec toute la consciencieuse sollicitude dont elle était susceptible. En 1831, M. Husson, chargé de résumer les travaux de la commission, lut, à l'Académie, son rapport qui, bien que négativement favorable au magnétisme, ne conclut à rien. On jugera de l'esprit général de ce rapport par les deux derniers paragraphes que nous citons et qui renferment, selon nous, la pensée de la commission :

« Considéré comme agent de phénomènes physiologiques ou comme moyen thérapeutique, le magnétisme devrait trouver sa place dans le cadre des connaissances médicales; et, par conséquent, les médecins seuls devraient en faire ou en surveiller l'emploi, ainsi que cela se pratique dans les pays du nord. La commission n'a pu vérifier, *parce qu'elle n'en a pas eu l'occasion*, d'autres facultés que les magnétiseurs avaient annoncé exister chez les somnambules; mais elle a recueilli et communiqué des faits assez importants pour qu'elle pense que l'Académie devrait *encourager les recherches sur le magnétisme*, comme une branche *très-curieuse* de psycologie et d'histoire naturelle. »

En 1837, l'Académie de médecine organisa une nouvelle commission pour examiner une somnambule dirigée par le docteur Berna. Ce médecin s'était engagé à faire devant la commission les expériences suivantes :

1° Insensibilité complète d'un membre, provoquée par le magnétisme.

2° Restitution par la volonté de la sensibilité de ce membre.

3° Obéissance à l'ordre mental de perdre le mouvement.

4° Obéissance à l'ordre mental de cesser de répondre au milieu d'une conversation.

Les expériences échouèrent et M. Berna attribua cet échec à un concours de *circonstances opposées à l'influence magnétique*.

A la suite de cette séance, le docteur Burdin, mû par un vif sentiment de probité et de vérité scientifique, et voulant mettre un terme à toutes les incertitudes sur le magnétisme, proposa un prix de trois mille francs *à la somnambule qui lirait sans le secours de ses yeux, ce qui offrirait ce qu'on appelle la transposition des sens*.

Le prix est encore à donner.

De 1840 à 1850, une foule de livres ont été publiés sur le magnétisme et des centaines de magnétiseurs et de somnambules plus ou moins lucides ont surgi de toutes parts. L'attention du gouvernement s'est portée naturellement sur cette science qui prenait toutes les proportions d'une industrie, et somnambules et magnétiseurs vont être l'objet d'une surveillance spéciale. Tout ce qui porte le cachet du merveilleux et de l'inconnu est amoureusement adopté par le vulgaire, et la crédulité extrême enfante l'extrême friponnerie; aux douzième, treizième et quatorzième siècles, l'alchimie et la pierre philosophale ruinèrent autant de familles que les guerres civiles; au dix-neuvième siècle, et en dépit de cette diffusion de lumières que les Tabarins et les Mondori de la presse font sonner si haut, les magnétiseurs et les somnambulistes auraient bien pu, sans ces sages précautions, renouveler les turpitudes de la cour des Miracles et les mystiques agapes de la tour de Saint-Jacques-de-la-Boucherie.

Le magnétisme, appellation dérivée du mot grec, *Magnès*, qui signifie *aimant*, n'était point inconnu de l'antiquité. Il est hors de doute, que les pythonisses des Philistins et des Hébreux, si souvent citées dans les saintes Écritures, et que les sybilles du Latium, de l'Étrurie, aussi bien que les prêtres de Delphes et d'Epidaure, ne fussent initiés aux mystères de cette science[1] occulte dont ils savaient tirer un grand profit. Au moyen-âge et dans le cours des siècles plus rapprochés du nôtre, Avicenne, Jacob Alumbar, Robert Fludd, Ecbert Pontanus, Arnaud de Villeneuve, Albert-le-Grand, Cardan, Paracelse et plusieurs autres savants, philosophes et médecins, constatèrent la propriété de l'aimant pour combattre et adoucir les affections nerveuses. Mais au dix-huitième siècle, le souvenir du magnétisme était complètement éteint, et les efforts de Klarich, médecin du roi d'Angleterre, de Zwinger, d'Hoffmann, de Kœsner, de Glaubrecht, de Weber, de Reichel, de Stromer, d'Aken, de Paullan, d'Arquier, de Sigaud-Lafond, du patient et judicieux abbé Lenoble, lui-même, ne parvinrent pas à émouvoir la curiosité et la sympathie publique. Il appartenait à Antoine Mesmer d'opérer ce miracle, de fonder un système et de rallier à la doctrine nouvelle toutes les intelligences et toutes les volontés, en attelant à son char triomphal la mode, les plaisirs et l'amour. Hippocrate, dans le temple de la place Vendôme, donnait la main à Épicure. C'était une alliance offensive et défensive entre la médecine et la volupté.

Si Mesmer et le magnétisme furent violemment et parfois injustement attaqués, ils furent aussi défendus avec un courage, une résolution et un dévouement dignes d'une cause plus sérieuse ou plus auguste. Le docteur allemand comptait de nombreux prosélytes, surtout à la cour et dans les premiers rangs de la bourgeoisie, et, s'il faut en croire les mémoires du temps, outre la reine Marie-Antoinette, qui se rendait souvent *incognito* place Vendôme, outre le comte d'Artois, outre le duc d'Orléans, outre l'avocat Bergasse et le fougueux conseiller au parlement d'Eprémenil, Mesmer voyait dans M. le marquis de Lafayette l'apôtre le plus fervent et le disciple le plus intrépide de sa doctrine. Ainsi l'homme

[1] Les pythonisses et les sybilles ont cessé de rendre des oracles, mais on trouve encore en Ecosse des hommes et principalement des jeunes filles qui prédisent l'avenir ou qui voient les choses éloignées, et tout cela le plus simplement du monde, sans préparation et sans espérer de profit. Les Ecossais appellent ce créatures privilégiées des *voyants*. On nomme aussi *don de seconde vue* cette singulière aptitude de l'âme. Si le magnétisme existe, c'est sans doute en Ecosse.

qui devait fatalement présider à deux révolutions, le général que la patrie devait accuser tour à tour d'avoir trahi la royauté et d'avoir trahi la liberté, préludait devant les baquets de Mesmer au sommeil féerique du 6 octobre 1789, et aux promenades carnavalesques du 29 juillet 1830.

Mesmer gâtait son incontestable mérite par un orgueil démesuré, par une avarice sordide et par une noire ingratitude. Il écrivit une lettre insolente à M. de Maurepas, — alors ministre dirigeant, — pour se plaindre du peu de cas que le roi de France et la cour semblaient faire de lui. Quelque temps après, le baron de Breteuil étant venu lui offrir, au nom de Louis XVI, vingt mille francs de rentes viagères et un traitement annuel de dix mille francs, sous la seule condition de divulguer un secret qui pouvait être utile à l'humanité, il répondit avec hauteur : « Proposez-moi un million comptant et un traitement de cinquante mille livres, et je verrai ce que j'aurai à faire. »

L'outrecuidance de ces paroles porta des fruits bien amers pour le docteur viennois. Les sympathies illustres qui le soutenaient à la cour s'éloignèrent de lui, et des brochures écrites avec une ironie pleine de fiel et de haine, telles que : *Des abus auxquels le mesmérisme a donné lieu; le Colosse aux pieds d'argile; le Charlatan Teuton; les Arlequinades Mesmériennes*, vinrent donner l'appoint du ridicule aux graves censures fulminées par la Faculté de médecine et par l'Académie des sciences. Pour comble de malheur, la femme d'un membre de l'Académie mourut dans les mains de Mesmer, et la marquise de Fleury, que le magnétiseur traitait pour une faiblesse de vue, en sortit complètement aveugle[1].

C'en était fait de l'astre du magnétiseur. Mesmer le comprit, et

[1] Les plaisants de l'époque rappelèrent l'épigramme suivante, qui avait été composée en 1727, lors des convulsions, sur le tombeau de M. Pâris, au cimetière de Saint-Médard :

Un décrotteur à la royale
Du talon gauche estropié,
Obtint par grâce spéciale
D'être boiteux de l'autre pié.

se hâta de quitter la France pour retourner en Allemagne. Mais, avant de reprendre le chemin de sa patrie, le docteur, grâce à l'ingénieuse industrie de son disciple, l'avocat Bergasse, toucha la somme énorme de 330,000 fr. C'était un tribut volontaire de tous les malades, valétudinaires, hypocondriaques de France et de Navarre qui croyaient encore au magnétisme. On donnait son argent en échange d'une action ou d'un morceau de papier qui promettait le fameux secret du maître. L'argent et le maître s'en allèrent, mais le secret ne vint pas.

Nous ne caractériserons pas, et il n'entre pas dans notre pensée de caractériser ce procédé de l'inventeur du magnétisme animal; mais nous flétrirons son ingratitude, car l'ingratitude est à nos yeux plus blâmable encore que l'indélicatesse.

A peine arrivé en Allemagne, Mesmer écrivit contre M. Deslon, son lieutenant, contre l'homme éminent, le praticien distingué qui avait sacrifié à Mesmer, encore inconnu, ses préjugés, son avenir, ses emplois, peut-être! Il accusa M. Deslon d'avoir voulu lui dérober son secret. Mesmer écrivit contre le marquis de Puységur, qu'il traita de contrefacteur; il écrivit contre ses anciens amis et ses ennemis, et enfin contre Bergasse, qui lui avait fait obtenir, aux dépens de son propre honneur, — car l'avocat, dans le paroxysme de son zèle, avait répondu pour son maître, — la modeste somme de cent dix mille écus!!!

Après avoir entrepris et exécuté quelques voyages encore dans le nord de l'Allemagne et en Angleterre, Antoine Mesmer se retira dans le canton de Turgau, où il mourut en 1815, laissant, comme Socrate à ses disciples, selon la version peu croyable de quelques biographes, des paroles d'encouragement et d'espérance sur l'avenir du magnétisme.

Terminons notre aperçu sur le magnétisme par les lumineuses considérations par lesquelles Bailly termine lui-même son mémorable rapport : « Les expériences des commissaires démontrent que les effets obtenus par le magnétisme sont dus à l'attouchement, à l'imagination, à l'imitation. Ces causes sont donc celles du magnétisme en général. Les observations des commissaires les ont convaincus que ces crises convulsives et les moyens violents ne peuvent être utiles en médecine que comme les *poisons ;* et ils ont jugé, indépendamment de toute théorie, que partout où l'on cherchera à exciter des convulsions, elles pourront devenir habituelles et nuisibles; elles pourront se répandre en épidémie, et peut-être s'étendre aux générations futures. Les commissaires ont dû conclure, en conséquence, que non-seulement les procédés d'une pratique particulière, mais les procédés du magnétisme en général, pouvaient à la longue devenir FUNESTES. »

NOTA. — M. le comte Beugnot s'exprime en ces termes dans ses mémoires inédits, au sujet du charlatan Cagliostro :

« Un des prestiges de Cagliostro était de faire connaître à Paris un événement « qui venait de se passer à l'instant même à Vienne, à Pékin ou à Londres; « mais il avait besoin pour cela d'un appareil; cet appareil consistait en un globe « de verre, rempli d'eau clarifiée et posé sur une table. Cette table était couverte « d'un tapis fond noir où étaient brodés en couleur rouge les signes cabalisti- « ques des Rose-Croix du degré suprême. Cet appareil préparé, il fallait placer à « genoux, devant le globe de verre, une voyante, c'est-à-dire une jeune personne « qui aperçût les scènes dont le globe allait offrir le tableau, et qui en fît le « récit.

« La jeune innocente, ou la voyante agenouillée et les yeux fixés sur le globe « rempli d'eau, l'évocation commençait : l'évocateur appelle les génies, par un « concours d'emblèmes et de paroles cabalistiques, et les somme d'entrer dans « le globe et d'y représenter les événements passés qu'on ignore, ou ceux à « venir dont on veut avoir connaissance; il paraît que ce jeu n'amuse pas du « tout les génies; quelquefois l'évocateur sue sang et eau pour vaincre leur ré- « sistance et n'en vient pas à son honneur; si, au contraire, les génies cèdent, « alors ils entrent pêle-mêle dans le globe de verre : l'eau s'agite et se trouble; « la voyante éprouve des convulsions, elle s'écrie qu'elle voit, qu'elle va voir, et « demande à grands cris qu'on la secoure; elle tombe et roule par terre, à tra- « vers des contorsions, des grincements de dents, des convulsions si fortes qu'à « la fin de la séance, on porte la voyante à demi-morte dans un lit. »

Du globe de verre de Cagliostro au baquet magnétique de Mesmer, il n'y a que la main du magnétiseur.

CHAPITRE I

LA VAPEUR.

Le fou de Bicêtre. — Le parc du prince de Conti. — La Vapeur sur mer et sur terre. — Son influence sur les mœurs des nations, etc.

Si on eut dit à un Anglais du temps de Cromwell, que vers la moitié du dix-neuvième siècle, les navires de sa nation atteindraient plus rapidement les mers de la Chine et du Japon, qu'ils n'abordaient en 1650 au rivage des colonies britanniques, cet Anglais eut haussé les épaules, et, dans son incrédulité, aurait traité de rêveur et d'insensé l'homme qui lui aurait tenu ce langage. L'Anglais est positif, et ne croit ni aux prodiges, ni aux miracles. Cependant ce miracle devait éclater, ce prodige devait s'accomplir : quelques gouttes d'eau, quelques charbons enflammés suffisent aujourd'hui pour franchir d'effroyables distances, et la vapeur a donné des ailes au corps de l'homme, comme l'imprimerie, au quatorzième siècle, donna des ailes à sa pensée.

L'invention de la machine à vapeur est si merveilleuse, si importante, qu'il ne faut pas s'étonner que les diverses nations aient cherché à se l'attribuer. Les Anglais, comme toujours, ont revendiqué cette précieuse découverte pour leur pays; mais la France a de meilleurs titres que les leurs, et si les Anglais ont perfectionné, les Français ont inventé.

Cependant, malgré la haute opinion que les modernes ont d'eux-mêmes, il faut reconnaître que l'antiquité nous a encore précédé dans l'étude et l'application de la vapeur. On soupçonne avec quelque fondement qu'Archimède n'ignorait pas les propriétés de la vapeur; et il est certain que Héron d'Alexandrie, qui florissait un siècle après Archimède, s'était aperçu de la force de réaction de la vapeur; car il faisait tourner une sphère remplie de vapeur élastique en laissant celle-ci s'écouler par un trou percé sur le côté d'un tuyau adapté à la boule de cet éolipyle. Au moyen-âge, et sous le règne de Justinien, un moine grec fit cuire en moins d'une heure trois bœufs entiers nécessaires à la nourriture d'un corps de troupes qui était venu camper sous les murs de son monastère. Le moine passa pour sorcier, et sa conduite fut déférée à l'empereur et au patriarche de Constantinople. Il se justifia si bien, et les procédés qu'il avait employés pour nourrir les défenseurs de la patrie parurent si orthodoxes, qu'il fut nommé peu de temps après évêque de Césarée. Dans ce poste éminent, il put se livrer tout à son aise à la culture de l'astronomie et de la physique sans craindre de nouvelles persécutions. Ce moine connaissait-il la vapeur, et fût-ce grâce à elle qu'il devint évêque?

Quoiqu'il en soit, la vapeur et ses magiques effets furent ensevelis pendant près de deux mille ans dans les limbes de l'oubli. L'esprit humain tour à tour envahi, occupé, subjugué par les disputes théologiques, par l'alchimie, par l'astrologie judiciaire, par l'étude immense des lois romaines et des codes barbares, ne chercha point à retrouver la trace des expériences du philosophe d'Alexandrie et du moine de Constantinople. Ce ne fut qu'au commencement du dix-septième siècle, qu'un Français, Salomon de Caus, qui prenait le titre d'ingénieur et d'architecte de son altesse Palatine, publia à Francfort-sur-le-Mein, un ouvrage intitulé : *Les raisons des forces mouvantes*. Dans ce livre, écrit sans prétention, se trouve la description d'un appareil propre à faire monter l'eau au-dessus de son niveau à l'aide du feu. Le marquis de Worcester ne fit que piller incomplètement la théorie de Caus dans son livre intitulé *Century of inventions* et ne parvint pas, malgré toute l'habileté de sa publication, à dérober à l'auteur français la part de gloire que la postérité devait lui restituer.

Salomon de Caus est donc sinon l'inventeur, du moins le restaurateur de la vapeur. Cette prodigieuse découverte date de 1615, émane exclusivement de Salomon de Caus et ne peut appartenir qu'à lui, malgré les dénégations de l'Angleterre, malgré l'obscurité dont le nom de cet homme de génie a été enveloppé au sein même de sa patrie pendant plus de deux siècles.

Salomon de Caus, persécuté durant sa vie, l'a encore été après sa mort. Des écrivains, pour lesquels rien n'est sacré, ni la gloire, ni le génie, ni le malheur, se sont emparés de quelques particularités de sa vie, et la fiction aidant, ont fait Salomon de Caus le favori d'une courtisane célèbre, le rival d'un grand ministre, le héros d'aventures dignes tout au plus d'embellir la biographie d'un mousquetaire. Ces faiseurs de contes ont expliqué les longues infortunes, la misère, la lente agonie du savant gentilhomme par l'extravagance de ses passions ou par les stupides exigences de son humeur. Il est temps de rendre aux faits leur véritable signification; il est temps de dégager la vie déjà si surchargée d'incidents déplorables de Salomon de Caus, des ornements lubriques, des péripéties romanesques que des auteurs peu scrupuleux se sont fait un jeu cruel d'y attacher. L'homme de génie, trahi par le sort, a des droits au respect de tous, et c'est honorer singulièrement une tombe longtemps abandonnée, que de mêler aux cyprès qui l'ombragent des guirlandes de fleurs, des couronnes de myrthe et les flûtes enrubannées des Sylvains et des Faunes.

Salomon de Caus était né en Normandie vers la fin du seizième siècle. Son père, qui avait servi avec distinction dans la marine militaire, lui donna une éducation brillante dont le jeune Salomon ne profita qu'à moitié, son génie l'appelant vers des sciences fort peu cultivées dans les écoles de ce temps-là. Aussi, abandonnant dès l'âge de seize ans les poètes et les orateurs de l'antiquité, les jésuites, ses maîtres et le collége, alla-t-il à Bayeux auprès d'un vieil ingénieur des vaisseaux du roi, nommé Pierre de Vaterville, ami de son père, qui lui donna les premières leçons de mathématiques. Le jeune de Caus fit des progrès si rapides que le vieux Vaterville lui dit un jour : Salomon, vous en savez plus que moi, et il ne dépend que de vous de devenir un grand géomètre et peut-être un grand homme. Prenez garde, cependant, à ne point ouvrir la main trop facilement aux découvertes que vous pourrez faire. Les hommes se complaisent dans la routine et dans l'erreur, et persécutent la sagesse. Que l'exemple de Christophe Colomb, de Bernard de Palissy et de Galilée vous serve : soyez circonspect, mesuré, patient, la gloire vient toujours à qui sait l'attendre d'un front calme et d'un cœur pur.

Hélas! Salomon de Caus ne devait pas régler sa conduite sur les prudents conseils de son vieil ami!! Entraîné par l'exaltation naturelle à son âge, l'âme remplie d'étincelantes chimères, il quitta la Normandie et la France, aussi léger, aussi intrépide qu'un jeune aigle qui pour la première fois déserte son aire, pour contempler face à face le soleil et disputer la victoire à ses rivaux. Peut-être de Caus entrevoyait-il, à travers les limbes du présent, cette immortalité qui ne devait luire sur son nom que deux siècles après sa mort et qu'il devait acheter au prix de sa raison et de sa liberté!

Salomon de Caus passa en Angleterre, où la protection de l'ambassadeur de France lui valut un emploi chez le prince de Galles. Peu de mois après le jeune physicien quitta l'Angleterre et courut en Allemagne, où l'Electeur de Bavière lui donna la direction de ses jardins et de ses bâtiments. Ce fut pendant son séjour en Allemagne que de Caus publia des ouvrages marqués au coin de la science et de l'utilité : outre le livre des *Raisons des forces mouvantes* dont nous avons déjà parlé, il donna *La perspective avec la mesure des ombres et miroirs*, l'*Hortus palatium*—le jardin de la Cour.—Cet ouvrage offre la description des embellissements que l'auteur avait ajoutés au jardin déjà splendide de l'Electeur; *Institution harmonique*, dédiée à la reine d'Angleterre; *La Pratique et la Démonstration des horloges solaires*.

Salomon de Caus revint en France vers les derniers mois de l'année 1629. C'est vraisemblablement à cette époque qu'il faut placer sa captivité et le commencement de sa lente et douloureuse agonie. Salomon avait découvert la vapeur; il en avait longuement énuméré les péripéties et prouvé l'importance dans un ouvrage où il établissait toute une doctrine, tout un système, toute une révolution. Salomon avait voulu doter sa patrie de sa merveilleuse découverte, et il espérait que l'initiative de la France dans l'emploi de la vapeur dédommagerait le pays des pertes occasionnées par les longues guerres civiles, en élevant sa prospérité commerciale et sa puissance maritime à un degré inouï de splendeur. Salomon de Caus fut présenté au cardinal de Richelieu, et s'il faut en croire les faiseurs de mémoires, ce grand homme qui avait accueilli Cromwel, qui protégeait Corneille, qui aimait, honorait et couvrait de l'inviolabilité de sa pourpre tout ce qui avait une grande pensée au cœur ou une vaillante épée au bras, Richelieu prenant l'exaltation de Salomon de Caus pour de la folie, sa bruyante démonstration pour de la fureur, ordonna qu'il fut jeté dans un cabanon de Bicêtre. Disons qu'en même temps des ambassadeurs étrangers, l'ambassadeur d'Angleterre peut-être, — car l'Anglais est toujours disposé à ruiner la France, à amoindrir ses triomphes, à paralyser ses volontés d'intelligence ou de guerre, — dépeignaient Salomon de Caus au premier ministre de Louis XIII, comme un agent secret, comme un espion de la maison d'Autriche qui voulait cacher, sous les apparences d'une invention fabuleuse, ses menées, ses intrigues et peut-être ses complots contre la vie du cardinal et contre la tranquillité du royaume.

Il n'en fallait pas tant pour décider l'altier tuteur de Louis XIII à agir avec sévérité, avec cruauté. Salomon de Caus fut traîné dans ces affreuses gémonies, où l'intelligence la plus vive, la plus saine et la plus brillante finirait par s'éteindre moins par le pesanteur des fers que par le contact perpétuel avec des êtres dégradés. Ce fut là, dans un de ces affreux cabanons, que le marquis de Worcester et la courtisane Marion de Lorme aperçurent, un jour qu'ils visitaient Bicêtre en partie de plaisir, le malheureux de Caus, qui les supplia vainement à mains jointes et en tordant les barreaux de sa prison, de s'intéresser à son sort.

Cette apparition et cette prière ne firent qu'une impression fugitive sur la courtisane, qui, le soir, dans son gynécée de la place Royale, ne se rappela point les deux larmes qu'elle avait versée devant le cachot de Salomon. Le marquis de Worcester se rendit, lui, le lendemain, à Bicêtre, non pour briser les fers de Salomon, mais pour voler à cette intelligence déjà faussée, à cette mémoire lucide encore pour sa merveilleuse découverte, les derniers rayons, les derniers reflets du génie. De ces miettes de miracle ramassées sur la paille infecte d'un cabanon, le riche marquis de Worcester composa son livre : *Century of inventions*. C'était une seconde bataille de Poitiers gagnée sans coup férir par la cupide Angleterre.

On a reproché comme un crime, au cardinal de Richelieu, d'avoir méconnu, d'avoir repoussé sans un examen sérieux, la sublime découverte de Salomon de Caus. On a blâmé le châtiment excessif qu'il fit infliger à l'infortuné savant. Au point de vue humanitaire et moral, certes, on ne saurait trop flétrir l'abus de pouvoir, la vengeance prolongée d'un ministre presque roi ; mais au point de vue politique, il faut avouer que le cardinal, en s'assurant d'un homme qu'on lui dépeignait comme un *Français* à la solde de l'étranger, comme un traître, comme un espion, comme un meurtrier prêt à lui enfoncer un poignard dans le sein, ne fit qu'un acte de vulgaire et sage prévoyance.

Mais, dira-t-on, pourquoi ce puissant Richelieu, pourquoi ce ministre que les poètes du temps ont divinisé, que l'histoire elle-même a décoré du nom de *Grand*, n'a-t-il pas compris, n'a-t-il pas senti la découverte de Salomon de Caus ?

Le génie ne découvre pas toujours le génie, les intelligences supérieures ne parviennent pas toujours à convaincre et à persuader les intelligences semblables. Richelieu, au dix-septième siècle, Richelieu avide de tous les genres de gloire et de tous les genres de puissance, a persécuté le père de la vapeur ; Bonaparte, au dix-neuvième siècle, Bonaparte, ennemi implacable de l'Angleterre ; Bonaparte, aussi insatiable que Richelieu de gloire, de grandeur et de vengeance, chassa Fulton de son palais des Tuileries, en le traitant d'idéologue et de fou, Fulton qui lui apportait avec son navire à vapeur les clefs de Londres, le traité de Bretigny conquis et la liberté des mers ! ! !

Denis Papin, vers le milieu du dix-septième siècle, vint ajouter de nouvelles lumières, un nouvel éclat à la découverte que Salomon de Caus n'avait fait qu'indiquer ; l'ouvrage très-curieux et très-peu lu de Papin, intitulé : *La manière d'amollir les os et de faire cuire toutes sortes de viandes en fort peu de temps*, fit faire un très-grand pas à la science. Papin imagina, en outre, le premier, de faire intervenir le piston dans la machine à vapeur.

Plusieurs ingénieurs anglais et allemands apportèrent tour à tour des perfectionnements dans la construction des machines. James Watt inventa le *Condenseur* et l'appliqua avec succès.

En 1772, un ingénieur militaire français, Cugnault, construisit une machine à vapeur propre, selon lui, à parcourir de grandes distances : il ne manquait qu'une chose à ce véhicule formidable, c'était la direction. La première expérience de cette machine se fit dans le parc du château de Vanvres, chez le prince de Conti. Des membres de l'Académie des Sciences, l'ambassadeur anglais, des savants français et étrangers, le prince de Conti lui-même qui, à l'exemple des hommes de sa race, encourageait noblement les sciences et les arts, étaient présents à l'expérience. La machine de Cugnault, suffisamment équipée et chauffée, partit furieusement au signal donné par M. le prince de Conti, franchit en quelques secondes la longueur du parc, renversa un pan de muraille et alla, toujours haletante et toujours furieuse, se précipiter dans un ravin à un quart de lieue de distance de son point de départ, après avoir renversé sur son passage les arbres, les cabanes, les barrières qui lui faisaient obstacle. L'expérience réussit donc, mais on s'accorda à penser qu'on ne pouvait raisonnablement appliquer à un objet d'utilité générale un engin si merveilleusement rapide et si effroyablement destructeur. Cugnault reçut du prince une gratification de mille louis, des savants présents à l'expérience des compliments où l'ironie se mêlait traîtreusement à l'éloge, du roi le cordon de Saint-Michel [1].

Malgré l'incomplet succès de Cugnault, ses efforts dans le domaine de l'inconnu ne furent perdus ni pour la science ni pour l'industrie. Papin avait démontré et prouvé combien la force de la vapeur serait préférable à celle des galériens pour obtenir une grande vitesse en mer, et Jonathan Hull, dès 1737, avait

[1] La machine inventée par Cugnault se voit encore au Conservatoire des Arts-et-Métiers, rue Saint-Martin, à Paris.

construit un petit bâtiment ponté, qui se mouvait à l'aide de la vapeur. Mais après l'expérience de Cugnault les essais devinrent plus nombreux et successifs : Perrier en 1775, Jonathan en 1778, Patriesk Miller en 1787 et 1791, lord Stanhope en 1795 et Symenton en 1801, firent des tentatives sur une plus grande échelle et obtinrent des résultats satisfaisants et qui laissaient apercevoir, dans un prochain avenir, le triomphe décisif de cette grande découverte.

Mais il était réservé à l'américain Fulton de remporter la palme de ce triomphe si attendu. Profitant avec une habileté merveilleuse des découvertes de ses prédécesseurs, mettant à profit leurs fautes, comprenant avec une sagacité toute mohicane les moyens qu'ils avaient employés pour maîtriser, asservir, dompter le terrible agent trouvé par Salomon de Caus, il construisit et lança à New-Yorck le premier bateau à vapeur; chargé de voyageurs et de marchandises, le moderne argonaute s'élança sur les ondes de l'Océan au bruit des fanfares et des acclamations d'un peuple immense rassemblé sur le rivage et qui contemplait dans cette nef hardie le pont gigantesque jeté sur l'abîme par le génie de Fulton. A compter de ce moment l'Amérique n'était plus séparée de l'Europe; et le cataclisme, qui l'en arracha il y a six mille ans par les solitudes de l'Atlantique, était vaincu par l'intelligence de l'homme.

Ce fut quelques années après cette première course en mer, sur les ailes de la vapeur, que Fulton vint proposer à Napoléon son expérience, ses services et son secret. Napoléon le refusa et laissa échapper ainsi le sceptre des mers, qui seul pouvait affermir et consolider son trône européen; car, ainsi que l'a fort bien exprimé un poète,

Le trident de Neptune est le sceptre du monde.

La navigation à vapeur eut un temps d'arrêt comme toutes les inventions qui changent ou modifient les sociétés humaines. De 1807 à 1814 les mers furent à peine sillonnées de douze à vingt bâtiments construits sous les ordres de Fulton; mais, à compter de 1815, la navigation à vapeur prit des proportions considérables et les puissances maritimes commencèrent à se préoccuper sérieusement d'une découverte qui pouvait tout à coup peser d'un poids immense dans les batailles navales. La marine militaire s'inclina alors devant la marine marchande, et les matelots d'Aboukir et de Trafalgar furent obligés d'aller prendre des leçons des pacifiques marins du Connecticut et du Massachusset.

Mais si la puissance et l'utilité de la vapeur se déployèrent lentement sur les mers, elles prirent, dès 1810, un prodigieux essor dans les champs du commerce et de l'industrie. L'Amérique donna la première l'exemple, et l'Angleterre ne tarda pas à la suivre. Les manufactures de la Grande-Bretagne adoptèrent à l'envie les machines à vapeur, et selon les calculs les moins exagérés plus d'un million de bras en Irlande, en Écosse et Angleterre se trouvèrent inoccupés dans le court espace de trois ans par l'adoption de ces agents formidables qui centuplent les forces de l'humanité. Mais la froide et imperturbable politique anglaise ne s'émut pas de cette révolution du travail, et elle eut l'adresse de faire servir le désespoir de ses ouvriers, désormais sans moyen d'existence, à la consolidation de sa puissance dans l'Inde.

Non-seulement l'Anglais se servit des machines à vapeur, mais encore il en fit un trafic considérable. La France, toujours lente à adopter les progrès qu'elle même a fait naître, achetait de la Grande-Bretagne les machines dont elle avait besoin. Les heureux larrons de Salomon de Caus revendaient en détail à cette pauvre France, toujours généreuse et toujours trompée, le génie de l'un de ses plus illustres enfants.

En 1820, on ne comptait pas en France plus de deux cents machines à vapeur à haute et basse pression, dont un quart environ étaient d'origine anglaise; en 1830, ce nombre ne dépassait pas cinq cent soixante-douze, dont cent six étaient anglaises. Nous ne possédions en 1841 que cent soixante-neuf locomotives, dont soixante-quatorze françaises et quatre-vingt-quinze étrangères. Mais l'industrie nationale s'est améliorée depuis le traité de Londres; le gouvernement français a senti l'inconvénient de tirer des machines, qui servent aussi à la guerre navale, d'un pays qui peut être notre ennemi. Leur construction a donc été encouragée chez nous, et les ateliers d'Indret, de Paris, du Creusot, de la Ciotat, de Bitchwiller, du Havre, de Mulhouse, d'Angers, etc., sont maintenant en état de rivaliser avec les ateliers étrangers les plus avancés.

La vapeur est appelée, selon toute apparence, à opérer dans le monde une révolution plus complète, plus radicale que n'ont pu le faire les découvertes de la poudre à canon, du nouveau monde et de l'imprimerie. La poudre à canon n'a changé, après tout, que le système militaire; car le boulet de canon a multiplié le bruit sans multiplier la mort, et la muette framée de nos ancêtres portait des coups plus terribles et plus sûrs que le fusil babillard de nos soldats. La découverte de l'Amérique, en grevant l'humanité d'une hideuse maladie, en répandant sur l'Europe une pluie d'or et de vices,—car l'un ne va pas sans les autres,— a fait surgir des linceuils du moyen-âge, l'étincelante civilisation du siècle de Périclès et du siècle d'Auguste. L'invention de l'imprimerie a placé l'analyse à côté du dogme, la liberté à côté du droit, la raison face à face avec la religion. Ces trois découvertes, on le voit, n'ont exercé une influence positive que sur trois objets spéciaux : La guerre — La civilisation — La religion. La vapeur a elle seule absorbe ces trois grands objets; car en rapprochant les peuples, elle nivelle tout : c'est un rabot impitoyable qui passera sur les mœurs, sur les lois, sur les religions, sur les arts de toutes les nations du monde. Cinq cents ans de vapeur, et les bourgeois de Londres, de Pékin et de Paris seront identiquement dans les mêmes conditions sociales.

Au point de vue exclusivement commercial et industriel, la vapeur est un bienfait pour les peuples, puisqu'elle peut unir, par un sillon de flamme, les continents les plus éloignés; puisqu'elle peut, en dévorant l'espace, transporter les produits d'un hémisphère dans les ports d'un autre hémisphère et égaliser ainsi les jouissances de l'humanité.

Mais au point de vue moral et philosophique, les résultats de cette découverte sont beaucoup moins séduisants. La vapeur, messagère aveugle et terrible des passions politiques, peut couvrir l'Europe de sang et de ruines, détruire radicalement l'autorité des lois et des mœurs, et ramener une barbarie plus atroce, plus effroyable et plus hideuse que celle intronisée par les Goths sur les débris de l'empire romain. La vapeur peut effacer de la langue humaine le mot de *patrie*, mot cher et glorieux qui comprend la Religion, la Famille, la Vertu. Et comment, en effet, ce mot pourrait-il conserver sa vieille et sainte signification, quand des générations entières, entassées comme de vils pourceaux sur des wagons à prix réduits, pourront, en quelques heures, aller d'un bout de l'Europe à l'autre colporter les vices qu'elles ont et nécessairement ceux qu'elles n'ont pas encore.

C'est la vie nomade, comme on voit, des Goths et des Arabes, mais la vie nomade sans la halte sous l'oasis, sans le repos sur le bouclier du guerrier, sans la foi qui marche avec les grandes émigrations.

L'IMPRIMERIE.

CHAPITRE V.

L'IMPRIMERIE.

La maison du Taureau noir, à Mayence. — La première page. — La première presse. — Le premier livre, etc.

MOINS d'un siècle avant la découverte de l'Amérique, naissait à Mayence, un homme qui devait avec Christophe Colomb changer la face du monde et reculer les limites de l'esprit humain. La Providence, en plaçant si près l'un de l'autre le berceau de Gutenberg de la crèche du pilote génois, semble avoir voulu enseigner aux mortels leur égale aptitude à la consécration du génie.

Jean Gutenberg était issu d'une famille patricienne qui paraît avoir porté différents noms, celui de Zumjungen-Aben et celui de Gensfleisch. On trouve en effet, dans des contrats passés à Strasbourg en 1441 et en 1442, que Gutenberg est appellé *Joannes Gensfleisch, Alias Nuncupatus Gutenberg, de Maguntio.* La maison héréditaire de Gutenberg, à Mayence, était remarquable par des sculptures allégoriques, telles que les imagers en pierre en savaient tailler vers la fin du douzième siècle et vers le commencement du treizième. Un taureau colossal se dressait au-dessus de la porte principale du logis, et ces mots étaient profondément incrustés dans la pierre en caractères gothiques : RIEN NE ME RÉSISTE. Cet emblème et cette devise ne pourraient-ils pas être appliqués à l'imprimerie?

Gutenberg passa une partie de sa jeunesse à Mayence, dans cette maison du *Taureau noir*, qui était sa maison paternelle. Esprit patient et froid, on peut supposer que Jean Gutenberg consacra à des essais d'abord infructueux, une partie des jours de cette jeunesse, que le vulgaire des hommes abandonne ordinairement aux joies les plus folles et aux plaisirs les plus grossiers. Quoi qu'il en soit, dès l'année 1439, Gutenberg avait déjà fait faire un pas immense à l'art qu'il cherchait, et se rendait à Strasbourg, où il passa un acte avec trois bourgeois de cette ville pour *mettre en œuvre*, dit ce traité singulier, *plusieurs arts et secrets merveilleux qui tiennent du prodige*. En effet, l'invention de l'imprimerie ne pouvait manquer d'être considérée comme un prodige, et les parties contractantes ne jugeaient pas à propos de s'expliquer plus clairement, dans l'espérance de tirer un parti considérable d'un art pour lequel il n'y avait pas même encore de terme connu. Mais soit que les bourgeois de Strasbourg ne fussent pas assez riches pour parer aux frais énormes d'un établissement aussi considérable, soit — ce qui est plus probable — que Jean Gutenberg n'ait pas trouvé dans ses associés la foi et la persévérance qui sont l'âme des grandes entreprises, le maître du *Taureau noir* revint à Mayence dans le cours de l'année 1450 et se livra, dans sa ville natale, à de nouveaux essais et à de nombreuses expériences. Six mois ne s'étaient point écoulés depuis son retour à Mayence, qu'il forma une seconde association avec Jean Faust, bourgeois de cette ville.

Les essais de Gutenberg et de Faust se multiplièrent rapidement; Faust avait fait construire une presse et Gutenberg imprima le *Pater* en trois langues, allemand, français, italien, sur une seule page qui se vendit au nombre fabuleux — pour l'époque — de vingt-six mille sept cents exemplaires. Une Bible et quelques ouvrages de théologie suivirent le *specimen* de l'imprimerie au berceau. En 1452, Pierre Schœffer, domestique de Faust[1] trouva le secret de jeter en fonte le caractère, et mit par conséquent la dernière main à la perfection de l'imprimerie; car jusqu'alors Gutenberg et Faust n'avaient imprimé qu'avec des lettres sculptées en relief sur le bois et sur le métal : il fallait des lettres mobiles fondues, et c'est ce que Schœffer exécuta.

La fonte et la mobilité des caractères, voilà l'imprimerie. Les ignorants ont fixé son origine à l'invention des tables gravées ou bien à celle des lettres immobiles, tandis qu'il est aisé de concevoir que la découverte des lettres mobiles, gravées en relief et jetées en fonte, en est la vraie base[2].

[1] Nous avons corrompu et dénaturé l'acception de trois mille mots de notre langue depuis un siècle. Ainsi, nous appelons improprement aujourd'hui domestique un valet. Le domestique, chez nos pères, était loin d'être un serviteur, c'était un homme libre, chargé de fonctions libres. Molière était domestique de Louis XIV; Voltaire était domestique du roi de Prusse, et ces deux hommes de génie n'auraient jamais consenti à être le valet même d'un monarque tel que Louis XIV et Frédéric II.

[2] Si l'on demeure d'accord que la mobilité du caractère fait le fondement de l'imprimerie, ce ne sont ni les Chinois, qui impriment à peu près de la même manière qu'on imprime aujourd'hui les estampes, ni les bourgeois de Harlem, dont la prétention ne saurait s'étendre au-delà des tables de bois gravées, qui peuvent s'attribuer la gloire de l'invention. Ainsi, le *speculum humanæ salvationis*, gardé précieusement dans la bibliothèque de Harlem, comme un monument incontestable de l'imprimerie montée chez eux par Laurent Coster, ne décide rien. Plusieurs autres ouvrages de cette espèce, qu'on rencontre dans le cabinet des antiquaires et des curieux, sont imprimés dans le même goût de gravure.

Les livres, avant l'admirable découverte de Gutenberg et de Schœffer, étaient rares et chers. Ceux qui les confectionnaient, et dont deux au moins étaient versés dans la connaissance des langues mortes et vivantes, se faisaient payer leurs talents au poids de l'or et par cela même devenaient les plus grands obstacles à la diffusion des lumières. C'était d'abord l'écrivain que l'on appelait *stationaire,* qui copiait sur les peaux l'ouvrage que lui confiait le libraire; le parcheminier préparait ces peaux; le relieur mettait en volume les feuilles copiées; l'enlumineur peignait, relevait d'or bruni, en un mot, *illustrait*, comme on dit aujourd'hui, ces volumes qui retournaient chez le libraire pour y être vendus. Ces libraires, que l'on nommait clerc-libraires, quoiqu'ils ne fissent pas encore partie de l'Université, étaient des gens *instruits en toutes sciences* et renommés presque tous par leur probité et leur dévouement aux lettres. Pour donner une idée du prix de ces livres, nous citerons un contrat passé en 1332 par-devant deux notaires de Paris, et par lequel Geoffroy de Saint-Léger, clerc-libraire, reconnaît et confesse avoir vendu, cédé, quitté et transporté sous hypothèque, tous et chacun des biens, et garantie de son corps même, un livre intitulé : *Speculum historiale in consuetudines parisienses,* divisé et relié en quatre tomes, couvert de cuir rouge, à noble homme, messire Gérard de Montagu, avocat du roi au Parlement, moyennant la somme de quarante livres parisis [1] dont ledit libraire se tient pour content et bien payé.

Il ne faut pas s'étonner si la découverte de Gutenberg et de ses deux associés mit en émoi tous ces hommes qui vivaient littéralement de leur plume. Ils perdaient d'un seul coup leur pain et leur talent; la hideuse pauvreté allait remplacer le bien-être, car le talent improductif est une misère de plus. Les écrivains, les enlumineurs, les relieurs, les parcheminiers et les libraires eux-mêmes crièrent à la magie, au scandale, au secret diabolique, au

[1] Quarante livres parisis, en 1332, valaient plus de six cents francs de notre monnaie d'aujourd'hui.

sortilége infernal, et ce concert d'imprécations et de malédictions, renforcé par les cris d'une populace ignorante et aveugle, retentit jusque sous les voûtes de la grand'Chambre du Parlement de Paris [1].

Cependant, les trois associés de Mayence poursuivaient le cours de leurs succès. Cinq presses travaillaient nuit et jour et reproduisaient, outre la Bible, les évangiles et les œuvres des pères de l'Eglise, les ouvrages, devenus dès-lors véritablement immortels, de Démosthènes et de Cicéron. Rien n'égalait l'ardeur et le mouvement des esprits en Allemagne; Gutenberg, par son industrie divine, rallumait au nord le flambleau des sciences et des belles-lettres, que le Grec Jean-Lascaris faisait déjà briller au midi de l'Europe. Clercs, moines, bourgeois, nobles et magistrats étaient saisis d'une ardeur toute attique! On fouillait dans les archives des monastères, des cathédrales, des moindres moutiers pour tâcher de retrouver quelques œuvres, quelques feuillets des poètes grecs et latins échappés à la stupide curiosité des barbares; on transportait pieusement chez Gutenberg et ce Plaute, si merveilleusement reproduit par des moines de Nuremberg; et ce Térence, qui coûta dix années de patience à ce vaillant greffier de Ingelhelm; et ce Thucydide, conservé à Heidelberg pendant des siècles dans le couvent des Cordeliers, dont il était la relique la plus glorieuse. C'était une nouvelle, une immense croisade de toutes les intelligences pour empêcher le retour de la barbarie et pour fonder un phare impérissable, à la clarté duquel tous les peuples pussent lire, jusqu'à la consommation des siècles, leurs titres, leurs devoirs et leurs droits.

Mayence eut peut-être conservé longtemps le monopole de cet

[1] Faust fit un voyage à Paris pour y vendre ses bibles, et en vendit beaucoup. Les personnes qui en avaient acheté, et qui ne connaissaient point encore le résultat de l'imprimerie, pensaient avoir acquis des manuscrits; mais en comparant les exemplaires entre eux, elles s'aperçurent qu'ils étaient semblables. Ces bonnes gens crurent alors à la magie, et force fut au Parlement de décréter prise de corps contre Faust, qui prit la fuite. Quelque temps après, le Parlement, plus éclairé, déchargea Faust des peines et amendes portées contre lui.

art admirable, si un de ces événements fortuits, qui décidèrent souvent de la destinée des nations et des individus, ne se fût produit tout à coup. En 1462, Adolphe, comte de Nassau, soutenu par le pape Pie II, s'étant emparé de Mayence par surprise, dépouilla cette cité de ses priviléges et de ses libertés. Les bourgeois et le peuple, profondément blessés de la tyrannie du vainqueur, voulurent en appeler à leur courage et à leurs armes; mais Alphonse, prévenu à temps, prit de si promptes mesures, organisa une si formidable répression, que les citoyens de Mayence abandonnèrent le projet de reconquérir par l'épée l'indépendance de leur patrie. Les bourgeois, cloués au sol humilié par leurs richesses mêmes, restèrent dans la ville; mais le peuple, mais les ouvriers qui, comme les oiseaux du ciel, trouvent un nid partout où Dieu a planté un arbre ou jeté un rocher, s'éloignèrent de la ville opprimée, non sans jeter sur la cité un douloureux regard de tendresse et de pitié.

Les ouvriers de Gutenberg furent du nombre de ceux qui préférèrent l'exil à l'esclavage, et cette émigration avança de plusieurs siècles peut-être la civilisation de l'Europe et la connaissance universelle de l'imprimerie.

En effet, par cette dispersion, les ouvriers de Mayence portèrent dans tous les pays de l'Europe leur précieuse industrie. Udalric, Han, Suvenheim, Arnold Pannarts, se rendirent à Rome, où le pape les logea dans le vaste palais des Maximins. Ils y imprimèrent, en 1467, le *Traité de la Cité de Dieu* de saint Augustin, une Bible latine, les Offices de Cicéron et quelques autres livres. En 1468, on vit un ouvrage sortir de l'imprimerie d'Angleterre, les *Evangiles* de saint Luc et saint Mathieu. A Venise, Jean de Spire et Vandelein publièrent les *Epitres* de saint Cyprien en 1471. Dans la même année, Sixtus Rufinger fit paraître à Naples quelques ouvrages pieux, et entre autres une Bible. A Milan, Philippe de Lavagna mit au jour un Suétone en 1475. A Paris, Ulric Gering, Martin Grantry et Michel Fribulger, commencèrent à imprimer, dans une salle de la maison de Sorbonne;

et, quatre ans après, Pierre Mauser, natif de Rouen, édita dans sa patrie *Alberti magni de lapidibus et mineralibus*. A Strasbourg, selon le témoignage de Gebweiler et de Wimphalinge, Jean de Cologne et Jean Mantheim se distinguèrent par leurs caractères de fonte, et eurent pour successeur Henry Eggestein.

On vit paraître à Lyon, en 1478, les *Pandectes médicinales* de Maltheus Sylvaticus. On imprima la même année, dans Genève, un *Traité des Anges* du cardinal Ximenès. Abbeville fit voir, en 1486, en deux volumes in-folio, l'ouvrage de *la Cité de Dieu* de saint Augustin, traduit par Raoul de Presles en 1375. C'est le premier et peut-être l'unique livre qui ait été imprimé dans cette ville du quinzième au dix-septième siècle. Jean de Westphalie mit au jour, à Louvain, *Petrus crescentius de agricultura*. A Anvers, Gérard Leeuw publia, en 1489, *Ars epistolaris francesci negri*. A Deventer, Richard Pasraer imprima *Itinerarium de Hese*. Enfin, à Séville même, Paul de Cologne et ses associés, tous Allemands, publièrent un *Floretum sancti Matthei* en 1491. A peu près dans le même temps, Jean Amerbach faisait imprimer de bons ouvrages à Bâle, en caractères ronds et parfaits. Mais, dix ans auparavant, l'Italie donnait déjà des éditions magnifiques et précieuses en caractères grecs. Milan, Venise et Florence en eurent l'honneur.

L'homme que tous ces ouvriers illustres regardaient comme leur maître et comme leur père, Gutenberg, était resté à Mayence. En 1465, solidement établi sur le trône de l'électorat, Alphonse II restitua à la cité qui devait désormais prendre une place si haute dans les annales du monde, la liberté et les priviléges dont les rudes exigences de la guerre et de la politique l'avaient privée. Alphonse fit plus encore, il honora publiquement le génie de Gutenberg; il l'entoura de sa sollicitude, prit soin de sa fortune et l'admit au nombre des gentilshommes de son palais, avec une pension annuelle de dix mille florins. Jean Gutenberg ne jouit pas longtemps de sa gloire et de l'amitié de son prince, il mourut trois ans après (1468), dans cette même maison du *Taureau noir* qui avait été son berceau, et où il avait établi la *première imprimerie*

Les enfants de Gutenberg (c'est ainsi que l'inventeur de l'imprimerie appelait ses ouvriers, et ce nom touchant se perpétua pendant plus de deux siècles parmi les imprimeurs), dispersés dans tous les pays de l'Europe, décernèrent unanimement à leur père le titre de grand homme, et devancèrent ainsi le jugement de la postérité, qui a ratifié ce cri de la reconnaissance.

Les rois et les républiques accueillirent également bien les disciples de Faust, de Schœffer et de Gutenberg. On semblait comprendre dès-lors que la vraie presse ne saurait être un fléau pour les pouvoirs émanés du peuple et pour la religion, dont la puissance vient de Dieu et de la conscience.

Louis XI appela l'imprimerie en France, car cette grande intelligence politique pressentait que cet art merveilleux serait plus efficace pour vaincre et dompter les tyrannies subalternes que l'échafaud du duc de Nemours et du connétable de Saint-Pol. Charles VIII, par lettres patentes du mois de mars 1488, admit l'imprimerie et la librairie à participer aux priviléges et prérogatives de l'Université. Quelques années plus tard, enfin, le 9 avril 1513, Louis XII confirma ces priviléges par la déclaration suivante, aussi honorable pour le corps qui en est l'objet que pour le prince qui l'a rendue : « Les libraires et imprimeurs, porte-t-elle, sont entretenus dans leurs franchises, exemptions et immunités, pour la considération du grand bien qui en est advenu en notre royaume au moyen de l'art et science de l'impression, l'invention de laquelle semble être plus divine que humaine ; laquelle, grâce à Dieu, a été inventée et trouvée de notre temps par le moyen et industrie desdits libraires ; par laquelle notre sainte foi catholique a été grandement augmentée et corroborée, justice mieux entendue, et le divin service plus honorablement, plus curieusement fait ; au moyen de quoi tant de bonnes et salutaires doctrines ont été manifestées à tout chacun, *au moyen de quoi notre royaume précède tous les autres.* »

Louis XII, le père du peuple, avait raison : *l'invention de l'imprimerie est plus divine qu'humaine*. Les statues des poètes, des héros et des rois tomberont au souffle de la colère de Dieu ou de la colère du peuple; les palais s'engloutiront; les toiles vivantes des grands peintres se dessécheront au hâle des ans : il ne nous reste plus rien de Phidias, d'Aristide ni d'Apelles; et avant six cents ans, peut-être, les œuvres divines de Raphaël, de Michel-Ange, de Carrache et du Poussin seront perdues sans retour : l'imprimerie seule aura le sublime privilége de faire revivre les grands écrivains et les grands événements; et toujours jeune, toujours utile, toujours brave, tantôt bouclier, tantôt glaive, tantôt pavois, elle périra avec le monde et s'éteindra avec le soleil.

On a disputé à Gutenberg l'invention de l'imprimerie comme on a disputé à Christophe Colomb la découverte des Indes. L'envie a salué sa gloire avec les clameurs de la calomnie; mais la postérité toujours équitable a vengé le bourgeois de Mayence des attaques insensées des Zoïles contemporains de ses travaux : Jean Gutenberg, Jean Faust et Pierre Schœffer sont les seuls inventeurs de l'imprimerie.

La savante ville de Mayence a élevé, il y a quelques années, une statue à l'homme illustre qu'elle a vu naître. Mais pourquoi Mayence n'a-t-elle pas réuni sur le même piédestal Gutenberg, Faust et Schœffer? Pourquoi priver des honneurs de l'apothéose deux hommes qui ont partagé les durs travaux, les inflexibles efforts de Gutenberg? Qui a part à la bataille, ne doit-il pas avoir part à la victoire? Peut-être les Mayençais ont-ils pensé que le nom de Gutenberg était un mythe, et qu'il réunissait à lui seul les noms de ceux qui ont inventé l'art d'éterniser le langage et d'immortaliser la pensée.

Aujourd'hui, l'art typographique paraît être arrivé à son apogée; les éditions de luxe, sorties des presses de nos imprimeries modernes, pourront témoigner pendant longtemps de la perfection des caractères et du bon goût de nos ouvriers typographes.

Aucun livre ne plaît au public de nos jours, s'il n'est illustré de magnifiques gravures sur bois et sur acier : et ce n'est plus seulement avec les presses à bras que le tirage des feuilles s'exécute; pour obtenir un résultat merveilleux de célérité et d'économie, on emploie d'excellentes presses mécaniques, qui, à l'aide de machines à vapeur, centuplent le travail et diminuent considérablement les frais d'impression.

CHAPITRE VI.

LES PUITS ARTÉSIENS.

Le géologue villageois. — Le puits de Grenelle. — Hypothèses scientifiques. — Une perle, etc.

Les puits artésiens, ainsi que leur nom l'indique suffisamment, tirent leur origine de la province d'Artois. Quelques villageois, fort ignorants des lois de la géologie, science qui n'était pas alors inventée, fort peu versés dans la mécanique et dans la géométrie, mais dirigés par cet instinct merveilleux qui porte l'homme à dompter la nature et à élargir le cercle de son bien-être, inventèrent, il y a plus de sept cents ans, le forage des puits.

Vainement quelques écrivains qui ont le tort très-grave aux yeux de la raison et de la philosophie, de rehausser une classe de la société aux dépens des autres, ont voulu, dans des récits plus ou moins fabuleux, individualiser cette utile découverte et donner même un nom à son premier inventeur; il est certain que le forage des puits artésiens est l'œuvre collective de toute une génération d'hommes industrieux, patients, laborieux, qui consacraient à la conquête d'un bien général et d'une richesse populaire les lueurs ardentes d'une intelligence que les paysans, depuis cette époque, n'ont pas toujours si utilement, ni si noblement employée. On voit encore aujourd'hui à Lillers, petite ville de l'Artois, un puits qui y a été creusé en 1126; et, chose admirable! cette fontaine, dont le produit s'est constamment soutenu jusqu'à nos jours, n'impose à la commune à laquelle elle rend tant de services, qu'une minime dépense. Cette dépense consiste à remplacer *tous les vingt-cinq ans* son tubage en bois, car il est bon de remarquer ici que les tubes en bois, dont l'usage remonte à l'origine même des puits artésiens, sont préférables sous tous les rapports aux tubes en fer battu, en fonte de fer et en cuivre, que les ingénieurs modernes, qui, pour se servir d'une expression vulgaire, cherchent toujours midi à quatorze heures, ont eu la malencontreuse idée d'adopter depuis que les puits artésiens sont passés de la bonne et droite science populaire, fille du génie et de l'expérience, dans la sphère nuageuse des faiseurs de systèmes, des académiciens et des seigneurs des ponts-et-chaussées.

Bernard de Palissy, dont la haute et vaste intelligence n'est restée étrangère à aucune tentative scientifique, s'exprime ainsi dans un de ses ouvrages : « Toutefois, en plusieurs lieux, les pierres sont fort tendres, et singulièrement quand elles sont encore dans la terre; pourquoi me semble qu'une *torsière* (vrille) la percerait aisément, et après la torsière on pourrait mettre l'autre tarière et par tel moyen on pourrait trouver du terrain de marne, voire des eaux, pour faire puits, lesquelles bien souvent pourraient monter plus haut que le lieu où la pointe de la tarière les aura trouvées. Et cela se pourra faire moyennant qu'elles viennent de plus haut que le fond du trou que tu auras fait. » Bernard de Palissy ne connaissait pas encore, on le voit, la sonde du mineur. Des barrières qu'on franchissait difficilement séparaient alors les provinces de la France; et le Poitou, la Guienne et l'Anjou ne pouvaient avoir qu'une idée imparfaite de l'industrie de l'Artois, de la Picardie et de la Flandre.

Au seizième siècle, Marguerite de Valois, duchesse d'Alençon, sœur de François Ier, fonda à Paris l'hôpital des *Enfants-Rouges*. Le président Briçonnet acheta, au nom de cette bienfaisante princesse, le 24 juillet 1534, deux maisons situées rue Porte-Foin au Marais. Ces maisons, avec les cours et jardins qui en dépendaient, furent en quelques mois métamorphosés en hôpital. Mais on ne tarda pas à s'apercevoir que l'eau du puits du nouvel hôpital était insalubre et impropre aux usages domestiques. Le président Briçonnet, que la duchesse d'Alençon avait chargé du soin de veiller sur les intérêts temporels de son pieux établissement, fit venir d'Arras un maçon nommé Jacques Leborgne. Cet intelligent ouvrier creusa un puits de soixante-dix pieds de profondeur et assainit les deux autres, en substituant par le forage à l'eau de l'ancienne source, une eau plus limpide et plus claire que l'eau de la Seine elle-même. Lorsque le président Briçonnet, émerveillé de ce prodigieux résultat, demanda à l'ouvrier ce qu'il exigeait pour un si beau travail : « Monsieur, répondit l'artisan, je désire contribuer autant qu'il est en moi à la bonne œuvre de madame la duchesse d'Alençon..... Je ne veux accepter que mes frais de voyage. » Or, ces frais consistaient en une dizaine d'écus. La duchesse les fit compter à Jacques Leborgne; mais elle y joignit une chaîne d'or de trois cents pistoles qu'elle le pria de porter pour l'amour d'elle, et en souvenir de sa coopération à l'établissement de l'hôpital des Enfants-Rouges. On peut supposer, d'après cela, que le premier puits artésien creusé à Paris fut celui de Jacques Leborgne, dans la rue Porte-Foin.

Depuis le premier quart du dix-neuvième siècle, le nombre des puits artésiens s'est considérablement accru en France, en Allemagne, en Prusse et dans la plupart des pays de l'Europe. C'est à l'année 1821 qu'on doit surtout faire remonter la reprise de cette industrie tout à la fois si simple et si ingénieuse. A dater de cette dernière époque, l'art de creuser des puits artésiens, stimulé par les efforts incessants et par les récompenses de l'Académie des sciences, de la Société d'encouragement et de la Société centrale d'agriculture, a fait des progrès rapides qui l'ont porté au degré de perfectionnement et d'extension où nous le voyons aujourd'hui.

En France, les plus beaux résultats ont été obtenus à Tours, à Saint-Ouen, à Saint-Denis, à Elbeuf et à Perpignan; en Allemagne, à Stuttgard et à Munich; en Angleterre, à Liverpool; en Écosse, au château des Mac-Fénor, près Edimbourg, etc. Un ingénieur français au service du pacha d'Égypte essaya, il y a cinq ans, le forage d'un puits artésien sur l'emplacement de l'antique Memphis et dans le petit champ d'un pauvre laboureur. Après des efforts inouis et des travaux qui durèrent plus d'une année, l'eau jaillit enfin. Il était temps, le congé accordé par le pacha à l'ingénieur allait expirer, et le laboureur était à bout de ses ressources. Mais, par un hasard miraculeux, une perle, une vraie perle, d'une grosseur prodigieuse et d'une pureté admirable, s'élança des entrailles de la terre avec les premières gerbes de l'onde si anxieusement attendue, et vint enrichir tout à coup et l'indigent agriculteur et le savant modeste qui avait associé son talent à la misère, proverbiale en Egypte, du soc et de la charrue. Cette perle fut vendue au Kaire quarante mille écus à des marchands arméniens établis en Perse.

On se rappelle encore l'émotion produite à Paris par l'heureux succès des travaux du puits de Grenelle, entrepris par M. Mulot. Cet événement, si important pour la science, est ainsi raconté par un témoin oculaire : « La foule s'est passionnée pour le puits artésien, comme elle se passionne pour les mille choses qui la préoccupent tour à tour : pour l'émeute, pour le feu d'artifice, pour les cérémonies funèbres, pour tout. Grenelle a remplacé les Invalides.

La source chaude fait tort au souvenir de Napoléon! Pas un mot de la chapelle sépulcrale que l'on termine, ne venait à l'esprit de ces enthousiastes, les pieds dans l'eau, et qui de leurs mains remuaient la vase. Ils faisaient queue, ils buvaient, ils interrogeaient la chaleur, ils se poussaient, ils se chamaillaient, ils se heurtaient la tête contre les gigantesques rouages, ils enfreignaient les ordres des sergents de ville, ils faisaient contravention à la police des gardes municipaux! Tout cela pour passer enfin devant le jet de la sonde comme devant la tombe impériale, vite poussés en avant, sans qu'on leur laissât le temps de rien examiner.

« Mais que leur importait? ils avaient vu un bouillon jaune soulever de l'eau sale et s'épanouir dans une mare verte; cela suffisait amplement pour les récompenser du long voyage entrepris, les uns depuis la barrière du Trône, les autres depuis Montmartre.

« Chacun s'en retournait gaîment, satisfait, avec son admiration naïve et mille bons propos qui épanouissaient les visages. On aurait dit des pèlerins chargés de reliques, guéris de quelque maladie mortelle, et pleins de reconnaissance pour le saint auteur du miracle. Comme au moyen-âge, pour les sources miraculeuses, on se disputait les produits de la merveilleuse fontaine; on en remplissait des fioles, on se les arrachait, on en rapportait chez soi : c'était à qui obtiendrait une poignée de sable, à qui vérifierait les prodiges annoncés par les journaux. »

Voilà bien, en effet, le peuple de Paris. Tour à tour honorant la science, l'opiniâtreté industrieuse, le courage moral; et se portant avec la même ardeur au pied de l'échafaud où doit rouler la tête de Bailly et de Lavoisier! tantôt descendant pour les moindres choses jusqu'au fétichisme puéril, tantôt surpassant dans ses fureurs de trois jours les Iconoclastes les plus endurcis, tantôt dressant sur le pavois des hommes véritablement utiles, tantôt jetant à bas les nobles amis de l'humanité pour les remplacer par des saltimbanques, des Pasquins et des Mascarilles politiques!

Le mécanicien Mulot a été pendant un mois entier l'homme à la mode, l'homme cité par tous les journaux, louangé par toutes les bouches. La ville de Paris a récompensé ses travaux avec une munificence qui n'est pas toujours dans ses habitudes ; le gouvernement lui a donné l'étoile de la Légion-d'Honneur, et enfin, pour que rien ne manquât au bonheur de cet homme, de cet infatigable et glorieux ouvrier, le théâtre et la caricature se sont emparés de lui et en ont fait, par leur grotesques apothéoses, un personnage européen.

M. Mulot a acheté bien cher et largement payé d'avance les honneurs et les plaisirs de la popularité. Pendant sept années, sept longues et laborieuses années, il a lutté avec des difficultés de tous les genres. Une fois c'était la ville de Paris qui, effrayée des énormes dépenses suscitées par le forage, lui demandait, par l'organe de son édile principal, s'il était bien sûr de réussir ; or, mettre un doute au bout d'une recommandation, c'est empoisonner l'espérance. Une autre fois, c'était une sonde brisée à 167 mètres sous terre, et qu'il s'agissait de retirer, sous peine d'abandonner les travaux, sa réputation, son honneur et sa gloire. C'était une besogne de dix-huit mois! Dix-huit mois, dix-huit siècles, dix-huit cercles de l'enfer du Dante! Mais le rustique ingénieur avait la foi, la foi qui sauve en ce monde et dans l'autre, la foi, sans laquelle l'homme ne fait rien de grand, d'utile, de noble et de durable. M. Mulot avait cette foi marquée au cœur et au front, et, à l'exemple de Constantin-le-Grand, il s'était écrié : *In hoc signo vinces* (tu vaincras par elle) ; et il a triomphé, mais sans orgueil, sans attitude insolente, sans paroles superbes. M. Mulot est toujours le rude, le modeste et franc ouvrier artésien.

Les outils employés pour le forage du titanesque puits de Grenelle sont tous de l'invention de M. Mulot, et d'une ingénieuse simplicité. Quand on compare ces instruments au magique résultat qu'ils ont fait obtenir, on ne peut se défendre d'un sentiment de surprise et d'admiration. C'est avec des outils semblables, c'est avec une candeur pareille à celle de M. Mulot ; que le bienfaisant villageois de 1126 dut creuser le puits de Lillers, ce vénérable et glorieux aïeul du puits de Grenelle.

Le savant géologue, M. Héricart de Thury, avait prédit, dans un rapport qui porte la date du 8 avril 1840, non-seulement le nombre de couches de terrains qu'il faudrait creuser, quelles seraient les diverses natures de ces terrains, mais encore à quelle profondeur la sonde trouverait de l'eau. Quant à la composition de l'eau et à la quantité qui en jaillirait par minute, il n'a erré ni d'un atôme, ni d'un litre. L'eau, dit-il, dans son rapport, jaillira, des sables de grès, verte, à 575 *mètres environ*, et elle a paru à 547 *mètres*. Elle donnera 4,000 litres par minute, et elle donne 4,000 litres par minute; elle aura une température de 30 degrés à 575 mètres, et elle a une température de 30 degrés à 547 mètres. Enfin elle sera douce, *dissoudra parfaitement le savon, et conviendra à tous les usages de l'économie domestique,* et plus de trente mille ménages ont constaté que l'illustre géologue ne s'était pas trompé.

Les puits artésiens sont appelés, nous n'en doutons pas, à rendre d'éminents services à l'agriculture, au commerce et à l'industrie; mais sera-t-il permis de former deux objections sur l'avenir de ces fontaines artificielles? Le forage d'une grande quantité de puits artésiens, dans une contrée, ne pourrait-il pas entraîner le desséchement et la suppression radicale des fontaines naturelles dans une contrée voisine? La nature est immuable, ses lois ne changent pas et tout est pondéré dans les profondeurs du sol aussi bien que dans les profondeurs de l'air; or, les ondes que l'on arrache violemment aux nappes qui ont leur gisement dans les lits de grès verts, ne doivent-elles pas appauvrir et nécessairement supprimer dans un temps donné les fontaines naturelles? L'eau vient librement aux fontaines naturelles; mais sollicitée par l'industrie humaine, elle vient avec plus d'abondance encore dans les puits artificiels. Les éléments et les hommes, on le sait, obéissent plus volontiers à la tyrannie qu'à la liberté. De cet antagonisme ne peut-il pas résulter non pas l'extinction totale des nappes souterraines qui peuvent se reformer par les infiltrations des terrains, mais la suppression générale des fontaines naturelles? Ce serait là, et nous n'hésitons pas à le dire, malgré notre profonde admiration pour l'industrie des puits artésiens, acheter bien cher, trop cher sans aucun doute, les bienfaits de cette découverte. Les œuvres des hommes ne peuvent, en aucune façon, et quoiqu'en disent les esprits forts et les athées, remplacer les œuvres de Dieu. Il y a toujours au fond des plus belles, des plus éclatantes conquêtes de l'intelligence humaine quelque chose de périssable, de limité... Il y a le néant.

La seconde objection est celle-ci : mille, deux mille puits artésiens disséminés à la surface d'une province, ne pourraient-ils pas, en augmentant outre mesure les cours d'eaux naturels, compromettre la navigation ; rendre les inondations plus fréquentes et plus générales; enfin par l'évaporation de si nombreuses et de si nouvelles artères, porter une grave et profonde atteinte au climat, à l'air de cette province, et par suite à la santé publique.

La science résoudra, si elle le juge à propos, ces deux problèmes. Elle le doit, elle le fera; car il ne s'agit pas, pour flatter l'incurable orgueil de notre race déchue, de placer les triomphes éphémères de la science au-dessus des intérêts et de l'existence des générations futures.

CHAPITRE VII.

LA POMME DE TERRE,

OU

LE PAIN DES PAUVRES.

Son humble origine. — Mépris qu'elle inspire. — Le bouquet. — La pomme de terre à Versailles. — Sa maladie, etc.

Un navire vénitien apporta du Pérou en Italie, vers le commencement du seizième siècle, les premières patates. Les agronomes du Frioul, de la Toscane et de la Lombardie, qui reçurent des Vénitiens cette manne bien supérieure aux trésors minéralogiques du royaume des Incas, comprirent tout le parti qu'ils pouvaient tirer de ce tubercule pour la nourriture de leurs bestiaux. Bientôt toutes les contrées de l'Italie se trouvèrent pourvues du légume péruvien et les laboureurs le cultivèrent à l'envie. Le pape Innocent VIII, ordonna, par un bref, que les terrains incultes du domaine de Saint-Pierre seraient consacrés à la culture de la nouvelle plante américaine; et grâce à cet ordre du Saint Père, les landes de Forli, d'Albano et de Tibur furent ensemencées de patates qui offrirent de nombreuses ressources à l'agriculture des Etats-Romains.

Les Hollandais et les Anglais ne tardèrent pas à imiter les Italiens. Avec ce tact et cette persévérance qui distinguent ces deux peuples, les laboureurs de la Frise occidentale, des provinces de Leyda et de Berg-op-Zoom, des royaumes d'Écosse et d'Irlande, et du pays de Galles, finirent par acclimater les patates, et en moins de dix ans, de 1506 à 1516, on vit en Hollande, en Angleterre et en Irlande des champs entiers réservés à la reproduction de ce légume, qui n'était encore que la nourriture des animaux.

La guerre, qui traîne d'ordinaire après elle tant de désastres, de ruines et de malheurs, devint, pour la première fois, vers la fin du dix-septième siècle, l'occasion d'un bienfait immense pour la France et pour l'humanité.

Les Anglais, pendant la guerre de Flandre, initièrent la Belgique et la Flandre française, aux mérites humbles et inappréciés de la patate; quelques cultivateurs progressistes du temps l'adoptèrent et en propagèrent la culture. Bientôt, de proche en proche, la patate se fit des prosélytes, et elle parvint enfin, après trente ans de succès modestes et restreints aux fermes et aux métairies, à se faire naturaliser française : on la nomma pomme de terre, et ce nom lui est resté.

Cependant son triomphe n'était pas complet. Les provinces du Midi lui avaient fait un bienveillant accueil; les provinces du Nord ne l'avaient pas négligée; mais personne encore n'avait songé à l'appliquer à la nourriture de l'homme, à la rendre rivale du blé, du maïs et du sarrazin. Les préjugés du peuple s'opposaient à cette bienheureuse métamorphose; on accusait la pomme de terre d'engendrer la lèpre; on la regardait comme très-bonne et très-utile pour engraisser les bœufs et les porcs, mais les villageois comme les citadins auraient rougi de partager la nourriture des animaux. Les plus pauvres paysans se hasardaient bien à en manger, mais c'était avec une espèce de honte, avec crainte, et presque toujours ils s'en cachaient comme on se cache en commettant une mauvaise action. Vainement M. Turgot, intendant de Limoges et précédemment d'Angers, avait-il voulu, en étendant la culture de la pomme de terre dans les provinces confiées à ses soins, en populariser l'usage. Sa sollicitude philantropique était venue se briser contre les superstitions et les routines des populations.

Dans cet état de choses il fallait que la Providence suscitât un apôtre, un sage, un philosophe puissant par l'érudition, l'expérience, l'amour de son pays, par la force morale que donnent les convictions profondes. Cet homme se trouva, ce fut Parmentier.

L'Académie de Besançon avait proposé en 1771 pour sujet de son prix : l'*Indication des substances alimentaires qui pouvaient atténuer les calamités d'une disette*. Parmentier concourut; et dans un mémoire chaleureux, plein d'idées véritablement grandes, utiles et neuves, semé d'excellentes observations agronomiques, et dans lequel il appréciait sévèrement les expériences arriérées des adversaires de la pomme de terre, il prouva que la culture de ce légume était désormais le salut des nations. « Ce tubercule, dit-il, doit être parmi nous le puissant auxiliaire du blé; avec lui on ne doit plus craindre les famines qui ont affligé l'Europe au moyen-âge et même dans les derniers siècles. La facilité de la culture de la pomme de terre, la propriété qu'elle possède à un si haut degré de croître dans tous les terrains et sous toutes les températures, la richesse et l'abondance de sa production presque miraculeuse, tout doit inviter nos agriculteurs à lui accorder une importance qu'elle n'a pu obtenir jusqu'à ce jour; mais là ne doit pas s'arrêter notre reconnaissance. Trop longtemps dédaignée, trop longtemps exclusivement réservée à la pâture des bestiaux, il faut que la pomme de terre devienne aussi la nourriture de l'homme; il faut, en un mot, qu'elle apparaisse sur la table du riche comme sur celle du pauvre, et qu'elle y occupe le rang que sa saveur, ses qualités nutritives et la sanité de sa nature devraient lui avoir acquise depuis longtemps[1]. »

Ce mémoire produisit une sensation extraordinaire, il fut couronné par l'Académie de Besançon, et l'auteur reçut de toutes parts des lettres de félicitations. Buffon, Condorcet, les comtes de Maurepas et de Saint-Florentin, le marquis d'Argens et Voltaire lui-même écrivirent à Parmentier, et lui manifestèrent les plus vives et les plus profondes sympathies. « Vous avez rendu à la France un grand service, lui marquait Voltaire, en lui prouvant qu'elle peut tripler et quadrupler les substances nécessaires à la nourriture de ses nombreuses populations. Le vulgaire fait grand cas, Monsieur, des brigands illustres qui désolent le monde, et il les décore du titre de héros. Croyez-moi, Monsieur, une gloire comme la vôtre est bien supérieure à celle de ces dévastateurs et de ces forcenés. Vous méritez plus qu'eux tous les hommages des peuples. Leur gloire est sanglante et entourée de ruines, la vôtre est pure et mérite l'ovation de tous ceux qui aiment l'humanité. »

Cependant, tant et de si illustres suffrages ne suffisaient pas pour dessiller les yeux des incrédules. Le Français, toujours léger et superficiel, trouva, alors comme aujourd'hui, un intarrissable sujet de plaisanteries dans la question d'économie politique et de haute agriculture agitée par le savant Parmentier. Celui-ci ne se découragea point; soutenu par quelques grands seigneurs éclairés et entr'autres par le duc d'Orléans, il continua à écrire dans le *Mercure,* dans les Annales des sociétés savantes, dans les journaux

[1] On rapporte que Parmentier invita un jour un grand nombre de ses amis à dîner chez lui, et que tous les mets du festin étaient accommodés avec des pommes de terre; les liqueurs mêmes étaient composées avec le suc extrait du tubercule. L'appétit des convives trouva pleinement à se satisfaire, et chacun se retira aussi charmé du repas que surpris et enchanté de l'expérience de l'amphitrion.

les plus influents du temps, en faveur des pommes de terre. La lutte que soutint Parmentier était vive et acharnée, mais que lui importait ! Peut-on acheter trop cher la gloire de servir et d'enrichir l'humanité, et les flèches acérées du ridicule ne viennent-elles pas s'émousser et se perdre dans une grande conquête et un grand triomphe ?

Louis XVI avait pris parti dans la querelle des tuberculiens et des anti-tuberculiens. Le jeune monarque, qui ne rêvait qu'au bonheur et à la prospérité de son peuple, avait conçu pour Parmentier et pour les idées agricoles que ses écrits avaient fait naître, une singulière estime. Au commencement de l'année 1781, le roi ordonna que cinquante-quatre arpents de la plaine des Sablons, — plaine dont le nom indique suffisamment la nature du terrain et la stérilité, — seraient donnés à Parmentier pour faire sa première expérience, c'est-à-dire, pour ensemencer des pommes de terre. Parmentier fit éclater sa joie en apprenant la bienveillante décision du monarque et répondit à ceux qui traitaient sa noble hardiesse d'extravagance et de folie : *Je réussirai.*

Il réussit en effet; vers le vingt-quatrième jour d'août, les fleurs des précieux tubercules s'épanouirent à la surface des cinquante-quatre arpents, et promirent la récolte la plus abondante et la plus belle. Parmentier, non surpris mais enivré de cette satisfaction ineffable qui inonde le cœur des Vincent de Paule et de ceux qui se dévouent au salut de l'Humanité, cueille un énorme bouquet de ces fleurs et vole à Versailles. C'était la veille de la fête du roi, c'était la veille de la Saint-Louis.

Sire, dit Parmentier à Louis XVI, je viens vous offrir un bouquet digne de vous, et je me tromperais fort, ou aucun de ceux qu'on vous présentera ce soir, ne sera plus agréable à Votre Majesté.

Parmentier entra alors, sur l'invitation du roi, dans les détails de ses travaux, énuméra les moyens qu'il avait employés pour forcer à la fécondité un sol jusques-là rebelle à tous les genres de culture[1], et acheva de porter dans l'âme de Louis la conviction la plus profonde sur la possibilité de généraliser cette bienfaisante culture.

— Sire, poursuivit Parmentier, désormais la famine est impossible. La pomme de terre peut tenir lieu de toutes les céréales, et un dixième du territoire cultivable de la France, planté en pommes de terre, suffira pour nourrir, pendant deux années, le double de la population actuelle du royaume[2]? *La pomme de terre est du pain tout fait.*

— Monsieur Parmentier, répondit le roi, les hommes tels que vous ne se récompensent pas avec de l'argent... il y a une monnaie plus digne de leur cœur... Donnez-moi la main et embrassez la Reine.

Parmentier, ému jusqu'aux larmes, serra la main que Louis XVI lui tendait avec une respectueuse ardeur, embrassa Marie-Antoinette, puis ajouta :

— Sire, ma cause est gagnée aux yeux de la science, mais il faut qu'elle le soit aussi aux yeux de l'opinion publique. Sire, il ne tient qu'à Votre Majesté d'obtenir ce grand résultat.

— Parlez, Monsieur, moi et la reine sommes tout disposés à vous appuyer de tous nos moyens.

[1] La plaine des Sablons, comme le bois de Boulogne, est un sol mouvant, sablonneux, excessivement peu chargé de ce qu'on appelle terre végétale. Pendant la grande peste qui éclata à Paris sous le règne de Charles IX, et qui moissonna en sept mois plus de cent mille personnes, on enterra les morts dans la plaine de Boulogne, et moins de six ans après cette immense sépulture, on y planta des arbres en grand nombre, ce qui forma le bois de Boulogne, tel à peu près que nous le voyons aujourd'hui. La plaine des Sablons avait aussi reçu un fort contingent de cadavres, mais on n'y planta rien et elle resta une espèce de landes. Si on avait profité de l'énorme engrais qu'on lui avait donné, peut-être aurait-on pu tirer un parti très-avantageux de ces steppes pour l'agriculture. Au surplus, la plaine des Sablons servait presque uniquement à la revue de la maison militaire du roi, qui y avait lieu tous les ans. Sous l'Empire, les régiments de la garde impériale en garnison à Courbevoie y venaient faire trois fois par semaine l'exercice à feu.

[2] En 1784, la population du royaume était évaluée à vingt-cinq millions d'âmes. On la porte aujourd'hui à trente-cinq millions; mais ce nombre est évidemment exagéré.

— Sire, daignez placer à la boutonnière de votre habit quelques fleurs du bouquet que je viens d'avoir l'honneur de vous offrir; que toute la cour, en venant déposer aux pieds de Votre Majesté les vœux et les hommages de la Saint-Louis, voie que votre auguste patronage est acquis, pour toujours, à l'humble tubercule qui doit assurer la subsistance des populations à venir.

— Je ferai plus encore, Monsieur, répondit Louis XVI, je ferai servir aujourd'hui même des pommes de terre sur ma table, et la Reine saura bien trouver le moyen de placer quelques-unes de ces fleurs dans sa coiffure.

— Sire, répliqua Parmentier dont l'émotion se trahissait malgré lui, l'illustre exemple que vous allez donner ne sera pas perdu. Votre Majesté en reconnaissant, il y a cinq ans, l'indépendance des États-Unis d'Amérique, a signé le *pacte de la liberté du monde;* aujourd'hui, Sire, en accueillant la pomme de terre, vous signez le *pacte d'abondance*. Le roi tint parole. Les courtisans qui affluèrent à Versailles le soir même, virent le roi, la reine, les enfants de France parés de la fleur du tubercule jusques-là si méprisé[1]. Comme d'ordinaire, ce fut à qui imiterait le maître, et les habits de tous les seigneurs de la cour, les coiffures de toutes les dames s'ornèrent à l'envie de ces fleurs.

Le vieux comte de Maurepas, dont on peut fort bien contester les talents de premier ministre, mais auquel on ne refusera pas les instincts de l'honnête homme et du bon citoyen, dit ce même soir au roi avec sa familiarité habituelle :

« Sire, je ne saurais trop vous témoigner de reconnaissance pour le bonheur dont vous m'avez fait jouir aujourd'hui. Cette simple fleur, conquête pacifique de l'agriculture, que vous portez à votre habit, vous rendait plus cher et plus respectable à mes yeux, que votre grand collier de l'ordre du Saint-Esprit. O mon

[1] Les journaux du temps affirment que plusieurs jardiniers et cultivateurs des environs de Versailles réalisèrent ce jour-là d'énormes bénéfices. Une simple fleur de pomme de terre se vendait jusqu'à dix louis aux alentours du château, et encore tous les courtisans ne purent-ils pas s'en procurer.

roi, souvenez-vous que les maîtres de la terre représentent bien mieux la Divinité quand ils protégent l'agriculture, que lorsqu'ils gagnent des batailles ou qu'ils soumettent des provinces. »

Quant à Parmentier, il jouit de son triomphe en véritable philosophe. Objet de vénération pour le peuple auquel il venait d'assurer à jamais une subsistance saine, économique et sûre; bien venu à la cour, où le roi lui-même se plaisait à l'entretenir des heures entières sur les améliorations et sur la protection à accorder à l'agriculture, il trouva dans la satisfaction royale et dans les bénédictions des pauvres, un ample dédommagement aux tribulations qu'il avait essuyées dans les premières années de son apostolat philantropique.

Grâce à l'espèce d'auréole qui entourait son nom, Parmentier passa tranquillement les mauvais jours de la révolution. Pharmacien en chef de l'hôpital du Val-de-Grace, — place dont il avait le titre, et dont il touchait déjà les émoluments sous Louis XVI, — membre de l'Institut, officier de la Légion-d'Honneur, il vécut assez longtemps pour voir grandir et prospérer le tubercule auquel il avait fait donner, pour le bonheur de l'Humanité, des lettres de noblesse et de naturalisation [1].

[1] Parmentier n'était point exclusif; on croit qu'il travailla avec le savant agronome Landin de Narsillac à l'ouvrage présenté au comité de l'agriculture de la Convention (1794) : on remarque en effet, dans cet ouvrage, des idées conformes à celles qu'émettait Parmentier dans ses autres écrits. L'amour de l'humanité y perce à chaque page. Voici le projet que Landin de Narsillac soumettait à la Convention nationale : « Que la République forme des ateliers qu'on ne nommera plus de charité, mais d'agriculture; qu'ils soient composés non de vagabonds, mais de journaliers honnêtes, de prisonniers de guerre, d'orphelins; enfin, de citoyens qui désirent du travail, et que la République serait obligée de nourrir dans l'oisiveté;

« Que ces ateliers soient répartis dans tous les départements, dirigés par des agriculteurs intelligents, qui commencent par sonder le terrain, par en connaître la nature, pour y répandre l'espèce d'engrais le plus propre à rendre le sol productif en suivant la méthode adoptée par Patule dans son excellent ouvrage intitulé : *Essai sur l'amélioration des terres.*

« Il résultera de ce plan trois grands avantages : le premier, en fertilisant des terres incultes, d'augmenter la somme de la denrée de première nécessité; le second, d'employer utilement un grand nombre de citoyens indigents, d'enfants délaissés, et qui, faute de trouver du travail dans les ateliers et les manufactures,

Les bienfaits dûs à la constance, à l'opiniâtreté du génie de l'homme ne sont jamais complets. Cette pomme de terre qui devait prémunir les nations contre les atteintes effroyables de la famine, qui devait perpétuellement offrir à la pauvreté une subsistance saine et peu coûteuse, n'a pu, depuis soixante-dix ans, conjurer le spectre de la faim en Irlande, en Pologne, en Ecosse, en Allemagne et même en France où la disette, lors de la révolution, a laissé un souvenir non moins horrible que celui des échafauds.

L'agiotage, cette plaie morale et incurable des vieilles sociétés, l'agiotage qui, à l'exemple des harpies de Virgile, étend sa main sordide et desséchée sur toutes choses; sur le berceau de l'enfant comme sur le cercueil du vieillard; sur la coupe couronnée de fleurs du riche comme sur la pinte boîteuse du pauvre; sur les atours de la courtisane comme sur les haillons de la mère de famille indigente; l'agiotage, — auquel un gouvernement vraiment libéral devrait interdire le trafic de la subsistance des hommes aussi bien que le droit infâme de coter la chair et le sang humain pour la bataille; — l'agiotage a étendu ses griffes de tigre et de chacal sur la pomme de terre : il a bâti pour elle des greniers, des vaisseaux qui servent à sa conservation et à son transport, et le prix de l'humble tubercule se réglant sur le prix des céréales, il arrive que lorsque le blé est cher, la pomme de terre l'est également, et par contre, lorsque le blé est à bas prix, la pomme de terre est à la portée de toutes les bourses. Le beau rêve de Parmentier et de Louis XVI s'est ainsi évanoui au soleil des réalités. Heureuses encore les populations qui, manquant après une récolte peu productive ou presque nulle, des subsistances nécessaires à

contractent l'habitude de la paresse et de la mendicité; le troisième, d'assurer des retraites aux soldats vétérans sans épuiser le trésor public. »

N'est-ce pas là le germe des colonies de Petit-Bourg et de Mettray que nous voyons s'élever et grandir aujourd'hui, et ne nous saura-t-on pas quelque gré d'avoir extrait d'un ouvrage utile, mais oublié, de la fin du dix-huitième siècle, les pensées et les projets, irréalisables alors, de deux amis de l'agriculture, et par conséquent de l'humanité?

leurs besoins, ne voient pas s'élancer, des rivages de leurs pays, des nefs rapides chargées de pommes de terre, qui vont, sous le pavillon cosmopolite de l'agiotage, porter sur d'autres bords, l'abondance et la sécurité qu'elles volent impudemment à la patrie en deuil.

Pour surcroît de maux, depuis quelques années il s'est produit des taches dans la pomme de terre comme dans le soleil. Une analogie *arcane* semble exister entre le sublime générateur de la nature et la constitution de l'une des plus humbles plantes qu'il fait naître par la chaleur de ses rayons. Cette affection morbide, que la science n'a pas pu encore expliquer, a été nommée la *maladie des pommes de terre*. Les Français en ont ri, les esprits forts s'en sont peu alarmés; mais les véritables philosophes, ceux qui ne veulent nier dans leur pieuse sagesse, ni Dieu, ni l'impénétrable mystère de ses décrets, ont gémi de ce déplorable phénomène, qui annonce dans l'ordre physique un renversement pareil à celui qui existe depuis un siècle dans l'ordre moral. La destruction des mondes comme la destruction des sociétés, se révèle longtemps à l'avance par des prodiges inexplicables qui sont en quelque sorte les ambassadeurs de la colère et de la justice de Dieu.

La gratitude publique a décerné, à Antoine Parmentier, une magnifique récompense digne de ses vertus et de son amour pour l'Humanité. On a élevé, il y a quelques années, à Montdidier, sa ville natale, une statue de bronze au Christophe Colomb de la pomme de terre. Le savant agronome est représenté debout, tenant à la main le bouquet de fleurs de patates qu'il présenta à Louis XVI en 1781. Le piédestal ne porte que cette courte inscription : *à Antoine Parmentier*. Ce laconisme est de bon goût, car il est des noms si vénérables et si grands, que les éloges et les titres pâlissent devant leur immortalité.

CHAPITRE VIII.

LA MUSIQUE.

Les chœurs des tragédies antiques. — Les musiciens à Rome. — Les instruments aux douzième, treizième, quatorzième et quinzième siècles. — Le premier violon. — Le premier piano, etc.

La musique est peut-être, après l'architecture, le plus ancien des arts. Quelques auteurs prétendent qu'elle tire son origine de l'Égypte, ce berceau de toutes les philosophies, de tous les arts et de toutes les religions.

Les Grecs attribuent l'art de la musique à Mercure, l'inventeur de la lyre; quelques poètes ont prétendu que Cadmus en se sauvant de la cour du roi de Phénicie, avait amené dans la Grèce la musicienne *Harmonie*. Plutarque donna pour père à la musique Amphion et Apollon. A ces divins inventeurs succédèrent Chiron, Demodocus, Hermès et Orphée. Puis Phœcinius et Terpandre, contemporains de Lycurgue, donnèrent des règles à la musique et, selon quelques auteurs, inventèrent les premiers modes. Enfin, Thalès et Thamiris, sont regardés avec raison comme les premiers inventeurs de la musique purement instrumentale. Car la musique vocale, on doit le comprendre facilement, a dû précéder les instruments faits à l'aide de roseaux, du bois, des arêtes de poisson, des cornes de bœuf et des métaux.

Ces grands musiciens vivaient avant Homère, c'est-à-dire plus de quinze cents ans avant l'ère chrétienne. Lasus, Hermionensis, Melnippides, Philoxènes, Thimothée, Phrinnès, Epigonius, Lysandre, Symmicus et Diodore, perfectionnèrent cet art sublime qui avait atteint chez les Assyriens, chez les Mèdes et chez les Égyptiens un degré dont les modernes n'approcheront peut-être jamais. Quand on visite en effet les ruines de Memphis, de Suze et d'Ectabatane, on reste confondu de la puissance des instruments qui devaient verser des flots d'harmonie sous les voûtes immenses des temples consacrés aux dieux et des palais destinés aux rois.

Lasus est le premier qui ait écrit sur la musique, du temps de Darius Hystaspes. Epigonius inventa un instrument de quarante cordes qui prit le nom d'Epigonium. Symmicus inventa un instrument de trente-cinq cordes appelé aussi de son nom Simmicum. Diodore perfectionna la flûte en y ajoutant de nouveaux trous; et Thimothée la lyre, en y ajoutant une nouvelle corde, ce qui le fit mettre à l'amende par les Lacédémoniens.

Les instruments chez les anciens se divisaient en instruments à cordes, instruments à vent et instruments qu'on frappe. Les instruments à cordes des anciens étaient lyra, psalterium, trigonium, sambuca, cithara, pectis, magas, barbocton, testudo, simmicum, épandoron ; on touchait tous ces instruments avec la main ou avec le plectrum, espèce d'archet.

Les instruments à vent étaient le tibia, fistula, tuba, cornua, litius et les orgues hydrauliques.

Les instruments de percussion étaient appelés tympanum, cymbalum, crepitaculum, tintinnabulum, crotalum, sistrum.

Athénée nous apprend que chez les Mèdes, les Egyptiens et même dans les Républiques grecques, toutes les lois divines et humaines, les exhortations à la vertu, les connaissances de ce qui concernait les dieux et les hommes, la vie et les actions des personnages illustres étaient écrites en vers et chantées publiquement par des chœurs, au son des instruments. Les législateurs et les rois n'avaient pas trouvé de moyen plus efficace pour graver dans l'esprit des hommes les principes de la morale et la connaissance de leurs droits et de leurs devoirs.

Au surplus les écrivains de l'antiquité diffèrent beaucoup entre eux sur la nature, l'objet, l'étendue et les parties de la musique. En général, ils donnent à ce mot un sens beaucoup plus étendu que celui qui lui reste aujourd'hui. Ils comprenaient sous le nom de musique la danse, le chant, la poésie et même la réunion de toutes les sciences et de tous les arts. Hermès définit la musique, la connaissance de l'ordre de toutes choses. C'était aussi le sentiment de Platon et de Pythagore. Le premier disait que tout dans l'univers était musique; et le second affirmait à ses disciples que le meilleur philosophe devait être aussi le meilleur musicien. Selon Hesychius, les Athéniens donnèrent à tous les arts, pris collectivement, le nom de musique.

Les poètes, et après eux quelques philosophes, ont donné cours à cette ingénieuse fiction, que la musique adoucissait les mœurs et désarmait les mauvaises passions. La fable d'Orphée subjuguant, par la puissance des accords de sa lyre, la férocité des tigres, des lions et des panthères, était la mystérieuse consécration de l'empire de la musique sur les hommes et sur les brutes elles-mêmes. Mais les poètes ne sont pas philosophes et tous les philosophes ne sont pas moralistes. Cette merveilleuse influence de la musique sur l'âme et sur les passions humaines n'existe pas, n'a jamais existé. Les Grecs qui ont, en quelque sorte, donné une seconde vie et une seconde origine à l'art cultivé par Chiron et Demodocus, les Grecs n'ont pas cessé, pendant quatorze siècles, de s'égorger entre eux : la guerre civile était l'état normal des Républiques grecques; et du moment où les sillons du Péloponèse et de l'Attique, ne s'humectèrent plus du sang des citoyens d'Athènes, de Sparte, de Thèbes ou de Corinthe, la liberté chancela et finit par s'expatrier avec la musique, dont elle inspirait les héroïques fureurs. Les Hébreux que nous n'aurons pas la folie de comparer aux Grecs, qui avaient appris des Egyptiens leurs anciens maîtres, à aimer et à cultiver la musique, et qui prenaient un soin tout particulier de perfectionner les modes, les chants et les instruments du temple de Jérusalem et du palais de Salomon et de ses successeurs, les Hébreux[1] étaient les ennemis les plus implacables et les plus cruels quand ils étaient vainqueurs. Il est vrai de dire qu'ils ne l'étaient pas souvent. Les Italiens, au moyen-âge, étaient les seuls musiciens de l'Europe, et l'on frémit encore au récit des sanglantes proscriptions, des effroyables querelles des Guelphes et des Gibelins, des Capulet et des Montaigu. Enfin, depuis vingt années en France, la musique est devenue en quelque sorte l'art du peuple, le délassement quotidien de la manufacture, de l'usine et de l'atelier, et depuis vingt ans nos batailles de carrefours, nos combats de rues, ont pris un caractère d'acharnement, de sauvagerie implacable, de férocité

[1] L'aptitude des juifs pour la musique a toujours été très-grande et très-remarquable. De nos jours encore, les plus illustres musiciens, compositeurs ou instrumentistes, sont juifs. Il y a loin cependant de la symphonie discordante des trompettes de Jéricho aux chœurs des *Huguenots* et aux fantaisies de Listz.

inconnue jusqu'ici et dont nos vieilles guerres de religion offriraient à peine l'exemple à de longs intervalles. Que faut-il conclure de ceci? Que la musique n'a qu'une très-faible influence sur l'âme des hommes parvenus à un certain degré de civilisation; qu'un lion affamé, qu'une populace déchaînée ne peuvent être endormis et désarmés par les accords d'une lyre, fut-elle tenue par un Orphée; et qu'un orchestre de trois mille musiciens, quand bien même il y aurait Strauss à sa tête, marchant dans les déserts de la Lybie, ou sur nos places publiques un jour de révolte, malgré les gerbes étincelantes d'harmonie qui s'échapperaient de ses poumons de cuivre, de bois et d'airain, serait écrasé sous la griffe du lion ou sous la griffe du peuple rugissant.

Libre donc aux écrivains, que nous appellerons les flatteurs et les valets du peuple, de crier bien haut que la musique a déjà opéré de merveilleux effets sur le moral des populations urbaines. Pour notre part, nous qui répudions avec une énergie égale le titre de courtisan du Louvre et de courtisan de la rue, nous dirons, éclairés par notre expérience et nos observations : Non, la musique, n'a pas depuis un quart de siècle, nous ne dirons pas supprimé, mais adouci un seul instinct criminel, une seule vengeance, un seul forfait contre l'humanité. Les hommes d'aujourd'hui, sont ce qu'ils ont toujours été. Néron, contemplant l'incendie de Rome, qu'il avait allumé, chantait sur sa lyre la destruction de Troyes; et Erostrate, avant de brûler le temple d'Ephèse, improvisait des cantilènes sous les portiques même de l'édifice qu'il allait anéantir. Puissent les Néron et les Erostrate, encore ensevelis dans les limbes du présent, se contenter au jour de leur triomphe d'une ville et d'un temple. La France n'en mourra pas.

La musique, comme agent civilisateur, comme moyen de concorde et d'union est une fiction; mais la musique comme art, comme science même, est une des plus heureuses conquêtes du génie de l'homme et rapproche le plus cet exilé de l'infini des virginales jouissances de la céleste patrie.

Les Grecs mêlaient à leurs représentations dramatiques des chœurs qui se liaient à l'action principale. Les tragédies de Euripide et de Sophocle et même quelques-unes des comédies d'Aristophane, sont ornées de ces hors-d'œuvres, où les musiciens du temps déployaient toute la verve de leur génie et tout le luxe d'une instrumentation dont nous ne nous doutons même pas. Les Romains adoptèrent les usages scéniques des Grecs, comme ils en avaient adopté les mœurs, et la République une fois morte, ils introduisirent des chœurs sur leurs théâtres. Esope et Bathille, le premier acteur tragique, le second mime célèbre, ne paraissaient sur le théâtre que précédés d'une troupe de musiciens qui exécutaient divers morceaux empruntés aux théâtres grecs. Les tragédies latines de Sénèque furent enrichies de chœurs, et avant lui, les comédies de Plaute et de Térence avaient été également allongées par des chœurs, qui en cette circonstance, étaient tout à fait étrangers à l'action scénique.

Quoique la musique à Rome eut été beaucoup moins populaire que dans les principales villes de la Grèce, elle eut cependant, du siècle d'Auguste au règne des Antonius, des époques brillantes. Les dames romaines, qui n'étaient plus ni des Emilies ni des Cornélies, introduisirent dans leurs gynécées des joueurs de flûte et de harpe gauloise qu'elles payaient au poids de l'or. Quelques-uns de ces artistes amassaient de grandes richesses, et l'histoire nous a conservé le nom d'un certain Palémon, natif de l'île de Samos, qui gagna, sous Tibère, une fortune de quatre cent mille sesterces à jouer de la flûte devant le peuple romain, esclave et dégradé.

Constantin emmena avec lui les rhéteurs, les grammairiens, les bateleurs et les musiciens sur les rivages du Bosphore, où il élevait sa capitale, — désormais la rivale de Rome et la métropole du monde romain. — Constantinople était une ville qui n'était ni grecque ni romaine, et où les beaux-arts transplantés ne pouvaient plus fleurir. La musique eut le sort de la sculpture et de la peinture; elle languit et disparut sous la pourpre vénale des successeurs de Constantin le Grand, dans la boue séditieuse des légions déshonorées, dans les clameurs d'un peuple insolent et perfide, dans les anathèmes du schisme et de l'hérésie, dans le tumulte lointain mais perceptible de l'arrivée des barbares, qui poursuivaient l'ombre de Rome, au-delà du Tibre asservi et des Alpes captives.

Il appartenait à la papauté, qui a sauvé tant de chefs-d'œuvre de l'art grec et romain, qui a réveillé tant de glorieux souvenirs, de ressusciter la musique. Le pape Grégoire le Grand eut cet immortel honneur. Par ses soins, et presque sous ses yeux, on publia un recueil de chants qui furent adoptés par toute l'église latine et qu'on appela plain-chant ou chant grégorien. Ces chants, d'une naïveté touchante, d'une mélodie inimitable et qui respiraient l'onction religieuse, la confiance en Dieu, la foi dans son angélique simplicité, avaient été recueillis par le savant pontife lui-même, dans les monastères, refuges ordinaires au septième siècle d'hommes essentiellement vertueux, non à la manière du Portique, mais à la manière de l'Évangile, qui consacraient leur temps à cultiver la terre et à chanter les louanges du Seigneur.

En publiant son antiphonaire, dit un écrivain plein de goût et d'érudition, le pontife romain l'avait donné dans un système de notation qui avait au moins le mérite de la clarté. On ne s'en contenta pas, et l'on imagina divers moyens de représenter les sons qui embrouillèrent fort cette partie de la science et rendaient la lecture de la musique d'une excessive difficulté. Divers essais produisirent enfin l'invention de la *portée*, et cette admirable découverte, à laquelle nous croyons difficile de jamais rien substituer d'avantageux, devint le fondement du système de notation aujourd'hui en usage. On a cru longtemps que cette utile découverte était due au savant religieux Guido d'Arezzo. C'est une erreur, mais les travaux si nombreux et si remarquablement beaux de Guido d'Arezzo lui ont valu cet honneur insigne, qu'on lui a attribué, dans les siècles suivants, toutes les inventions dont on ignorait les véritables auteurs, sans en exempter le *contre-*

point, qui sera vraiment la gloire de la musique moderne, puisqu'il a dirigé l'art dans des voies toutes nouvelles.

La réforme religieuse contribua à populariser la musique en France. Luther et Calvin aimaient passionnément la musique et chantaient eux-mêmes avec beaucoup de goût. Le premier de ces réformateurs avait coutume de dire : Je ne considère pas comme un instituteur celui qui ne sait pas chanter. Parole profonde, leçon admirable que les réformateurs politiques n'ont pas laissé perdre, et qu'ils mettent si bien à profit depuis soixante ans. — Luther, dans sa lithurgie, remplaça les chants en latin par des chorals en langue vulgaire, afin qu'ils fussent compris et chantés par le peuple. Ces chorals étaient, en grande partie, d'anciennes mélodies du culte catholique; quelques-uns avaient été spécialement composés par le grand réformateur.

Calvin, à Genève, prit grand soin aussi de faire mettre les psaumes en musique et il confia ce travail aux plus célèbres musiciens de l'Europe. L'attrait de ces psaumes notés et scandés, était si puissant que protestants et catholiques les adoptèrent. Chanter des psaumes traduits en vers français par Marot et de Beze, et mis en musique par Gondimel et Orlando de Lassue, fut bientôt une affaire de mode, beaucoup plus qu'une récréation de piété. C'est ainsi qu'au Pré aux Clercs, en 1558, par un beau soir d'été, des étudiants de l'Université de Paris, chantèrent des psaumes *sur de fort beaux airs*. Le lendemain, le chœur ayant en tête le roi de Navarre, — à l'instigation duquel l'essai de la veille avait sans doute été fait, — et quelques gentilshommes français et étrangers, fit plusieurs fois le tour de la promenade. Ces réunions de chant continuèrent les jours suivants à la grande satisfaction des désœuvrés et des badauds[1].

[1] Nous avons vu sous la Restauration des rendez-vous semblables à ceux-ci, et qui, sous l'apparence futile d'un honnête délassement, cachaient un but politique. Ces réunions, au dix-neuvième siècle, s'appelaient *goguettes*, et se tenaient dans des cafés ou dans des cabarets très-connus et très-achalandés. Comme l'esprit du dix-neuvième siècle n'était pas l'esprit du seizième, on ne chantait dans ces réu-

Si le seizième siècle fut fécond en grands musiciens, en compositeurs habiles, il fut aussi le point de départ du perfectionnement mathématique des instruments de musique. Au premier rang de ces hommes industrieux qui dotent pour ainsi dire d'une âme et d'une voix enchanteresse, quelques fragiles morceaux de bois, il faut placer Nicolas et André Amati. Le violon, qu'on est convenu d'appeler le roi des instruments, avait été inventé vers le milieu du treizième siècle par un pauvre hermite de la Romagne, et de 1245 à 1565, cette lyre renversée, comme disaient les Italiens, n'obtint que de lentes et insignifiantes améliorations. Les Amati parurent et le violon devint dans leurs mains savantes, une création merveilleuse. Grâce à eux, le violon put traduire le langage des anges et le langage des hommes, les orages du ciel comme les orages des passions, l'enfer et le paradis, le désespoir et la joie, l'amour et la destruction.

Les frères Amati remplirent l'Europe de leurs chefs-d'œuvre, aujourd'hui brisés par le temps ou par la main des hommes, plus cruels souvent que le temps. La France, plus que tout autre pays, fut favorisée dans cette distribution de prodiges. André et Nicolas Amati, firent pour la chapelle de Charles IX, vingt-quatre violons : *six dessus, six quintes, six tailles* et *six basses de violes*. Ces instruments d'une justesse, d'une sonorité et d'une pureté de sons merveilleuses, étaient encore rehaussés par d'inestimables peintures, où les premiers artistes de l'Italie avaient rivalisé de grâce, de délicatesse et d'originalité. Les six *dessus* représentaient les principaux événements de la vie guerrière et *musicale* du roi David; les six quintes, divers traits de la vie de Charlemagne, du roi Robert et de

nions ni cantiques ni noëls, mais les chansons patriotiques de M. de Béranger. Le *Gloria Patri*, des psaumes traduits par Marot, a été le poignard de Jacques Clément, et les trois journées de Juillet 1830 ont été le couplet final des chansons de Béranger. Le trône du dernier des Valois et des derniers Bourbons est tombé, comme les murailles de Jéricho, au son de la musique discordante des trompettes sacrées et profanes de la guerre civile.

saint Louis; les six tailles, *la création du monde;* les six basses de violes, des épisodes de la vie des quatre grands docteurs de l'Église, saint Augustin, saint Jérome, saint Grégoire et saint Ambroise. Ces vingt-quatre violons pouvaient durer dix siècles ils n'en ont duré que deux. Relégués, sous le règne de Louis XIV, dans le trésor de Saint-Denis, ils en ont été violemment arrachés en 1793, et les chefs-d'œuvre des Amati ont été rompus, brisés, jetés dans la fange et foulés aux pieds avec l'épée de Duguesclin et la bannière victorieuse de Jeanne-d'Arc. O peuple aveugle et impitoyable, respecte donc au moins dans tes jours de colère, les arts qui te font nation; mords les couronnes de tes rois, mais fais grâce à l'épée de tes soldats!!

Antoine Stradivarius, dont les violons sont encore aujourd'hui recherchés par les grands artistes et par les riches amateurs, fut un des derniers élèves des Amati.

Aux septième, douzième, treizième et quatorzième siècles, les instruments de musique étaient en fort petit nombre en Europe : le rebec, espèce de violon à trois cordes; la cornemuse; le tambour — dont la hauteur était de quatre pieds et demi et la circonférence de trois; — la flûte, le hautbois, le serpent, l'oguinelle sarrazine (ce que nous appelons un pavillon-chinois), la musette, la tarscerie (espèce de flûte), et quelques autres dont la forme est aujourd'hui restée sans nom.

Nos cathédrales avaient, pour accompagner le chant grégorien, les orgues et les serpents; on connaît la puissance de ces orgues, qui semblent posséder dans leur vaste poitrine, toutes les angoisses des réprouvés et toutes les félicités des élus; tous les châtiments et toutes les miséricordes de l'Éternel. Les sons qui s'échappent de ce Briarée musical, comme des ouragans impétueux ou des sylphes légers, vont se tordre, s'enrouler, et s'unir sous les arêtes des voûtes, à la cime des piliers, à la crête des colonnettes dentelées de la nef et du sanctuaire d'où ils s'envolent tous pour le ciel avec les nuages d'encens et de fleurs.

Le serpent ne sert qu'à soutenir la voix des chantres et à

commencer le sillon vocal où toutes les bouches du chœur doivent jeter leurs notes.

La musique religieuse n'a cessé d'être noble, digne, grave en France, que depuis quelques années. Des curés, à Paris et dans quelques grandes villes, ont voulu mêler à la majestueuse sévérité du chant grégorien, les pompes et les agréments de la musique mondaine, et un orgue d'accompagnement est installé dans le sanctuaire comme dans un orchestre de théâtre. Est-ce un bien ? est-ce un mal ? L'art est pour nous une chose divine dans son essence, mais toutes les applications de l'art ne sont pas dignes de célébrer les louanges du Très-Haut.

Après la musique religieuse d'un peuple, vient sa musique militaire. Nous savons au son de quels instruments marchaient au combat les phalanges macédoniennes et les légions romaines ; mais bien des gens ignorent de quels instruments se composait la musique militaire de nos pères. C'est encore dans le choix de ces instruments, qui président au carnage et à la mort violente, qu'il faut chercher le caractère primitif d'un peuple.

Les deux seuls instruments de guerre de nos ancêtres étaient le tambour et le fifre[1].

Le fifre a été l'assidu compagnon de nos triomphes et de nos revers depuis Clovis jusqu'à Napoléon. Il était à la défaite de Siagrius, il était à Bouvines, il était à la Massoure, à Crécy, à Poitiers, à Mons-en-Puelle, à Pavie, à Cerisolles, à Lens, à Steenkerque, à Nerwinde, à Fontenoy, à Jemmapes, à Lodi, à Aboukir, à Marengo, à Austerlitz, à Iéna, à Montmirail, à Champ-Aubert, à Waterloo... Pourquoi n'existe-il plus à la tête de nos régiments? pourquoi ces arpéges aigues, ces notes acerbes, ces sifflantes invitations à la victoire ou au trépas glo-

[1] On voyait encore avant la révolution, sur un très-ancien vitrail de l'abbaye de Sainte-Geneviève, la prise de Ptolémaïs par les Croisés, et on y distinguait parfaitement les Français marchant ou plutôt escaladant les échelles, un fifre en tête. Ce curieux vitrail a été brisé, comme tant d'autres objets dignes d'être conservés au moins par orgueil national.

rieux du combat, ne se font-elles plus entendre au-devant de notre drapeau?

L'industrie de la lutherie, bien qu'elle ait perdu de son importance depuis le dix-septième siècle, n'a pas cessé d'être pratiquée en France par des hommes d'un talent distingué. L'art de confectionner des instruments de cuivre a pris en revanche des proportions considérables, dues principalement à l'adoption des grands tubes de cuivre dans tous les orchestres d'aujourd'hui. Un Belge, du nom de Sax, entre autres, a inventé une série d'instruments de cuivre qu'il a eu le crédit de faire adopter par le ministre de la guerre pour la musique des régiments de l'armée.

La musique, nous l'avons déjà dit au commencement de cet article, fait chaque jour de notables progrès dans notre pays. La méthode Wilhem a su créer, particulièrement dans les classes ouvrières, de formidables néophytes et de non moins formidables exécutants à la Muse que les Grecs représentaient les yeux levés vers le ciel, la bouche entr'ouverte et la main sur le cœur, et à laquelle ils avaient donné le doux surnom d'Harmonie. Mais ce qui a surtout fait faire un pas prodigieux à la musique, c'est la multiplicité toujours croissante des pianos, ces roturiers heureux qui ont chassé les clavecins et le forté, et qui seront peut-être bientôt chassés à leur tour par quelque combinaison nouvelle.

Le piano se trouve aujourd'hui partout : dans le palais comme au moulin, dans l'appartement splendide de la courtisane comme dans la mansarde de la grisette. C'est la démocratie des sons arrivée à son apogée.

L'Allemagne est musicienne par essence; l'Italie par imitation; la France par caprice et par folie. Mais un pays qui a donné le jour à Méhul, à Boyeldieu, à Dalayrac, à Auber, à Lesueur et à Adam, pour ne parler que des musiciens de notre époque, peut lutter avantageusement avec les écoles illustres qui ont produit les Palestrina, les Sacchini, les Piccini, les Gluck, les Weber, les Beethoven, les Hummel, les Rossini et les Meyerbeer.

CHAPITRE IX.

LES AÉROSTATS

Icare et Dédale. — Un aérostat en Chine en 1306. — Les aéronautes modernes. — L'aigle d'un Czar, etc.

L'AVENTURE de Dédale et d'Icare n'est pas une fable ;

ces ailes rapides et merveilleuses que l'artiste athénien, captif du roi Minos, inventa pour reconquérir sa liberté, ne sont point un conte mythologique. Le savant ingénieur qui faisait marcher dans les rues d'Athènes des statues de bronze et de marbre, l'architecte qui bâtissait le labyrinthe de l'île de Crète, inscrit au nombre des sept merveilles du monde, et qui élevait les remparts et les halles gigantesques de Memphis, a dû trouver le premier le secret de naviguer dans les airs. L'horreur de la captivité, et le désir de ressaisir une liberté perdue, fait exécuter aux plus vils scélérats des prodiges de patience et d'adresse. Pourquoi l'homme de génie, plongé dans les limbes d'un cachot, ne rassemblerait-il pas toutes ses forces intellectuelles pour briser ses fers? La science doit avoir aussi ses Spartacus.

Les Anciens nous ont précédé dans toutes les routes. Malgré notre insupportable orgueil nous devons les regarder comme nos maîtres dans les arts, dans les sciences, dans les lettres. La civilisation, dans notre occident, ne fait que de naître; en Afrique et en Asie, elle a six mille ans d'existence. Les peuples de l'autre hémisphère, qui ont eu le bonheur de conserver leurs mœurs, leurs institutions et leurs lois, nous prouvent par leurs annales que nos prétendues découvertes sont pour eux des nouveautés de quelques milliers d'années. Le père Vassou, missionnaire à Kanton (Chine), décrivait, dans une lettre datée du 5 septembre 1694, c'est-à-dire, près d'un siècle avant qu'il ne fut question en France des aérostats, l'ascension d'un ballon lancé à Pékin, en 1306, lors de l'avénement au trône de l'empereur Fo-Kien. Ce récit, traduit littéralement par le père Vassou, sur des documents officiels et parfaitement authentiques, est de nature à corriger l'outrecuidance de nos chers contemporains.

Mais en Europe même, et dès le quatorzième siècle, plusieurs savants avaient exprimé l'opinion qu'au moyen d'une substance plus légère que l'air, enfermée dans un ballon, il serait possible de gagner la partie supérieure de l'atmosphère. Un moine augustin, — car les moines, n'en déplaise aux philosophes, ont été ou les pionniers de l'agriculture, ou les pionniers des arts, ou les pionniers des sciences, — nommé Albert Saxony, mit au jour cette idée dans laquelle est évidemment la découverte de Montgolfier. En introduisant de l'air atmosphérique dans ces ballons, ajoutait-il, on les ferait descendre, par la même raison que l'eau pénétrant dans un vaisseau le fait couler bas.

C'était toute la théorie de l'aérostation.

Deux siècles plus tard, le jésuite portugais Mendoza, et l'Allemand Gaspard Schott, mirent en commun leurs spéculations et leurs efforts, et conçurent le plan d'une véritable navigation aérienne dirigée par des voiles, des rames et des gouvernails. Ces essais ne furent point heureux, et lorsqu'au commencement du siècle où nous sommes, l'Allemand Deghen, voulut accomplir avec des ailes ce que le jésuite portugais et le physicien Schott, avaient tenté sans succès, un voyage aérien, sa chûte fut annoncée d'avance et le Champ-de-Mars retentit des huées et des quolibets adressés au malencontreux Teuton, qui pour l'appât de quelques milliers de francs, avait bravé le sort d'Icare et les sifflets d'un peuple inclément aux bateleurs sans esprit.

Cependant Cardan, Fabry et plusieurs autres physiciens consignèrent dans leurs ouvrages des observations importantes. Le jésuite François Lana, proposa, vers 1680, un ballon de cuivre extrêmement mince duquel on soutirerait tout l'air et qui deviendrait ainsi plus léger que notre atmosphère. Et le jésuite émettait cette idée au moment même des belles découvertes de Torricelli et de l'invention de la machine pneumatique.

L'idée de la navigation aérienne, comme on voit, marchait toujours, et chaque découverte, en apparence à peu près étrangère à l'aérostation, faisait faire un pas timide à cette science.

Il était réservé à deux frères, — Joseph et Etienne Montgolfier, — non moins unis par leurs goûts scientifiques que par le sang, — de raisonner, de mûrir et d'appliquer les informes théories de l'aérostation, ou plutôt de tous les renseignements épars, de toutes les données répandues dans les livres de physique, de tous les essais tentés jusqu'à eux de jeter les bases d'un système, appuyé par des expériences qui, loin d'être un péril pour leurs auteurs, seraient au contraire une gloire, un honneur aux yeux d'une multitude quasi-philosophe[1]. Car nous rejetons bien loin ces contes puérils, ces niaiseries anecdotiques que l'industrialisme littéraire jette en pâture à la crédulité des sots. Nous ne parlerons ni de cette chemise que l'on chauffait et qui voltigeait devant le feu, ni de cette fameuse estampe inspiratrice du siége de Gibraltar, ni du cornet de papier d'Etienne Montgolfier, ni du parallèlipipède de Joseph son frère. Toutes ces futilités sont bonnes à orner des légendes du douzième siècle, et pourtant ceux qui les recueillent et qui en sèment les récits sont des esprits forts, de petits Spinosa qui croyent en Dieu sous *bénéfices d'inventaire*, comme dit le bon Lafontaine.

Les Montgolfier, Joseph et Etienne, avant de devenir des hommes distingués, avaient été deux écoliers studieux. Joseph s'enfuit, à la vérité, du collége de Tournon pour réaliser je ne sais quel rêve d'indépendance inné dans la tête des jeunes gens doués de quelques talents; mais il rentra bientôt dans son collége et s'appliqua avec une ardeur sans égale à l'étude des mathématiques. Etienne fit ses études au collége de Sainte-Barbe, à Paris, obtint des succès dans ses classes d'humanités et de mathématiques, et en sortant du collége entra comme élève chez Soufflot, l'architecte de la nouvelle *Eglise de Sainte-Geneviève*. Les deux Montgolfier, profondément instruits, même sur le banc de

[1] L'Allemand Gaspard Schott parvint à s'enlever à quelques vingtaines de pieds, et la machine qu'il montait tomba au milieu d'un village, à un quart de lieue de la petite ville qu'il habitait. Les paysans, terrifiés de voir un homme se promener dans les airs, voulurent le brûler vif, et déjà ils commençaient à chauffer un four pour mettre à exécution leur homicide résolution, lorsque des valets de l'électeur de Brandebourg, passant par hasard dans ce village, délivrèrent, moitié par force, moitié à l'aide de paroles sensées, le malheureux physicien.

La stupide barbarie du peuple a retardé sans doute de beaucoup la perfection des ballons. Mais les Montgolfiers n'avaient plus à redouter d'être brûlés vifs par les villageois. Les paysans français commencèrent, dès 1784, à ne plus croire au diable, et, la philosophie aidant, ils croient à peine à Dieu aujourd'hui.

leurs classes, augmentant sans relâche l'un dans une chaumière du Forez, l'autre dans une mansarde du faubourg Saint-Jacques, à Paris, la somme de leurs connaissances physiques, n'avaient pas besoin de l'agitation d'une chemise devant la flamme d'un foyer, pour songer à la navigation des airs. Le biographe qui raconte la joie d'Etienne, après avoir lu l'ouvrage de Priestley *sur les différentes espèces d'airs,* et qui lui fait dire — sans doute par réminiscence du mot d'Archimède *Je l'ai trouvé — Nous pouvons maintenant voguer dans l'air*, est plus près du vraisemblable et peut-être de la vérité.

Nous ne nous arrêterons pas aux tentatives séparées des deux frères, nous arriverons tout de suite à la première expérience sérieuse qu'ils firent à Annonay, le 5 juin 1783.

L'appareil était en toile doublée de papier, il avait 35 pieds de diamètre, pesait 430 livres et pouvait supporter une charge de 400 livres. Le ballon, échancré par le bas, fut gonflé au moyen d'un feu de paille sur lequel on jetait de temps en temps un peu de laine hachée pour produire une fumée plus épaisse et plus abondante. Ce ballon s'éleva, en dix minutes, à une hauteur de mille pieds et alla tomber à 7,200 pieds de l'endroit d'où il était parti. Cette expérience fut répétée par tous les physiciens de Paris, et l'on ne tarda pas à reconnaître, fait remarquer un savant chimiste, que la véritable cause de l'ascension du ballon, était la dilatation et la diminution du poids de l'air par la chaleur, et non pas, comme le prétendait Montgolfier, un gaz particulier produit par la combustion de la laine.

Moins de trois mois après l'expérience d'Annonay, s'éleva du milieu du Champ-de-Mars de Paris, — le 25 août, — un globe de taffetas verni à la gomme élastique, d'un diamètre de 12 pieds et pesant 25 livres. Ce globe élégant, svelte, gracieux, autour duquel flotte majestueusement le drapeau de la France, parvient, en deux minutes et demie, à une hauteur de 3,000 pieds, disparaît dans les nues et retombe, au bout de trois quarts-d'heure, dans le village de Gonesse, à cinq lieues de Paris.

C'est ainsi que, dès l'origine, il y eut deux espèces d'aérostats : ceux gonflés de gaz échauffé (montgolfières), et ceux remplis de gaz hydrogène, qui bientôt furent les seuls employés. Cette expérience, cette première représentation aérostatique à Paris, avait été donnée à la suite d'une souscription provoquée par M. Faujac de Saint-Fond et par Charles, professeur de physique à Paris.

Ce fut alors que les amis de Montgolfier l'invitèrent à venir dans la capitale pour répéter l'expérience d'Annonay sur une plus grande échelle et devant un public tout autrement éclairé que les paysans des Vosges. Le succès obtenu par Charles était d'ailleurs un aiguillon assez puissant. Montgolfier arriva.

Cet inventeur se trouvait absolument vis-à-vis de Charles dans la même situation que Gutenberg avec Schœffer. Gutenberg avait découpé la lettre, Schœffer l'avait fondue; et nous l'avons déjà dit, toute l'imprimerie est là.

Montgolfier, avec ses énormes appareils et sa fumée de paille, rendait les voyages très-dangereux et pour ainsi dire impossibles dans une certaine mesure; Charles, par la nouvelle structure qu'il donna à son ballon, par l'agent qu'il choisit pour le gonfler et le rendre ainsi plus sûr et plus rapide, devenait le Schœffer de l'aérostation.

Montgolfier vint donc à Paris.

Montgolfier trouva un collaborateur plein de zèle et de dévouement dans Pilatre de Rozier, directeur du Musée-Royal. Le 19 septembre 1783 Montgolfier, assisté de Pilatre, opéra devant le palais de Versailles et en présence de la cour et d'une population immense, sa première ascension à ballon captif. Les deux voyageurs montèrent dans la nacelle et s'élevèrent à cinquante pieds de hauteur aux applaudissements de la foule et au bruit des fanfares de la musique des gardes-du-corps, et des gardes françaises et suisses. C'était, à vrai dire, un bien mince échantillon de la puissance des aérostats, mais en présence d'une invention qui ne faisait que de naître, le public malicieux et railleur de Paris et de

Versailles se montra indulgent et se borna à constater la bonne volonté de deux hommes dont l'un devait chèrement payer plus tard son intrépidité scientifiqne. Ce ballon historique, que l'on conserve encore aujourd'hui dans les salles du conservatoire des Arts-et-Métiers, avait 74 pieds de hauteur et 48 de largeur; il avait été construit sur les dessins de Montgolfier et portait par conséquent le nom de Montgolfière, appellation qui n'est pas plus restée aux aérostats que le nom de Christophe Colomb au Nouveau-Monde.

Le 21 octobre suivant, l'infatigable et courageux Pilatre entreprit un voyage aérien à ballon libre. Ici la farce de physique amusante finissait et l'héroïsme scientifique commençait. Ce n'était plus, en effet, une monstrueuse sphère de taffetas retenue prudemment à terre par de grossières ficelles qu'on allait voir s'enlever perpendiculairement dans les airs; c'était un aérostat élégant, de forme agréable, ni trop grand ni trop petit qui allait, sous la direction d'un moderne Jason, prendre possession de l'espace au nom de l'intelligence humaine, et conquérir à la science les plaines incommensurables de l'infini. Pilatre, dans sa périlleuse entreprise, s'était associé M. Giroud de Villette et le marquis d'Arlandes, major d'infanterie. Il faut voir, dans la relation de ce dernier voyageur, relation écrite avec une franchise pleine d'esprit et une gaîté exempte de rodomontades, à quels dangers les aéronautes s'exposaient dans un ballon incomplètement machiné et gonflé d'après la méthode fort vicieuse de Montgolfier. Le voyage ne dura que vingt minutes à peu près, mais il suffit pour donner à la nouvelle découverte la consécration de la gloire, qui ne s'acquiert en toutes choses que par le péril bravé ou la mort affrontée. Pilatre de Rozier et ses hardis compagnons furent bientôt l'objet de l'admiration publique. Leurs logis furent littéralement assiégés par une foule avide de les voir, de les saluer, de les interroger. On voulait contempler de près ces hommes qui s'étaient faits citoyens de l'empire des oiseaux et qui avaient vécu, pendant un quart-d'heure, de la vie des vautours, des éperviers et des aigles; on voulait connaître les sensations qu'ils avaient éprouvées à des hauteurs plus considérables que la cîme des Alpes et des Pyrénées; on voulait enfin s'instruire en détail des moindres particularités de leur ascension. La foi aux aérostats naissait et les contes de Cyrano de Bugerac devenaient une page dans l'histoire.

Nous ne dirons pas avec une exagération néologique qu'un *immense besoin d'aérostation travaillait dès lors tous les savants et les esprits audacieux;* non, car les vrais savants n'avaient vu dans les premières expériences des frères Montgolfier qu'une application heureuse, mais sans portée, de quelques théories enfouies dans de vieux livres de physique, et ces savants ne furent arrachés à leur apathie négative que par l'intrépide initiative du jeune Pilatre de Rozier; mais nous avouerons qu'en 1783 les esprits, remués profondément par le levier philosophique et réduits à remplacer par des croyances plus ou moins folles les croyances religieuses et politiques dont ils s'étaient affranchis, étaient merveilleusement disposés à se passionner, sans choix, pour les miracles de la science et les tours de gibecières de la parade. L'escamoteur Comus eut alors une popularité aussi bruyante que MM. de Lafayette, Montgolfier, Mesmer et Vestris.

Tout devient en France une affaire de mode. La peste, la révolte, une giraffe, un nain, une empoisonneuse, le sang et les fleurs, le crime et la vertu, l'échafaud et le bal, impressionnent tour à tour ce peuple de Paris, qui serait le plus aimable des peuples s'il voulait en rester constamment le plus frivole. La mode s'empara donc des ballons. On tailla des habits à la Montgolfière; on fabriqua des chapeaux, des parapluies, des cannes à la Montgolfière; les dames adoptèrent des coiffures à la Montgolfière, et les trétaux de la foire, aussi bien que les tribunes des sociétés savantes des plus petites villes de France, entonnèrent sur tous les airs et sur tous les tons les louanges des deux physiciens d'Annonay.

La manie de monter dans les Montgolfières devint générale, et il y eut alors un engoûment et une frénésie assez semblables à celles que nous avons vues de nos jours, 1816 et 1817, pour les *montagnes russes*. Les hommes les plus illustres par leur naissance ou par leurs dignités, les femmes les plus qualifiées et les plus célèbres par leur esprit ou leur beauté entreprirent des ascensions plus ou moins dangereuses. Les annales de l'aérostation ont enregistré le voyage aérien exécuté par Mme la marquise de Montalembert, la comtesse de Podenas et Mlle de Lagarde, accompagnées de M. le marquis de Montalembert et de M. Artaud de Bellevue. Il est bien vrai que l'ascension se fit à ballon captif; mais le courage de ces femmes frêles et habituées à des émotions plus douces n'en est pas moins remarquable.

Au nombre des personnes de haut rang qui brigaient l'honneur d'inaugurer les Montgolfières, il faut citer le prince de Ligne, le duc de Chartres (depuis Philippe-Egalité), le marquis de Castel-Gandolphe, le comte d'Artois (depuis Charles X). Le frère de Louis XVI s'était confié à Robert et à Hutin, déjà connus par leur science et par leur sang-froid; mais ce qu'il y eut de curieux et de singulier dans cette ascension, ce fut de voir le maréchal de Richelieu, le maréchal de Biron, le bailly de Suffren et le duc de Chaulnes tenir les cordes du ballon captif. Ainsi le fils de France qui allait, par son exemple, donner à la découverte des Montgolfier une impulsion féconde en grands résultats, restait en quelque sorte enchaîné au sol de la patrie par les bras réunis de l'armée et de la marine, personnifiés par deux généraux illustres, et par ce marin invincible, ce hardi Bailly de Suffren, qui mérita, par trente années de glorieux services, l'amour de la France et la haine de l'Angleterre.

L'ascension de Charles et Robert au jardin des Tuileries acheva d'enflammer toutes les têtes et d'enivrer tous les esprits que les journaux, par leurs récits vrais ou mensongers, avaient déjà préparés au fanatisme de l'aérostation. L'Académie des sciences, jusqu'alors impassible et juge silencieuse des Carrousels exécutés dans l'espace, sortit de son dédain léthargique et décerna le titre d'associés surnuméraires à MM. Montgolfier, Charles, Robert, Pilatre de Rozier et marquis d'Arlandes. Le gouvernement ne voulut pas rester en arrière.

M. Montgolfier eut des lettres de noblesse pour son père et le cordon de Saint-Michel pour lui; M. Charles eut deux mille francs de pension; MM. Robert et Pilatre de Rozier une pension de mille francs chacun. Le brave marquis d'Arlandes fut nommé colonel et reçut quelques mois après, la croix de Commandeur de l'ordre royal et militaire de Saint-Louis, dont il était déjà Chevalier.

On évalue à trente le nombre des ascensions qui s'exécutèrent en France de 1783 à 1784. Des souscriptions s'organisèrent de toutes parts pour faire de nouvelles et fréquentes tentatives de voyages aériens. De la France cette fièvre chaude ne tarda pas à se répandre dans les autres pays de l'Europe et même jusqu'en Amérique. L'Angleterre, l'Italie, l'Allemagne regorgèrent d'aéronautes sans ballons; il y eut, dans tous ces pays, des montagnes de brochures imprimées pour ou contre les aéronautes. Les fureurs du système de Law en France, les querelles de la rose rouge et de la rose blanche en Angleterre, les disputes à stylets des Républiques en Italie, les sombres combats de plumes de la Réforme en Allemagne, étaient dépassés par la folie des ballons.

Il ne fallut rien moins que les baquets de Mesmer pour faire tomber les aérostats de l'empirée de l'opinion publique. Cette chûte inspira au comte de Rivarol cette mauvaise plaisanterie qu'il adressa à Montgolfier lui-même : « Eh! monsieur, pouviez-vous en conscience vous attendre à la vogue de ce charlatan allemand? Voilà vos ballons tombés dans l'eau. »

Quoi qu'il en soit, l'aérostation a rendu de nombreux et utiles services aux sciences. Gay-Lussac et Biot firent, à l'aide des aérostats, les plus exactes et les plus complètes expériences météorologiques qu'on ait jamais obtenues. Blanchard à Rouen et à Paris, Guyton-Morveau à Dijon, essayèrent, par un appareil aussi simple qu'ingénieux, à surprendre le secret et la direction des ballons, à rompre les courants ou à profiter des ondulations, des couches d'air et des chances du vent. Après eux, le comte Andreain de Milan, Alban et Vallet, directeurs de la fabrique de Javel, ont tenté d'ingénieux, mais vains essais de direction.

Après les tentatives des sages viennent les rodomontades des fous et les imprudences, et dans cette dernière catégorie il faut ranger ce Testu Brissy, qui resta pendant toute une nuit d'orage dans son ballon ; ce Larvaguy qui s'enleva avec un ours dans les environs de Cadix et qui fut dévoré par son terrible compagnon ; ce Galle, qui tout récemment trouva la mort à Bordeaux, et qui semblait la chercher avec une ardeur qu'on pourrait appeler un cynisme d'intrépidité. Nous n'aurons pas l'injustice de mettre au nombre de ces chevaliers errants de l'aérostation, ni ce bon et modeste Blanchard [1] qui, le premier, franchit la mer en ballon, ni le jeune et savant Pilatre de Rozier, dont l'aérostat prit feu et qui périt sur les falaises, au bord même de l'Océan.

La descente des aérostats a été, depuis 1783 jusqu'à nos jours, l'objet d'ovations plus ou moins méritées. Plusieurs aéronautes ont, à la vérité, été accueillis çà et là dans les campagnes par quelques coups de fusils hostiles à la science et au progrès ; mais en général nos paysans d'aujourd'hui n'ont plus rien de barbare que la figure, et ils reçoivent fort gracieusement les visites qui leur viennent d'en haut. Il y a d'ailleurs dans l'homme, citadin ou villageois, un sentiment qui le porte à admirer ce qui arrive de loin ; c'est une attraction dont on ne peut se rendre compte et à laquelle on obéit instinctivement. Or, qui peut susciter plus d'intérêt, qui peut faire naître plus de curiosité qu'un voyageur qui vient de passer à quatre mille toises au-dessus du clocher de votre village, et qui a parcouru en quelques heures une distance qu'on ne pourrait franchir en plusieurs semaines avec les jambes dont le Créateur a gratifié l'espèce humaine?

Nous allons emprunter au livre très-substantiel et très-intéressant qu'un de nos jeunes savants, M. Julien Turgan, a publié

[1] Blanchard périt le 14 juin de la même année : par une imprudence condamnable, il avait réuni les deux méthodes. Son ballon, rempli d'hydrogène, était au-dessus d'une montgolfière enflée par les procédés que nous avons décrits plus haut. Le feu prit à la montgolfière et le communiqua au ballon. L'infortuné mourut ainsi au milieu des flammes, dans cet espace dont il était l'un des premiers conquérants.

sur les aérostats, le récit de la réception qui fut faite à Blanchard, dans la ville de Calais. Tous ces accueils empressés sont invariablement les mêmes depuis soixante-dix ans, et c'est à eux qu'on peut appliquer l'adage : *ab uno disce omnes*.

« Là, trouvant un bon vent, le 5 janvier 1785, à une heure précise, il fit monter avec lui le docteur Gefferies, et se livra à un bon vent du nord-ouest, qui, vers trois heures trois-quarts, vint le déposer entre Boulogne et Calais, à deux lieues et demie dans les terres, et sur la lisière de la forêt de Guines. Pendant la traversée, le ballon avait un peu baissé vers la mer, ce qui avait inquiété beaucoup les gens de Douvres, qui suivaient l'aérostat avec leurs lunettes; et les gens de Calais, prévenus par les guetteurs de la ville, suivaient avec beaucoup d'attention ce gros corps noirâtre qui s'avançait vers la côte et qu'ils reconnaissaient pour l'aérostat annoncé depuis longtemps.

« A son arrivée, il fut reçu par M. d'Honinclam fils, qui le conduisit dans son château. Le même soir, après souper, les voyageurs furent conduits à Calais, dans une voiture à six chevaux qui leur fut envoyée par les officiers municipaux, qui avaient aussi donné des ordres pour que les portes de la ville leur fussent ouvertes à quelque heure qu'ils arrivassent; et, quoiqu'il fût deux heures après minuit lorsqu'ils entrèrent dans cette ville, ils y trouvèrent tous les habitants qui bordaient les rues sur leur passage en criant : *Vivent les voyageurs aériens!*

« Ils descendirent chez M. Mouron, l'un des officiers du corps municipal, où ils couchèrent. Le lendemain, dès le matin, le pavillon français fut placé sur la porte de M. Mouron, le drapeau de la ville fut hissé sur les tours, on fit plusieurs décharges de canon, et toutes les cloches des paroisses furent sonnées en carillon. Le corps municipal et tous ceux des régiments qui composent la garnison se rendirent le matin même chez M. Mouron pour féliciter les voyageurs; à dix heures, on leur apporta le vin de la ville et on les invita à venir dîner ce jour même à l'Hôtel-de-Ville.

« Avant le dîner, le maire présenta à M. Blanchard une boîte d'or, sur le médaillon de laquelle est gravé son aérostat dans le moment de la descente; elle contenait des lettres qui accordaient à M. Blanchard le titre de citoyen de Calais. De pareilles lettres furent offertes au docteur Gefferies, qui, en sa qualité d'étranger, ne crut pas devoir les accepter. Enfin, pour mettre le comble à la gloire des voyageurs, le corps de la ville leur demanda de laisser leur ballon pour être déposé dans l'église cathédrale de Calais, ainsi que le fut autrefois, en Espagne, le vaisseau de Christophe Colomb. Et il fut arrêté qu'au lieu de la descente, il serait élevé une pyramide de marbre pour en perpétuer la mémémoire »

Mesmer, et ses baquets, mais surtout les premiers drames de la révolution avaient fait oublier les ballons, lorsque Lakanal eut l'idée fort singulière d'appliquer le ballon à l'art de la guerre. Selon lui, les aérostats devaient surprendre les forces de l'ennemi, recenser son matériel, dévoiler ses manœuvres, mettre à jour ces plans. Cette idée fut accueillie très-sérieusement, et, sur le rapport d'une commission de savants, composée des citoyens Monge, Berthollet, Guyton-Morveau, Fourcroy, Carnot, de la Lande et Lavoisier[1], on créa un corps d'aérostates militaires dont l'organisation fut confiée à Coutelle, que l'on nomma colonel des aérostiens de Sambre et Meuse. S'il faut en croire les écrivains militaires, seuls juges compétents en pareille matière, les ballons et le corps des aérostiens ne rendirent que de bien faibles services au général en chef Jourdan; et si la bataille de Fleurus, où les ballons remplirent un rôle dans le prologue, fut gagnée par les Français, il

[1] On aurait tort de penser que la réunion de tant d'hommes éminents dans la science fut un gage de la bonté du projet. La plupart des hommes appelés dans cette commission redoutaient les comités, et se seraient bien donné de garde de contrarier leurs vues. Cette condescendance ne put sauver l'illustre Lavoisier, qui termina sur l'échafaud une vie consacrée à l'étude et à la bienfaisance. Mais la haine de ses rivaux, plus que l'esprit révolutionnaire, hâta sa perte. Le comité de salut public posa cette question à une réunion de savants : La vie de Lavoisier est-elle nécessaire à la République? Un des rivaux du grand chimiste écrivit *Non;* et le comité de salut public, qui voulait gracier, fut obligé de sanctionner l'arrêt de mort.

est probable que cette victoire ne fut pas tout à fait due à l'intervention des aérostats. Le *quoique* et le *parceque* trouvèrent leur place à cette époque dans la polémique qui s'engagea sur l'emploi et la convenance des ballons militaires. Le meilleur ballon qu'on puisse avoir dans une armée, pour déjouer les ruses de l'ennemi, disait Kléber, avec son accent alsacien, c'est la tête d'un général expérimenté.

Cependant les ballons avaient de chauds partisans dans les comités de la Convention, et un certain Conté, fonda, avec l'appui du *colonel* Coutelle, une école d'aérostatiens à Meudon. Cette école fut supprimée peu de temps après comme *onéreuse* et inutile.

Lorsque le général Buonaparte se mit à la tête de l'armée d'Égypte, il trouva, au nombre de ses troupes, deux compagnies d'aérostatiens, et dans son matériel, deux aérostats de la plus laide et de la plus grossière structure. Le jeune général n'était point homme à conserver dans son armée des soldats parasites et des engins inutiles. Il commença par incorporer les prétendus aérostiens dans les compagnies du génie, et quant aux deux ballons, il s'en débarrassa très-galamment dans la fête qu'il donna au Kaire pour je ne sais quelle commémoration républicaine. Les deux aérostats, enflés tant bien que mal par les soldats du génie, s'enlevèrent majestueusement dans les airs, ornés des emblêmes de la République, au grand ébabissement du peuple du Kaire, et allèrent, avec leurs fragiles trophées, se crever contre le Sphinx de granit, qui garde depuis quatre mille ans les débris de la civilisation égyptienne et les glorieux ossements de Sésostris.

L'Europe et la France, à tort ou à raison, ne s'occupaient guère de ballons sous l'empire. Les esprits étaient subjugués par bien d'autres pensées, et les rayons du soleil d'Austerlitz, d'Iéna et de Wagram avaient seuls le glorieux privilége de fixer les regards et l'attention des Français. Cependant, dans ce temps-là même, d'aventureux aéronautes se révélèrent : Madame Blanchard, Garnerin, Margat et quelques autres opérèrent des ascensions qui attirèrent momentanément la curiosité publique. Mais en réalité le ballon était descendu au niveau des mâts de cocagne et des orchestres en plein vent; il était devenu un à-point indispensable aux réjouissances publiques, et sa place était marquée d'avance entre le concert et le feu d'artifice. Ce fut à ce titre que les aérostats figurèrent, pendant les dix années de l'empire, dans les programmes des fêtes nationales que les victoires de nos armées rendaient si fréquentes et si splendides. On a gardé le souvenir des ballons lancés au sacre de Napoléon, à son mariage avec l'archiduchesse Marie-Louise et à la naissance du roi de Rome. Par un hasard, qui cette fois ne fut point prophétique, ce dernier aérostat, lancé du Champ-de-Mars à Paris, alla en quelques heures descendre à Rome même, à quelques pas de la colonne Trajane.

La Restauration ramena fatalement à sa suite les idées révolutionnaires et scientifiques laissées en suspens par les échafauds de la Terreur et les grandes guerres de l'empire. Le magnétisme, le gaz, la vapeur, les ballons furent ressuscités à l'attouchement du sceptre qui avait implanté en France l'imprimerie, les beaux-arts, les belles-lettres et la philosophie. Les esprits audacieux dans la science reprirent leurs recherches et leurs investigations, comme les rêveurs politiques, les cerveaux inquiets et turbulents renouèrent les fils d'une doctrine tranchée par l'épée de la victime, et recommencèrent à haranguer, à maudire et à conspirer.

Depuis quinze ans l'aérostation est devenue surtout une étude sérieuse; depuis trois ans elle a fait des progrès considérables. Il semble que les hommes, en proie aux terreurs d'une décomposition sociale imminente, veuillent se rapprocher autant qu'il est en leur faible puissance de le faire, de cet infini où Dieu seul règne avec la paix et la vérité.

Les journaux ont enregistré des détails très-intéressants sur les voyages aériens de l'aéronaute américain M. Wise, qui fait, de concert avec M. Tagge, des recherches très-actives sur la navigation aérienne. Il vient d'émettre l'idée, en apparence fort simple, mais très-lumineuse et scientifique, d'un *appareil à bondir*, destiné aux explorations des montagnes, des volcans et des précipices. « Si vous prenez, dit le savant physicien, un ballon d'environ 18 pieds de diamètre, et que vous le remplissiez de gaz hydrogène pur, vous aurez un appareil qui pourra enlever 160 livres pesant. Si vous attachez ce ballon au corps d'un homme, de façon à ne pas gêner le mouvement de ses pieds ni de ses mains, il sera facile à ce dernier de se lester au degré voulu, pour arrêter dans ses dernières limites la tendance ascensionnelle d'un ballon et d'établir l'équilibre entre la force centripète et la force centrifuge. »

Cela posé, si l'aéronaute se munit d'une paire de volants construits sur le principe des ailes des oiseaux, qui s'emboîtent dans les bras jusqu'à la jointure des épaules, et que l'on puisse mettre en mouvement au moyen d'une poignée placée vers le milieu du volant, il suffira de frapper la terre du pied, et de favoriser la progression avec les ailes pour faire des bonds de cent à deux cents mètres.

« J'ai souvent, dit M. Wise, exécuté cette expérience en bondissant contre un vent peu fort et en ne me servant que du pied pour regagner l'espace toutes les fois que le ballon me descendait doucement à terre. Tout récemment j'ai passé par dessus une forêt de sapins de plusieurs milles d'étendue, en ne touchant que du pied, de temps à autre, l'extrémité des arbres. »

Ce système peut offrir des ressources inappréciables aux expéditions d'exploration dans les montagnes inaccessibles, dans les précipices, au milieu des glaces, dans les cratères des volcans, dans les marais, dans les isthmes, les détroits et les promontoires; il peut servir avec un incontestable succès à la chasse des bêtes féroces, en attendant que la guerre elle-même se l'approprie; enfin, il fournit le moyen d'échapper avec la plus grande facilité à tous les périls inhérents à la pesanteur spécifique du corps humain soit sur la terre, soit à la mer.

M. Wise s'occupe activement de perfectionner son invention;

mais étranger à tout sentiment de rivalité et d'amour propre personnel, il engage tous les amis du progrès humain à faire des expériences, afin de donner à son idée primitive tous les développements dont elle est susceptible.

A Paris, M. Lepoitevin, dans les représentations aérostatiques qu'il a données à l'Hippodrôme, a laissé bien loin derrière lui ce que nous appellerons, sans vouloir porter atteinte à sa merveilleuse hardiesse, les aéronautes forains. Il a fait monter dans son ballon des ânes, des dames, des singes, des taureaux; lui-même s'est bravement enlevé dans les airs sur un cheval, que quelques faibles cordages retenaient à l'aérostat et, ainsi suspendu au milieu de l'abîme, a recueilli d'une foule enthousiaste les bravos les plus vifs et les plus légitimes. M. Lepoitevin a fait plus, il a déterminé par son exemple un essaim de jeunes filles à partager les périlleuses aventures de ses voyages aériens; à l'aide de cet escadron volant, au prix duquel l'escadron volant des filles d'honneur de Catherine de Médicis n'eut été que de la Saint-Jean, M. Lepoitevin nous a retracé différentes aventures de la mythologie, telles que *l'Enlèvement d'Europe*, celui de *Déjanire*, le *Jugement de Pâris,* etc. Si le poète Ovide revenait au monde, il serait bien étonné de voir ses *Métamorphoses* et son *Art d'aimer*, courir... les nuages.

Les frères Godard, dans un degré moins brillant peut-être, ont donné des gages de leur intelligence, de leur activité et de leur courage. Les courses aériennes qu'ils ont faites, ont été presque toutes fécondes en observations précieuses pour la science. Le voyage fait par cet aéronaute avec M. de Nicolaï a surtout été remarquable.

Notre récit ne serait pas complet si nous ne donnions ici d'après des rapports dignes de foi, les détails pleins d'intérêt de voyages aériens qui ont été entrepris sur divers points de l'Europe.

En Espagne, l'aéronaute Orlandi a fait en 1850 une ascension à Barcelone. Il est âgé de soixante-huit ans, et c'est la vingt-huitième fois qu'il s'élève dans les airs. Sa dernière ascension a eu lieu à Modène. En moins de trois heures il a traversé une distance que les diligences mettent huit jours à parcourir, puisque, passant sur l'Adriatique, il est descendu à Chiosa, sur le territoire autrichien. A Barcelone, il a couru de grands dangers. Son ballon ayant été poussé par le vent dans la direction de la mer, il n'eut d'autre ressource que de descendre en parachute, dans l'espérance de rencontrer quelque barque qui viendrait à son secours.

Il eut à lutter contre les vagues pendant plus de cinq heures, de cinq à dix heures du soir. Enfin la Providence eut pitié de lui, et les vagues le rejetèrent sur le rivage, d'où il put regagner Barcelone.

En Belgique, à Mons, M. Green opère une ascension et le docteur B..., son hardi collaborateur, adresse la relation suivante à la Société des sciences naturelles de Londres :

« Au moment de l'ascension, le ciel était pur, le vent N.-N.-E. et la température douce ; les chances du temps nous étaient donc favorables. Nous montâmes lentement et sans secousses : bientôt notre vue s'étendit sur un vaste et magnifique horizon. Ce spectacle est un des plus beaux dont l'homme puisse jouir ; mon ami M... et moi, nous étions en extase devant ce panorama à perte de vue, où cent villages se trouvaient éparpillés sur une surface que nous savions être immense, et que nous dominions dans toute son étendue.

« Tous les accidents, tous les objets de cette immensité se rapetissaient graduellement à nos yeux ; la foule que nous venions de quitter n'était plus qu'une fourmilière, les bois paraissaient des bouquets de verdure tels que nous en avons dans les corbeilles de nos salons, les rivières et les canaux semblaient des filets de liquide cristallin échappé d'un verre de champagne. Mais un curieux effet de lumière se présenta alors à nos regards ; l'air fût subitement illuminé d'une clarté éclatante, et nos yeux gagnèrent une si singulière aberration de vision, que tous les objets naguère microscopiques acquirent des proportions colossales et des formes si capricieuses, que nous nous serions crus sous l'influence d'un rêve ;

si ce phénomène n'avait été décrit par les médecins sous le nom de diachromatopsie.

« Aussi toute cette fourmilière de Borains qui ont habituellement le teint basané par suite de la poussière de charbon qu'ils absorbent continuellement, nous parut d'une blancheur éblouissante; toutes ces dames en deuil semblaient de blanches vierges de Vesta. Au milieu de ces transformations de couleur se glissaient des formes monstrueuses, des boucs, des mastodontes et des rhinocéros qui regardaient d'un œil d'étonnement toutes ces jolies dames, et jusqu'à des dindons qui circulaient fièrement au milieu d'elles.

« Mon ami M... se croyait toujours sous l'empire d'une hallucination : M. Green nous dit qu'il avait déjà joui antérieurement d'un pareil spectacle, qui alors lui paraissait si extraordinaire qu'il n'avait osé en parler à personne, dans la crainte de passer pour un illuminé. Je lui expliquai que ce phénomène, tout extraordinaire qu'il est, avait été constaté par des hommes très-véridiques.

« Après dix à douze minutes, la clarté diminua, le tableau s'assombrit, puis s'effaça. Nous passâmes alors à travers un épais nuage qui était excessivement froid, le thermomètre descendit à 22 degrés Réaumur. Nous fûmes forcés de nous frotter mutuellement le nez et les oreilles, dans la crainte de les avoir congelés.

« Cette pénible sensation ne dura que quelques instants, car nous touchâmes à une région plus élevée où la température était assez douce, mais où l'air était lourd et accablant.

« Tout trahissait de grands nuages d'électricité flottant autour de nous. L'électromètre de M. Green n'avait jamais été aussi agité. M. M.., qui portait des fers à ses bottes, à la manière suédoise, en soutirait constamment des étincelles électriques, craignant de voir accumuler trop de fluide dans sa chaussure, et d'avoir les membres agités convulsivement, comme cela arrive dans l'expérience que l'on fait avec les grenouilles et la pile de Volta.

« Notre attention fut bientôt distraite par un phénomène qui, sans être rare, avait pour la science le plus vif intérêt. Une pluie de petits œufs transparents, en tout semblables à ceux des grenouilles, nous en fit tomber quelques-uns dans la nacelle; elle fut suivie quelques minutes après de la chute d'une masse de têtards, et bientôt d'un nuage entier de petites grenouilles. Voilà donc ce phénomène, qui avait été contredit l'année dernière à l'Académie de Pontoise, prouvé de la manière la plus incontestable. Mais ce qui augmente la valeur de cette observation, c'est la chute successive du frai, puis des têtards, et enfin des grenouilles.

« Jusqu'ici, ce fait, dans sa double transformation, n'avait été décrit nulle part. Probablement que l'incubation d'une partie de ces œufs avait été plus rapide dans toutes les hautes régions, à cause de la chaleur plus élevée et de la densité plus forte des nuages électriques.

« Nous fûmes alors entraînés dans un courant ascensionnel qui avait une direction exactement perpendiculaire. Quoique cette observation n'ait rien de nouveau, elle ne laisse pas que d'être fort curieuse.

« Ces vents en sens inverse qui reviennent sur eux-mêmes à un point donné de l'espace en changeant de direction, comme si un mur d'airain les arrêtait dans leur course, donnèrent lieu, il y a deux ans, à une rencontre fort bizarre et qui me paraît mériter d'être relatée. Deux aéronautes partis de deux villes distantes l'une de l'autre de 60 milles, suivirent chacun un courant opposé et vinrent à se rencontrer; le ballon supérieur lâcha une partie de son gaz, descendit dans le courant intérieur, et les deux voyageurs cheminèrent pendant quelques instants côte à côte, et burent un verre de vin pour la rareté du fait.

« Ce courant ascensionnel, qui nous enleva dans le vide avec une effrayante rapidité, nous fit voir la hauteur de 5,600 toises. C'était plus haut que n'avait été le celèbre Gay-Lussac. Nous nous ressentîmes de la gêne et de l'oppression que ce physicien avait décrites et qui résultent d'une compression insuffisante de l'air. Nous ne rendîmes pas de sang par le nez et les yeux, comme cela lui était arrivé, mais nous trouvâmes d'autres symptômes dépendant de la même cause : notre corps se gonfla d'une manière sensible.

« Ce fut surtout chez notre interprète, qui est très-maigre, que ce phénomène fut remarquable. Sa peau, plus délicate et plus élastique, s'y prêtait mieux, sans doute : il gagna un ventre énorme, et sa figure de John Bull, reposant sur un menton à triple étage, nous le rendit méconnaissable.

« Il nous pria instamment de descendre, et bientôt nous retrouvâmes notre interprète sous sa forme réelle. Nous traversâmes alternativement des régions chaudes et froides ; et, arrivés à deux mille toises au-dessus de la terre, nous pûmes de nouveau distinguer les objets qui étaient au-dessous de nous.

« La nuit était proche, et nous résolûmes de descendre pour éviter les accidents. M. Green voulut nous effrayer un instant : il ouvrit largement la soupape, le gaz s'échappa avec un bruit de tonnerre, et notre ballon, dans sa chute rapide, siffla à travers les airs comme un ouragan. Nos traits se décomposèrent, car nous nous croyions déjà brisés, moulus, contre la terre qui s'approcha avec une célérité désespérante ; mais un ricanement de M. Green fit cesser notre frayeur, la soupape se ferma, il jeta une bonne partie de lest, et notre vaisseau aérien flotta de nouveau dans l'espace ; il nous balança voluptueusement, et nous démontra dans ces contrastes que notre vie était ainsi suspendue à un peu de soie et de fil.

« Je sentis un instant la sottise de ma curiosité de voyageur, et j'éprouvai le plus vif désir de revoir ceux que j'aimais là-bas sur cette boule terrestre où le pied trouve un abri solide, et où les planchers ne se trouvent pas suspendus à quelques ficelles.

« Nous flottâmes alors à une cinquantaine de mètres d'élévation en rasant quelques terres labourées ; bientôt notre ancre arrêta la marche du ballon qui continuait à descendre ; nous touchâmes la terre, mais le *Continent* rebondit deux ou trois fois comme s'il n'était plus dans son élément ; il nous entraîna une dernière fois à quelques toises au-dessus du sol, puis se coucha majestueusement sur le flanc, vaincu par une foule de paysans qui s'accrochaient à la nacelle. »

Enfin, au-delà de l'Atlantique, les voyageurs aériens ne se contentent plus de faire des parties de plaisir au-dessus des antiques forêts du Nouveau-Monde ; ils s'essayent à imprimer une utilité réelle et positive au ballon.

Le catalogue des savants qui se livrent à l'étude spéciale de l'aérostation et aux moyens de perfectionner les aérostats, est nombreux ; la liste des hommes jeunes, pleins d'ardeur et de dévouement qui veulent contribuer à l'agrandissement du royaume de l'intelligence et de la science, est également longue. Il faudrait un gros volume pour contenir les noms et les services de ces capitaines et de ces soldats valeureux de l'aérostation.

Imprimer une direction au ballon, comme on imprime une direction au vaisseau, voilà le grand point, le point capital de la question posée depuis la découverte de Montgolfier, voilà l'énigme à deviner, le problème à résoudre. De patients philosophes, d'habiles physiciens pâlissent à l'heure qu'il est devant leurs livres, pour trouver ce trésor, cette fortune, ce monde ; y réussiront-ils ? Déjà quelques-uns de ces chercheurs ont mis le public dans la confidence de leurs systèmes.

Plusieurs expériences de machines aérostatiques dirigeables ont eu lieu à Paris. M. Dupuis Delcourt a voulu dernièrement mettre en pratique le mécanisme particulier de l'hélice conchoïde, déjà essayée en 1848 par M. Régnier. Fonctionnant au moyen d'un ressort d'horlogerie, l'hélice a fait mouvoir dans tous les sens, monter et descendre librement un petit ballon modèle d'environ quatre mètres de longuenr : sous l'inclinaison calculée du gouvernail, la machine tourne d'elle-même et se dirige circulairement, en décrivant des lignes courbes plus ou moins allongées. Des applications en grand de ce système nous donneront-elles la solution du problème de la direction des ballons ?

Un citoyen de Paris, entre autres, a proclamé, a imprimé

même les prolégomènes de sa découverte, et a laissé tomber de sa plume ces mots grotesquement superbes : *Les chemins de fer seront les coucous de l'avenir*[1]. Le mot est joli, est comique, est spirituel; mais Christophe Colomb ne plaisantait pas quand il découvrait l'Amérique, et on ne dit pas que Pascal, après avoir résolu par la seule puissance de son génie les douze premières propositions d'Euclide, se fût avisé de danser une sarabande.

Au quinzième siècle, un Grand Duc de Moscovie, dans ses moments de loisirs, était parvenu à apprivoiser une aigle monstrueuse. Un jour, des ambassadeurs polonais le questionnèrent avec tout le respect possible, sur les talents de son oiseau favori. « Messieurs, dit le Czar, un empereur romain, vous le savez, a fait son cheval consul; il ne tiendrait qu'à moi de faire de mon aigle un ministre. Je ne le ferais pas parce que les ministres, quelle que soit la forme du gouvernement, ne doivent point être des aigles; mais je le tiens pour un excellent courrier, pour un intrépide commissionnaire, et je veux vous donner un échantillon de son obéissance et de son instinct. »

Le Czar, prit alors un de ses propres enfants, qui dormait paisiblement dans sa couche de pourpre, le posa dans une corbeille, mit l'anse de la corbeille dans le terrible bec de l'aigle et lui dit :

« Portes-moi cet enfant, sans l'éveiller, sur la plate-forme du Kremlin au-dessous de la statue de saint Nicolas. »

Le royal oiseau déploya ses ailes noires, prit son vol, et, après s'être un moment arrêté dans l'espace en regardant le soleil, comme pour reconnaître son chemin, se dirigea vers la forteresse sainte.

Les ambassadeurs polonais tremblaient de crainte et de pitié; leur stupeur fit place à l'admiration, quand deux heures après les

[1] On appelait, il y a une trentaine d'années, *coucous*, de vieux cabriolets délabrés et traînés par un cheval étique, qui vous conduisaient à Saint-Germain ou à Versailles dans l'espace de cinq heures, ce qui faisait une lieue par cinq quart-d'heures!

strélitzs s'arrêtèrent à la porte du palais, ramenant sur une litière chargée d'or, de fleurs et de diamants, le poupon royal, toujours dans son berceau et toujours endormi.

L'aigle était revenue bien avant le cortége et avait repris son poste habituel au-dessus du trône du czar.

Nous pensons, dans notre ignorance, qu'il faudrait aux aérostats l'intelligence de cette aigle; d'ici-là, et jusqu'à ce que l'homme ait trouvé le moyen de dérober à Dieu le mystère de la création, nous sommes fondés à croire que la direction des ballons restera ensevelie dans les ingénieuses fictions de Cyrano de Bergerac.

Les frères Montgolfier.

CHAPITRE X.

—

LA MÉDECINE.

Épidaure et Montpellier. — Les médecins à Athènes, à Rome et à Paris. — La peste et la guerre. — Miracles de la chirurgie moderne, etc.

L'ORIGINE de la médecine doit dater de l'origine du monde; car du moment où il y eut des hommes, où la vie fut un bienfait, où l'aspect et l'usage de la nature fut un plaisir, on dut s'appliquer à conserver libre et pur ce souffle divin que le Créateur avait jeté dans notre corps. La santé, c'est la vie, c'est l'âme.

Quoi qu'il en soit, les histoires et les fables de l'antiquité nous apprennent que les Assyriens, les Chaldéens et les mages sont les premiers qui aient cultivé cet art, et qui aient tâché de guérir ou de prévenir les maladies; que de la Chaldée, la médecine passa en Égypte, dans la Lybie cyrénaïque, à Crotone, dans la Grèce, où elle fleurit, principalement à Gnide, à Rhodes, à Cos et en Épidaure.

Les premiers fondements de cet art sont dus : 1° au hasard ; 2° à l'instinct naturel ; 3° aux événements imprévus. Voilà ce qui fit d'abord naître la médecine simplement empirique.

L'art s'accrut ensuite et fit des progrès par le souvenir des expériences que ces choses offrirent : par la description des maladies, et de leurs succès qu'on gravait sur les colonnes, sur les tables et sur les murailles des temples ; par les malades qu'on exposa dans les carrefours et les places publiques, pour engager les passants à voir leurs maux, à indiquer les remèdes, s'ils en connaissaient, et à en faire l'application. L'art se perfectionna davantage par la clinique qu'on établit pour guérir toutes sortes de maladies ou quelques-unes en particulier ; par les maladies dont on fit une énumération exacte ; par l'observation et la description des remèdes et de la manière de s'en servir. Alors la médecine devint bientôt propre et héréditaire à certaines familles et aux prêtres, qui en retiraient l'honneur et le profit.

L'inspection des entrailles des victimes, la coutume d'embaumer des cadavres, le traitement des plaies ont aidé à connaître la structure du corps sain et les causes prochaines ou cachées, tant de la santé et de la maladie, que de la mort même.

Hippocrate, natif de l'île de Cos, l'une des Cyclades, qui florissait quatre cent soixante ans avant Jésus-Christ, fut le plus savant et le plus illustre médecin de l'antiquité, et passe encore aujourd'hui pour le père de la médecine. Disciple d'Hérodique de Sicile, ami et contemporain de Démocrite, issu d'une famille qui, depuis un grand nombre d'années, se consacrait à l'art de guérir, Hippocrate, doué d'une vaste intelligence, riche d'un excellent fonds d'observations, composa, sous le titre de *Aphorismes et Pronostics,* un ouvrage qui est l'un des plus beaux et des plus nobles monuments de l'antiquité. Il y avait eu des médecins avant Hippocrate, mais aucun de ces *prêtres de la santé*, comme les appelaient les Grecs, n'avait su, comme lui, réunir à la médecine empirique et analogique les lumières d'une saine philosophie. Hippocrate devint ainsi le fondateur de la médecine dogmatique, et eut pour héritiers directs de sa doctrine, Thessale et Dracon, ses fils, Polybe, son gendre, et Drexippe, son principal disciple.

Asclepiade cultiva la médecine d'Hippocrate, Aretœus de Cappadoce en fit un corps plus régulier, et la science marchant à pas lents, mais sûrs, après avoir jeté un vif éclat dans l'École d'Alexandrie, se perfectionna par les différents succès des temps, des lieux ou des choses, jusqu'au temps de Galien.

Le siècle où vécut Claude Galien est une grande époque en médecine. Cet homme illustre, animé d'un zèle prodigieux pour les progrès des sciences, rassembla les documents épars des disciples d'Hipprocrate, d'Asclepiade et d'Aretœus de Cappadoce, et groupa autour de la doctrine du vieillard de Cos, que sa propre expérience et ses nombreux travaux avaient augmentée, les premières observations d'une longue et lumineuse pratique. Claudius Galien avait écrit plus de deux cents volumes qui furent brûlés dans l'incendie du temple de la Paix, mais le petit nombre de ses ouvrages qu'on eut le bonheur de conserver, suffirent pour l'immortaliser; et les opinions de Galien, furent, pendant six cents ans, la règle et l'orgueil des écoles de l'Asie, de l'Europe et de l'Afrique.

Après Galien, le sceptre de la médecine passa aux Arabes qui, vers le huitième siècle, fondèrent l'Ecole de Cordoue; Rhajès, Avicenne, Averrhoès, Albucasis, ne sont pas des noms sans gloire. Mais la médecine d'alors était basée sur la superstition comme elle est fondée aujourd'hui sur le matérialisme. Les quelques écoles qui florissaient encore en Egypte et dans plusieurs contrées de l'Afrique et de l'Asie, enseignaient la doctrine des Gymnosophistes, et l'Europe septentrionale, en y comprenant la France, ne possédait qu'un petit nombre de médecins juifs et arabes, auxquels s'associaient, dans les grandes calamités publiques, des savants qui, sous le nom d'astrologues et de physiciens, pratiquaient traditionnellement la médecine des Druïdes, qui furent tout à la fois les prêtres, les législateurs, les poètes et les médecins de la Gaule.

Au onzième siècle, les Bénédictins, — on voit à toutes ces époques de réveil les moines sur la brèche pour reconquérir sur la barbarie les épaves de la civilisation antique, — établirent l'École de Salerne où l'on expliqua, commenta Galien, Aristote et les auteurs arabes. On commença alors à comprendre l'étude directe de l'organisation humaine; mais, les préjugés religieux défendant l'ouverture des cadavres, l'on n'étudia l'anatomie que sur les animaux.

Cependant le système d'Asclepiade et d'Aretœus, agrandi et fortifié par les écrits de Galien, était radicalement opposé aux doctrines de l'école de Cordoue et des Arabes. Cette anarchie dura jusqu'au temps d'Emmanuel Chrysolocas, de Théodore Guza, d'Argiropyle, de Lascaris, de Demetrius Chalcondyle, de Georges de Trébisonde et de Marius Musurus, qui, les premiers, interprétant à Venise et ailleurs les manuscrits grecs tirés de Bysance, firent renaître la langue grecque et mirent en vogue, vers 1460, les orateurs, les poètes, les historiens et les grands médecins de la Grèce. L'art merveilleux de Gutenberg venait de naître et le grand Alde imprima, avec un soin religieux, les œuvres du père de la médecine et de ses successeurs. Les pages immortelles d'Hippocrate sont bientôt dans toutes les mains, et les ouvrages d'Asclepiade, d'Aretœus et de Galien ne restent plus le patrimoine d'un petit nombre d'érudits et de docteurs.

Dès lors la science marcha à pas de géant et les habiles praticiens, les grands médecins devinrent moins rares. Paracelse parut au commencement du seizième siècle, et cet esprit novateur, adoptant les principes d'Arnaud de Villeneuve, de Raymond Lulle et de Basile Valentin, introduisit la chimie dans la médecine. Galien régnait dans les écoles, Paracelse osa ébranler le colosse et fit à l'égard du médecin de Pergame ce que Luther faisait à l'égard de la papauté.

Cependant, du quatorzième au quinzième siècle, des découvertes importantes avaient été faites dans diverses directions scientifiques. Dans plusieurs pays de l'Europe, des médecins, bravant les foudres de l'excommunication, avaient consulté des cadavres, et comme ce médecin de l'antiquité, Hérophile, que Tertullien a flétri du nom de *bourreau,* osèrent demander à la mort le secret de la vie. Paracelse résume les conquêtes des deux siècles précédents, et jette, avec beaucoup d'erreurs, dans la balance de la science, des vérités incontestables et des vues neuves et hardies.

Au commencement du dix-septième siècle, en 1617, Harvey découvre la circulation du sang.

A la fin de ce même siècle et au commencement du dix-huitième, Sydenham et Baglivi font de la science suivant la méthode établie par Bacon, qui voulait que la philosophie en fût la base. Boerhave, vers la même époque, s'acquiert une grande réputation en cherchant à expliquer les fonctions normales de l'organisme et les actes morbides qui constituent les maladies d'après les lois de la mécanique. Sthal réfuta victorieusement les vices du système de Boerhave, mais il alla lui-même trop loin en abusant du précepte de Newton, qui défend de multiplier les forces : il rapporte à l'âme tous les phénomènes de la vie, soit dans l'état de santé, soit dans l'état de maladie. Le système de Sthal est connu sous le nom d'animisme.

Au dix-huitième siècle, les noms des médecins illustres se pressent et s'accumulent. C'est Haller, c'est Morgagni, c'est Brow, c'est Rœderer, c'est Wagler dont les recherches admirables sur l'anatomie pathologique, sur l'irritabilité, sur les affections du cœur, ont fait faire de si grands progrès à la science. A la fin du dix-huitième et au commencement du dix-neuvième, nous trouvons Bordeu et Barthès, qui séparent, dans leurs savants écrits, les lois vitales des lois qui régissent le monde inorganique; Pinel, le Christophe-Colomb de la folie, Corvisart, Lænnec; Bichat, qui a peint un si neuf et si saisissant tableau dans son *Traité de la vie et de la mort;* Broussais, l'auteur d'un système qui a compté autant de partisans fanatiques que d'ennemis exaltés; Hanemann, inventeur de l'homœopathie ou méthode substitutive; Jenner, le propagateur et non pas *l'inventeur*, comme on l'a cru, de la vaccine.

Cette dernière découverte doit avoir sur la population du globe une si prodigieuse influence, elle touche par tant de points à la santé, à la force et même à l'avenir des nations, que nous croyons utile d'entrer ici dans quelques détails scientifiques qui ne seront peut-être pas lus sans intérêt.

On a découvert en 1821, dans le SANCTÈYA GRANTHAM, ouvrage sanscrit très-ancien, attribué à Dhanvantan, des preuves que l'inoculation de la vaccine était connue des auteurs Indous, qui, dans les temps reculés ont écrit sur la médecine; elle était connue en Perse, parmi les habitants des Cordillières et en Europe dans la Carinthie, en Allemagne et dans quelques parties de la France méridionale.

Vers la fin du dix-huitième siècle, quelques observateurs français et entre autres un homme qui joua depuis le rôle de législateur dans une de nos assemblées révolutionnaires, avaient fait part des remarques qu'ils avaient faites à deux voyageurs anglais qui se trouvaient en France. Les touristes reprirent, après quelques mois de séjour, le chemin de Londres, et par une coïncidence bizarre, le docteur Jenner, médecin assez obscur, commença dans le même temps ses expériences.

Il est hors de doute, dit le savant docteur Husson, dont les efforts de toute la vie ont été consacrés à populariser la vaccine, il est hors de doute que la vaccine était connue avant que Jenner s'en fût sérieusement occupé, et que sans rien ôter au mérite du docteur anglais, qui a étudié, approfondi, expérimenté et fait connaître tout ce qui est relatif à la vaccine, notre patrie peut d'autant plus réclamer sa part dans cette heureuse invention, qu'elle doit en revendiquer l'idée mère et première; et que les Anglais, qui ont enlevé à Pascal sa presse hydraulique, à Dalesme sa pompe à feu, à Lebon son thermolampe, à Guyton-Morveau son désinfecteur, à Montalembert ses affûts de marine, à Curandeau sa théorie du chlore, au chevalier Paulet sa méthode d'enseignement mutuel qu'ils ont appelée *méthode à la Lancastre,* se sont également approprié tout le mérite d'une découverte dont la première pensée leur a été donnée par un Français, et dont l'étude et la juste appréciation ont été, même de leur aveu, plus rigoureusement suivies parmi nous que parmi eux.

On pourrait ajouter que ces mêmes Anglais, insatiables dans les usurpations scientifiques comme dans les usurpations politiques, ont voulu ravir à Papin sa machine à vapeur aqueuse et à piston, et tout récemment à Daguerre son ingénieuse découverte.

La part du docteur Jenner est d'ailleurs encore assez belle. Propager, répandre une découverte utile, c'est en être le second inventeur. Nous ne prétendons donc, ainsi que l'honorable médecin que nous venons de citer, rien retrancher à la gloire que le docteur anglais s'est acquise; mais il était de notre droit et de notre devoir de rétablir la vérité des faits et de restituer à notre patrie un fleuron bien précieux de sa couronne scientifique.

Au surplus, le docteur Jenner, outre la popularité immense dont il a joui de son vivant, outre les hommages dont sa mémoire est encore entourée chez tous les peuples civilisés, a recueilli du peuple même qu'il associait aux bénédictions de l'humanité tout entière, des preuves splendides de sympathie, de reconnaissance et d'admiration. Or, on sait que la sympathie, la reconnaissance et l'admiration des Anglais se traduisent en argent. Les Français ne donnent au génie que des applaudissements; l'Anglais lui donne de l'or. Corneille a une épitaphe de dix écus à Saint-Roch; Shakeaspeare a un mausolée de marbre dans l'abbaye de Westminster, où dorment avec lui les rois et les héros.

En 1802, le Parlement anglais accorda au docteur Jenner

10,000 livres sterlings. En 1807, un nouveau subside de 20,000 livres sterlings lui fut alloué; et le ministre Pitt prit occasion de cette munificence nationale pour adresser du haut de la tribune britannique, à l'heureux Jenner, une de ces phrases flatteuses qui se gravent profondément dans la mémoire d'un peuple. Dans ce même temps le roi fit cadeau au docteur Jenner de 500 livres sterlings. Total, 762,500 francs!

Ce ne fut pas tout. Le lord maire et les alderman de Londres lui décernèrent, en 1804, les droits de franchise et de cité, et lui en offrirent le diplômé dans une boîte enrichie de diamants.

De son côté, la marine royale faisait frapper une médaille commémorative en or de la découverte de la vaccine, et offrait au docteur *cinquante de ces médailles* pour être distribuées à ses amis et à sa famille.

Avions-nous tort de dire que nul inventeur, dans ces derniers siècles, n'a été si richement, si nationalement récompensé?

Ce n'est point ici le lieu d'agiter la question de savoir si la découverte du docteur Jenner a été profitable à l'humanité. La maladie que la vaccine a fait disparaître était aux peuples modernes ce que la frigidité des eaux du Rhin était aux peuples de la Germanie, qui y trempaient leurs enfants nouveaux nés. Les robustes et les bien constitués supportaient bien l'épreuve, les faibles et les rachitiques y succombaient. A voir la génération actuelle de l'Europe si chétive, si rabougrie, si hargneuse et si maladive, on est autorisé à croire que le docteur Jenner a fait un funeste présent à l'humanité en multipliant à l'infini les chances d'existence. Sommes-nous destinés à devenir sauterelles ou sapajous? Il est vrai que si le docteur revenait au monde, il pourrait rejeter sur les mauvaises mœurs, sur l'absence de toute moralité l'abâtardissement, l'ægrotante méchanceté, la morte physionomie de cette génération d'avortons et de ragotins, qui prétendent *que l'avenir est à eux!!* Le bon docteur leur répondrait que *l'avenir* appartient exclusivement à Dieu et que ce n'est point pour blasphémer qu'il leur a donné la vaccine. Nous serions de son avis et nous applaudirions à son langage comme nous applaudirions à la propagation de la vaccine, si nous étions sûrs qu'elle ne fût pour rien dans la constitution maladive de nos concitoyens.

Les découvertes chirurgicales et médicales se sont considérablement multipliées depuis le quinzième siècle jusqu'à nos jours; l'opération de la cataracte, l'extraction de la pierre, le travail de l'enfantement, ont reçu de grandes améliorations. Des instruments nouveaux, inconnus tout à fait des chirurgiens de l'antiquité, du moyen-âge et même de ces derniers siècles ont été inventés, et, entre les mains d'habiles praticiens, sont devenus des auxiliaires dociles et puissants de l'art sublime de guérir. La métallurgie, la mécanique, l'algèbre et la chimie se sont unies pour doter la plupart de ces outils salutaires des qualités précieuses que les héros de l'islamisme exigeaient autrefois des lames meurtrières fondues à Alep et à Damas.

Une découverte qui doit devenir de plus en plus chère à l'humanité et à la science a été faite en France, il y a peu d'années : c'est le chloroforme, qui réalise pour ceux qui doivent subir l'amputation d'un membre ou quelqu'autre opération douloureuse, le sommeil fabuleux du philosophe Epiménides. Si l'emploi de cette ingénieuse découverte est réglé par la sagesse et surtout éclairé par l'expérience, il est permis de penser que le chloroforme, en épargnant à l'homme les angoisses morales qui précèdent l'amputation et les tortures physiques qui l'accompagnent, aura mérité d'être inscrit au nombre des conquêtes heureuses faites par la science au profit de l'humanité.

L'humanité a deux alternatives de destruction : les grandes pestes et les grandes guerres. Le monde ne subsiste pas, n'a jamais subsisté sans l'un de ces grands fléaux. La mort a ses moissons marquées par Dieu même, et toutes les prévisions humaines viennent échouer contre l'ordre immuable de la création. Si les grandes pestes font éclore de nobles dévouements, de magnanimes abnégations, les grandes guerres révèlent aussi des courages surhumains et forment d'habiles et hardis opérateurs.

La médecine est une science conjecturale : la chirurgie, sa sœur, est plutôt un art qu'une science; la manière dont elle procède est en quelque sorte mathématique. Les grands chirurgiens sont plus rares que les grands médecins. Quelquefois un chirurgien habile est un médecin distingué; jamais un médecin du premier ordre n'est un chirurgien éminent. C'est qu'en effet il ne faut, pour devenir grand médecin, qu'une intelligence supérieure et assez libre de préjugés pour choisir dans chaque système ce qu'il a de rationnellement applicable sans en épouser aucun. Pour le chirurgien, au contraire, les systèmes plus ou moins absurdes, les doctrines plus ou moins erronées ne sont rien; il est constamment en face du mal palpable, pour ainsi dire, qu'il est appelé à soulager ou à guérir; et, outre les qualités vulgaires que la science médicale impose à ses adeptes, il faut qu'il soit doué d'une dextérité naturelle, d'une puissance de main, d'une certitude de coup d'œil qui ne s'acquièrent ni dans les livres, ni sur les bancs de l'école; et ces qualités essentielles, Dieu seul en est le dispensateur.

La chirurgie était presque inconnue des anciens. Les Grecs, les Romains eux-mêmes, qui savaient honorer si noblement les médecins, n'avaient recours que très-rarement à eux pour les plaies et les blessures de peu d'importance; nous ne voyons ni dans Quinte-Curce, ni dans Tite-Live, ni dans César lui-même, que les armées grecques et romaines eussent à leur suite des chirurgiens militaires. Cela se conçoit facilement, si l'on réfléchit à la manière de combattre des anciens, et à leurs armes défensives et offensives. Les blessures du champ de bataille étaient ou légères ou mortelles, il n'y avait pas de milieu. La tête et le cœur, à couvert par le fer et par l'acier, ne laissaient aux armes de jets, tels que les dards ou les flèches, que les parties inférieures du corps; et ces dards et ces flèches, quand ils atteignaient le seul but qu'ils pussent raisonnablement atteindre, ne déchiraient que les chairs sans porter atteinte à la charpente osseuse.

L'invention de la poudre à canon et des armes à feu ouvrit un nouveau et vaste champ à la chirurgie. Les moines avaient été les seuls chirurgiens au moyen-âge; et leur habileté, dans l'extraction de la pierre, dans l'amputation des membres, était proverbiale dans toute l'Europe dès le douzième siècle[1]. Mais les religieux n'allaient point à la guerre, et il fallait, pour secourir les victimes de la poudre à canon, des soins aussi prompts qu'éclairés. De jeunes élèves en médecine de la faculté de Montpellier, — cette Épidaure de la France, — se dévouèrent; et bientôt les armées de la France comptèrent de nombreux chirurgiens qui rivalisaient d'intrépidité et de zèle avec les Récollets[2]. Ces médecins de l'âme et du corps allaient au milieu des balles porter les secours de la religion et de la science à ceux que la terrible mort des batailles avait marqués de son sceau. Sous le règne de Henri II, on comptait déjà plus de cent chirurgiens et médecins militaires, et dix-huit hôpitaux étaient établis dans les différentes villes frontières de France en faveur des soldats blessés.

L'illustre Ambroise Paré est le premier de nos chirurgiens militaires. Les ouvrages de ce grand homme, encore consultés de nos jours, sont en quelque sorte le point de départ d'un art qui s'est élevé en France à un haut degré de perfection et qui tend chaque jour à se perfectionner encore.

Depuis la fin du seizième siècle, où florissait Ambroise Paré, la France a produit de grands chirurgiens. Lapeyronnie, Gauthier, et de nos jours Percy, Larrey, Dupuytren ont laissé des traces ineffaçables de leur passage dans le domaine de la science.

[1] On sait que les moines furent les seuls chirurgiens des armées de France, d'Angleterre et d'Allemagne pendant les croisades. Un grand nombre de ces religieux payaient de leur vie les soins qu'ils prodiguaient aux croisés blessés sur les champs de bataille.

[2] Les religieux récollets étaient les aumôniers des armées sous l'ancien régime. Ils allaient exhorter les mourants au milieu du carnage, et plusieurs y trouvaient une mort doublement glorieuse. A la bataille de Nerwinde, onze récollets périrent sur le terrain de l'action, et à Denain vingt-six furent tués et blessés. Voilà des trépas inconnus, et qui ne manquent pourtant ni d'héroïsme ni de grandeur. Mais les grandes morts comme les grandes vertus ont des récompenses plus hautes que les vers des poètes et les prix Monthion.

Les progrès de la statique, l'application de la vapeur à l'industrie et aux manufactures, les chemins de fer, ont créé de nombreux et fréquents accidents et déterminé des blessures et des mutilations dont nos pères n'avaient aucune idée. La chirurgie a dû suivre ce qu'on appelle la civilisation dans ses déplorables développements; elle a dû, sur ces nouveaux champs de bataille improvisés par l'industrie, déployer le même zèle, chercher les mêmes ressources qu'elle montrait jadis sur les champs de bataille véritables, où se jouait l'honneur de la France, et non les dividendes de quelques milliers de cupides actionnaires. La chirurgie n'a point été au-dessous de sa nouvelle tâche, et elle a prouvé que sa science et son dévouement étaient toujours les mêmes devant les périls de la paix comme devant les périls de la guerre.

La science chirurgicale n'a point borné là ses travaux. Elle s'est assimilé avec un rare bonheur les découvertes des siècles passés; elle les a, pour ainsi dire, rajeunies par ses succès. Nous ne croyons mieux finir ce rapide aperçu sur la médecine qu'en citant textuellement un article plein d'intérêt, sur la transfusion du sang, dû à la plume érudite et facile de M. Duchatelet :

« La transfusion du sang, qui fit tant de bruit dans le monde médical au dix-septième siècle, et que l'opération chirurgicale pratiquée tout récemment par M. le docteur Nélaton, semble avoir remise en honneur, est une découverte française, bien que les Anglais aient voulu se l'approprier en 1664, peu d'années seulement après que cette opération eut été pratiquée pour la première fois. Malgré l'opinion de quelques savants français qui semblent l'attribuer au célèbre médecin anglais Wren, l'honneur de cette découverte revient tout entier à un religieux bénédictin, de la Congrégation de Saint-Vanne, dom Robert Des Gabets, né dans les environs de Verdun, et mort au monastère de Brueil, près de Commercy, le 13 mars 1678. Ce religieux, qui n'est guère connu aujourd'hui que par les biographies insérées dans les ouvrages des écrivains de son ordre, et par quelques lettres de Mme de Sévigné, ensevelit au fond du cloître une des intelligences les plus vastes et les plus distinguées du dix-septième siècle ; il a écrit sur la théologie, la métaphysique, les mathématiques et la médecine, et a laissé quelques ouvrages imprimés, bien que la grande majorité de ceux qu'il a composés soient demeurés manuscrits.

« Comme procureur général de la Congrégation, il fut envoyé à Paris, et profita de son séjour dans cette ville pour se lier avec les philosophes et les savants les plus distingués de l'époque. Zélé partisan de la philosophie cartésienne, il entretint toute sa vie un commerce assidu de lettres avec les FF. Mersenne et Poisson, avec Clerselier, Régis et les propagateurs les plus ardents de la nouvelle philosophie. Il paraît cependant que ce n'est point pendant son séjour à Paris que dom Robert s'occupa de la transfusion, mais seulement alors qu'il fut retourné au sein de sa Congrégation, dont il avait été nommé visiteur général. Ce fut après l'année 1660, et lorsqu'il était prieur de l'abbaye de Saint-Arnould de Metz. Au retour de ses visites, ayant appris que les Anglais faisaient parade de sa découverte, il écrivit à ses amis de Paris, et il n'eut pas de peine à les convaincre de la priorité de ses recherches, qu'avait déjà couronnées le succès dans plusieurs villes de Lorraine, et notamment à Bar-le-Duc, où cette opération paraît avoir été pratiquée pour la première fois. Dom Calmet raconte avoir encore vu les petits canaux d'argent qui avaient servi aux opérations de la transfusion du sang.

« La transfusion, déjà connue, en 1665, en Allemagne par les écrits de Major, professeur en médecine à Kiel, ne fut essayée à Paris qu'en 1666. Elle excita dans cette ville de grandes rumeurs, partagea en deux camps les médecins les plus distingués, et agita la cour et la ville, qui déraisonnèrent à l'envi sur une question qu'il eût fallu laisser aux disputes de l'école. Jamais on n'avait vu aussi chaude querelle depuis l'antimoine : elle dura jusque vers la fin de l'année 1668; une sentence rendue au Châtelet le 17 avril 1668 défendit, sous peine de prison, de faire la transfusion sur aucun corps humain. Cette compagnie avait remis la décision de la question aux médecins de la Faculté de Paris. La Faculté, voulant sans doute apaiser les tempêtes qu'avait soulevées la découverte de dom Robert des Gabets, garda un silence prudent, et cette question, comme tant d'autres, retomba dans l'oubli.

« Les plus célèbres partisans de la transfusion du sang au dix-septième siècle, furent Denis et Emmerets, en France; Lowes et King, en Angleterre; Riva et Manfredi, en Italie. Ils opposèrent aux clameurs des anti-transfuseurs, qui remuaient contre eux ciel et terre, qui avaient su engager dans leur querelle les prêtres, les magistrats et les femmes, le résultat de quelques expériences heureuses qui avaient été passées sous silence par leurs adversaires. Malheureusement pour la nouvelle découverte, quelques autres furent désastreuses et motivèrent la sentence du Châtelet de Paris. »

CHAPITRE XI.

LES TÉLÉGRAPHES.

Rapide communication des idées. — Le bourgeois de Pékin et le bourgeois de Londres. — Télégraphes de jour, de nuit, etc.

Les Anciens sont encore nos maîtres

dans l'art de correspondre au loin et avec rapidité au moyen des signaux. Les Assyriens, les Mèdes, les Égyptiens, les Juifs et les Chinois, ont poussé très-loin la science du muet langage des signes. Les Perses, pendant la guerre médique, correspondaient ainsi avec une merveilleuse perfection; les nouvelles arrivaient d'Athènes à Suze en deux jours; et il est certain qu'aujourd'hui, en Chine, le gouvernement central de Pékin n'a besoin que de quelques heures pour savoir ce qui se passe sur les divers points frontières du céleste Empire.

Le prince des poètes, Homère, parle, dans l'Iliade, de certains signaux de feux dont les Grecs se servaient entre eux pour attaquer les Troyens ou pour repousser les sorties des soldats de Priam. Mais Eschyle, dans sa tragédie d'*Agamennon*, est plus explicite encore. La nouvelle de la prise de Troyes est donnée à Clitemnestre par une vigie qui depuis dix ans épie le moment solennel, où un feu allumé sur le mont Ida, et répété de proche en proche, apportera à Argos la certitude de cet heureux événement.

L'historien Polybe assure que Philippe, roi de Macédoine, père de Persée, fit faire de grands progrès à l'art des signaux. Les explications données par Polybe conduisent naturellement à penser que le secret d'écrire télégraphiquement était connu des Macédoniens.

César fut peut-être le premier des généraux romains qui se servit des signaux pour relier les divers corps de son armée, et ce fût peut-être aux Gaulois, nos ancêtres, qu'il dut cette importante amélioration à l'unité du commandement, à l'ensemble des manœuvres, à la rapidité des marches. Les Gaulois, en effet, s'avertissaient entre eux à de grandes distances par de certains cris dont les syllabes mystérieuses n'étaient connues que des Druïdes et des chefs principaux de la confédération gauloise. César, dont le vaste esprit ne laissait échapper aucun moyen de triompher, comprit tout le parti qu'il pouvait tirer de cette correspondance aérienne, et il adopta la télégraphie de la Gaule, comme

LES TÉLÉGRAPHES.

il en avait fait adopter par le sénat romain les armes, la discipline et les dieux.

César dit, dans ses *Commentaires*, qu'un événement qui s'était passé à l'aube du jour à Orléans, était connu en Auvergne à neuf heures du soir. La pensée de ces peuples que les Romains appelaient Barbares, avait franchi un espace de plus de quatre-vingts lieues en quinze heures, et les lettres de César au Sénat n'arrivaient à Rome, dans les saisons les plus favorables, qu'en sept jours et demi ! De quel côté était la barbarie?

Les Romains, depuis cette époque, élevèrent, de distance en distance sur les routes magnifiques dont ils sillonnaient les territoires conquis, des tours où se tenaient des vedettes chargées de transmettre les signaux qu'ils apercevaient. Un bas-relief de la colonne Trajane vient attester encore, de nos jours, l'extrême sollicitude des généraux romains pour cet échange important de communications. Ce bas-relief représente dans tous ses détails une poste télégraphique romaine, et on y distingue très-bien non-seulement les soldats qui guettent les signaux de la tour prochaine, mais encore les poulies et les cordages qui doivent servir à les reproduire au loin.

On a dit que l'art des signaux avait disparu au moyen-âge; c'est une erreur. Les Grecs de Constantinople n'étaient pas gens à oublier des procédés mécaniques ou vocaux qui pouvaient servir à la duplicité et à la trahison, aussi bien qu'aux loyales prouesses des guerriers. Saint Louis, à la prise de Tyr et de Césarée, en 1251, se servit de signaux pour appeler à lui un corps considérable de Croisés qui opérait sur un autre point de la Palestine. Ces signaux consistaient en une croix de satin rouge que l'on élevait en l'air, de la même façon que les écoliers enlèvent aujourd'hui des cerfs-volants, et des cris aigus du fifre, dont chaque arpège avait une signification connue d'avance[1]. Au surplus les

[1] Il est reconnu que le jeu du cerf-volant date du douzième siècle, et on sait que dans les armées croisées, ceux qui faisaient l'office de courriers étaient des serviteurs ou serfs des princes qui commandaient les troupes. Ce fut l'emploi de ces

Arabes, à peu près vers le même temps, correspondaient entre eux, à d'énormes distances, par des drapeaux, des feux et des fanfares.

Au quinzième siècle, un moine, — et nous faisons remarquer pour la dixième fois que les moines ont été dans les sciences, dans les arts et dans les lettres le trait d'union entre l'Antiquité et la Renaissance : ils ont fait passer dans l'arche de la foi sur le cataclysme moral du moyen-âge tout ce qui élève, honore, illustre et embellit l'humanité, — un moine, nommé Trithême, publia un système de *stanographie* pour faire parvenir à l'aide du feu des nouvelles à quelque distance que ce fût. Par malheur l'ouvrage de ce moine fut perdu dans le sac d'un monastère de Lorraine, et les recherches des savants pour retrouver les copies, qui vraisemblablement existent encore, ont été jusqu'à ce jour infructueuses.

La création de la télégraphie appartient donc aux temps modernes, et c'est à la France que le monde devra cette utile et ingénieuse découverte.

A la fin du dix-septième siècle, le savant académicien Amontons eut l'idée d'appliquer les télescopes aux télégraphes. Il proposa d'employer les lunettes d'approche à l'observation de signaux représentant les lettres de l'alphabet pour ceux qui auraient la clef de son système, soigneusement développé dans plusieurs mémoires publiés à ce sujet. Mais les essais ne répondirent pas à l'attente générale, et comme en 1676 les découvertes scientifiques ne sortaient guère du champ-clos des académies, l'idée féconde d'Amontons vint s'enterrer dans la poussière des bibliothèques.

Un siècle après, en 1784, le professeur Bergstrasser, de Hanovre, publia un traité de synthe-métographie. Evidemment le savant Hanovrien avait eu connaissance des travaux entrepris par l'académicien français. L'Allemagne lut, discuta, disputa,

courriers que les croix de satin lancées dans les airs et maintenues au moyen de petits cordages usurpèrent dans l'occasion. Il faudrait donc écrire *serf-volant* et non cerf-volant.

crivit pour et contre le système présenté par Bersgtrasser. Les graves esprits de l'autre côté du Rhin déclarèrent les idées de l'Hanovrien impraticables. L'Angleterre, dont le Hanovre était déjà le pied à terre sur le continent, adopta le système de Bergstrasser, fit compter à l'auteur une somme de cinq mille livres sterlings à titre d'encouragement, s'empara de sa théorie et la perfectionna, à la grande surprise des gazetiers et des savants allemands, qui gémissaient de voir la Grande-Bretagne employer si mal son argent.

Quoi qu'il en soit, les recherches d'Amontons et de Bergstrasser n'avaient pas hâté la naissance officielle de l'art télégraphique. La France, avec ce superbe dédain qui la distingue à l'endroit du génie de ses enfants, ignorait jusqu'au nom du modeste et patient académicien qui avait voulu l'enrichir d'une idée merveilleuse, et l'Angleterre, satisfaite d'avoir splendidement récompensé un étranger pour la découverte d'un instrument dont elle n'avait pas encore mesuré l'importance politique, se pavanait entre son sucre et sa cannelle, sans chercher à tirer parti de son achat.

Il était réservé à la révolution française d'adopter la science télégraphique et de l'associer à ses grandeurs et à ses victoires.

Plusieurs systèmes de *transmissions de mots ou de signes*, avaient été présentés à la Convention nationale. Mais le 22 mars 1793, cette Assemblée s'arrêta à la méthode dont l'abbé Chappe était l'auteur.

Cet abbé Chappe n'était ni un savant, ni même un académicien, c'était tout simplement un homme sérieux, patient, sagace, très-intelligent et très-opiniâtre dans le travail, et qui ne devait sa découverte qu'à un heureux hasard. Etant au séminaire, cet abbé avait eu l'idée, pour correspondre avec ses frères placés dans un pensionnat situé vis à vis ses fenêtres, et à une assez grande distance, de composer un attirail complet de télégraphie et d'inventer des signaux. C'était cette théorie et cette pratique, singulièrement perfectionnées par le célèbre horloger Bréguet, que l'abbé Chappe et son frère venaient offrir à la Convention nationale, le 22 mars 1793.

La Convention nationale, ne perdait point de temps quand il s'agissait de consacrer par un assentiment législatif, une conquête utile à la République. Dès le 4 avril, Lakanal, rapporteur de la commission nommée pour examiner le système de l'abbé Chappe, rend compte des expériences qui ont été faites sur une ligne de neuf lieues; elles ont réussi, et l'on a calculé qu'une dépêche de Paris à Valenciennes, pourrait être expédiée, transcrite et publiée en 13 minutes 40 secondes. Les applaudissements éclatent dans toutes les parties de la salle et, séance tenante, l'assemblée vote d'enthousiasme les fonds nécessaires à la confection de la première ligne; la direction en est confiée au ministre de la guerre, et l'abbé Chappe reçoit le titre d'ingénieur télégraphique aux appointements de lieutenant du génie. La récompense était minime; mais la fièvre civique qui enflammait tous les cœurs, rehaussait considérablement les spartiates témoignages de la reconnaissance législative.

La ligne télégraphique de Paris à Lille fut terminée en 1794. Par un heureux hasard, la première nouvelle qu'elle transmit au gouvernement fut celle de la reprise de Condé par les troupes républicaines. Le dernier soldat français est à peine entré dans la place que la Convention est instruite de ce glorieux événement; l'Assemblée décrète aussitôt que L'ARMÉE DU NORD *a bien mérité de la Patrie*, et que désormais Condé se nommera NORD-LIBRE. Une heure après le vote, le président annonce que le décret est arrivé à sa destination et que tout le monde, citoyens et soldats, y applaudit. Cette petite scène de jonglerie patriotique et scientifique a tout le succès qu'on devait en attendre. La Convention décrète de nouvelles lignes pour rattacher Paris aux frontières, afin de corroborer de plus en plus l'unité du gouvernement de la France.

La Convention nationale ne vécut pas assez longtemps pour inaugurer les lignes qu'elle avait votées, pour créer celles qu'elle désirait créer encore; mais cette assemblée eut du moins la glorieuse initiative d'un bienfait qui valait mieux que vingt batailles gagnées.

En 1798, la ligne de Lille fut continuée jusqu'à Dunkerque; Buonaparte, en 1803, la prolongea jusqu'à Bruxelles avec embranchement sur Boulogne. En 1809 et 1810 on y rattacha Anvers, Flessingue et Amsterdam.

La ligne de Strasbourg avait été créée en 1798, et ramifiée jusqu'à Huningue. La ligne de Paris à Brest date de la même année. En 1799, le directoire fit la ligne du midi, qui s'arrêta à Dijon. En 1805, l'empereur la prolongea jusqu'à Milan et en 1810 jusqu'à Venise. La restauration fit la ligne de Lyon à Toulon, et depuis on en établit une autre de Paris à Bayonne par Orléans et Bordeaux, enfin de Paris à Rouen et au Havre avec embranchement sur Boulogne.

La télégraphie en usage aujourd'hui, est à peu de choses près celle perfectionnée par les frères Chappe et par Bréguet.

Il a été question, en 1843, de fonder des télégraphes de nuit; les chambres votèrent même un crédit assez considérable pour les études et les essais de cette adjonction parasite au télégraphe de jour : mais, soit que les préoccupations politiques eussent entravé les études, soit, ce qui est plus probable, qu'un examen plus réfléchi ait démontré l'inutilité de ces nouveaux établissements, on n'en a plus entendu parler, et les télégraphes nocturnes sont restés dans l'obscurité, d'où sans doute ils ne seront jamais tirés.

Le télégraphe n'est pas constamment occupé par les nouvelles politiques; on s'est demandé, dans ces derniers temps, s'il ne pourrait pas être mis à la disposition des particuliers et au service de leurs intérêts, de leurs caprices et de leurs plaisirs. Nous ignorons si une pareille demande a été faite sérieusement; mais ce que nous savons bien, c'est que le gouvernement assez stupide pour exaucer les vœux de l'agiotage politique ou de l'agiotage purement financier, ne tarderait pas à se repentir de sa faiblesse; c'est que confier une force publique, telle que le télégraphe, aux mains du premier quidam assez riche pour la payer, ce serait suspendre les clefs des arsenaux de la France à la proue des galères de Brest et de Toulon, et offrir comme une proie à l'audace d'un incendiaire ou d'un assassin, l'honneur, la gloire et la liberté de la patrie. Dieu nous préserve des télégraphes-omnibus et du télégraphe de nuit!

Dans les temps calmes, sous l'autorité d'un gouvernement régulier, le télégraphe est appelé à rendre d'immenses services. L'âme, l'unité de la puissance publique, se révèlent pour ainsi dire, grâce à lui, sur les points les plus éloignés du territoire. Avec lui, dans les temps de guerre, on peut relever l'esprit public, improviser en une heure des bataillons, organiser la victoire. Mais à une époque de déchirements, d'incertitudes politiques, de factions menaçantes, osons dire la vérité, le télégraphe est inutile, s'il n'est pas un embarras.

« La télégraphie, a dit M. Denys, est de tous les ressorts employés par le gouvernement, l'un des plus puissants comme il en est le plus rapide. C'est aujourd'hui la sécurité de l'État, sa force administrative... selon nous, et même quand on y regarde bien, le télégraphe se trouve être, dans l'organisation sociale, l'expression la plus active du génie de la civilisation. »

D'accord; mais l'honorable M. Denys pensait-il, en écrivant ces lignes, à l'extrême difficulté des temps où nous vivons? pensait-il à ces brigands, gladiateurs stipendiés de tous les partis, Janissaires ou Strelitz à la solde de l'étranger, qui préludent d'ordinaire au pillage et à l'incendie des monuments publics de nos villes, par la destruction des télégraphes? N'a-t-il pas compris, l'histoire à la main, que l'extrême civilisation touche de bien près à l'extrême barbarie, et que longtemps avant d'être vaincus par les Suèves, les Francs, les Gépides et les Germains, sur le champ de bataille, l'empire romain l'avait été dans le Forum par les soldats prétoriens et la populace de Constantinople. Les inventions, même les plus sublimes, ne sauvent pas les nations; Archimède, malgré son génie, ne parvint pas à garantir Syracuse d'une sanglante prise d'assaut, et les télégraphes, quoique portant en eux le germe de la civilisation, ne retarderont pas la décadence de la France, si l'heure marquée par les immuables décrets de la Providence vient à sonner.

Les vieux systèmes de perfectionnement de la télégraphie n'ont pas suffi à cette soif de locomotion morale et animale qui dévore notre vieille société. On a cherché dans l'électricité un moyen encore plus rapide de communication, on l'a trouvé.

Chose extraordinaire! la télégraphie électrique avait été controversée dans quelques académies avant 1790, et on s'en occupait en Espagne, en 1796. L'établissement des chemins de fer en a ravivé l'idée et l'a mise d'autant plus en faveur, que le voisinage des rail-ways en rendait la réalisation moins onéreuse. On a donc construit des télégraphes électriques à Munich; en Belgique, le long du chemin de fer de Londres à Bristol, et messieurs Weathstone et Cooke, auxquels on est redevable de cette application, de l'électro-magnétique, en ont terminé un depuis quelques années, de Paddington à Slough, le long du Great Western rail-way.

Leur appareil se compose de fils d'archal supportés par des pieux le long de la voie et qui servent de conducteurs. Les signaux se font à l'aide d'aiguilles magnétiques adaptées à un cadran sur lequel figurent les lettres de l'alphabet et d'autres signes. La transmission du fluide électrique par un petit appareil galvanique, fait prendre la même position aux aiguilles placées aux deux extrémités de la ligne, en sorte que le signe indiqué à l'une d'elles avec la main se répète naturellement à l'autre. Pour donner l'avis au stationnaire, un petit marteau soulevé par un courant électrique, frappe sur un timbre.

Ce système de la télégraphie, qui s'est perfectionné depuis son établissement sur la ligne de Paddington, et qui est susceptible de se perfectionner encore, a en lui un très-grand inconvénient. C'est la facilité avec laquelle il peut être détruit par accident ou par malveillance. Il suffit, en effet, de la rupture des fils pour couper toute communication entre deux stations. L'épreuve de cette fâcheuse possibilité a été faite à Paris lors des événements de 1848. Le télégraphe électrique qui suit le chemin de fer de Rouen a été mutilé, et Rouennais et Parisiens se sont trouvés tout à coup en arrière de trois siècles; car le flux de la barbarie monte plus vite que celui de la civilisation, et un homme civilisé, trompé dans son attente, devient mille fois plus stupide et plus embarrassé que l'homme barbare qui s'est familiarisé dès son enfance avec les accidents, résultats nécessaires de son impuissance.

CHAPITRE XII.

—

LE GAZ HYDROGÈNE.

Éclairage des grandes villes. — Inconvénients. — L'huile, la chandelle et la bougie détrônées. — Les lanternes de M. de Sartines, les réverbères de M. Lenoir et les lampadaires de M. de Rambuteau. — Le gazogène-Robert, etc.

L'ART de doubler l'existence, c'est-à-dire de remplacer la clarté du soleil par une lumière artificielle, doit remonter aux premiers âges du monde. L'homme a dû nécessairement signaler ses premiers pas dans la vie sociale par une victoire sur les ténèbres. Nous savons, en effet, que les peuplades primitives se servaient de bois résineux, tels que le mélèze, le pin, l'aloës et le sapin pour s'éclairer; et les plus anciens historiens s'accordent à constater que dans l'Inde et dans la Haute-Asie, la cire était connue comme substance combustible plus de quinze cents ans avant la prise de Troyes. En Égypte, en Judée et en Grèce principalement, on faisait usage, de temps immémorial, de lampes, et parconséquent d'huile et de graisse d'animaux. Ce ne fut que vers la fin de la huitième olympiade, qu'on s'avisa dans ce dernier pays de mettre à contribution les abeilles pour fabriquer des torches et des flambeaux consacrés aux fêtes nocturnes de Diane, de Proserpine et de Cérès. Bientôt la cire descendit du temple des dieux dans le palais des rois, et l'on n'a pas oublié la réputation de la cire et du miel distillés par les abeilles du mont Hymette, au temps d'Aspasie et de Périclès.

Les grandes nations de l'Afrique et de l'Asie, les Mèdes, les Perses, les Assyriens et les Égyptiens poussèrent très-loin l'art d'éclairer les temples, les palais, les édifices publics et les rues de leurs capitales. A Memphis, à Thèbes, à Babylone, à Suze, à Ninive, l'éclairage était si splendide, si prodigieusement éclatant, que les citoyens ne faisaient aucune différence entre le jour et la nuit. Cet éclairage consistait en vases de bronze, de granit ou de pierre, placés de distance en distance sur la voie publique et remplis de graisse liquéfiée qu'une mèche de trois pouces de diamètre consumait lentement. Et quelques-unes des rues de ces gigantesques cités avaient plusieurs milles de longueur! et ces vaisseaux de bronze et de pierre pouvaient contenir chacun cent trente à cent quarante livres de matières à dépenser, c'est-à-dire la graisse de cinq ou six bœufs! Quelle énorme consommation de bétail! quelle dépense immense! En vérité, la puissance et la civilisation de ces nations, toutes mortes qu'elles sont, effraient l'imagination; et quand, les yeux encore éblouis de tant de ruines cyclopéennes, de tant de grandeurs ensevelies sous l'herbe, on regarde autour de soi, on ne peut s'empêcher de sourire à l'aspect de cette civilisation étriquée de notre pauvre petite Europe, dont les habitants, affublés du paletot-bagne, du pantalon-bouffe et de la moustache de Crispin et de Mascarille, se croient les premiers et les plus intelligents citoyens que le monde ait produits depuis la création. Et en conscience cependant, les populations de Londres, de Paris, de Vienne et de Berlin joueraient fort à leur aise aux quatre coins sur les ruines de Ninive.

Un voyageur anglais méditait, il y a quelques mois, sur les débris de cette immense cité qui n'est plus aujourd'hui qu'un désert couvert de pierres. Le touriste comparait peut-être les portiques restés debout de Ninive à la grande salle des chevaliers de la Jarretière dans l'abbaye de Westminster, et un simple pan de tourelle d'un demi-mille de long à la Tour de Londres ; et cette comparaison ne flattait guère son orgueil national, lorsqu'il fut arraché à sa rêverie par un bruit étrange ; il lui semblait qu'on traînait à ses côtés, sous les hautes herbes qui encadrent les autels des dieux comme les tombeaux des hommes, un lourd objet de métal. Notre voyageur écarta avec précaution les plantes parasites qui l'entouraient, et aperçut un énorme lézard dont la queue charriait malgré lui le terne diadème d'un prince de l'antique Ninive. Cette couronne, qui aurait pu ceindre le front de trois monarques du Royaume-Uni, y compris la tête de Charles Ier, était aussi remarquable par la massive élégance de sa forme que par l'ampleur de sa circonférence. L'Anglais se hâta de délivrer le reptile de son fardeau ; et fier, à juste titre, d'avoir conquis une dépouille si précieuse sur les richesses d'un sépulcre inconnu, il reprit le chemin de la pauvre bourgade qui est jetée sur les ruines de Ninive, pour apprendre aux enfants perdus de l'Europe la durée, la grandeur et la fin de cette civilisation, dont les peuples d'aujourd'hui sont si vains, dont les peuples d'hier ne sont plus.

Les nations éteintes ne peuvent se juger que par les vestiges de leurs monuments, que par leurs armes de guerre échappées au choc des batailles, à la rouille du temps. Pour voir ce que les Français valaient au quatorzième siècle, il ne faut que peser l'épée de Duguesclin et de Clisson ; pour bien comprendre l'invasion des Goths et les défaites honteuses et successives des légions romaines, il suffit de mesurer la lance des gardes prétoriennes et les cuirasses des cavaliers pannoniens. Les grandes épées, les grandes couronnes et les grands monuments ne sont plus à l'usage des nations dégénérées.

Un roi qui a fondé en Angleterre la civilisation, la justice et la liberté, Alfred le Grand, a inventé, dit-on, vers la fin du neuvième siècle, la lanterne de corne. Peut-être que cette découverte fera sourire de pitié quelques grands hommes — car aujourd'hui les grands hommes et les grands inventeurs courent les rues; — mais il faut se reporter au temps où vivait Alfred. L'irruption des Barbares, en Angleterre comme ailleurs, avait effacé toutes les traces de la civilisation romaine; les peuples primitifs de la Grande-Bretagne, fondus avec les Saxons, avec les Danois, avec vingt autres hordes de barbares, semblaient avoir oublié les éléments mêmes des arts les plus grossiers. Le grand Alfred voulut, par ses paroles, par ses actions, par son exemple, reconstituer une société, un peuple, une nation. Il étudia, tout guerrier et tout roi qu'il était, et il se fit savant; il se fit législateur, il se fit théologien pour polir et éclairer ses nouveaux sujets. Il se fit enfin artisan pour leur apprendre que nul métier, si petit qu'il soit, ne doit être méprisé dans la grande famille sociale; car l'artisan aussi bien que le prêtre, aussi bien que le juge et le soldat, aussi bien que le légiste et le marchand, aide à faire mouvoir le rouage gouvernemental. C'est Alfred le Grand qui a fourni à l'inimitable La Fontaine sa charmante fable du *Lion partant en guerre*, et c'est Alfred le Grand qui inventa la lanterne de corne comme une chose utile d'abord, comme une parabole ensuite, car la flamme enfermée dans une prison diaphane éclaire et n'incendie jamais.

Les Anglais, durant près de trois siècles, ne se servaient que de lanternes alimentées par de la graisse ou par de l'huile. Vers 1290, les mêmes Anglais inventèrent les chandelles, mode d'éclairage qui ne s'introduisit en France que sous le règne du roi Jean, qui en rapporta quelques-unes de Londres, où les Palais, les abbayes et les maisons des riches bourgeois, ne s'éclairaient qu'à l'aide de ce qu'on appelait alors des *bâtons de suif*. Nous lisons, en effet, dans les grandes chroniques de France, que le soir de la funeste bataille de Poitiers, le prince de Galles, pour honorer son auguste captif, fit allumer *quatre chandelles* au souper qu'il offrit au roi Jean dans sa tente..

L'usage de la chandelle se répandit bientôt en Europe, et la France, l'Allemagne, l'Espagne, l'Italie, imitèrent l'Angleterre dans cette fabrication qui rendait le suif d'une combustion propre et facile. Mais les Anglais et les Français réussissant dans cette fabrication beaucoup mieux que les autres peuples, la chandelle fut longtemps une branche très-étendue du commerce de l'Angleterre et de la France. A peu près à cette même époque, les Vénitiens inventèrent la bougie. La cire n'avait guère servi jusqu'alors qu'au luminaire des basiliques et des églises. Les Vénitiens l'appliquèrent à un usage profane, et à dater de la fin du quatorzième siècle, le palais des doges et des papes ne fut plus éclairé que par la bougie vénitienne. Cette industrie sortit de l'Italie pour venir en France où elle fut accueillie avec transport par les populations du midi. On perfectionna à Bordeaux, à Marseille, à Narbonne, la découverte des Vénitiens, et bientôt la bougie française éclipsa les bougies romaines, florentines et même vénitiennes. Le progrès continua et aujourd'hui encore on fabrique à Paris et dans quelques autres villes des bougies qui ont cela de prodigieux dans leur fabrication, qu'elles contiennent de tout, excepté de la cire.

Les lumières d'une nation, — au physique et au moral, — ne peuvent être constatées avec quelque certitude que dans leurs capitales. Il est donc bon, pour juger de l'éclairage en France, de suivre les diverses phases de la lumière artificielle à Paris.

Sous les deux premières races des rois, Paris, dont la population ne s'élevait pas à plus de soixante à quatre-vingt mille habitants, était plongé pendant la nuit dans les plus épaisses ténèbres. Les grandes abbayes de Sainte-Geneviève, de Saint-Germain-des-Prés, de Saint-Victor, et de Saint-Martin-des-Champs, avaient seules le civique privilége d'entretenir sur la tour la plus haute de leurs murailles, une espèce de phare qu'on allumait à cinq heures du soir, en hiver, et à neuf heures en été, et que l'on n'éteignait qu'au premier rayon du jour. Ces phares qui, selon le moine Lothaire, projetaient une immense clarté, suffisaient pour diriger les voyageurs et pour arrêter l'audace des brigands qui désolaient alors par leurs courses les environs de la capitale. « Nous n'irons point nous brûler au feu de l'abbaye de Saint-Germain, disaient naïvement les compagnons de Jacques de Kersecq, fameux chef de brigands du douzième siècle, il nous en cuirait trop. » L'illustre Étienne Boylesve, prévôt de Paris, sous le règne de saint Louis, rendit une ordonnance, en 1258, par laquelle chaque propriétaire était tenu d'éclairer par *un pot à graisse* la façade de sa maison sous peine d'amende, et de prison en cas de récidive. Charles V maintint par un réglement *ad hoc* l'ordonnance de Boylesve, et sous Louis XI, les *pots à graisse* furent remplacés par les chandelles et par les lampions qui, depuis, acquirent une si triste célébrité.

Ce ne fut qu'en 1667, lors de la création d'un lieutenant général de police, que l'administration conçut le projet d'éclairer Paris d'une manière uniforme : M. Nicolas de La Reynie, premier lieutenant général de police, attacha son nom à cette grande et utile amélioration. Par ses soins, trois cents lanternes furent distribuées dans les divers quartiers de la capitale et donnèrent une physionomie toute nouvelle à la ville. Peut-être trouvera-t-on que ce nombre de trois cents lanternes était bien minime, mais il faut se reporter au temps de Louis XIV et de M. de La Reynie. L'étendue de la capitale du royaume n'était pas aussi considérable qu'elle l'est aujourd'hui, et les revenus de la ville étaient loin d'être aussi productifs qu'ils le sont de nos jours. Le budget annuel de Paris depuis quarante ans, l'emporte de plusieurs millions sur la liste civile de plusieurs rois absolus et constitutionnels. Sous Louis XIV, ce budget ne montait guère qu'à six ou sept millions tout au plus, qui représentent à peine treize millions d'aujourd'hui.

En 1729, grâce à La Reynie et à son successeur d'Argenson, Paris compta 5,772 lanternes; cinquante ans après, le lieutenant de police Lenoir proposa une récompense à celui qui trouverait le meilleur mode d'éclairage pour la capitale. Les lanternes à réverbères, inventées par un nommé Bailly, subirent alors d'importantes modifications. En 1769, Bourgeois de Châteaublanc, qui avait perfectionné l'invention de Bailly, fut chargé pour vingt ans de l'éclairage des rues de Paris. Le bail de Châteaublanc finit en 1789, au moment même où la lanterne quittait son rôle d'instrument civilisateur pour prendre celui d'instrument politique.

En 1769, on comptait à Paris 7,000 becs; en 1789, 8,200; en 1799, 8,700; en 1809, 11,050; en 1819, 12,672. La dépense de l'éclairage montait à cette époque à 646,023 francs, 82 centimes.

Les lanternes avaient parfaitement éclairé sous MM. de La Reynie et d'Argenson; les reverbères avaient également bien fonctionné sous l'édilité de M. Lenoir; mais lanternes et réverbères, par des motifs qu'il n'est pas difficile de deviner, avaient subi le sort de toutes les choses de ce monde et ne projetaient plus que des lumières blafardes et capricieuses sur le pavé de Paris qui les nourrissait[1]. L'administration comprit qu'il y avait, là aussi, quelque chose à faire; et par ses organes officiels, elle convia les ingénieurs et les lampistes à tenter une renaissance, non pas des lanternes, mais des reverbères.

Cet appel fut entendu, et en 1823 M. Bordier-Marcet exposa, sur la place du Carrousel, un appareil qui, par l'élégance de sa

[1] On lisait très-bien une affiche imprimée en caractères moyens à dix pas sous les premières lanternes de M. de La Reynie. J'ai entendu dire à des vieillards que la *Gazette de France* avait été lue couramment à quinze pas des réverbères de M. Lenoir. Mais ce luxe de rayons dura peu, et lorsque les lanternes et les réverbères furent supprimés, ils n'éclairaient plus. Le gaz suivra la même route, et ceux qui ont vu son éclat et ses jets flamboyants sur les lampadaires des boulevards, en 1840, ne le reconnaissent plus aujourd'hui. L'avarice des entrepreneurs et l'aveuglement de l'administration conspirent, sous tous les régimes, contre la sécurité publique et les embellissements de la capitale.

forme et les flots de lumière qu'il projetait, effaçait tout ce qu'on avait vu jusqu'alors. Deux de ces appareils suffisaient pour éclairer une longueur de 180 toises; la clarté des lanternes ne s'étendait qu'à 15 toises, et celle des reverbères qu'à vingt-cinq ou trente toises. M. Bordier-Marcet convainquit le public de l'excellence de son système; mais les pères-conscrits de l'Hôtel-de-Ville ne partagèrent pas l'enthousiasme du public : M. Bordier-Marcet en fut pour ses frais d'invention, et le préfet de la Seine éconduisit poliment ce citoyen, qu'à Londres le lord-maire et les aldermens auraient comblé de témoignages d'intérêt et d'encouragement.

Cependant, en 1811, l'ingénieur français Lebon avait entrevu la possibilité d'obtenir une clarté plus pure et plus brillante que la lumière développée par la combustion immédiate des huiles. Il parvint à réaliser cette heureuse idée par l'emploi du gaz hydrogène carboné. Les Anglais ne tardèrent pas à étendre leurs mains rapaces sur la découverte de l'ingénieur français, et le gaz hydrogène français du dix-neuvième siècle paya à nos insatiables voisins le paquet de chandelles anglaises apportées par le roi Jean en 1360.

Paris et ses administrateurs restaient immobiles bien que l'inventeur eût soumis au conseil municipal sa découverte et ses heureux résultats. Il fallut que MM. Winsor et Preuss, de Londres, eussent avantageusement appliqué, en 1816, le système de l'ingénieur français pour que le premier magistrat du département de la Seine, M. Chabrol de Volvic, alors préfet, se décidât à adopter ce mode d'éclairage pour quelques hôpitaux et autres établissements publics. Le succès du gaz hydrogène fut très-grand, mais sa renommée fut circonscrite dans les murs de ces asiles de la souffrance. Le suffrage de quelques milliers de pauvres malades et de trois ou quatre cents infirmiers ne suffit pas pour faire franchir les marches du Capitole à un homme de talent ou à une idée utile et féconde.

De 1816 à 1830 il ne vint pas à l'esprit du corps municipal

de tirer le gaz hydrogène de l'hôpital pour l'amener en nappes de flammes sur nos quais, sur nos places publiques et dans nos rues; pour jeter sur nos monuments, sur les statues de nos héros, sur les dystiques immortels de Santeuil ces auréoles d'azur et d'opale qui relèvent si noblement une façade de Perrault, une grande vertu taillée dans le marbre, la pensée d'un grand poëte.

Et, chose admirable! à la porte même de l'Hôtel-de-Ville de Paris, il existait une pauvre petite taverne qui avait pour enseigne en lettres colossales : *Café du gaz hydrogène*, et le gaz hydrogène éclairait magnifiquement en effet ce chétif établissement hanté par les laquais des personnages qui allaient briller aux bals de l'Hôtel-de-Ville, illuminé textuellement par l'huile et la bougie que vous savez.

Les valets, c'était là le cas de le dire, étaient mieux éclairés que leurs maîtres; mais les maîtres ne s'avisent jamais de tout. Pour plus d'un le gaz était une chimère.

Les propriétés chimiques du gaz dépendent de leurs éléments. Les gaz composés d'éléments combustibles peuvent être allumés et brûlent dans le gaz oxygène et dans l'air : le gaz hydrogène et ses combinaisons gazeuses avec le souffre, le phosphore et le carbone, l'oxyde de carbone, le gaz cyane, composé d'azote et de carbone sont des gaz combustibles. L'emploi des gaz hydrogènes combinés pour l'éclairage à gaz est généralement adopté.

Il était réservé à M. de Rambuteau, préfet de la Seine après la révolution de juillet, d'attacher son nom à la résurrection du gaz ainsi qu'à beaucoup d'autres améliorations du premier ordre. Le gaz, pendant la longue et laborieuse édilité de M. de Rambuteau, a pris définitivement à Paris ses lettres de bourgeoisie. Ce magistrat, dans son zèle ardent pour l'éclairage de la ville de Paris, a mis le gaz à toutes sauces. Non-seulement il confirma son usage dans les hôpitaux, mais encore il dota du procédé de Lebon une institution à laquelle, hélas! chandelle, huile et bougie, soleil même doivent rester indifférents, l'institution des aveugles! Dès

1837 M. de Rambuteau fit retourner le sol des deux tiers de Paris pour pratiquer les voies souterraines nécessaires à la transmission du gaz. Des usines importantes se fondèrent sous le patronage de compagnies anglaises et françaises..... anglaises surtout. D'élégants lampadaires se dressèrent comme par enchantement sur nos quais, sur nos boulevards, sur nos places, sur toutes les voies publiques et donnèrent à la capitale un aspect tout original et tout nouveau. Les Parisiens se prirent à penser que la sollicitude paternelle des grands magistrats dont la capitale de la France s'honore avec raison, des Boylesve, des La Reynie, des d'Argenson, des Sartines et des Lenoir, ne s'était point tout à fait tarie à la fournaise des révolutions. Pourquoi M. de Rambuteau n'a-t-il pas déployé le même zèle, employé la même ardeur pour soutenir, protéger et encourager les lettres parisiennes qui, elles aussi, sont des becs de gaz et répandent sur la capitale et sur la France des flots d'une lumière non moins vive et non moins utile ?

Ce n'est pas seulement à Paris qu'on s'est empressé de faire usage du gaz hydrogène; les moindres villes de France ont vu s'établir auprès d'elles des usines à gaz qui inondent d'une éclatante lumière leurs places, leurs rues, leurs monuments, leurs manufactures et leurs moindres boutiques. C'est surtout près des villes avoisinant les houillières que se créent ces usines en plus grand nombre : pour ce motif, nos villes du nord et de l'Ouest sont presque toutes éclairées par le gaz hydrogène, qu'elles continueront d'employer jusqu'à ce qu'un mode d'éclairage plus économique vienne remplacer celui-là; car l'économie est toujours la question importante des cités ouvrières et industrieuses.

Au nombre des divers systèmes d'éclairages employés jusqu'à ce jour, nous pouvons citer l'éclairage-Robert au liquide gazogène, qui ne produit ni odeur, ni fumée, ni les explosions, ni les émanations délétères du gaz; il purifierait plutôt l'air qu'il ne le vicierait; car on sait que les vapeurs d'esprit de vin sont salubres. Mais sa propriété la plus précieuse est de reposer et par conséquent de rétablir les vues fatiguées, parce que sa lumière immobile est d'une blancheur éclatante sur un fond bleuâtre; tandis que les autres lumières sont généralement d'un jaune blanc sur un fond rouge de feu. Comme éclairage usuel ou de luxe, le gazogène réunit l'économie à la commodité et à la beauté.

Les plus belles choses ont leur mauvais côté. Certes, quand on pense qu'une association de pillards et de coupe-jarrets peut, à la suite d'un hardi coup de main, plonger en dix minutes la capitale de la France dans les plus épaisses ténèbres et improviser tout à la fois, à l'aide de ce moyen diabolique, le massacre, la violence et la dévastation; quand on pense que chacun de nos pavés récèle la mort et une mort effroyable, sous la figure d'un conduit de gaz, que la moindre négligence, que la plus horrible malveillance peut déterminer, on est tenté de dire aux chimistes, mécaniciens, ingénieurs, trouveurs et conquérants de toute espèce : *Timeo Danaos et dona ferentes*. Mais, au temps où nous sommes, la philosophie d'Epicure a fait tant de progrès que riches et pauvres regardent la vie d'un œil fort dédaigneux, et que pourvu qu'on arrive au but que l'on s'est proposé, peu importe les périls qu'il faut braver, l'épée ou le parapluie à la main. *Courte et bonne* était la devise du savetier célébré par Taconnet. Tout le monde est aujourd'hui savetier par la devise.

Le gaz, fidèle à l'esprit du temps, n'a pas voulu rester dans la rue, il a voulu monter dans les salons, dans les magasins, dans les splendides appartements des riches, dans les studieuses salles des bibliothèques, il s'est fait portatif; c'est le tonnerre en portefeuille, c'est l'ogre de Perrault transformé en souris. Grand bien arrive à ceux qui l'exploitent ainsi; quant à nous, nous consentirons à l'admirer au péril de nos yeux sur les boulevards et dans les passages, mais nous nous garderons bien de le donner pour successeur à la lampe d'Aulu-Gele et de Caton.

En attendant, le gaz a mis en fuite les chandelles du roi Jean; les bougies de la Vénétie; les appareils fumeux de ce bon M. Quinquet; les lampes de M. Carcel, et maître du champ de bataille il couvre de torrents de lumière ses admirateurs aussi bien que ses blasphémateurs.... Il règnera donc jusqu'au jour, — non jusqu'à la nuit, — où quelque démon viendra souffler à l'oreille d'un chimiste quelque gigantesque combinaison nouvelle. Peut-être la recette de Josué est-elle sur le point d'être trouvée et alors adieu le gaz. Vous savez qu'il s'agit tout bonnement, à l'exemple du conquérant hébreu, d'arrêter le soleil.

CHAPITRE XIII.

—

L'ASTRONOMIE.

Moïse, premier astronome connu. — Les systèmes. — Les astrologues au treizième siècle. — Les bergers de la Chaldée et les membres de l'Institut, etc.

Les auteurs, dit d'Alembert, varient sur l'invention de l'astronomie : on l'attribue à différentes personnes; différentes nations s'en font honneur, et on la place dans différents siècles. A s'en rapporter aux anciens historiens, il paraît que des rois inventèrent et cultivèrent les premiers cette science : Bélus, roi d'Assyrie, Atlas, roi de Mauritanie, et Uranus, qui régnait sur les peuples qui habitaient les bords de l'Océan Atlantique, passent pour avoir donné aux hommes les premières notions de l'astronomie.

Mais sans nous arrêter aux contes dont l'antiquité est si prodigue, on peut, sans crainte de se tromper, placer le berceau de l'astronomie dans la Chaldée ou Babylonie.

Le savant abbé Renaudot attribue, ainsi que plusieurs autres auteurs, l'invention de l'astronomie aux anciens patriarches, et il se fonde, pour soutenir son opinion, sur plusieurs raisons : 1° Sur ce que les Grecs et les Latins ont compris les juifs sous le nom de Chaldéens; 2° sur ce que la distinction des mois et des années, qui ne se pouvait connaître sans l'observation du cours de la lune et celui du soleil, est plus ancienne que le déluge, comme on le voit par différents passages de la Genèse; 3° sur ce qu'Abraham était sorti de Chaldée *de Ur Chaldeorum*, et que des témoignages de Berose et d'Eupolemus, cités par Eusèbe, livre IX de la *Préparation évangélique*, prouvent qu'il était savant dans les choses célestes et qu'il avait inventé l'*astronomie* et l'astrologie judiciaire; 4° sur ce que l'on trouve dans les Saintes Écritures plusieurs noms de planètes et de constellations.

Bien que l'opinion de l'abbé Renaudot ait été combattue par des écrivains de mérite et entre autres par Basnage, ses remarques judicieuses n'en ont pas moins été accueillies par les savants et les astronomes les plus éminents.

Moïse, le législateur des Hébreux, qui avait sans doute employé les loisirs de l'esclavage à l'étude des mouvements du ciel, est le premier astronome connu; car l'époque où florissaient en Chaldée et Jupiter et Zoroastre et Belus lui-même, est fort incertaine. Alexandre le Grand, si l'on en croit l'historien Porphyre, trouva à Babylone et envoya en Grèce des observations astronomiques qui dataient de 1903 ans et commençaient cent quinze ans après le déluge et quinze ans après l'érection de la tour de Babel. Cicéron, et près de deux mille ans après lui, Voltaire, se sont moqués des Babyloniens et des Egyptiens, qui se vantaient de posséder des observations célestes depuis quarante sept mille ans; mais des plaisanteries ne sont pas des raisons, et, malgré tout le respect qu'inspirent le génie de Cicéron et la philosophie de Voltaire, on ne peut adopter, dans une matière aussi grave, leurs bons mots et leurs critiques superficielles. Les Chinois, — dont les annales astronomiques sont fort embrouillées, de l'aveu même des missionnaires jésuites qui les ont vérifiées et redressées en plusieurs points, — et les Persans, qui prétendent que leur roi Cayumerath règna mille ans et fut remplacé sur le trône par des princes dont la vie politique dépassa plusieurs siècles; — ont aussi fourni à l'école encyclopédique et voltairienne une mine inépuisable de quolibets et d'épigrammes : mais le temps a marché, et la science moderne a reconnu que cet Hérodote, dont les philosophes du dix-huitième siècle avaient, en quelque sorte, mis les ouvrages immortels à l'index de la raison en traitant ses récits de contes absurdes, propres tout au plus à charmer les niais et les imbéciles, a été presque toujours exact dans ses appréciations physiques et politiques, et que ses observations, loin d'être fabuleuses, ont été puisées à la source même de la vérité[1].

Les Phéniciens, par leurs longues navigations, apprirent à observer le cours des astres. Pline et Strabon rendent témoignage à

[1] Hérodote a été surnommé le père de l'histoire, et il est à l'histoire ce que Homère est à la poésie. Hérodote, né en Carie 404 ans avant Jésus-Christ, passa une partie de sa vie à voyager, et n'écrivit que ce qu'il avait vu par ses yeux ou surpris aux traditions des peuples qu'il avait visités. Les neuf livres de l'*Histoire des nations*, par Hérodote, furent reçus avec un tel applaudissement par les Grecs, qu'ils donnèrent à ces livres les noms des neuf muses. L'ouvrage d'Hérodote est arrivé jusqu'à nous; il est écrit en dialecte ionien, et le style est si pur, si facile, si harmonieux, il a tant de douceur, de charme et de délicatesse, que Tacite lui-même avouait que la lecture et l'étude approfondie d'Hérodote lui avaient été d'une grande utilité.

leur habileté dans cette science. L'homme, en effet, qui glisse sur les abîmes et n'est séparé de la mort que par quelques planches de cèdre ou d'érable, lève instinctivement la tête vers ces mondes errants qui scintillent dans l'espace, et cherche à y reconnaître la patrie du passé ou la patrie de l'avenir. La vie au milieu de l'Océan paraît si petite à l'homme, Dieu lui paraît si grand que son âme se mire dans les globes de feu qui se meuvent au-dessus de lui et qu'il y rattache ses vœux, son courage et ses espérances.

L'astronomie passa fort tard de l'Egypte dans la Grèce; les poëmes d'Hésiode et d'Homère prouvent que les connaissances astronomiques de leurs temps se bornaient à des observations purement et exclusivement agriculturales.

Thalès, qui florissait vers la quatre-vingt-dixième olympiade, fut le premier des Grecs qui, après avoir visité l'Egypte, revint dans son pays chargé des trésors d'une science toute nouvelle pour ses compatriotes. Ce philosophe avait si heureusement profité des leçons des prêtres et des savants égyptiens, qu'il était parvenu à calculer et à prédire les éclipses. Thalès fut le premier des sept sages de la Grèce. Apulée assure que ce philosophe fut si content d'avoir trouvé en quelle raison est le diamètre du soleil au cercle décrit par cet astre autour de la terre, qu'ayant enseigné cette découverte à un homme qui lui offrit pour récompense tout ce qu'il voudrait, il ne demanda que la bonne foi de faire savoir que la gloire de cette invention lui était due.

Pythagore, un siècle après Thalès, parcourut l'Égypte, la Chaldée, la Phénicie et plusieurs autres pays, et revint fonder à Tarente l'une des plus célèbres écoles de philosophie de l'Italie ou de la Grande Grèce. Pythagore soutenait que la terre et les planètes tournent autour du soleil immobile au milieu du monde; que le mouvement diurne du soleil et des étoiles fixes n'était qu'apparent, et que le mouvement de la terre autour de son axe était la vraie cause de cette apparence.

Pythagore emporta avec lui dans la tombe l'étude et les progrès de l'astronomie. Ses disciples se dispersèrent et les observations astronomiques apportées de Babylone furent perdues. Platon, qui en fit la recherche, n'en put recouvrer qu'une très-petite partie; et Aristarque de Samos, disciple de Pythagore, n'attira autour de la chaire où il commentait le système de son maître, qu'un nombre insignifiant d'adeptes et de curieux.

Cependant Archimède, Démocrite, Leucippe, Chrisippe, chef de la secte des Stoïciens, Platon, qui vivaient à peu d'années de distance, cultivèrent avec plus ou moins de succès l'astronomie, dont ce dernier philosophe recommandait surtout l'étude, en enseignant que le monde était un animal intelligent.

Aristote composa un livre d'astronomie qui n'est pas parvenu usqu'à nous.

Numa, deuxième roi de Rome, qui vivait sept cent trente-six ans avant Jésus-Christ, reforma l'année de son prédécesseur sur le cours du soleil et de la lune en même temps.

Enfin les Ptolomées fondèrent, dans Alexandrie, une école d'astronomie qui produisit des savants distingués et entre autres Timocharès et Aristyllus. Sous Ptolomée Philadelphe et sous Ptolomée Philometor, Aratus et Hipparque s'illustrèrent par leurs écrits et leurs découvertes.

Aratus, poète et astronome, outre quelques ouvrages sur l'astronomie qui ne sont pas parvenus jusqu'à nous, composa en beaux vers grecs, un poëme astronomique intitulé *les Phénomènes*, que Cicéron a traduit en vers latins. Hipparque découvrit le premier le mouvement particulier des étoiles fixes d'Occident en Orient, et entreprit en quelque sorte l'inventaire du firmament, en dressant le catalogue des astres de toutes les dimensions; c'était transmettre le ciel à la postérité comme un héritage, œuvre si prodigieuse, dit Pline, qu'il eût été glorieux pour un Dieu de l'achever, *rem etiam Deo improbam*.

Geminus de Rhode, Sosigènes, dont César se servit pour la réformation du calendrier, Menclaüs sous le règne de Trajan, et enfin Claude Ptolémée, brillèrent à d'assez longs intervalles. Ce dernier astronome, qui florissait à Alexandrie sous l'empire d'Adrien et de

Marc Aurèle, avait été surnommé par les Grecs *très-divin* et *très-sage*. Le système du monde de Ptolémée a été adopté pendant plusieurs siècles par les philosophes et les astronomes; mais les savants l'ont abandonné pour suivre le système de Copernic.

Les Romains eurent beaucoup moins d'astronomes que les Grecs, et en voici la raison. Les Chaldéens, qui enseignaient l'astronomie à Athènes et à Rome, pendant les trois siècles qui précédèrent l'ère chrétienne, donnaient dans les chimères de l'astrologie judiciaire. Cet enseignement amphibie ne déplaisait point aux Grecs, dont l'imagination était, comme au temps de Platon et de Demosthènes, fort amoureuse des fables et des récits merveilleux; mais les Romains, qui étaient tout cœur et toute raison, ne goûtaient que médiocrement ces brillantes excursions dans le domaine des folles-idées. Et pourtant, il faut le constater ici, des hommes graves, des hommes profondément savants et sincèrement philosophes, tels que Pline le naturaliste et Sénèque, croyaient à l'astrologie judiciaire et tâchaient de gagner à cette science prétendue des prosélytes, des adeptes et des disciples. Leurs efforts furent à peu près infructueux parce que, ainsi que nous l'avons dit plus haut, le caractère romain s'opposait à l'invasion de toute espèce de superstitions. En fait de croyances à Rome, on n'avait que celles qui étaient seulement liées aux institutions et aux mœurs de l'Etat. Le peuple romain faisait donc respecter et respectait lui-même les croyances religieuses, politiques et nationales; mais hors de ce cercle il ne croyait plus à rien, et la facilité avec laquelle il accordait les honneurs du Capitole aux dieux des nations soumises, fait assez comprendre que chez lui la religion était subordonnée à la politique et la foi à la gloire. L'empire romain ayant fini, comme on sait, en Occident l'an 476 de l'ère chrétienne, et les nations gothiques qui en avaient conquis les provinces s'y étant alors établies, une longue barbarie succéda tout d'un coup aux siècles éclairés de Rome; et cette grande ville, de même que celles de la Gaule, des Espagnes et de l'Afrique, ayant été plusieurs fois prise et saccagée, les manuscrits furent détruits ou dissipés, et l'univers resta longtemps dans la plus profonde ignorance.

La belle et chaste Hypatia d'Alexandrie, au quatrième siècle de l'ère chrétienne, et Boëce au sixième, jetèrent sur l'Europe asservie les dernières lueurs de la philosophie et de la céleste science d'Uranus.

Les auteurs qui ont écrit sur l'astronomie, depuis Constantin jusqu'à Charlemagne, ont réduit leurs études à ce qui avait exclusivement rapport au Calendrier et au Comput ecclésiastique. Mais, chose admirable! ce monarque que l'histoire a placé comme conquérant et comme grand capitaine sur la même ligne que Sésostris, qu'Alexandre et que César, Charlemagne, notre Charlemagne à nous, le Charlemagne de la France, était savant non-seulement en philosophie profane, en théologie, mais encore en mathématiques et en astronomie. Ce héros, ce dompteur de nations donna aux mois et aux vents les noms allemands qu'ils portent encore aujourd'hui, et écrivit de sa main victorieuse un petit livre de la *Connaissance des temps* qui renfermait la curieuse nomenclature des principales éclipses de soleil observées en Europe, en Afrique et en Asie depuis la mort d'Alexandre. C'était une compilation, soit, et que les derniers bergers de la Chaldée auraient pu faire aussi bien que le monarque français; mais combien y a-t-il de nos seigneurs de l'Institut qui n'ont pas même dans leur bagage scientifique à l'adresse de la postérité la modeste compilation de Charlemagne.

Ce n'était point assez que le débordement des Goths sur l'Europe vînt faire reculer la civilisation romaine et gauloise, il fallut aussi, moins de deux siècles après, que cette civilisation réfugiée en Afrique et dans quelques îles de la Grèce, reçût une atteinte aussi funeste qu'imprévue. Omar, calife des Sarrasins, brûla vers le milieu du septième siècle, la riche et célèbre bibliothèque d'Alexandrie; dans son aveugle rage contre les productions de l'esprit humain, le successenr de Mahomet expédie l'ordre à ses lieutenants dans les différentes villes d'Egypte, de procéder à une semblable exécution et de livrer aux flammes toutes les bibliothèques. Ces ordres impies ne furent pas, grâce à Dieu, rigoureusement exécutés. On échappa un assez grand nombre de manuscrits; des juifs les volèrent ou les achetèrent à bas prix et vinrent les revendre en Europe au poids de l'or, à la porte des monastères.

Toutefois, les différentes sectes qui s'étaient élevées entre les musulmans, tant en Afrique qu'en Asie, ayant cessé de se persécuter, les Arabes recueillirent bientôt un grand nombre de manuscrits que les premiers califes Abbassides firent traduire d'après les versions syriaques, et ensuite du grec en leur langue. La langue arabe devint dès-lors la langue savante de tout l'Orient. Les Arabes passèrent d'Afrique en Espagne avec leurs livres qu'ils avaient traduits du grec et devinrent ainsi, avec les moines catholiques de la France, de l'Angleterre, de l'Italie et de l'Allemagne, les dépositaires de toutes les connaissances humaines. Ce fut alors que les Arabes et les califes eux-mêmes s'occupèrent avec passion de l'astronomie. La seule bibliothèque d'Oxfort compte encore aujourd'hui plus de quatre cents manuscrits arabes sur l'astronomie, dont la plupart sont inconnus aux savants modernes.

L'astrologie judiciaire que les savants Chaldéens n'avaient pu parvenir à naturaliser à Rome, prit alors un prodigieux essor. Du neuvième au seizième siècle cette science, si l'on veut, exploitée par les Arabes, par les Juifs et par les Italiens (car les citoyens de la Rome papale n'étaient plus ceux de la Rome impériale) obtint une vogue merveilleuse en Europe. Les rois, les grands, les prêtres, les magistrats, les guerriers, le peuple même, le peuple surtout, avaient une foi profonde dans les horoscopes, les prédictions, les calculs qu'ils demandaient aux interprètes de cet art mirobolant. L'astrologie judiciaire était le magnétisme de ces époques-là; ne faut-il pas que chaque siècle ait ses folies, ses hochets et ses rêves?

L'astrologie judiciaire, que nous ne chercherons pas à défendre en plein dix-neuvième siècle et devant un public qui est si peu dupe, on le sait, des escamoteurs de toute espèce, avait cela de bon qu'elle s'alliait admirablement à la poésie, à la politesse, au plaisir et que par ce côté elle pénétrait plus avant dans les flancs de la barbarie pour y porter la civilisation. L'astrologie judiciaire en passant sous les portiques embaumés de l'Alhambra de Grenade et de Cordoue, s'était imprégnée du suave parfum des odalisques et des houris, et cette crédulité héroïque qui soumettait au même joug le leste et brillant Abencerrage à l'aigrette de diamant et le fier et pesant capitaine chrétien, emmailloté pour la victoire ou pour la mort dans sa carapace de fer, avait quelque chose qui souriait tout d'abord à l'imagination, au cœur et à l'esprit des Français.

Et puis il ne faut pas donner au mot *astrologie* l'extension ridicule que Mathieu Lænsberg lui donne depuis tantôt trois cents ans. Si l'astrologie judiciaire avait pour suppôts quelques-uns de ces hommes qui spéculent et qui tirent à vue dans tous les temps, sur toutes les ivresses et sur toutes les crédulités publiques, elle avait aussi pour organes des hommes de cœur, de conviction, de science et de talent. Si elle a compté parmi ses grands prêtres des bateleurs tels qu'Arcanicus, Samuel Morab, Alek, Morin, elle compte aussi des hommes recommandables par leur savoir, leurs talents ou leurs vertus, tels que Thomas de Pisan, Paracelse et Cardan [1].

[1] La charge d'astrologue de cour était aux onzième, douzième, treizième et quatorzième siècles, presque toujours remplie par des hommes remarquables par leur science et leurs lumières. On se ferait une très-fausse idée de ces astrologues, si l'on croyait que leurs fonctions auprès des rois consistaient à tirer des horoscopes et à dire la bonne aventure. Ces savants s'occupaient presque uniquement d'études positives, auxquelles se joignait celle de l'astronomie, science alors fort imparfaite. Charles V, qui était l'un des princes les plus éclairés de son temps, sinon le seul, employait Thomas de Pisan à calculer l'influence des astres sur l'agriculture, et cette influence n'a pas été niée depuis. Les astronomes d'aujourd'hui, on le sait de reste, ont trouvé, comme leurs devanciers les astrologues du quatorzième siècle, le point que cherchait Archimède pour soulever la terre. A l'aide de ce point, ils acquièrent dignités, richesses, priviléges et emplois. En

Malgré la pente qui entraînait les esprits vers la vaine étude de l'astrologie, quelques hautes et rares intelligences poursuivirent intrépidement la vraie voie de la véritable science. C'est ainsi qu'au douzième siècle nous rencontrons Clément de Lengthon; au treizième, Jordanus Vemoracius, l'empereur Frédéric II et Jean de Sacer-Bosco; Albert le Grand évêque de Ratisbonne; Roger Bacon, ce moine illustre auquel nulle science ne fut étrangère et qui indiqua les découvertes sans jamais vouloir y attacher son nom; Georges Barbachius; Georges Muller, son disciple, surnommé Regiomontanus; le cardinal Nicolas de Cusa, et enfin Nicolas Copernic, qui eut la gloire de rajeunir le système de Pythagore et de lui donner son nom. Dans le système de Copernic, la Terre, Mercure, Vénus, Mars, Jupiter et Saturne, tournent autour du soleil; la Terre a un autre mouvement autour de son axe, et la Lune fait son circuit autour de la Terre. Après Copernic et par ordre de gloire plus que par ordre de date, apparaît Ticho-Brahé. Ce grand et patient astronome inventa un nouveau système qui semblait devoir concilier les systèmes de Pythagore et de Ptolémée, ou plutôt de Ptolémée et de Copernic : rejeté par les astronomes, le travail de Ticho-Brahé n'a pas moins rendu un immense service à la science en conduisant pour ainsi dire Keppler par la main à la découverte de la vraie théorie de l'univers et des véritables lois que les corps célestes suivent dans leurs mouvements.

Après Ticho-Brahé viennent Galilée, Hevelius, Gassendi, Huygens, Halley et ses comètes, Flamstead et son catalogue de trois mille étoiles, et quelques autres savants, pionniers infatigables dans les déserts de l'espace, conquérants modestes qui découvrent souvent tout un univers sans briguer dans celui-ci la plus petite de ces étoiles, qu'on devrait réserver à la bravoure du soldat, à la sueur civique du laboureur, aux méditations du lettré, et que l'on jette trop souvent à la tête ou aux pieds, c'est tout un chez cer-

réalité, les liseurs d'astres sont mieux rentés maintenant que du temps de Charles V. Demandez-moi pourquoi? Un siècle athée aime donc les fables scientifiques, comme les siècles crédules ont aimé les miracles, les prédictions et les contes d'enfant?

taines gens, d'un postillon littéraire, d'un Cagliostro historique ou d'un maquignon philosophe.

Newton, d'immortelle mémoire, démontra le premier, par des principes physiques, la loi selon laquelle se font tous les mouvements célestes; il détermina les orbites des planètes et les causes de leurs plus grands ainsi que de leurs plus petits éloignements du soleil. Il apprit le premier aux savants d'où naît cette proportion constante et régulière, observée tant par les planètes du premier ordre, que par les secondaires, dans leurs révolutions autour de leurs corps centraux, et dans leurs distances comparées avec leurs révolutions périodiques. Il donna une nouvelle théorie de la lune, qui répond à ses inégalités, et qui en rend raison par les lois de la gravité et par des principes mécaniques.

Après le pas immense que la découverte de Newton fit faire à l'astronomie, le sanctuaire de cette science divine s'ouvrit à deux-battants; et les inspirés, les laborieux, les explorateurs infatigables des champs de l'infini purent se livrer avec plus de certitude à leurs études et à leurs travaux. L'astronomie observatrice donna, dès ce moment, la main à l'astronomie théorique, et ces deux sœurs marchèrent ensemble pour ne plus désormais se quitter. Par un de ces bonheurs inestimables qui n'arrivent pas à toutes les sciences, l'astronomie se trouva enrichie, dans le seul espace de deux cents ans, de plusieurs grandes découvertes pratiques et théoriques. Au commencement du dix-septième siècle, le télescope est inventé; Néper imagine les tables de Logarithmes; Huygiens applique le pendule aux horloges; Newton et Leibnitz découvrent le calcul infinitésimal; Galilée, en dirigeant le télescope dans le profondeurs du ciel, transforme en vérité physique l'hypothèse Philolaïque ou Copernicienne; Kœpler en assignant les lois du mouvement elliptique des planètes, et Galilée en trouvant la dynamique, frayent le passage à Newton. Ainsi l'astronomie nous semble avoir parcouru trois périodes bien distinctes : la première serait depuis Belus jusqu'à Ptolémée; la seconde depuis Ptolémée jusqu'à Copernic; la troisième depuis Copernic jusqu'à Newton.

On peut diviser l'astronomie, relativement à ses différents états, en astronomie ancienne et en astronomie nouvelle.

L'astronomie ancienne c'est l'état de cette science sous Ptolémée et ses successeurs ; c'est l'astronomie avec tout l'appareil des orbes solides, des épicycles, des excentriques, des déférents, des trépidations, etc.

L'astrologie nouvelle c'est l'état de cette science depuis Copernic, qui anéantit tous ces orbes, épicycles et fictices et réduisit la constitution des cieux à des principes plus simples, plus naturels et plus certains. L'astronomie nouvelle est contenue dans les six livres des ***Révolutions célestes*** publiées par Copernic en 1566 ; dans les *Commentaires* de Kepler ; dans les ouvrages de Bouillaud, de Ward, de Stret, de Wings, de Ricciol, de Whiston et d'Enuler ; dans les œuvres immortelles de Descartes et de Newton ; dans les traités de Clairault Maupertuis, de Lacaille, de d'Alembert, de Lalande ; et de nos jours dans les écrits d'Herschell, de Struve et de South, les œuvres éloquentes et lumineuses des Bailly, des Lagrange, des Laplace, des Delambre et des Arago.

L'astronomie tire beaucoup de secours de la géographie pour mesurer les distances et les mouvements tant vrais qu'apparents des corps célestes ; de l'algèbre, pour résoudre ces mêmes problèmes lorsqu'ils sont trop compliqués ; de la mécanique et de l'algèbre pour déterminer les causes des mouvements des corps célestes ; enfin des arts mécaniques, pour la construction des instruments avec lesquels on observe.

Cette science excellente et divine, comme disait Platon, est appelée sans doute à faire encore de nouveaux progrès, à moins, pourtant, que le grand constructeur des mondes ne juge à propos, pour punir l'outrecuidance et l'orgueil des grands esprits de cette misérable fourmilière qu'on appelle la terre, de jeter sur notre pauvre petit globe les brûlants débris de quelques-uns de ces astres immenses que Dieu crée et brise dans ses heures de miséricorde ou de colère.

CHAPITRE XIV.

LA NAVIGATION.

Les Phéniciens. — Les pilotes. — La boussole. — Les phares. — La vapeur appliquée à la marine militaire et marchande, etc.

Les païens attribuaient l'invention ou plutôt l'art de la navigation à

Neptune, à Bacchus, à Hercule et à Jason. Les juifs, les chrétiens et les mahométans l'attribuent à Dieu même, qui donna au patriarche Noé l'arche victorieuse du déluge, qui recélait dans ses flancs immenses l'espérance d'une nouvelle création.

Le grand cataclysme, si sublimement raconté par Moïse, est également signalé dans les annales des plus anciens peuples. Les Indiens, les Chinois, les Persans, les Égyptiens, qui descendent des Assyriens, les Ethiopiens, les Celtes qui habitaient une partie de la Vieille-Armorique, avaient conservé dans leurs livres ou dans leurs traditions sacerdotales ou populaires le souvenir de cet effroyable événement. La miséricorde de Dieu passe inaperçue chez les hommes, sa colère laisse dans leur mémoire une empreinte ineffaçable et ne les rend pas plus sages. L'homme se courbe servilement sous le fouet d'un maître irrité; il devient plein d'orgueil et d'insolence sous la main d'un père qui le conseille et qui le bénit. L'ingratitude et l'épouvante sont les deux pôles de l'humanité.

La navigation des anciens, toute imparfaite que notre insupportable vanité moderne la veut faire, était cependant étendue et florissante. Tyr, la fondatrice de Carthage, fut la reine des mers pendant plusieurs siècles, et il fallut la volonté d'un conquérant tel qu'Alexandre pour dépouiller cette glorieuse métropole du commerce du monde, de sa puissance maritime et de ses richesses. Alexandre transporta à Alexandrie — la ville qu'il avait bâtie — toutes les forces vives de la cité conquise et la dota du sceptre de la mer, sceptre glissant et capricieux qui devait d'Alexandrie passer à Carthage, de Carthage à Marseille, de Marseille à Gênes, de Gênes à Venise, de Venise à Constantinople, de Constantinople à Cadix, de Cadix à Amsterdam et d'Amsterdam à Londres, qui le tient encore aujourd'hui.

L'Égypte, devenue province romaine après la bataille d'Actium, fut la courtière de Rome et du monde; et les Égyptiens, qui sous les Ptolémées avaient perfectionné les connaissances nautiques, devinrent les premiers matelots de l'empire et constituèrent la force maritime des Romains.

Constantin le Grand qui, à l'exemple d'Alexandre, voulait marier la ville dont il était le créateur au Bosphore, appela à Constantinople le commerce et les flottes d'Alexandrie; mais cette tentative ne fut point heureuse et ne servit qu'à scinder les forces navales de l'empire. Les successeurs de Constantin, absorbés par les querelles religieuses, n'encouragèrent pas le commerce et, ainsi qu'il arrive toujours, la décadence de la marine marchande amena la perte de la marine militaire. Il vint un temps où l'empire d'Orient, menacé de toutes parts et entamé sur les trois quarts de ses frontières, ne pouvait plus compter ni sur une légion ni sur un vaisseau. Constantinople tombait après Rome faute de soldats et faute de navires : l'empire d'Orient après l'empire d'Occident se noyait dans les flots de barbares que les vieux soldats de Marius et les vieux marins d'Actium auraient rejetés dans leur océan de forêts.

Mais les barbares, Francs dans les Gaules, Goths en Espagne et Lombards en Italie, comprirent bientôt tous les avantages de la navigation. Ils employèrent aux expéditions maritimes ou fluviales les peuples qu'ils avaient vaincus, s'associèrent courageusement aux explorations des îles et des continents qui leur étaient tombés en partage par les chances de la victoire, et devinrent en peu d'années aussi savants que leurs maîtres. On croit que les premiers marins au moyen-âge furent les Francs, les Saxons et les Lombards.

Mais la navigation de ces peuples était fort restreinte; et si l'on en excepte les Goths qui habitaient les rives de la Méditerranée, ces barbares n'entreprenaient jamais de longues courses en pleine mer; mais, en revanche, ils exploraient minutieusement les côtes et se familiarisaient admirablement avec les dangers inséparables de pareils voyages. On a retrouvé, il y a dix ans, en Bretagne, une barque pétrifiée dans des landes que la mer couvrait il y a plusieurs siècles. Cette barque, dont la forme semble accuser une connaissance profonde de la locomotion nautique, était à deux rangs de rames et munie d'un gouvernail à peu près semblable à celui d'une galère romaine. Il y a loin de là à nos vaisseaux à trois ponts, mais le génie est peut-être beaucoup plus dans la création de la première barque que dans l'installation du plus majestueux vaisseau.

La navigation est la clef de la puissance, c'est le secret de la grandeur et de la force des nations. A partir des Phéniciens jusqu'aux Anglais, l'histoire nous montre la domination de l'univers invariablement attachée à l'empire de la mer. Les Républiques grecques ne purent résister à des ennemis formidables que par le nombre et l'admirable discipline de leur flotte; les Romains eux-mêmes ne furent littéralement les maîtres du monde qu'après la bataille d'Actium. Mais pour avoir des matelots il faut naviguer et pour naviguer il faut commercer. Les Grecs étaient essentiellement marchands, et Rome, qui n'avait rien de mercantile ni dans ses institutions ni dans le sang de ses citoyens, trouvait des marins tout faits en Egypte; c'était l'école de marine de la République, c'était aussi son école de commerce.

La navigation est fille du commerce; le commerce, qui est le lien de toutes les nations et que les anciens, toujours portés à poétiser tous les instincts de l'humanité, avaient personnifié sous le nom de Mercure, *Mercis cura.*

L'histoire du commerce serait l'histoire du monde et de la civilisation. Sans parler de ces grandes et puissantes nations dont il ne nous reste plus aujourd'hui que des hiéroglyphes impénétrables ou des monuments gigantesques couchés dans la poussière, il faudrait, pour accomplir cette grande œuvre, consulter les traditions grecques, qui, selon un habile jurisconsulte de ce siècle, sont les plus instructives pour la connaissance du droit des gens que pratiquaient les Phéniciens, les Phocéens, à partir du traité conclu entre les divers peuples de la Grèce, pour l'établissement du conseil des amphyctions, qu'ils datent de 1496 ans avant Jésus-Christ. Les traités commerciaux des Grecs avec les différents peuples de l'Inde, en arrivant de siècle en siècle jusqu'aux fameuses lois rhodiennes qui furent publiées trois cents ans avant l'ère chrétienne, ne sont pas moins des documents très-précieux.

Les Romains eux-mêmes, bien que l'essence de leur gouvernement et leur génie national s'opposassent aux combinaisons mercantiles, les Romains ne négligèrent pas entièrement le commerce. On a retrouvé des traités de commerce conclus 653 ans avant Jésus-Christ par Tullus-Hostilius avec les Sabins; celui de 578 entre Servius-Tullius et les Latins; celui de 389 avec les Phocéens de Marseille; celui de 347 avec les Carthaginois, navigateurs audacieux qui jetaient la perturbation et la révolte dans les colonies romaines, comme nous avons vu les Anglais, dignes héritiers de cette punique politique, jeter depuis soixante ans dans les possessions espagnoles, françaises, hollandaises, de l'Amérique et de l'Afrique, les brandons incendiaires et les révoltes, pour arracher violemment ces pays du giron de la métropole. La simple nomenclature des traités de commerce des Romains aux dernières époques consulaires explique le luxe et les richesses de la reine du monde au temps des Verrès, des Apicius et de Cicéron.

La Rome impériale, pour conserver ses ruineuses conquêtes, avait dirigé son industrie sur le commerce maritime. On voit, en effet, 497 ans après Jésus-Christ, le lieutenant de l'un de ses empereurs traiter avec les Sarrazins pour leur permettre de transporter sur la mer Rouge les marchandises qu'ils tiraient de l'Inde, moyennant un impôt qu'ils payeraient à l'empereur.

Le commerce est une émanation de la liberté, si ce n'est la liberté elle-même. Aussi le moyen-âge, cette sombre et funeste époque de l'histoire de l'Europe, fut-il, pour le commerce, aussi bien que pour les arts et les sciences, une halte dans la boue sanglante des guerres civiles et des exterminations générales. Cependant la Hanse-Teutonique, ou les villes anséatiques, unies entre elles par des liens d'intérêt et de nationalité, résistèrent courageusement aux flots de la barbarie, et concentrèrent à peu près entre elles tout le commerce de l'Europe.

Les villes anséatiques, après avoir tenu près de trois siècles, seules et sans rivales, le sceptre du commerce, virent surgir, au midi et au nord de l'Europe, des peuples qui devaient les dépasser de toute la longueur d'un monde. Les Pisans, les Vénitiens, les Hollandais, les Portugais et les Espagnols, trouvèrent le secret du commerce, et ces nations prirent un essor si prodigieux, déployèrent coup sur coup tant d'audace et de sagesse, de patience et d'intrépidité, qu'on put croire un instant que la couronne du monde allait passer, du front des derniers César, au front des premiers marchands. Mais les Pisans, les Florentins, les Génois, les Vénitiens, qui devaient leurs trésors et leur puissance à l'héroïque et sainte aventure des croisades, ne purent soutenir le choc de la révolution commerciale opérée par les découvertes de Colomb, de Cortez et de Vasco de Gama. La fortune avait tourné le dos au Nil, à l'Euphrate, au Tigre, au Jourdain et au Borysthène; elle s'était envolée, sur la proue des navires d'Espagne, aux bords de l'Ohio, de la Delaware et du Mississipi. La Hanse-Teutonique se ranima; les Espagnols, les Portugais et les Hollandais se partagèrent le Nouveau-Monde comme les capitaines d'Alexandre s'étaient partagé l'ancien; et Pise, Florence, Gênes et Venise descendirent toutes vivantes dans la sépulture des nations déchues. A dater du dix-septième siècle, les Espagnols, les Portugais et les Hollandais tombaient également en décadence; et, aujourd'hui, la Carthage moderne, l'habile et fière Angleterre, a recueilli la succession de toutes ces républiques puissantes, de toutes ces radieuses monarchies. Elle règne sur les cadavres de Venise, de Florence, de Lisbonne, d'Amsterdam et de Madrid, et comme la soif de conquête et d'agrandissement est inextinguible, peu satisfaite d'avoir démembré des royaumes, d'avoir fait égorger des millions d'hommes au nom de principes qu'elle n'admet pas, qu'elle désavoue même dans l'occasion, cette Tyr, cette Carthage, cette Alexandrie nouvelle, insaisissable au milieu des flots qui lui servent de remparts, attire dans son giron tous les fanatismes, toutes les passions, toutes les fureurs, pour rejeter ensuite sur le Continent, à l'exemple de la baleine biblique, des milliers de Jonas crédules, qui croiront travailler pour la liberté du monde, et qui n'auront, en réalité, travaillé que pour l'abaissement de leur patrie et la puissance de l'Angleterre ; que dis-je? si Dieu ne s'y oppose, l'Europe, grâce à la Grande-Bretagne, va rétrograder d'ici à un quart de siècle vers la barbarie. Vous comptez, utopistes aveugles, sur l'alliance, sur la sympathie de l'Angleterre? Insensés! Allez donc lire sur les murs démantelés de Mysore, et sur la grève encore sanglante de Quiberon, ce que peut, ce que doit être l'alliance, la sympathie, l'amitié de l'Angleterre!

C'est une chose toutefois digne de remarque, que les nations exclusivement commerçantes aient toujours été fourbes, usurpatrices et tyranniques. Tyr opprima et ruina vingt royaumes; Alexandrie écrasa les uns après les autres tous les marchés de l'Egypte et de la Syrie; vous savez ce que signifiait la foi punique, et Venise, au moyen-âge, faisait argent de tout, et aurait vendu au Turc la liberté de l'Europe, si le Turc eût été assez riche pour la lui acheter. De grands trafiquants peuvent être de grands hommes : les Médicis, les Jacques Cœur, les Dupleix, sont là pour le prouver. Les nations puissantes par le commerce ne sont jamais de grandes nations; car malgré leurs beaux semblants de philanthropie universelle, la principale denrée de leurs docks est toujours le sang humain.

La navigation, endormie pendant tout le temps que dura le classement des barbares en Europe, se réveilla à l'époque des croisades. Ce fut encore à l'ombre de la croix que l'art merveilleux de flotter sur l'abîme se révéla au monde pour la seconde fois. La découverte de l'Amérique, vers la fin du quinzième siècle, acheva de donner à la marine marchande et militaire de l'Europe une importance qui s'est accrue jusqu'à nos jours et qui promet de s'augmenter encore, grâce aux progrès des sciences et aux précieuses traditions de l'expérience. Cependant, il n'est pas hors de propos de remarquer qu'aucune grande solution politique n'est sortie depuis trois cent cinquante ans d'une victoire navale, ce qui prouve que la grandeur des résultats ne correspond pas toujours à la grandeur des moyens. Une mêlée confuse de quelques centaines de galères suffit pour fixer, à la journée d'Actium, les destins de tout un monde; et, depuis trois siècles, les combats de mer, — en y comprenant même La Hogue, Aboukir, Trafalgar et Navarin, — n'ont été que des guet-apens maritimes, où la hardiesse, le nombre et le hasard du vent ont mis en défaut les dispositions les plus savantes, les courages les plus intrépides et les causes les plus saintes.

L'art de naviguer a rendu toutes les sciences, tous les arts, tous les métiers ses tributaires. Depuis l'artisan qui tord les câbles et qui prépare le goudron, jusqu'à l'artiste qui combine la puissance d'un télescope, jusqu'au savant qui résume pour elle les travaux d'Hipparque, d'Archimède et de Newton, elle occupe, elle absorbe, elle commande à autant d'intelligences que de bras. La pratique même de la navigation marchande ou militaire implique un fonds de connaissances variées, profondes, étendues, et l'homme de mer est tout à la fois guerrier, diplomate, marchand, négociateur, philosophe, astronome, géomètre, moraliste, théologien et romancier, quand il veut s'en donner la peine. Ce panthéisme est dû d'abord aux fortes études de ceux qui se destinent sérieusement à l'art de la navigation, et ensuite aux méditations incessantes de la mer. « Quand vous vous trouverez au milieu de l'immense Océan, écrivait le grand saint Bernard au comte de Flandre qui partait pour la croisade, quand vous vous trouverez à la merci des flots, n'ayant qu'une planche sous vos pieds pour vous séparer de la mort, et qu'une armée céleste, au-dessus de votre tête, qui se meut au souffle de Dieu, vous réfléchirez à la faiblesse, à la petitesse, à la fragilité de votre nature; vous rentrerez en vous-même, vous vous replierez sur votre âme immortelle, et vous apprendrez dans ces heures solennelles, dont les vents déchaînés sont les horloges infatigables, ce que c'est que la sagesse, ce que c'est que la science, ce que c'est surtout que la puissance infinie et sans bornes du Très-Haut : *Cœli enarrant gloriam Dei.* »

Il est impossible, après saint Bernard, de rendre l'importance, la solennité, la sublime occupation des loisirs de la mer. Ces loisirs agrandissent l'intelligence de l'homme, fortifient son cœur, exaltent son courage, raffermissent sa foi, — car l'athéisme est impossible dans une vie de périls, — et familiarisent le marin avec tout ce qui se rattache à la profession qu'il exerce, c'est-à-dire avec les sciences, les arts et les métiers. L'amour du pavillon de la patrie, dont il est appelé à défendre l'honneur et à augmenter la gloire, relie en quelque sorte toutes les qualités naturelles et toutes les qualités acquises; et lorsqu'il est bien pénétré de ses devoirs, lorsqu'il est profondément convaincu de la grandeur et de l'universalité de son état, cet homme de mer s'appelle Duquesne, Tourville ou Duguay-Trouin.

L'art de naviguer se divise en deux parties bien distinctes : la navigation de long-cours et le cabotage. Nos pères appelaient la première *hauturière*, parce qu'à la différence du cabotage, qui pour se guider en mer a recours à l'aspect des côtes, elle fait usage dans le même but de l'observation de la hauteur des astres.

Dans l'impuissance où nous sommes de donner à ce récit les proportions même d'un abrégé historique, nous nous bornerons à indiquer trois grands auxiliaires de la navigation en général, auxiliaires qui exercent une influence immédiate et considérable sur la marine aux jours de guerre et de paix, aux jours de calme ou de tempête. Nous voulons parler des phares, de la boussole et du pilotage.

Le plus ancien phare connu, est celui du promontoire de Sigée.

Les Grecs, qui avaient emprunté les phares aux Égyptiens, en construisirent sur les points principaux de leur littoral, et les Athéniens en firent élever un d'une majestueuse structure sur le port du Pyrée.

Ptolémée Philadelphe, l'an 283 avant l'ère chrétienne, fit bâtir dans l'île de Pharos, par le Gnidien Sostrate, une tour gigantesque couronnée par un fanal, qui mérita d'être mise au rang des sept merveilles du monde. Ce monument, en marbre blanc, avait onze étages qui allaient toujours en se rétrécissant. Chaque étage avait une galerie extérieure et le sommet de l'édifice était surmonté d'une statue d'Apollon ou du Soleil, qui tenait dans chacune de ses mains un flambeau toujours allumé et si prodigieusement éclatant, qu'on l'apercevait de trente milles en mer. Ce phare, qui avait dans l'origine 1,000 coudées de hauteur, c'est-à-dire plus de 1,200 pieds, n'en avait plus que 50 en 1182, époque où une mosquée avait été établie sur sa plate-forme. Un tremblement de terre acheva de détruire, en 1303, l'un des plus beaux ouvrages sortis de la main des hommes.

Les Romains ne tardèrent pas à imiter les Grecs; ils semèrent leurs côtes de colonnes et de tours couronnées de feux. A Ostie, à l'île de Caprée, à Ravennes, à Pouzzole, en Sicile et en Sardaigne, on admire encore les vestiges de ces monuments d'utilité publique du peuple-roi.

Les phares eurent le rare privilége de séduire les Barbares et de trouver grâce à leurs yeux; les Goths réparèrent les phares romains, en élevèrent sur le même modèle et donnèrent même à ces lances de feu plus de durée et d'éclat. Les Normands portèrent l'usage des phares sur le littoral de l'Armorique et de la Guyenne; et les grands fleuves de l'Allemagne, de l'Espagne et de l'Angleterre, avaient aussi, dès le septième siècle, des tours flamboyantes.

Les rapports devenus plus fréquents entre les peuples, les croisades, la découverte de l'Amérique, les guerres maritimes, le salut des flottes de guerre et des escadrilles marchandes, firent augmenter avec le temps le nombre des phares. Depuis trois siècles, la science et l'industrie humaine aidant et grandissant, les phares sont devenus tout à la fois le soleil et le langage des ténèbres. Chaque puissance a compris la nécessité d'illuminer ses côtes et d'éclairer ses capitales; car la sécurité du littoral d'un grand empire doit être égale à la sécurité de sa métropole : c'est là le cachet de la véritable civilisation.

Il y a un quart de siècle tout au plus, sous la restauration, le gouvernement nomma une commission composée de MM. Becquey, Halgan, de Rossel, Arago et Fresnel, pour coordonner entre eux les feux des fanaux de nos côtes. Fresnel, persuadé qu'il y aurait avantage à projeter la lumière des phares par réfraction (avec des lentilles) plutôt que par réflexion (avec des miroirs), parvint à faire construire de grosses lentilles d'un puissant effet, qui permirent de donner aux phares une grande variété d'apparence. Dès lors on a pu combiner pour l'éclairage des côtes, un système de feux fixes et de feux à éclipses de temps variables, qui est devenu pour les navigateurs un bienfait, pour la France un honneur, pour l'humanité une victoire.

On a attribué longtemps à un Napolitain, Flavio de Gioja, au quatorzième siècle, l'invention de la boussole. Mais il est prouvé aujourd'hui que cette précieuse découverte remonte à une époque beaucoup plus reculée. Dans l'antiquité, Platon avait déjà reconnu les propriétés de l'aimant, qu'il avait même surnommé pierre *herculéenne*, pour exprimer qu'il assujettit le fer qui dompte tout. Aristote, dans son livre *de lapidibus*, fait preuve de connaissances plus étendues sur la vertu de cette admirable pierre, et il est permis de conclure que ce grand naturaliste avait reconnu deux extrémités à l'aimant, l'une septentrionale, l'autre méridionale. L'usage, ou plutôt l'application de l'aimant à la navigation, avait été ou négligé ou méconnu chez les anciens; ce ne fut que vers les dernières années du onzième siècle et les premières du douzième, qu'on vit apparaître la boussole, qui fut un des nombreux bienfaits causés par les croisades. Les Européens l'empruntèrent aux Arabes qui, eux-mêmes, l'avaient reçue des navigateurs de l'Océan Indien, auxquels les Chinois l'avaient communiquée. La France eut encore la glorieuse initiative de l'adoption de la boussole; ce fut sur ses vaisseaux, ce fut sous les plis de son pavillon victorieux, que la boussole préluda aux brillantes destinées de la marine européenne. Sans boussole, en effet, Christophe Colomb n'était plus qu'un pilote habile et l'Amérique n'était pas découverte. La boussole fut à la navigation ce que l'imprimerie avait été aux arts de la pensée [1].

Quelques gens rangent le pilotage au nombre des professions obscures ou des métiers où la routine est seule nécessaire. Nous sommes loin de partager cette opinion, et nous regardons les pilotes d'aujourd'hui aussi bien que les pilotes d'autrefois, comme exerçant une des professions les plus nobles, les plus belles et les plus utiles qu'il y ait eu jamais. Le citoyen qui, pour un modeste salaire, compensation trop légitime de ses périls, de ses veilles et de sa responsabilité, fait entrer sûrement dans les ports de sa patrie, ou des vaisseaux de guerre chargés de gloire et de trophées, ou des bâtiments marchands chargés de richesses, l'homme qui a passé sa vie toute entière à étudier, à connaître les courants, les vents, les récifs, les anses, les moindres accidents de promontoires, de rochers et d'îlots jetés sur un développement considérable et quelquefois de plusieurs centaines de lieues; le marin qui peut sauver toute une flotte par la précision de ses manœuvres, par l'exactitude de ses connaissances pratiques, qui peut dérober à un ennemi outrageusement victorieux l'oriflamme de la France ou la fortune de ses armateurs; ce citoyen, cet homme, ce marin, n'est point un aveugle artisan : c'est un guide intelligent dans les beaux jours de victoire ou de paix, c'est une providence dans les jours de tempête et de revers.

Sous l'ancien régime, outre les pilotes principaux chargés de la route, c'est-à-dire de l'*estime* et des observations, et que pour cette raison l'on désignait spécialement sous le nom d'*hauturiers*, il y avait aussi des pilotes côtiers. Les vaisseaux du roi en étaient constamment pourvus pour les quatre grandes divisions maritimes de la France: Normandie, Bretagne, Guyenne et Provence. Aujourd'hui, dans ce siècle falot où l'on ne peut être homme instruit, ou homme utile sans avoir passé sous les fourches cau-

[1] Les plus anciennes boussoles sont remarquables en ce sens que l'aiguille nord est toujours terminée par une fleur de lys; ce qui prouve, en quelque sorte, un droit de conquête et de priorité incontestables

dines de concours qui ne prouvent rien et qui n'ajoutent rien à la valeur d'un homme, il faut subir des examens pour être agrégé au corps des pilotes de l'État.

L'emploi de la vapeur dans la marine militaire et commerciale du monde, ne peut manquer d'opérer, d'ici à quelques années, une révolution radicale dans la guerre et dans le commerce. L'invention, ou plutôt la vulgarisation de la boussole, a ouvert le chemin des Indes et fait faire à l'humanité un pas immense. Que doit produire la vapeur dans les affaires navales? C'est ce que le temps nous apprendra.

L'application de la machine à vapeur à la propulsion des navires changera sans doute ou modifiera plusieurs des éléments de la navigation, dit un savant marin. De principal agent qu'elle était la voilure devient tout à fait secondaire, et la manœuvre ayant désormais à sa disposition un instrument puissant dont la volonté de l'homme peut régler les mouvements, n'a plus besoin des combinaisons étudiées à l'aide desquelles elle parvenait, soit indirectement, soit directement, à maîtriser le caprice des éléments. L'installation suit le sort de la voilure et se restreint dans d'insignifiantes proportions. Les nouveaux gréements étant en fer, le matelotage cesse d'avoir son utilité journalière; en un mot, sauf la partie théorique, dont la vitesse aveugle de la navigation à vapeur exige un exercice plus fréquent et plus appliqué, l'art de naviguer devient purement mécanique et, faisant un retour dans le passé, reprend l'ancien système des rames, dont les roues du bateau à vapeur ne sont qu'une application perfectionnée.

Cette observation est grave et fait naître bien des réflexions : Cette application de la vapeur à toutes choses ne nous amènera-t-elle pas sur les frontières de la barbarie? Les roues du bateau à vapeur, selon la judicieuse remarque du savant marin, *n'étant que les rames perfectionnées de l'ancien système*, que devient l'intelligence nautique, l'initiative de l'esprit, le travail incessant de la pensée humaine? Déjà dans nos usines, dans nos manufactures, dans nos ateliers, la vapeur a neutralisé le tact exquis, l'instinct artistique de nos ouvriers; l'homme, aujourd'hui, n'a plus besoin des facultés de son cerveau pour former, pour polir, pour créer; la brute intelligence de la machine fait tout, et il n'est plus que son très-humble valet. En un mot, si on parvient à faire des hommes automates comme Vaucanson a fait jadis des canards, ce noble et beau titre d'ouvrier, dont Benvenuto Cellini et Germain s'honoraient si justement, deviendra un titre aussi oiseux et aussi ridicule que celui de marquis sans marquisat et de chevalier sans cheval.

Mais la soif des découvertes dévore notre époque. Ce n'est point assez de glisser sur la terre avec la rapidité d'une flèche, de fendre l'onde écumante avec l'agilité des mouettes et des hirondelles, voilà qu'un chercheur de nouveau monde, comme le dirait le bon Lafontaine, a trouvé le moyen de soumettre les profondeurs de la mer aux curieuses investigations de l'homme. Un journal des Etats-Unis constate, en effet, la découverte suivante, que nous enregistrons comme un progrès de cette fièvre d'aventures que caractérise notre temps :

« Pendant que de hardis voyageurs s'élancent dans le ciel et cherchent le moyen de diriger des aérostats, des ingénieurs plus modestes s'occupent à résoudre un autre problème qui a bien aussi son intérêt : ils travaillent à remplacer la cloche à plongeur par un appareil qui permette non-seulement de descendre sous l'eau, mais d'y demeurer pendant de longues heures, d'y travailler, et même d'y naviguer comme on pourrait le faire à la surface. Un appareil qui remplit ces conditions est en voie de construction à New-York, et le modèle, que nous avons eu sous les yeux, mérite d'attirer l'attention des spéculateurs aussi bien que celle des hommes du métier.

« L'appareil dont nous parlons, et auquel son inventeur, M. Alexandre, a donné le nom de *bateau sous-marin,* est un ellipsoïde un peu allongé, c'est-à-dire que sa forme extérieure est presque celle d'un œuf. Sa longueur totale est de 33 pieds, et sa hauteur la plus grande de 8 pieds 10 pouces. Il cube 36 tonneaux et pèse 18,000 livres. Il est construit en tôle de fer d'une ligne et demie d'épaisseur.

« L'intérieur de cette coque est partagé en deux chambres d'inégale grandeur : la plus petite est destinée à recevoir l'équipage et toutes les machines qu'il doit mettre en mouvement; l'autre, divisée elle-même en deux parties, contient : 1° un récipient où l'on concentre, à l'aide d'une pompe, la provision d'air dont on aura besoin pour la manœuvre, aussi bien que pour la respiration de l'équipage; 2° une cave ou un espace vide où l'on fait parvenir l'eau au moyen d'une pompe.

« La chambre de l'équipage où l'on entre par un trou d'homme, est garnie, à sa partie supérieure, de lentilles en verre destinées à laisser pénétrer le jour à l'intérieur.

« Nous n'avons pas besoin de le dire pour les hommes spéciaux, tout le système du bateau sous-marin repose sur la loi physique à laquelle Mariotte a donné son nom. En vertu de cette loi, l'air contenu dans une capacité donnée peut opposer une résistance suffisante pour empêcher l'invasion de l'eau dont la pression s'opérera de bas en haut. Une expérience des plus simples suffit à démontrer ce phénomène. Prenez un gobelet, renversez-le, plongez-le dans l'eau bien perpendiculairement : l'eau montera d'abord; puis vous aurez beau enfoncer le gobelet, la résistance de l'air qu'il contiendra empêchera l'eau de dépasser une certaine limite. Dans le bateau, la pression de l'air, nous l'avons dit, est calculée, de manière à faire équilibre à celle de l'eau. Il n'y a donc point de danger que l'eau fasse invasion tant qu'il conserve sa position horizontale, et il est bien entendu qu'il a été construit en conséquence. »

Cette invention peut rendre des services immenses, dont la science profitera aussi bien que la spéculation. En effet, si le bateau-plongeur peut s'appliquer à la pêche des perles, à la recherche de l'or dans les cours d'eau peu profonds, au sauvetage des trésors que les flots ont engloutis, il servira également à opérer des reconnaissances dans le lit des rivières, des lacs et de l'Océan. Pour notre part, nous attendons avec impatience le résultat des expériences qui nous sont promises, et l'on ne trouvera pas singulier que nous en désirions sincèrement la réussite complète : M. Alexandre est un Français.

Oui, M. Alexandre est français! et comme Brunel, l'Archimède du tunnel sous la Tamise, comme Brunel, qui n'avait appartenu à aucune école spéciale, — car les écoles fournissent un nombre considérable d'hommes de talent, mais jamais un homme de génie, — et comme Brunel il a été obligé peut-être de porter sur une terre étrangère le fruit de ses méditations et de ses travaux!!

Et nunc, populi, intelligite!!!

Et pauvre France, toi qui nourris tant d'hommes qui rongent tes entrailles et qui te déchirent le sein, toi qui sèmes l'or d'une main prodigue, qui jettes dans le pan de tous les manteaux tes moissons, tes perles, tes étoiles et tes destins; tu laisses mourir Lesueur aux Chartreux, Gilbert à l'Hôtel-Dieu, Della Maria dans la rue, Brunel à Londres; car hélas! si riche que l'on soit chez l'étranger, un beau lit à Londres vaut-il une botte de paille à Paris? — Et voilà encore qu'un nouvel Alexandre, qui a vu le jour sous ton soleil, élève au-delà de l'Atlantique un monument au profit d'un peuple qui nous doit déjà son indépendance, et qui va nous devoir encore le bateau sous-marin, sans être pour cela plus reconnaissant qu'auparavant!

Des navigateurs intrépides ont depuis près de deux siècles enrichi leurs pays et les annales maritimes du monde de trésors scientifiques inestimables; la France compte plusieurs de ses enfants au nombre de ces illustres explorateurs; et, si l'Angleterre cite avec orgueil Anson, Cook, Ross et quelques autres, la France montre à la postérité les pures et limpides renommées des Bougainville, des Lapeyrouse, des Dumont-d'Urville, de Lapeyrouse surtout, dont la gloire est assise sur un tombeau désert!

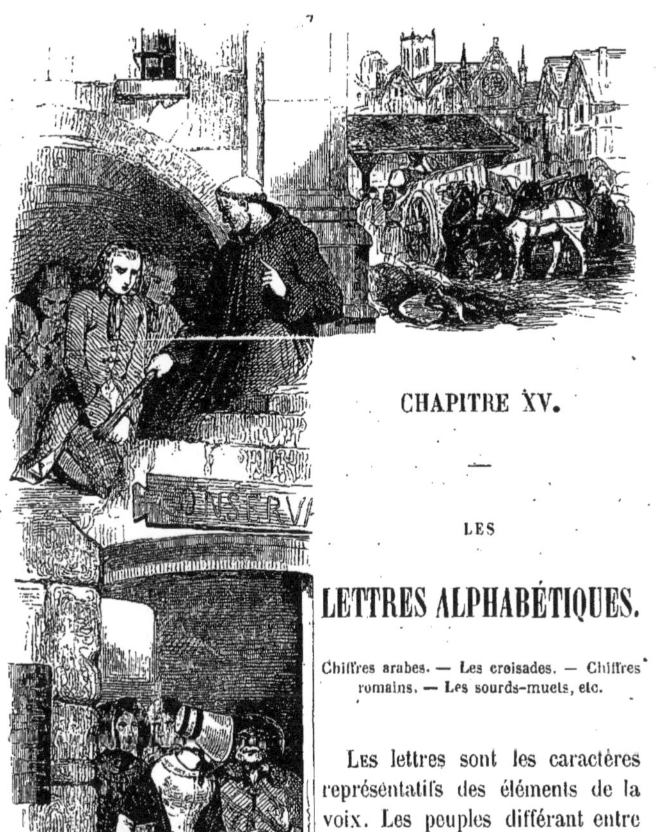

CHAPITRE XV.

—

LES

LETTRES ALPHABÉTIQUES.

Chiffres arabes. — Les croisades. — Chiffres romains. — Les sourds-muets, etc.

Les lettres sont les caractères représentatifs des éléments de la voix. Les peuples différant entre eux de figure, de tempérament, d'organisation morale et physique, les lettres ou les sons qui expriment la pensée ont dû être variés à l'infini.

Notre civilisation date d'hier, et nous foulons aux pieds les ossements de cent nations puissantes dont nous pourrions même ignorer l'existence, si elles n'avaient pris soin de joncher de leurs monuments et de leurs énormes cités les larges continents de l'Asie et de l'Afrique. Des Mèdes, des Perses, des Assyriens et des Egyptiens, il ne nous reste plus que des pierres... C'est un héritage que nous ne laisserons même pas à nos arrières-neveux. Leur langue s'est perdue dans les cataclysmes politiques; et les lettres ou les caractères assyriens, mèdes et persans, sont aussi indéchiffrables pour nous que les hiéroglyphes beaucoup plus modernes des Egyptiens, que les points tracés sur les dolmens druïdiques, que les caractères celtiques, rhuniques, mongols, tartares, caucasiens et éthiopiens.

Beaucoup de gens prétendent, nous le savons bien, interpréter et les inscriptions celtiques de notre vieille Bretagne et les hiéroglyphes des pyramides d'Egypte. Les lumières merveilleuses que ces grands hommes se donnent sont sans doute véritables, mais nous ne pouvons nous défendre d'un vif sentiment de surprise en voyant un siècle qui ne croit plus à rien, des sociétés gangrénées par le scepticisme et le matérialisme, ajouter foi si facilement à des découvertes littéraires et scientifiques fort controversables. L'imprimerie a mis au jour un grand nombre de belles et importantes vérités; mais l'imprimerie a aussi — et surtout depuis qu'elle a cessé d'être un sacerdoce pour devenir un métier — fait éclore bien des mensonges, multiplié bien des hérésies de toute espèce, fortifié bien des charlatanismes. Et après le charlatanisme du courage, il n'y a rien de si bas et de si méprisable au monde que le charlatanisme de la science.

Il n'est pas possible, écrivait au dix-huitième siècle un savant grammairien, d'imaginer un corps de lettres élémentaires qui soient communes à toutes les nations; et les caractères chinois, que l'on cite avec tant de complaisance comme un spécimen d'universalité, ne sont connus des peuples voisins que parce qu'ils ne sont pas les types des éléments de la voix, mais les symboles immédiats des choses et des idées : aussi les mêmes caractères sont-ils lus diversement par les différents peuples qui en font usage, parce que chacun d'eux exprime, selon le génie de sa langue, les différentes idées dont il a les symboles sous les yeux.

Nous en sommes bien fâchés pour les partisans du cosmopolisme, pour ces docteurs vains et superficiels qui veulent détruire la vénérable idole de la patrie pour mettre à sa place je ne sais quel fétiche de tendresse et d'affection universelle; mais les hommes ne pourraient pas, même en y mettant beaucoup de bonne volonté, parler la même langue : la disposition anatomique et physiologique de chaque peuple, le climat, les sites, les vents, tout s'y oppose. Et quand la pensée humaine ne revêt pas la même forme, ne brille point dans la même euphonie, n'éclate, ne soupire ou ne souffre pas dans les mêmes syllabes, cette communauté de sensations, d'intérêt, de plaisir, de gloire peut-être, mais à coup sûr de démoralisation, qu'on appelle le cosmopolisme, n'existe plus et ne doit plus exister. Le cosmopolisme de ces novateurs ne peut vivre que dans leur imagination ou dans les livres, — hélas! trop lus par les simples, — des émules et des continuateurs de Cyrano de Bergerac.

Les Grecs, — car l'antiquité pour nous se borne à quelques milliers d'années, et les Hébreux et les Grecs sont les régulateurs de nos conjectures en histoire, en philosophie et en chronologie, — tirèrent leurs caractères des lettres phéniciennes ou hébraïques. Scaliger, Waltorn, Buchart, l'ont prouvé avec quelque apparence de raison. Les lettres latines, celles dont nous nous servons encore aujourd'hui, étaient employées plusieurs siècles avant le roi Numa dans les pays qui avoisinaient Rome naissante; enfin les caractères allemands, hongrois, magyares, polonais, moldaves et valaques, que l'on voit encore en usage aujourd'hui, sont les derniers débris de ces civilisations inconnues que l'irruption des barbares étouffa sur les divers points de l'Europe, de l'Asie et de l'Afrique. Au surplus, des livres spéciaux et pleins d'un intérêt puissant ont été écrits sur l'histoire des lettres et la génération des alphabets qui ont eu cours ou qui sont encore en usage.

Nous nous garderons bien de donner à ce récit autre chose que ce qu'il doit avoir : de la clarté et de la précision.

On doit regarder l'invention des chiffres comme une des plus utiles et qui fait le plus d'honneur à l'esprit humain. Cette invention est digne d'être mise à côté de celle des lettres de l'*alphabet*. Rien n'est plus admirable d'exprimer avec un petit nombre de caractères, toutes sortes de nombres et toutes sortes de mots. Le mérite de cette invention consiste surtout dans l'idée qu'on a eue de varier la valeur d'un chiffre en le mettant à différentes places, et d'inventer un caractère zéro, qui se trouvant devant un chiffre, en augmentât la valeur d'une dizaine.

On appelle assez improprement chiffres romains, les lettres de l'alphabet romain. Ce mode de chiffrer avec des lettres fut en vigueur en Europe et principalement en France, jusqu'au seizième siècle. Ce ne fut, en effet, que vers l'année 1549, sous le règne de Henry II, que les chiffres romains furent remplacés sur les monnaies par les chiffres arabes.

Et pourtant, les croisades avaient apporté en France, en Angleterre, en Italie et en Allemagne, les chiffres arabes. En 1233, les actes publics, en Angleterre, sont datés en chiffres arabes; les feuillets du grand antiphonaire de la cathédrale de Pise sont marqués avec ces chiffres; en Allemagne et en France, des monastères, des tabellions, des particuliers même, exprimaient les quantièmes en signes arabesques.

D'où les Arabes tenaient-ils ces signes rapides, élégants, précis, qui se peignent aussi vite que la pensée et qui sont probablement la véritable cause du progrès moderne des mathématiques? On l'ignore. Quelques auteurs prétendent que les Grecs les reçurent des Egyptiens et que ceux-ci les transmirent aux Arabes. D'autres pensent que les Indiens sont les véritables auteurs des chiffres et que les Maures et les Arabes nous les transmirent. Cette origine indienne est la mieux fondée et la plus généralement acceptée.

Il ne serait peut-être pas sans intérêt de rechercher les signes qui exprimaient les nombres chez les différents peuples de l'antiquité. Ce travail n'a pas été fait et n'a peut-être jamais été entrepris, et il aurait pourtant, ce nous semble, un but d'incontestable utilité. Nous nous bornerons ici à reproduire quelques curieuses remarques sur ce sujet intéressant.

Les Hébreux partageaient les vingt-sept caractères de leur alphabet en trois neuvaines. La première représentait les neuf unités de un à neuf; la seconde représentait les neuf dizaines, de dix à quatre-vingt-dix; la troisième les neuf premières centaines de cent à neuf cents.

Les Grecs avaient trois manières d'exprimer les nombres par les caractères de leur alphabet. On croit cependant qu'Archimède avait inventé des signes plus expéditifs et plus sûrs : le consul Marcellus, qui avait enlevé d'assaut Syracuse, rapporta en effet, à Rome, de nombreuses tablettes de bois noirci, qui avaient été capturées par les soldats romains dans la maison habitée par Archimède, et toutes ces planches étaient couvertes de figures géométriques et de caractères inconnus[1].

Les Romains comptaient également avec les lettres de leur alphabet et se servaient aussi de cailloux (*calculi*) dans quelques opérations arithmétiques. Lucullus, le riche, le prodigue et le gourmand Lucullus, employait des petites boules d'or pour se rendre compte de ses revenus et de ses dépenses, ainsi que des sommes considérables qu'il distribuait chaque semaine à ses

[1] On sait qu'Archimède fut tué par un soldat romain lors de la prise de Syracuse. Le consul Marcellus, avant de donner l'assaut, avait expressément ordonné qu'on respectât la vie d'Archimède. Le soldat qui tua le grand géomètre lui demanda par trois fois son nom; mais Archimède, absorbé dans la solution d'un problème qui intéressait sans doute la défense de sa patrie, ne répondit pas, et le soldat lui passa son épée au travers du corps. Cicéron, un siècle après, étant questeur en Sicile, découvrit son tombeau, sur lequel on voyait un cylindre et une sphère. Cicéron fit planter autour de cette tombe abandonnée un grand nombre d'arbres, et ordonna, au nom du peuple romain, la construction d'un portique au fronton duquel on grava ces seuls mots : *Archimède est ici.* Ce grand homme méritait d'être honoré par Cicéron, et le prince des géomètres devait être défendu après sa mort par le prince des orateurs.

maîtres d'hôtel pour le service de sa table. De ce mot *calculi* des Romains, nous avons fait calcul et calculer.

Les Arabes se servirent des chiffres que nous avons adoptés, et que les croisades et le séjour des Musulmans en Espagne avaient introduits en Europe dès le douzième siècle. Nous avons déjà dit que les Arabes tenaient ces chiffres des Indoux, et tout porte à croire que les Chinois, dont les signes arithmétiques se rapprochent beaucoup des chiffres arabes, ont puisé à la même source ces éléments indispensables de toute science mathématique et chronologique, et, par conséquent, de toute civilisation.

Nous devons classer, dans ce rapide aperçu, deux systèmes qui tiennent essentiellement aux lettres et aux chiffres, et qui sont appelés, du moins le second, à exercer sur la civilisation moderne une heureuse ou funeste influence : nous voulons parler de l'instruction et de l'éducation des sourds-muets, et de la méthode d'enseignement mutuel, nommée assez improprement lancastrienne.

Les anciens ne possédaient aucune institution analogue à celle qui fut fondée, vers la fin du dix-huitième siècle, par l'abbé de l'Épée ; ils n'avaient non plus aucune théorie arrêtée sur l'éducation publique, et les écoles philosophiques de la Grèce et de Rome ne ressemblaient en rien à nos universités. L'éducation, chez les anciens, faisait partie des mœurs publiques et était sucée, en quelque sorte, avec le lait ; l'instruction ne devenait le lot que de quelques hommes et de quelques classes privilégiées. Cette parcimonie calculée de la diffusion des lumières peut bien avoir étouffé les germes de quelques talents, mais, à coup sûr, n'a pu porter obstacle à la révélation d'un homme de génie. Ce ne sont point les gens de talent qui illustrent et qui sauvent les nations, ce sont les hommes de génie, et, certes, l'antiquité n'a jamais manqué d'orateurs, de poètes, de philosophes, d'artistes, de magistrats et de grands capitaines ; le génie couvé par les institutions, par les mœurs, par la religion d'un peuple libre se manifeste tout à coup au choc des circonstances politiques ou morales ; Rome va périr sous les efforts de Carthage, Scipion paraît : les vieilles et saintes traditions de la République sont oubliées, méconnues et honnies, Juvénal prend la plume et flétrit de ses vers sanglants les apostasies de son siècle ; la vertu romaine expire avec la liberté, et Caton proteste aux yeux du monde contre l'avilissement du Capitole et l'abandon des lois et des dieux de Romulus en se plongeant un poignard dans le sein. Les universités et l'enseignement mutuel n'apprennent pas ces choses-là : c'est l'éducation, c'est la nourriture, comme disait Montaigne, qui gravent dans le cœur de l'homme et du citoyen au berceau l'amour des dieux et de la vertu, l'amour de la justice, de la liberté et de la patrie, de la patrie, mot sacré qui résume tout ; le culte de Dieu et de la vertu, l'attachement aux droits et aux devoirs de l'homme véritablement libre et digne de l'être.

Un des docteurs progressistes de notre époque s'est écrié quelque part : « *Rome n'a pas beaucoup fait pour les idées.* » Rome, à la vérité, n'a pas beaucoup fait pour les idées dans le sens qu'y attachent les sophistes et les nestoriens de ce siècle ; mais Rome agissait d'après les principes invariables de la conservation sociale, d'après surtout l'esprit de ses institutions républicaines. Nous croyons cependant qu'un peuple qui a produit Virgile, Tacite, Salluste, Tite-Live, Horace, Cicéron, Plaute, Térence, Caton, Sénèque et Juvénal a payé un assez glorieux tribut au trésor des connaissances humaines ; mais Rome n'aimait pas les rhéteurs et les idéologues, et quand elle les a aimés, ou plutôt soufferts, elle s'est perdue. Cicéron s'est malheureusement égayé dans ses œuvres philosophiques, — comme Voltaire dans sa correspondance, — aux dépens des croyances religieuses de sa patrie, et l'on sait ce que devint la liberté de Rome du vivant même de Cicéron. Des nuées de rhéteurs et de sophistes vinrent s'abattre à Rome, sous le règne des Antonins, et prêchèrent, comme les idéologues de nos jours, les théories les plus folles et les plus subversives de toute monarchie et de toute république ; mais à quoi aboutirent les doctrines pernicieuses de ces apôtres du matérialisme et du sensualisme? Au règne de Commode et aux premières irruptions des barbares. Les Romains, fascinés par l'éclat d'une menteuse éloquence, par les subtilités d'une logique phocéenne, abandonnaient les armes de leurs ancêtres, — ces armes qui leur avaient donné l'empire du monde, — et se livraient, au bruit lointain du combat que les soldats mercenaires soutenaient sur toutes les frontières de l'empire, à d'interminables discussions, à de stériles controverses sur tel ou tel système de morale ou de politique, importé d'Alexandrie, de Mytilène ou de Sicile, par ces orateurs nomades. La jeunesse romaine portait à ces jeux de la parole et de l'imagination toute l'ardeur, toute la fougue qu'elle déployait jadis dans les luttes de Mars et de Bellone. En un mot, l'autel de la victoire et la tribune aux harangues étaient désertés pour l'amphithéâtre, où des bateleurs de philosophie avaient remplacé les vrais et honnêtes bateleurs, les amusants histrions de la République; Rome guerrière s'effaçait sous Rome raisonneuse, et l'asservissement arrivait d'un pas lent, mais sûr, se coucher dans le lit de la tyrannie, souillé déjà par le sang de la liberté immolée et par les écrits immoraux des rhéteurs cosmopolites.

Il ne nous serait guère possible d'entrer ici dans les détails techniques de l'institution des sourds-muets; ces détails, d'ailleurs, n'auraient, dans un ouvrage comme celui-ci, aucun attrait pour le lecteur; mais nous allons reproduire quelques lignes biographiques qui feront connaître l'homme excellent à qui la France et l'humanité tout entière doivent l'une des plus précieuses conquêtes des temps modernes : l'instruction des sourds-muets.

« Charles-Michel de l'Épée naquit à Versailles le 25 novembre 1712. Son père, qui était architecte du roi, jouissait d'une honnête aisance. Homme simple dans ses mœurs et d'une probité sévère, il éleva ses enfants dans la modération des désirs et dans l'amour de la vertu. Le jeune de l'Épée puisa de bonne heure, dans les exemples domestiques, cette douceur de caractère, cette simplicité de goûts, cette humilité et ce besoin de se rendre utile qui le dirigèrent pendant tout le cours de sa vie. Son père le destinait à la carrière des sciences, où le jeune de l'Épée fit des progrès rapides; mais, à l'âge de dix-sept ans, il se sentit appelé au ministère des autels; et après avoir obtenu, avec quelque peine, le consentement de ses parents, il se livra à l'étude de la théologie avec une ferveur édifiante, mais en même temps avec une grande indépendance de principes.

« Pensant que ses humbles services aux pieds des autels ne suffisaient pas pour acquitter sa dette envers la société, il s'appliqua à l'étude des lois, subit toutes les épreuves exigées, et fut reçu avocat au parlement de Paris; mais il ne resta pas longtemps au barreau : sa vocation était trop prononcée, et son amour de l'humanité le ramenait sans cesse à l'enseignement des vérités religieuses et morales. Les vœux les plus ardents de son cœur ne tardèrent pas à être exaucés : l'évêque de Troyes, neveu du grand Bossuet, prélat aussi distingué par sa vertu que par sa tolérance, accueillit le jeune de l'Épée, et, après lui avoir conféré les ordres sacrés, il lui confia un modeste canonicat dans son diocèse. Dans l'exercice du saint ministère, l'abbé de l'Épée sut allier aux plus austères principes les vertus les plus douces, et sa vie pastorale fut digne de celle de Fénélon. C'est vers cette époque qu'à l'âge de vingt-six ans l'abbé de l'Épée donna un si bel exemple de délicatesse et d'humilité, en refusant un évêché que le cardinal de Fleury lui fit offrir en reconnaissance d'un service personnel que le père du jeune abbé avait rendu au prélat.

« Tandis que l'intolérance suscitait mille contrariétés à l'abbé de l'Épée, cet homme vertueux respectait toutes les croyances. Un protestant (M. Ulrich) vint de la Suisse pour apprendre à son école l'art d'instruire les sourds-muets. Il fut accueilli avec bienveillance, et bientôt leurs cœurs, dignes l'un de l'autre, se lièrent d'une étroite amitié. De l'Épée regardait tous les hommes comme ses frères, et sur ses vieux jours il formait des vœux en faveur de la réintégration des Israélites dans la commune société. Cette tolérance, cette universelle fraternité, cet amour du bien, répandaient sur toute sa physionomie une expression de douceur, de bonhomie, que l'on aime à retrouver dans son portrait.

« Jusqu'ici nous avons vu, dans l'abbé de l'Épée, l'homme vertueux et modeste, le prêtre pieux et tolérant : maintenant va se révéler l'homme de génie.

« Chez l'abbé de l'Épée l'amour de l'humanité était une passion; le hasard lui procura l'occasion de s'y livrer tout entier. Voici comment il raconte lui-même la cause qui le conduisit à se consacrer à l'éducation des sourds-muets :

« Le P. Vanin, prêtre de la doctrine chrétienne, avait commencé l'éducation de deux sœurs jumelles, sourdes-muettes de naissance. Ce respectable ecclésiastique étant mort, ces deux pauvres filles se trouvèrent sans aucun secours, personne n'ayant voulu, pendant un temps assez long, entreprendre de continuer ou de recommencer cet ouvrage. Croyant donc que ces deux enfants vivraient et mourraient dans l'ignorance de leur religion, si je n'essayais pas de la leur apprendre, je fus touché de compassion pour elles, et je dis qu'on pouvait me les amener, que j'y ferais tout mon possible.

« Quelle touchante simplicité unie à la charité la plus pure!

« Lorsque l'abbé de l'Épée conçut sa généreuse pensée, il ignorait les faibles tentatives de ses prédécesseurs; et, eussent-elles été à sa connaissance, il n'en resterait pas moins l'inventeur de l'art d'instruire les sourds-muets; car, le premier, il a su l'asseoir sur sa véritable base; le premier, il a su imprimer à son œuvre le caractère d'un bienfait général pour une classe nombreuse de la société.

« Inventeur d'un art si utile à l'humanité, l'abbé de l'Épée en fut encore le plus zélé promoteur. Sa sollicitude ne se borna pas aux sourds-muets de sa patrie : il devint encore l'apôtre de leurs frères d'infortune dans les autres pays. C'est pour eux qu'il eut la patience d'apprendre plusieurs langues étrangères. « Puissent, dit-il, ces différentes nations ouvrir les yeux sur l'avantage qu'elles retireraient de l'établissement d'une école pour l'instruction des sourds-muets de leur pays! Je leur ai offert et je leur offre encore mes services, mais toujours à condition qu'elles n'oublieront pas que je n'en attends et que je n'en recevrai aucune récompense, de quelque nature qu'elle pût être. »

« Pendant son séjour à Paris, l'empereur Joseph II assista aux leçons de l'abbé de l'Épée. Frappé d'admiration, il lui offrit une abbaye dans ses États. « Je suis déjà vieux, répondit de l'Épée; si Votre Majesté veut du bien aux sourds-muets, ce n'est pas sur ma tête, déjà courbée vers la tombe, qu'il faut le placer : c'est sur l'œuvre même. » L'empereur saisit la pensée de l'abbé de l'Épée : il lui envoya l'abbé Storck, qui, après avoir recueilli ses leçons, retourna dans sa patrie pour fonder l'institution des Sourds-Muets de Vienne.

« En 1780, l'ambassadeur de Russie étant venu féliciter l'abbé de l'Épée de la part de l'impératrice Catherine II, et lui offrir de riches présents : « Monsieur l'ambassadeur, répondit l'abbé, dites à Sa Majesté que je ne lui demande, pour toute faveur, que de m'envoyer un sourd-muet que j'instruirai. »

« Trente sourds-muets étaient instruits gratuitement par l'abbé de l'Épée, à la fois l'instituteur et le père de ses élèves. C'était lui qui pourvoyait à tous leurs besoins; il vêtait les uns, et payait pour les autres des pensions, des maîtres, des apprentissages. Sa sollicitude les suivait dans tous les quartiers de la capitale; il continuait d'être leur patron après avoir cessé d'être leur instituteur. Jouissant d'un revenu de douze mille livres, il s'imposait des privations pour en épargner à ses enfants adoptifs. Pendant le rigoureux hiver de 1788, ce vieillard vénérable restait sans feu pour ne pas augmenter sa dépense personnelle. Ses élèves le forcèrent à s'acheter du bois. Souvent il leur disait : « Mes amis, je vous ai fait tort de cent écus. »

« L'abbé de l'Épée mourut à l'âge de soixante-dix-sept ans, en 1789, le 23 décembre, jour anniversaire de la naissance de Monthyon! Son oraison funèbre fut prononcée, le 23 février 1790, par l'abbé Fauchet, prédicateur ordinaire du roi, en présence d'une députation de l'Assemblée nationale. La loi des 21 et 29 juillet 1791 consacra les vœux du père des sourds-muets en fondant l'institution de Paris.

« Bénie soit la science quand elle se met ainsi au service de l'humanité! Qu'étaient ces leçons individuelles données, avant l'abbé de l'Épée, à un petit nombre de sourds-muets appartenant aux classes riches?... Pour lui, c'est la classe entière des sourds-muets qu'il embrasse dans sa sollicitude; il réunit ses élèves dans un enseignement collectif, et ce sont les pauvres qu'il appelle à lui de préférence. Il provoque la fondation d'instituts semblables; il forme des instituteurs, missionnaires zélés, habiles, qui vont propager l'art bienfaisant et l'appliquer en diverses contrées; il convie, il accueille les disciples qui lui arrivent, dans le même but, de Vienne, d'Espagne, d'Italie, de Suisse, de Hollande. C'est lui qui a imprimé le mouvement, déterminé l'essor qu'a pris, depuis un demi-siècle, ce mode d'enseignement dans les deux mondes. « C'était, disait-il, l'unique récompense qu'il désirât sur la terre. »

« Ame généreuse, il s'attacha avec ardeur à ces infortunés précisément à raison de leur infortune; il leur dévoua trente années entières, sans réserve, et ne respira que pour eux jusqu'à son dernier soupir.

« A un désintéressement aussi absolu sous le rapport de la fortune, ou plutôt à une libéralité si admirable, l'abbé de l'Épée joignit un autre genre de désintéressement non moins méritoire et non moins rare : inventeur d'un nouvel art, créateur d'un établissement si utile à l'humanité, le voit-on élever aucune prétention, réclamer aucune faveur?... Aussi simple que modeste, il s'efforce même d'affaiblir le mérite qu'on lui attribue. Loin de repousser les améliorations, il les accueille, de quelque part qu'elles viennent. Il déclare qu'il n'a marché lui-même que par tâtonnements, qu'il s'est trompé plus d'une fois, et qu'il s'est réformé chaque fois qu'il a été éclairé sur l'une de ses erreurs.

« Mais les méthodes ne sont entre ses mains qu'un instrument : son but est de faire du sourd-muet un chrétien, un sujet vertueux,

« de le rendre, comme il l'a dit souvent, à la religion, à la patrie. » Cette vérité importante, et trop souvent méconnue, que *l'instruction n'est rien sans l'éducation*, fut parfaitement comprise par l'abbé de l'Épée. Il ne se borna pas au rôle d'instituteur : en éveillant l'intelligence de ses élèves, il forma leur caractère; il eut sur eux un grand empire, dont il fit un digne usage. Cet empire, il le dut sans doute à l'autorité qu'il tenait de ses fonctions, de ses vertus et de son âge; mais il en fut aussi redevable à cette puissance d'affection qui sera toujours, dans l'éducation, le moyen le plus assuré de succès. Et qui porta jamais aux sourds-muets une affection plus vive, plus tendre, plus indulgente, plus constante que l'abbé de l'Épée?... Elle fut la passion de sa vie entière. »

L'ingénieuse et bienfaisante découverte de l'abbé de l'Épée produisit, comme le meilleur système, d'aveugles et fanatiques admirateurs qui se firent une espèce de loi d'agrandir l'humble cercle tracé par le Vincent-de-Paule des sourds et muets. L'abbé de l'Épée, dans sa charitable sollicitude, avait voulu seulement rendre à la société, à la morale, à la religion, cette foule de malheureux qui croupissent, — comme beaucoup de gens qui ne sont ni sourds ni muets, — dans l'ignorance de leurs devoirs de chrétien et de citoyen; l'abbé de l'Épée voulait, en un mot, métamorphoser ces infortunés mis jusqu'alors au ban de la civilisation, en hommes utiles, en artisans ou en savants laborieux. Ses disciples ne se contentèrent pas des modestes espérances du maître : dans leur opinion, le sourd-muet, uniquement parce qu'il était sourd-muet, devait être apte à tous les emplois, à toutes les charges et à toutes les destinations sociales. Le domaine des sciences, des arts et des métiers n'était pas assez vaste pour lui, il lui fallait encore la carrière des fonctions administratives. Des hommes haut placés se firent les complices ou les compères de ces bizarres prétentions, et dès l'an II de la République, on trouvait dans les ministères, dans les administrations publiques des centaines de sourds-muets, la plupart célibataires, usurpant les emplois d'hommes *complets* et de pères de famille, qui auraient trouvé dans la rémunération attachée à ces places, la plupart assez importantes, les moyens de soutenir plusieurs personnes utiles à la patrie. En vain Carnot et Lakanal s'élevèrent-ils avec une vertueuse éloquence contre ce nouveau genre d'abus dans les comités de la Convention. Sans exiger l'exclusion des sourds-muets des fonctions administratives, ils demandaient seulement qu'une *infirmité* ne fût plus un *titre*, et que les priviléges de la noblesse du mutisme ne remplaçassent pas la noblesse des parchemins et de la naissance. Leurs voix ne furent point écoutées, et on continua à recruter des sourds-muets pour meubler les bureaux de quelques administrations. L'Empire, qui faisait une grande consommation d'hommes *complets*, fut obligé de suivre les errements de la République, en admettant les sourds-muets dans les emplois administratifs; et la Restauration, ainsi que le gouvernement de Juillet, laissèrent les choses *in statu quo*.

Cette bienveillance exclusive est féconde en inconvénients, comme tout ce qui est exclusif. Que penserait-on d'un État qui tirerait tous les officiers de son armée d'une école de bossus et de boiteux, redressés à grand' peine dans un hôpital orthopédique?

La déplorable manie que nous avons de tout emprunter aux Anglais — jurisprudence, modes, machines, expressions, inventions de toute espèce, que la plupart du temps ils ont eu primitivement l'adresse de nous voler — fait tomber les hommes les plus graves dans de singulières erreurs. Il y a quelques années, un savant académicien fit le voyage d'Angleterre, et à son retour, il s'empressa de lire à ses confrères le recueil des observations qu'il avait moissonnées dans ses courses à travers les trois royaumes. Assez semblable au rat voyageur de la fable, l'académicien aurait pu s'écrier aussi :

> Je passai les déserts, mais nous n'y bûmes point.
> . . . .
> Voilà les Apennins et voilà le Caucase...
> Le moindre taupiné était mont à ses yeux.

C'est si beau l'Angleterre pour un Anacharsis français! Bref, au milieu des métaphores ampoulées sur la puissance et les richesses de notre *magnanime alliée,* comme disait autrefois M. Thiers; à la suite d'une apologie cicéronienne de la Grande-Bretagne, de sa politique, de ses épices, de ses forces maritimes, de ses manufactures et de son commerce, dont les bras gigantesques étreignaient les deux hémisphères, notre savant, parmi un déluge de choses ingénieuses et utiles que ses yeux, doués d'une perspicacité peu commune, avaient découvert chez nos voisins nos *amis,* cita je ne sais quel engin destiné à la sécurité des bateaux qui parcourent les divers canaux du territoire, et exprima le désir, en bon Français, de voir cette pauvre France, qui ne sait rien trouver, adopter en cette matière le système anglais. Un académicien des plus vieux et des plus rusés, qui n'avait jamais voyagé en Angleterre, et qui s'était borné dans son temps à parcourir la France et à bien se rendre compte de ses ressources, de ses besoins et de ses richesses, avait écouté fort attentivement l'épopée semi-politique et semi-algébrique de son confrère; ce savant monta à la tribune académique, et prouva, pièces en main, à l'illustre champion du progrès, que les prétendues améliorations et inventions anglaises étaient connues en France depuis cent cinquante ans, et que l'ingénieur du canal du Languedoc, le savant Riquetti, avait connu, trouvé et employé le système que l'orateur vantait tout-à-l'heure; qu'enfin loin de congratuler l'Angleterre, on devait plutôt la blâmer de s'emparer de toutes les découvertes de la France, et de profiter de l'ignorance de ses admirateurs pour consacrer ses larcins et perpétuer les sottes erreurs du vulgaire. « Messieurs, ajouta en terminant le spirituel académicien, l'Angleterre est un geai et la France un paon : ce double rôle caractérise notre esprit national et le sien. Si nous sommes assez forts un jour pour lui reprendre les plumes qu'elle nous a arrachées, vous serez surpris de sa laideur et de sa nudité. »

La burlesque aventure de l'académicien anglomane pourrait assez bien s'appliquer à certains chercheurs de méthodes d'instruction élémentaire et populaire. Ces affamés de progrès britannique ont été pêcher, il y a quelque trente ans, au-delà de la Manche, un système fort ancien, qui était pratiqué en Angleterre sous le nom de Bell et de Lancastre. Nos chercheurs d'idées neuves croient avoir trouvé la pie au nid, et reviennent en France tout bouffis d'espérance et d'orgueil, en promettant, à l'exemple des marchands d'orviétan, monts et merveilles. A les entendre, l'instruction élémentaire allait faire un pas *immense*, les lumières allaient courir les rues, et les humbles frères de la doctrine chrétienne ne pourraient soutenir la concurrence des écoles populaires nouvelles, que, par esprit de patriotisme, sans doute, ils appelèrent *Écoles lancastriennes*, et qu'on a depuis plus honnêtement et plus justement nommées Écoles d'enseignement mutuel.

Les fastueuses promesses des apôtres de la méthode anglaise se sont réduites à zéro. L'instruction du peuple n'a pas sensiblement augmenté; les lumières n'ont pas couru les rues, et les frères des écoles chrétiennes n'ont pas cessé un instant de former des chrétiens et des citoyens qui, pour aller moins vite dans les sentiers épineux des études premières, n'en sont pas moins regardés aujourd'hui comme pourvus d'une instruction aussi solide, aussi raisonnée, aussi forte que leurs émules de l'enseignement mutuel.

Ce n'est pas tout encore. Ce que les chasseurs de systèmes nous ont apporté comme neuf et comme original, est très-vieux et très-connu en Belgique, en Hollande, en Allemagne, et en France surtout. Érasme fut le premier qui chercha à appliquer le mutualisme à l'instruction des enfants du peuple, et il fonda à Rotterdam et à Utrecht plusieurs écoles sur ce plan[1]. Au dix-septième siècle, madame de Maintenon, fondatrice et directrice de l'Abbaye royale de Saint-Cyr, introduisit dans les classes de cet établissement, si remarquable à plus d'un titre, l'enseignement mutuel. Le vertueux abbé de Lasalle, chanoine de Paris, donna à peu près dans le

[1] Érasme fut un des plus beaux génies du seizième siècle, si fécond en esprits du premier ordre. Érasme, aimé et encouragé par François Ier, Charles-Quint, les papes Jules II et Léon X, eut beaucoup de part à la renaissance des lettres et des arts en France, en Allemagne et en Angleterre.

même temps, à la congrégation de la Doctrine chrétienne[1], un ouvrage, fruit de trente années d'études et de réflexions, où il déroulait la méthode qu'il avait *inventée*, et qui n'était autre chose que l'enseignement mutuel. Le docteur Heurbault fonda, en **1741**, à l'hôpital de la Pitié, en faveur des enfants trouvés, une école d'enseignement mutuel, et le bon Rollin, recteur de l'Université de Paris, préconisa cette méthode, la protégea, et la fortifia de son expérience et de l'autorité de son nom ; enfin, le chevalier Paulet prit le système d'enseignement mutuel encore plus au sérieux, essaya d'établir plusieurs écoles d'après les vues de Lasalle, de Rollin et d'Érasme, et reçut de Louis XVI une somme de trente mille francs pour propager cet enseignement.

Voilà le système neuf et original que nos glaneurs de progrès nous rapportèrent des îles britanniques, il y a bientôt un demi siècle.

Ce qu'il y a de plaisant, c'est que l'Institut décerna gravement et magistralement quelques-uns des prix de vertu, dont il est le dispensateur, aux importateurs et aux propagateurs de la méthode *lancastrienne*. Cet argent, ce nous semble, aurait été beaucoup mieux employé à élever une statue à Érasme dans la cour du collége de France, ou au bon et charitable Heurbault, dans la cour de la Pitié. Mais ces deux créateurs de l'enseignement mutuel n'étaient point Anglais, et il est si beau de distribuer des couronnes et des médailles aux thuriféraires d'une nation rivale! Cela donne un petit air d'impartialité, et le patriotisme est de si mauvais goût et de si mauvais ton!! *Risum teneatis, amici!!*

Le succès obtenu par les importateurs de la méthode lancastrienne excita la convoitise des grammairiens de tous les pays, et

[1] Les pères de la doctrine chrétienne étaient les rivaux des jésuites pour l'enseignement. Les uns et les autres ont fait de brillants élèves : les jésuites ont donné Corneille et Voltaire à la France; les pères de la doctrine chrétienne, Molière et Racine. Une secte politique a pris, de nos jours, le nom de *doctrinaire*, parce que son vénérable chef, M. Royer-Collard, avait fait partie dans sa jeunesse de cette congrégation savante. Il faut ajouter que cette secte a produit plus de mal que de bien.

un Belge, du nom de Jacotot, vint tout exprès de Bruxelles à Paris pour nous vendre, en petits volumes in-12, son système d'enseignement *in omne genere,* et nous apprendre que *tout est dans tout,* devise aussi claire que celle de ce Balthagore Aulicarius, rêveur et thaumaturge de Nuremberg, au quinzième siècle, qui avait pris pour épigraphe de ses œuvres mystiques : *Rien est dans rien.* Quoi qu'il en soit, la méthode de M. Jacotot a suivi la marche de toutes les choses de ce monde, et, après avoir occupé bien des langues et bien des plumes de critiques, de controversistes et de disputeurs jurés et patentés, elle est allée se reposer, avec la prétendue méthode lancastrienne, dans les limbes de l'oubli, où le démon de la politique, qui envahit tout, journaux et revues, la retient sous une triple serrure. La question, agitée par les hommes sérieux, affranchis des préjugés de la routine et de l'esprit de parti, est aujourd'hui celle de l'enseignement individuel, de l'enseignement simultané, de l'enseignement mutuel.

L'enseignement individuel est l'enseignement antique : c'est celui de Démosthènes et de Cicéron, d'Annibal et de Scipion, de Montaigne et du chancelier de l'Hospital, de Turenne et de Catinat, de Malesherbes et de Turgot.

L'enseignement simultané a produit tous les grands hommes des temps modernes, depuis Rabelais jusqu'à Molière, Corneille, Racine, Voltaire et Châteaubriand ; depuis Gassion, Fabert, Vauban, Destaing, jusqu'à Kléber, Desaix et Napoléon.

L'enseignement mutuel a produit, depuis vingt-cinq ans qu'il existe..... Nous ne dirons pas ce qu'il a produit, car

Le temps présent est l'arche du Seigneur,

et il faut laisser quelque chose aux annalistes qui viendront après nous, simples preneurs de notes.

Ce serait peut-être ici le lieu, après avoir parlé des divers modes d'enseignement des temps modernes, d'entrer dans quelques détails sur les manuscrits de l'antiquité, sur les manuscrits des époques, surtout, qui ont immédiatement précédé la découverte de l'imprimerie; car les manuscrits sont les monuments intellectuels des peuples, et ils révèlent le degré de son instruction populaire. Mais nous avons déjà, aux chapitres de l'*agriculture* et de l'*imprimerie,* offert à nos lecteurs quelques particularités intéressantes sur les manuscrits romains au temps des empereurs, et sur les manuscrits français aux onzième, douzième et treizième siècles. Il ne nous reste qu'à compléter ce que nous avons déjà esquissé.

Les quatre grandes nations que nous avons si souvent citées dans le cours de cet ouvrage, n'écrivaient que sur la pierre, sur le marbre et sur les métaux; les Chinois, les Indiens et les Japonais sont, depuis un temps immémorial, en possession du secret de fabriquer un papier, ou plutôt un tissu fort léger avec la précieuse dépouille du vers à soie. Les Grecs et les Romains se servaient, à l'imitation des Égyptiens, du papyrus, de tablettes enduites de cire, de morceaux de bois de cèdre coupés fort minces, et de peaux d'animaux préparées pour écrire. Les Celtes, les Gaulois et les Ibériens avaient trouvé, longtemps avant l'occupation romaine, le moyen de transmettre leurs idées sur de certaines peaux d'oiseaux aquatiques. Il paraît même que chaque collége, ou réunion de druides, chez les deux premiers peuples que nous venons de nommer, était muni d'une fabrique, ou plutôt d'une corroyerie où l'on préparait ces peaux. C'était la théocratie[1] qui tenait alors, comme on voit, les outils de la pensée. Le parchemin fut une des heureuses conquêtes du moyen-âge, et le papier, tel que nous nous en servons, ne date guère que du commencement du quatorzième

[1] Il y avait à Chartres et à Vendôme, dans la forêt d'Orgères, un célèbre collége de druides, et c'était dans la petite rivière du Loir que les druides lavaient les peaux des oiseaux sacrés; car ces prêtres ennoblissaient et revêtaient d'un caractère mystérieux tout ce qui concourait à l'immortalité de la pensée humaine. Les pierres où étaient tracées des inscriptions druidiques ont été préservées pendant deux mille ans des insultes des hommes, tant ces prêtres avaient profondément enraciné dans l'imagination des peuples le respect que l'on doit à la sépulture des sages et des héros, à la pierre qui rappelle un deuil ou une victoire nationale. La plupart des *dolmen* de Bretagne ne furent détruits qu'en 1793, et il en existe encore quelques-uns aujourd'hui.

siècle, et dut ses perfectionnements aux progrès de la mécanique et de la chimie aux dix-septième et dix-huitième siècles.

Les lettres en chiffres, qui servent aux mystères de l'amour et de la diplomatie, ne peuvent nous occuper ici. Instrument, tour à tour, de trahison conjugale ou de trahison politique, les lettres en chiffres ne présentent à l'esprit qu'un odieux raffinement d'astuce et de perfidie. Les Italiens sont les premiers inventeurs de ces missives qui, tantôt à l'aide de chiffres, tantôt à l'aide de lettres placées de telle ou telle manière, bravent pendant la paix les regards espions des domestiques, pendant la guerre la vigilance des généraux d'armée. Durant les guerres civiles d'Italie, on faisait un effroyable usage des lettres en chiffres; et tantôt à Florence la faction guelphe, tantôt la faction gibeline, ravivait les haines populaires à l'aide de mots d'ordre et de proclamations lancés en lettres-chiffres à des meneurs subalternes. Parfois, les lettres en chiffres ont servi de nobles et grandes causes. Henri IV dut le gain de la bataille d'Ivry, et peut-être sa couronne, à un avis qui lui fut donné en chiffres, et la glorieuse conquête de la Hollande, par le général Pichegru, fut en grande partie l'ouvrage d'une correspondance chiffrée que le général français entretenait avec quelques républicains d'Amsterdam, qui préféraient le glorieux joug de la France à l'ignoble et perfide protectorat de l'Anglais.

Nous ne pouvons mieux terminer ce chapitre qu'en citant textuellement quelques pages pleines d'intérêt et de science sur le calendrier, dues à la plume érudite et facile de M. le docteur Charles Bernard :

« Après, vous m'apprendrez l'almanach, pour savoir quand il y a de la lune et quand il n'y en a point, » disait M. Jourdain à son maître de philosophie.

« La demande de M. Jourdain, toute ridicule qu'elle peut paraître, était au fond fort raisonnable, et tel qui s'en moque aujourd'hui, serait bien embarrassé si on lui adressait à ce sujet les questions même les plus élémentaires.

« Le mot *calendrier* vient de *calendes,* nom que portait le premier jour de chaque mois chez les Romains; et comme les Grecs n'avaient pas de calendes, l'expression *renvoyer aux calendes grecques* signifiait faire une promesse illusoire et mensongère.

« La division du temps est fondée sur la révolution de la terre autour du soleil; mais différentes causes concourent à rendre les jours solaires de longueurs différentes; aussi les horloges, les montres marchant bien ne peuvent pas s'accorder avec le midi vrai ou le temps vrai. C'est donc faire un très-mauvais éloge d'une montre que de dire *qu'elle va avec le soleil*, car le soleil ou la terre ne marchent pas avec la régularité parfaite qu'on leur présume dans le monde. Ces inégalités d'un jour à l'autre peuvent s'élever jusqu'à un quart-d'heure et plus; une montre allant bien peut marquer midi alors que le soleil doit encore marcher un quart-d'heure avant d'arriver à son méridien. De là résultent ou plutôt résultèrent des inconvénients sans nombre. Les anciens ne recherchaient pas une exactitude très-grande dans la division du temps; ils se contentaient d'à peu près. A Rome, on ne savait l'heure que quand le soleil brillait; alors un huissier des consuls, posté sur la terrasse du palais du sénat, annonçait à grands cris le moment du lever du soleil et celui de son passage au méridien, ou le midi. Lorsque l'astre ne paraissait pas, tout restait dans la confusion.

« Pour remédier à ces inconvénients, les astronomes ont imaginé un temps moyen dressé sur les tables et arrêté à l'avance. Ce n'est que depuis la seconde restauration que les horloges de Paris ont été réglées sur le temps moyen. Avant cette époque, on entendait quelquefois sonner la même heure à différentes horloges pendant une demi-heure, ainsi que Delambre racontait à M. Arago l'avoir entendu. Ce changement dans la manière de régler les horloges passa inaperçu, malgré les craintes qu'avait conçues à cet égard M. de Chabrol. Il s'imaginait qu'on ne voudrait pas accepter un midi de convention.

« De temps immémorial, le jour a été divisé en vingt-quatre

heures; mais les heures ont varié en longueur et en appellation, ainsi que le moment où le jour commence. C'est maintenant à minuit; mais ç'a été chez les anciens Arabes à midi, heure adoptée par Ptolémée et conservée par les astronomes modernes. Les Juifs, au contraire, les anciens Athéniens, les Chinois et les Italiens, commençaient le jour au coucher du soleil. Les Babyloniens, les Syriens, les Grecs modernes, etc., ont enfin choisi le lever de cet astre.

« Relativement à la semaine, il y a une grande divergence d'opinions. Les uns veulent qu'elle ait existé de tout temps, chez tous les peuples; quelques autres prétendent que les Juifs seuls ont connu cette division du temps. D'autres encore, parmi lesquels on doit ranger l'illustre Daunou, pensent qu'elle existait chez quelques peuples, chez les anciens Chinois, les Juifs, les Égyptiens et les Arabes. Mais on suppose que la semaine ne pénétra en Grèce et en Occident qu'au troisième siècle de notre ère.

« Les noms des jours dérivent bien évidemment du nom des sept planètes connues dans l'antiquité : Saturne, Jupiter, Mars, Soleil, Vénus, Mercure, Lune. De cette série résulte, en suivant l'indication donnée par Dion Cassius, l'ordre actuel des jours de la semaine : samedi, dimanche, etc. Ici, nous laissons la parole à l'illustre académicien pour l'explication du rapport des planètes aux jours :

« Prenons l'ordre des planètes signalées plus haut, dit M. Arago; affectons chacune d'elles aux heures du jour, en comptant de gauche à droite; et lorsque la série des sept est épuisée, revenons de la Lune à Saturne. Pour tout dire, en un mot, comptons comme si les signes étaient disposés en cercle. Ainsi la première heure du samedi, *saturday*, chez les Anglais, étant consacrée à Saturne, la septième devait être consacrée à la Lune, ainsi que la quatorzième et la vingt et unième. La vingt-deuxième de ce même samedi était consacrée à Saturne, la vingt-troisième à Jupiter, la vingt-quatrième à Mars; la vingt-cinquième, ou la première du jour suivant, devait être consacrée au Soleil, qui prenait ainsi son nom (en anglais *sunday*) du nom de cet astre. » Et ainsi de suite pour les autres jours de la semaine.

« Dans l'antiquité, il a régné la plus grande confusion dans la distribution des années. Jules César, avec l'aide d'un astronome nommé Soligène, entreprit une réformation à laquelle on a donné le nom de réformation Julienne. Il divisa l'année en douze mois, admit trois cent soixante-cinq jours par an, avec un jour complémentaire toutes les quatre années. Cette réforme ne suffit pas pour faire concorder les saisons de la nature avec celles du calendrier. De sorte qu'on était à la veille de voir célébrer en plein hiver la fête de Pâques, qui, d'après les décisions ecclésiastiques, devait avoir lieu après l'équinoxe du printemps, c'est-à-dire après le 21 mars. C'est ce qui engagea le pape Grégoire XIII à opérer une nouvelle réforme en 1582. Le 5 octobre de cette année fut nommé le 15 à Rome. En France, le changement eut lieu le 10 décembre. Les pays catholiques suivirent l'exemple venu de Rome; mais les peuples protestants, justement à cause de la source de cette réforme si raisonnable, résistèrent longtemps. L'Angleterre n'a cédé sous ce rapport que dans le siècle dernier; et ce changement produisit une véritable émeute, dans laquelle lord Chesterfield faillit perdre la vie. Il est vrai de dire que ce fut moins la suppression de onze jours que celle de trois mois qui causa cette irritation populaire. Jusqu'en 1651, l'année avait commencé le 25 mars. Pour se mettre d'accord avec les nations du continent, le Parlement fixa le commencement de l'année au 1er janvier.

« Le premier jour de l'an a varié selon les peuples et les époques. En France, sous Charlemagne, il était à Noël; en Angleterre, au 25 mars. Il ne répond en France au 1er janvier que depuis 1563.

« Quant aux calendriers ou almanachs annuels, leur publication remonte à une époque peu éloignée. Le fameux Nostradamus, outre ses centuries ou prédictions, fit paraître, à partir de 1550 jusqu'à sa mort, un calendrier contenant des prédictions sur les saisons et les temps les plus favorables aux divers travaux agricoles. Mais de tous les almanachs, le premier qui ait été vraiment populaire, c'est celui de 1636, publié à Liége sous le nom du chanoine Matthieu Laensberg. Cet almanach a dû son succès aux ridicules prophéties qui s'y trouvent insérées. A cet égard, nous citerons en terminant une petite anecdote racontée par Lagrange à son collègue M. Arago.

« L'Académie de Berlin avait anciennement pour principal revenu le produit de la vente de son almanach. Honteuse de voir figurer dans cette publication des prédictions de tout genre faites au hasard, ou qui, du moins, n'étaient fondées sur aucun principe acceptable, un savant distingué proposa de les supprimer, et de les remplacer par des notions claires, précises et certaines sur des objets qui lui semblaient devoir le plus intéresser le public. On essaya cette réforme; mais le débit de l'almanach fut tellement diminué, et conséquemment les revenus de l'Académie furent tellement affaiblis, qu'on se crut obligé de revenir aux premiers errements, et de redonner des prédictions auxquelles leurs auteurs ne croyaient pas eux-mêmes. »

CHAPITRE XVI.

—

L'HORLOGE.

Les clepsydres ou horloges d'eau. — Les sabliers ou horloges de sable. — Une horloge de bois dans le palais de Charlemagne. — Les montres. — Les pendules, etc.

L'HORLOGERIE a longtemps été considérée comme un métier. L'horlogerie, comme art et comme science, ne remonte pas plus loin qu'au milieu du dix-septième siècle. C'est aux recherches d'Huygens[1] qu'elle est redevable de ses progrès et de son illustration; c'est aux savants calculs de ce grand mathématicien que l'horlogerie doit l'invention du ressort spiral pour servir de force motrice aux machines destinées à donner la mesure du temps sans conserver une position invariable. Huygens enseigna le premier à faire l'application du pendule aux horloges pour y servir de régulateur, et démontra comment, en lui faisant décrire certains arcs, on pouvait rendre ses oscillations parfaitement *isochrones*, c'est-à-dire égales en durée.

Dès-lors, l'horlogerie marcha à pas de géant. Toutes les grandes villes de l'Europe produisirent des hommes remarquables dans l'art de l'horlogerie; et si l'Angleterre se glorifie encore de ses Graham, de ses Cole, de ses Harrison; si Genève s'énorgueillit de ses Rumilly et de ses Goulez, la France est fière à juste titre des travaux de ses Julien et Pierre Leroux, de ses Ferdinand Berthoud, de ses Lepaute, et, de nos jours, des Robert, des Bréguet et des Mottet.

Tout en prenant une place honorable dans la phalange immortelle des arts et des sciences, l'horlogerie n'a pas cessé d'être une branche considérable du commerce de quelques nations. La prospérité de Genève est presque complètement fondée sur l'industrie horlogère; la France exporte annuellement pour plus de dix millions de pièces d'horlogerie; et l'Angleterre, qui pompe par tous ses pores les sucs du commerce de l'univers, élève au chiffre énorme de un million de livres sterling (vingt-cinq millions de francs) les exportations de l'horlogerie britannique. Depuis trois

[1] Chrétien Huygens, l'un des plus grands mathématiciens des temps modernes, naquit à La Haye en 1629. Il se rendit célèbre de bonne heure par ses découvertes, et fut mandé à Paris par Colbert, qui rattachait à la France toutes les hautes intelligences de son temps. Huygens vint à Paris, et ce fut, selon toutes les probabilités, dans cette ville qu'il inventa la cycloïde et perfectionna les télescopes. Huygens fut admis à l'Académie royale des sciences, et resta à Paris de 1666 à 1681. Il retourna ensuite dans sa patrie, et mourut à La Haye le 8 juin 1695, à soixante-six ans.

ans, cette puissance, qui fait constamment naviguer ses bâtiments de commerce derrière ses formidables flottes, a envoyé en Chine des cargaisons entières de pendules et de montres. D'une main, l'Angleterre forçait les Chinois à s'empoisonner avec l'opium qu'elle leur vend au poids de l'or, et de l'autre elle leur offrait, avec ce sourire judéen des marchands de lorgnettes et de chaînes de sûreté, des montres plus admirables encore par la régularité du mouvement que par la richesse de l'enveloppe. Ces oppresseurs des pacifiques citoyens du céleste Empire voulaient doter leurs nouveaux sujets d'une des merveilles de la moderne civilisation européenne, et inaugurer leur entrée triomphale dans la patrie de Confucius. Plaise à Dieu que ces montres qui ont sonné pour la Chine la première heure de l'oppression, donnent un jour aux Chinois le signal du réveil et de la délivrance!!!

Malgré les développements magnifiques de l'horlogerie de luxe, de l'horlogerie scientifique et de l'horlogerie ornementale et monumentale, la vieille horlogerie en bois, qui a son principal siége dans la forêt Noire et dans plusieurs contrées de la Suisse et de la Bohême, occupe toujours des milliers de bras et nourrit de nombreuses familles. Grâce à cette horlogerie rustique, la plus pauvre chaumière est encore animée par les *pulsations du temps*, — pour se servir de l'expression pittoresque d'un poëte allemand, — et peut mesurer ses heures de joie et de labeur. On a calculé qu'il se vendait chaque année en Europe et en Amérique pour plus de quatre millions d'horloges en bois, somme qui se partage à peu près également entre la Bohême, la Suisse et la forêt Noire. En Allemagne, en Danemarck, en Suède et en Hongrie, les plus misérables cabanes sont ornées d'horloges des Alpes ou de la forêt Noire; et dans les *pays les moins avancés* des États-Unis d'Amérique, les voyageurs ont remarqué avec surprise que les habitations des colons et des indigènes étaient pourvues de ces machines fabriquées sous les arbres séculaires de l'ancien monde. C'est que le temps est la richesse des hommes laborieux, et que la distribution normale des heures est la garantie du travail, de la vertu et de la liberté. Les peuples, les jeunes peuples surtout, ne gaspillent pas le temps, et l'emploient saintement à fonder l'avenir et à semer, sous les yeux de Dieu, les destinées futures de l'humanité.

L'horlogerie, dans l'acception que nous donnons à ce mot, était parfaitement inconnue des anciens. Les Égyptiens mesuraient le temps à l'aide de méridiens et de cadrans solaires, et les Grecs les imitaient. Les Romains, jusqu'au consulat de Marius, se servirent de sabliers ou horloges de sable; mais ils n'adoptèrent le cadran solaire et les clepsydres ou horloges d'eau que vers les dernières années de la République. Sénèque, le philosophe, parle dans son livre *de Brevitate vitæ* d'une horloge d'eau ou clepsydre que son père avait apporté d'Espagne à Rome.

Le moyen-âge peut être le point de départ de l'horlogerie. Des moines charmaient les loisirs de leur solitude en s'occupant à régulariser les machines à mesurer le temps. Le fameux sablier de la Thébaïde, dont parle saint Jérôme, et qui laissait échapper sa poussière durant quatre-vingt-dix jours et quatre-vingt-dix nuits, — à peu près le quart de l'année, — en est une preuve. Les cénobites de l'Italie se livrèrent aussi à ce genre d'occupation; car nous voyons dans l'histoire que le pape Paul Ier envoya une horloge à rouages à Pépin le Bref, et cette horloge était l'œuvre de quelques pieux personnages qui s'étaient confinés sur le sommet désert du mont Cassin. L'horloge que le calife Haroun-el-Raschid offrit, par ses ambassadeurs, à Charlemagne est plus célèbre dans nos annales. Cette horloge splendide, où il entrait, au rapport des historiens, toutes sortes de bois et de métaux précieux, avait la forme du soleil, et se mouvait à l'aide de poids et de poulies si habilement montés ensemble, qu'il eût été plus facile de compter les fils d'une toile d'araignée que les membres compliqués de sa structure intérieure. Les aiguilles qui indiquaient les heures étaient d'or, et chaque aiguille était terminée par un diamant taillé en trèfle; les heures du cadran étaient des émeraudes, des rubis, des opales, des saphirs, et d'autres pierres précieuses taillées avec un art et une précision merveilleuse. Charlemagne plaça le riche présent de son allié et de son ami Haroun dans une grande salle du palais des Thermes, où elle resta jusqu'au règne de Louis le Bègue. Ce monarque étant mort prématurément à l'âge de trente-cinq ans, en 879, Louis et Carloman, ses fils, se partagèrent le royaume et les trésors des descendants de Charlemagne. L'horloge d'Haroun fut alors impitoyablement brisée, et ses débris énormes couvrirent longtemps la salle abandonnée où elle avait sonné l'agonie de Charlemagne et de la France.

Le cadeau du calife Haroun à Charlemagne prouve que les Arabes s'appliquaient dès le neuvième siècle à la culture des arts utiles et des beaux-arts.

Les Italiens paraissent avoir, les premiers, inventé et perfectionné les horloges. Jacques de Dondis en construisit une qui fut établie dans la tour de Padoue, sa ville natale, vers le milieu du quatorzième siècle. Cette horloge qui marquait, indépendamment de l'heure, le cours du soleil et celui des planètes, faisait mouvoir dans la partie enfermée de son mécanisme plusieurs personnages de grandeur naturelle. La réputation de l'horloge de Padoue se répandit dans toute l'Europe; et les Padouans, pour donner un témoignage public de leur admiration et de leur reconnaissance à Jacques de Dondis, lui donnèrent le glorieux sobriquet de Jacques des Horloges, que la famille et les descendants de cet artiste illustre s'honorent encore de porter aujourd'hui.

L'exemple de Jacques Dondis éveilla bien des intelligences. Les talents et les heureuses découvertes du Padouan défrayèrent les conversations des châteaux de la noblesse, des chapitres de cathédrales et de collégiales, des assemblées universitaires. L'Allemagne, les Pays-Bas, l'Italie, l'Espagne, enrichirent leurs basiliques et leurs églises d'horloges à sonneries et à carillon. Des horlogers flamands et brabançons adaptèrent des tableaux animés au mécanisme des horloges : c'étaient des chasses, des combats, des sujets tirés de l'histoire sainte, et dont les personnages se mouvaient lorsque l'heure venait à sonner. L'horlogerie ecclésiastique, si l'on peut s'exprimer ainsi, fit en peu d'années d'immenses progrès, et du quatorzième au quinzième siècle, toutes les belles cathédrales de l'Europe s'enrichirent d'horloges qui étaient autant de chefs-d'œuvre de patience, de foi et de savoir. Les voûtes hardies et presque célestes de nos églises gothiques, romanes ou sarrasines, ne servirent plus seulement d'échos sacrés aux mugissements des cloches et des bourdons, elles répétaient aussi amoureusement les notes argentines des carillons; et le grave marteau qui frappait les heures sur une enclume de bronze semblait être, entre le formidable concert des cloches échevelées et les suaves cantilènes du carillon de l'horloge, la voix de Dieu même qui annonçait la fuite du temps et l'approche de l'éternité.

Deux horloges en France, l'horloge de Strasbourg et l'horloge de Lyon, ont eu et possèdent encore une réputation européenne. L'horloge de Strasbourg, dont les rouages compliqués excitent tout d'abord la surprise et l'admiration, ne fut achevée qu'en 1573. Celle de la cathédrale de Saint-Jean, à Lyon, fut construite en 1598, par un horloger de Bâle appelé Nicolas Lippius, et restaurée par Guillaume Nourisson, horloger de Lyon. Cette magnifique pièce, plus compliquée peut-être encore que l'horloge de Strasbourg, excite encore par la variété, la précision, la délicatesse et la multiple industrie de son ensemble, la curiosité, l'étonnement et l'admiration.

Paris posséda, à la fin du quatorzième siècle, une horloge construite à l'instar de celle de Padoue. Charles V, qui l'avait commandée à l'un des meilleurs élèves de Dondis, Jules Pignolli, voulut qu'elle fût placée sur la tour du palais. Cette horloge fut la première horloge publique de Paris; l'horloge du palais des Tournelles fut la seconde; la Samaritaine, sur le Pont-Neuf, fut la troisième[1].

[1] La Samaritaine était une espèce de château d'eau ou de fontaine construite sur la première arche du Pont-Neuf, du côté de la rue de la Monnaie. On appelait ainsi cette fontaine, à cause d'un groupe représentant Jésus-Christ et la Samaritaine qui dominait le bassin supérieur de ce monument. Une horloge et un ca-

Depuis le seizième siècle, le nombre des horloges publiques s'est considérablement augmenté à Paris. Sous Louis XIII, on en comptait soixante-seize; sous Louis XIV, cent quarante-sept; sous Louis XV, cent quatre-vingt-onze; sous Louis XVI, deux cent sept; sous la République, le Consulat et l'Empire, trois cent deux. Aujourd'hui, ce dernier nombre est bien surpassé; car il n'est pas d'usine, de manufacture, d'atelier qui n'ait un cadran ostensible. Le temps, qui est devenu une marchandise, comme le sucre et la morue, se mesure partout et n'est apprécié nulle part.

On a introduit dans les horloges des monuments publics, depuis quelques années, une assez bizarre, une assez puérile innovation, — qu'aucuns appellent une amélioration, — on illumine les cadrans pendant la nuit, — quand on y pense toutefois, et quand l'appareil de l'éclairage n'exige pas de promptes réparations, ce qui n'arrive que trop souvent; — mais ce soin, quelque peu fantasmagorique et enfantin, qui ne remplace que bien faiblement les sonneries et les carillons du quinzième et du seizième siècle, n'invite pas les hommes à faire un meilleur usage du temps qui vole — *fugit irreparabile tempus!!* — et notre misérable siècle emporte, malgré la lumière de ses cadrans, au rendez-vous général et suprême plus de sottise que de raison, plus de crimes que de vertus, plus de mauvaises que de bonnes actions.

Les philosophes et les physiologistes ont remarqué que les grands mécaniciens, les horlogers habiles, les géomètres infatigables, se révélaient principalement dans les classes de la société où la solitude fait en quelque sorte partie de la profession. Ainsi, on a reconnu que les bergers, les pâtres, les bûcherons, les charbonniers (non les Auvergnats-charbonniers des grandes villes, mais les charbonniers véritables, les charbonniers des forêts), les mineurs, avaient une aptitude merveilleuse pour les calculs, la combinaison, la stratégie des nombres. Nos plus célèbres savants

rillon, qui se faisait entendre à toutes les réjouissances publiques, surmontaient l'édifice, et lui donnaient une physionomie tout à la fois chromatique et aquatique.

de l'Académie des sciences étaient originaires de pays presque sauvages, appartenaient à des familles séparées par la profession et par la fortune des classes turbulentes, et avaient passé les premières années de leur jeunesse au milieu des humbles devoirs de la profession paternelle. Un nouvel exemple de cette mystérieuse prédestination au culte des arts et de la science, vient de se manifester encore dans le midi de la France; et, quoique la Garonne n'ait rien de commun avec le Styx, où le mensonge et le parjure surnageaient pour être bientôt rejetés dans les flots de bitume et de flammes du Phlégétore; quoique la treille de sincérité ne s'aperçoive pas sur la carte des vignobles de la Guyenne, nous n'hésitons pas à reproduire, pour l'honneur des enfants du peuple, des fils industrieux de la France, le récit suivant :

« Il y a quelques années, un enfant, né de paysans, bons cultivateurs sur la rive droite du Lot, près d'Aiguillon, s'amusait à fabriquer, à six ans, avec son couteau, de grossiers mécanismes, dont le jeu charmait singulièrement ses loisirs. A huit ans, il construisait de petites marionnettes qui gesticulaient et se battaient à coups de sabre, à la grande hilarité de ses camarades d'école.

« A dix ans, il confectionnait des girouettes à la fois si ingénieuses et si comiques, que tous les passants qui traversaient le pont d'Aiguillon s'arrêtaient pour voir s'escrimer les bonshommes du petit Joseph. Une de ces girouettes surtout était remarquable : c'était un combat de quatre ou cinq cavaliers qui se poursuivaient, s'atteignaient et se frappaient d'estoc et de taille. Aussi les paysans aiguillonnais disaient-ils, en regardant la curieuse girouette, que le petit Cusson était un garçon qui se servait merveilleusement de ses mains.

« A dix-sept ans, le jeune paysan inventa une pompe, mise en mouvement par le vent; elle allait chercher d'elle-même l'eau au fond d'un puits, et la déversait dans un réservoir, à l'aide de petits godets qui montaient et descendaient alternativement. Quelques années plus tard, l'idée vint à Joseph Cusson de fabriquer une pendule. Il prit un modèle, le copia et le perfectionna, sans autres instruments que des couteaux de poche. On y voyait douze petits personnages représentant les douze apôtres, lesquels venaient tour à tour sonner les heures et les demi-heures; un ange achevait la besogne en frappant les quarts avec un petit marteau de cuivre.

« Joseph Cusson préludait ainsi à de plus sérieux travaux, et se préparait, par ces curieux essais, à la confection d'un véritable chef-d'œuvre d'horlogerie. Il s'agit de son *calendrier mouvant*, qui se trouvait exposé dernièrement dans un magasin du boulevart Bonne-Nouvelle, à Paris.

« L'*horloge Cusson* a été parfaitement nommée par son auteur le *calendrier mouvant*. Dans cet ingénieux calendrier, l'heure et la minute, la seconde, le jour de la semaine, le quantième du mois, le millésime de l'année, la phase et l'âge de la lune, le lever et le coucher du soleil, le lever et le coucher de la lune, sont marqués sur autant de cadrans séparés. Le mécanisme de tout le système est d'une simplicité étonnante, et c'est là son principal mérite.

« Tous les ressorts sont mus par un unique pendule, qui imprime à une quinzaine de roues des mouvements précipités, quotidiens, mensuels, annuels et séculaires. Tout cela fonctionne avec une précision incroyable, et pourtant tous les rouages sont en bois, si l'on en excepte quelques tiges de métal, dont le frottement incessant nécessite une solidité que le bois ne saurait avoir.

« La caisse qui renferme l'horloge est surmontée d'une petite galerie en bois. Tout le long de cette galerie sont rangées quatre petites cellules dont les portes sont hermétiquement fermées. Cinq minutes avant que l'heure sonne, une cellule s'ouvre; on en voit sortir la Mort armée d'une faulx : elle est poursuivie par Jésus-Christ, qui la chasse devant lui, et l'enferme dans une deuxième cellule; puis les deux petits personnages font un tour sur eux-mêmes et regagnent l'habitation d'où ils sont sortis.

« L'heure sonne bientôt. Le coq perché sur l'extrémité du clocher entend la sonnerie; il tend le cou comme s'il allait chanter, et bat trois fois de l'aile en signe de contentement. A midi, la scène représente l'Annonciation. La sainte Vierge sort de sa cellule, et va se recueillir dans un oratoire. Au premier son de la cloche, un ange descend près de Marie, et lui annonce le mystère de l'Incarnation.

« On aperçoit le messager céleste qui s'incline devant la future mère de Dieu, agitant ses ailes, et la Vierge qui tremble en écoutant la sublime Salutation. L'ange renouvelle trois fois son apparition, et remonte enfin dans sa tourelle, dont il ferme en entrant soigneusement la porte. L'*Angelus* se fait entendre trois fois le jour : le matin à six heures, à midi et à six heures du soir.

« Il est à remarquer que, par une disposition du mécanicien, les évolutions des personnages dont nous avons parlé n'ont pas lieu la nuit, personne ne devant assister à leur apparition.

« Pour accomplir cet immense travail, Joseph Cusson a employé trois ans. Les outils composant son atelier ont été évalués à la somme de dix francs. C'est en revenant du labourage de la terre que le persévérant horloger montait dans son grenier et passait les heures de la nuit à la fabrication de son chef-d'œuvre.

« Joseph Cusson est âgé de vingt-six ans; il n'a reçu que les notions premières de l'instruction. Il connaît tout juste les quatre règles des mathématiques, et il est complètement étranger à la géométrie et à l'algèbre; mais il est facile de voir que le jeune cultivateur d'Aiguillon est doué d'une intelligence hors ligne; il a l'esprit prompt, le geste vif et le regard d'une sagacité remarquable; il explique son système avec une clarté qui en fait saisir tout d'abord la savante combinaison. »

Si l'horlogerie *monumentale* n'a fait que des progrès hypothétiques depuis le dix-septième siècle, en revanche, l'horlogerie, qu'on pourrait appeler scientifique, a poussé la perfection de ses produits jusqu'aux limites du possible. On sait quel rôle important jouent ces instruments de précision dans la marine et dans la navigation : le sort d'une flotte militaire ou marchande dépend parfois de l'appréciation exacte d'une longitude. Aujourd'hui, un officier de marine peut avoir à très-bon marché, — grâce à la concurrence des talents et aux combinaisons du commerce, — un excellent chronomètre[1], et ce que les héros de la marine et de la navigation française payaient encore, au milieu du dix-huitième siècle, deux et trois mille francs, se vend actuellement de quatre à cinq cents francs.

Mais une branche de l'horlogerie, branche qui n'offrit dans le dernier siècle qu'un intérêt secondaire, la confection des horloges de poche, communément appelées montres, a acquis, au triple point de vue de l'art, du commerce et de l'industrie, une importance considérable. On sait que les premières horloges de poche datent de la fin du seizième siècle, et que leur volume, le babillage de leurs mouvements en rendaient le port très-incommode, très-ridicule et souvent très-périlleux. Le roi de France, Henri III, avait une montre qui ne pesait pas moins de treize livres, et celle de Louis XIII ne pesait guère moins. Les montres, sous les règnes de Louis XV et de Louis XVI, quoique moins massives, n'étaient pourtant point des plus légères, et ce fut pour exprimer leur rustique grosseur que le peuple, toujours railleur et toujours porté à caractériser les ridicules de toute nature, appela ces montres *des oignons*... Depuis le commencement de ce siècle, la montre s'est complètement transformée. Elle n'est plus hydropique, elle n'affecte plus les formes surannées d'une boîte à onguent ou d'un bourdon; elle est plate (et la platitude d'une montre est peut-être l'unique platitude qu'on estime), elle est élégante, elle est gracieuse, et le travail contenu dans sa double châpe d'or ou d'argent, est d'une perfection extraordinaire.

Les montres à cylindre sont le *nec plus ultrà* des perfectionnements de la montre au dix-neuvième siècle. On les appelle ainsi de la forme de la pièce essentielle qui entre dans leur composition.

[1] Le célèbre Bougainville possédait un chronomètre qu'il avait acheté à Londres trois mille francs; et le bailli de Suffren, dans ses glorieuses campagnes de l'Inde, se servait d'une montre marine qui avait été exécutée sous les yeux de Cassini l'astronome, et qui ne valait pas moins de deux cents louis. On sait que le chronomètre est un ouvrage d'horlogerie destiné à faire connaître aux marins dans quelles longitudes ils se trouvent.

Cette pièce, nous apprend un savant praticien, est un cylindre creusé et entaillé, qui oscille sur son axe, et présente alternativement sa courbure intérieure et sa courbure extérieure aux dents de la roue d'échappement contre laquelle il frotte, et qu'il arrête momentanément. Le balancier ayant le même axe que le cylindre, on sent qu'ils dépendent tous deux de la roue de rencontre qui, par le frottement, influe sur leur oscillation. Depuis Graham, qui le premier confectionna les montres à cylindre, ce genres de petites horloges subit bien des modifications. L'expérience démontra que les roues de cuivre et les cylindres en acier s'usaient promptement; on y renonça, et la mode faillit abandonner ce genre de montre. Mais l'ingénieux horloger français, Berthoud, ayant eu l'heureuse idée de substituer à l'acier, pour les cylindres, les pierres fines d'une grande dureté, telles que le rubis, ces montres conquirent la haute faveur dont elles jouissent depuis.

Les montres à répétition furent inventées en 1676 par trois horlogers anglais, qui se disputèrent la priorité de la découverte, et le célèbre horloger français, Lépine, introduisit dans notre pays les montres *très-plates*, qu'on surnomma à la Lépine. A peu près vers le même temps, le savant Bréguet perfectionnait les montres perpétuelles qui se remontent d'elles-mêmes, à l'aide d'un ingénieux mécanisme, par le mouvement qu'on leur imprime en marchant.

Nous ne parlerons pas des montres et des pendules *à réveil*, qui ont au cadran une troisième aiguille que l'on place sur l'heure à laquelle on veut être réveillé; nous ne dirons rien non plus des montres qui marquent, sur des cadrans particuliers, les quantièmes du mois, les jours de la semaine, les phases de la lune, le lever et le coucher du soleil. Notre récit serait une histoire. Nous nous bornerons à dire un mot de la pendule à *équation* et de la pendule à compensation.

Les pendules à équation indiquent la différence du temps vrai au temps moyen. La pendule à *compensation* est celle dont le balancier, composé de deux lames de métaux différents, donne des oscillations isochrones dans tous les temps, malgré la chaleur, dont l'effet est détruit ou compensé par la différence de dilatation des deux métaux.

L'horlogerie française lutte avec avantage contre l'horgerie anglaise, qui est dépourvue de cette grâce et de ce charme que nous répandons sur nos produits, quand nous avons le *cœur au travail et à la danse*. On estime à trente millions de francs la valeur des montres et des pendules fabriquées annuellement en France, — le bronze non compris, et qui se répandent dans le petit nombre de pays non soumis à la glèbe britannique.

L'horlogerie, par une extension qui est plus fiscale qu'artistique, s'occupe aussi de mouvements de lampes, de musique pour pendules, tabatières, boîtes, nécessaires et billards; ce sont les hochets de cet art, mais ces hochets font vivre des centaines de familles, et ils sont respectables.

Au surplus, la France est, après l'Italie et l'Allemagne, le berceau de l'horgerie. L'ancienne communauté des horlogers de Paris tenait ses premiers règlements de Louis XI, en 1483, et le roi Henri II anoblit Adam Couzard, bourgeois et horloger de Paris, pour les *merveilleuses pièces* de son art qu'il avait fabriquées pour diverses églises de Paris, et pour le château des Tournelles.

Quand les rois ou les peuples savent récompenser les citoyens utiles, on peut présager que la science et les arts ne péricliteront pas dans un pays.

Les horloges et les montres, qui le croirait! tiennent une place assez importante dans l'histoire des nations. L'horloge qui donna le signal des *vêpres siciliennes* fut longtemps pour les peuples de l'Italie un objet de vénération. A Paris, l'horloge du palais qui la première tinta le massacre de la Saint-Barthélemy fut au contraire un objet d'épouvante et d'horreur. Le cardinal de Richelieu supprima la sonnerie, et le cardinal Mazarin, pendant la minorité de Louis XIV, ordonna que cette horloge si cruellement célèbre serait détruite.

On conserve dans quelques cabinets de l'Europe des pièces

d'horlogerie qui ont un intérêt historique fort grand. C'est ainsi qu'à Stokholm on voit encore la montre d'argent que portait habituellement Charles XII dans ses campagnes. C'est une rustique et forte boîte d'argent qui contient un mouvement des plus simples. La ville de Lunéville a possédé longtemps la montre que Pierre le Grand portait à la bataille de Pultawa, et qu'il jeta à terre après la déroute des derniers régiments suédois, en s'écriant. « *L'heure de la victoire vient enfin de sonner pour la Russie, je n'en ai plus besoin!* » Cette montre avait été recueillie pieusement par le roi Stanislas, duc de Lorraine, qui tout attaché qu'il était à la fortune et à la personne de Charles XII, professait pour son glorieux rival Pierre le Grand une profonde et singulière estime. On sait quel prix Napoléon attachait au *réveil matin* du grand Frédéric, dont il s'empara à Postdam, et qu'il conserva jusque sur le rocher de Sainte-Hélène. Une vulgaire montre, un instrument fort commun de l'industrie horlogère du dix-huitième siècle, voilà tout ce qui restait de ses immenses conquêtes au héros captif, au César prisonnier de la magnanime Angleterre.

Tout le monde sait que la montre de Voltaire appartient aux Anglais, et fut vendue à Londres en 1807, au prix fabuleux de cinq cents livres sterling. Nous avons vu la montre de Molière, il y a trente ans, dans le cabinet d'un savant antiquaire qui l'avait achetée soixante francs..... Explique qui pourra les bizarreries de l'esprit humain!

CHAPITRE XVII

LES CHEMINS DE FER.

LES CHEMINS DE FER.

Les tunnels sous les montagnes, sous les fleuves. — Les voies de fer aériennes. — Le Caucase et l'Atlas, etc.

Si Salomon de Causs revenait au monde, il serait bien surpris de voir cette vapeur, dont il avait rêvé le triomphe dans les cabanons de Bicêtre, régner en souveraine à Londres, à Paris, à Vienne, à Berlin, à Bruxelles et à Munich, et enchaîner à son char de fer plus d'intérêts, plus d'ambitions, plus de fortunes publiques et privées que les trônes des monarques les plus absolus du dix-septième siècle. La vapeur est en effet, aujourd'hui, le grand ressort social : elle a donné à la politique, à l'industrie, au commerce les cent bras de Briarée; elle touche par mille points à la vie matérielle et intellectuelle des nations; et, en effaçant les distances, en rapprochant les grands centres de population, elle nivelle en quelque sorte les mœurs, rend les lois problématiques, confond les pouvoirs et ébranle les nationalités. Avec la vapeur, il n'y aura plus, dans deux ou trois cents ans, que des Européens, des Asiatiques, des Américains, des Africains et des Océaniens. Si les aérostats, comme le prophétisent quelques jeunes grands hommes, parvenaient à supplanter la vapeur, ce sera bien pis encore : il n'y aura que des citoyens du monde, et Dieu sait quels citoyens!

Lorsque Salomon de Causs disait impétueusement au cardinal de Richelieu qu'il avait trouvé le secret de rendre le monde entier tributaire de la France; quand l'Américain Fulton, cent soixante ans après, disait à Napoléon qu'il venait lui apporter les clés de Portsmouth et de la Tour de Londres, certes, il y avait de quoi faire réfléchir deux hommes qui n'eussent pas eu le génie du grand cardinal et du grand capitaine. Mais Richelieu et Napoléon, dont la tête réglait les affaires du monde, raisonnaient par synthèse et non par analyse. Richelieu ne vit dans Salomon de Causs qu'un énergumène, qu'un fanatique, qu'un homme incessamment dominé par une idée fixe, et il le fit enfermer à Bicêtre; Napoléon vit dans Fulton une espèce de quaker entiché d'un système inapplicable, et il le fit éconduire. Richelieu et Napoléon manquèrent à leur génie, manquèrent à la gloire de la France, dont tous les deux faisaient la leur, en repoussant, — comme le Pharaon de la Bible, — les miracles promis par la verge des nouveaux Moïses. Salomon de Causs, comme Moïse, ne fit qu'entrevoir la terre de Chanaan; mais Fulton, comme Josué, la vit, et la conquit sous les yeux même du héros qui n'était plus empereur, qui n'était plus qu'un captif, et qui faillit devoir la liberté et peut-être l'empire du monde aux disciples de ce Fulton, qu'il avait traité d'idéologue et de rêve-creux[1].

Ce que Richelieu et Napoléon ne voulaient pas comprendre, un obscur citoyen de Londres le comprit. Dès 1817, un certain André Nicholson, bourrelier, homme méditatif, entreprenant, et dont le cerveau était rempli des divers écrits anciens et modernes qu'on avait composés sur la vapeur, provoqua une espèce de meeting au Ranelagh, pour soumettre à ses concitoyens les idées qui lui étaient venues touchant l'application de la vapeur, et sur une vaste échelle, aux routes de terre. En Angleterre, les hommes les plus excentriques et les projets les plus extravagants sont sûrs d'avoir des disciples et des défenseurs. La réunion fut nombreuse, brillante même, car des lords de la Chambre haute, des membres de la Chambre des communes, des amateurs, de riches

[1] Un capitaine de vaisseau américain amena en effet, dans le port de Sainte-Hélène, son bâtiment construit d'après le système de Fulton. Le navire était arrivé à la voile, et devait, — une fois l'empereur à bord, — partir au moyen de la vapeur. La nouveauté de ces systèmes, que les marins anglais n'avaient pas encore très-bien approfondis, devait assurer le succès de l'enlèvement. Le coup manqua, les uns disent par les irrésolutions de l'empereur; les autres, par l'indiscrétion d'un matelot américain, qui, dans une taverne de Sainte-Hélène, parla d'une certaine chambre meublée avec somptuosité dans le bâtiment, et qui était destinée à un personnage considérable qu'ils allaient chercher à la Chine. Ce faible indice suffit à sir Hudson-Love. Le geôlier enjoignit au capitaine américain de mettre sous voiles et de partir sur-le-champ.

marchands de la Cité, des baronnets, et une foule de dames appartenant à la haute aristocratie et au commerce, se rendirent au Ranelagh,

Dans ce séjour élyséen,
Où d'Hendel brille l'harmonie,
Par les échos l'orgue embellie
S'unit au chant italien;
Tandis qu'à l'oreille ravie
Un Paccini chante si bien.
Du goût tout y prévient l'envie.
Le commerce par son génie,
Des deux mondes l'heureux lien,
Y joint aux dons de la patrie
Le thé qu'un Chinois offre au Tien;
De Moka la liqueur chérie,
Et ce noir breuvage indien
Que l'Espagnol nomme ambroisie.
Le plaisir, sous les mêmes toits,
Y confond les rangs et les droits :
Oui, ces lieux féconds en merveilles,
Des grands, du peuple et du bourgeois,
Charment l'œil, le goût, les oreilles [1].

C'était ainsi qu'en 1760 la gracieuse madame Dubocage, la Deshoulières du dix-huitième siècle, exprimait son opinion sur le Ranelagh. Hélas! les muses françaises commençaient à devenir anglomanes, et la poésie précédait la musique et la peinture dans cette apostasie.

Quoi qu'il en soit, il ne sortit rien de bien décisif du meeting convoqué par le bourrelier André Nicholson. Mais si les idées et les discours du brave homme firent sourire plus d'un pair d'An-

[1] Le Wauxhall et le Ranelagh jouissaient à Londres, vers le milieu du dix-huitième siècle, d'une vogue et d'une réputation que la charmante et spirituelle madame Dubocage n'a fait que constater par ces vers faciles. Le Wauxhall et le Ranelagh étaient de délicieux jardins situés sur les bords de la Tamise, et au milieu desquels s'élevait une salle voûtée de cent pieds de diamètre à trois rangs de loges : c'est là que se donnaient alors des concerts, des bals et des fêtes que le talent d'Hendel rendait très-brillants. Ces deux établissements étaient aussi consacrés aux promenades matinales; et pour un schilling on avait pain, beurre, lait, thé, café et chocolat, et une musique perpétuelle. Les fêtes nocturnes coûtaient une guinée à qui voulait y assister.

gleterre, et firent hausser les épaules à plus d'un gentleman *riders*, il n'en resta pas moins établi que la puissance et la prospérité de l'Angleterre ne cessaient d'être l'objet de la sollicitude des plus hautes comme des plus humbles intelligences du royaume. Quelques hommes sérieux, pratiques, fort peu orateurs, mais fort rompus à la marche et au maniement des grandes affaires, s'emparèrent des idées du bourrelier, les trièrent, les passèrent au crible de la logique, et les présentèrent à la nation par l'orgaûe de la presse. On sait de quelle façon l'Angleterre accueillit ces ouvertures d'une révolution pacifique dans son commerce intérieur et dans le commerce du globe, et de quelle manière aussi elle répondit à l'appel de ceux qui s'adressèrent à son patriotisme et à ses intérêts commerciaux, si intimement et si étroitement liés ensemble.

Plusieurs réunions, qui avaient pour objet la même entreprise, se succédèrent de 1816 à 1820 à Londres, à Liverpool, à Manchester, et même à Édimbourg et à Dublin. Mais le fameux meeting du Ranelagh ne fut pas moins le véritable point de départ de la vapeur appliquée à la locomotion terrestre.

Il est digne de remarque que deux grandes révolutions, une révolution politique et une révolution industrielle, qui toutes deux doivent avoir une si prodigieuse influence sur les destinées du monde, sont sorties de deux endroits consacrés aux plaisirs publics : du Jeu-de-Paume de Versailles, en 1789; du Ranelagh de Londres, en 1817. A Versailles, on décréta l'égalité des droits et l'abolition des priviléges; à Londres, on décréta l'abolition des distances et l'égalité du commerce.

L'application de la vapeur aux railways nous vient donc d'Angleterre, et nulle nation ne peut lui disputer cette gloire. Ces insulaires, longtemps avant la découverte de la vapeur, se servaient dans quelques-unes de leurs exploitations houillères de New-Castle sur Tynn, et dans quelques autres districts manufacturiers, de chemins composés de deux rangs de pièces de bois droites et parallèles, portées et fixées sur des traverses. Un cheval traînait sur ces sortes de chemins une charge deux ou trois fois plus lourde que sur les chemins ordinaires, 2,000 kilogrammes au lieu de 750.

Watt, qui a popularisé en Angleterre la machine à vapeur; Thompson, Trevitheck, Vivian, Blenkinsop, Edwards et Chapmann, Blackelle, Georges Stephenson et quelques autres, de 1808 à 1815, appliquèrent avec succès, perfectionnèrent et adaptèrent la vapeur aux chemins de fer.

Les chemins de fer, comme monuments publics, ne furent guère fondés en Angleterre qu'en 1830. Le chemin qui relie Liverpool à Manchester est le doyen et le père des railways de la Grande-Bretagne. Depuis cette époque, une grande quantité de chemins ont été construits, et font de la vieille conquête de Guillaume le Bâtard une espèce d'échiquier où chaque case brille d'un éclat particulier, excepté celle de l'Irlande, où le deuil, le désespoir et la mort semblent imprimés par les griffes mêmes du léopard britannique.

L'Amérique eut peu d'années après l'Angleterre ses chemins de fer. Les différents États de l'Union rivalisèrent entre eux à qui aurait les plus belles, les plus longues et les plus profitables lignes. L'État de Maryland construisit un chemin de fer de Baltimore à l'Ohio, de cent trente-cinq lieues; la Pensylvanie se fit en très-peu d'annees six à sept cents lieues de chemins de fer, et New-Jersey s'unit par un chemin de fer de quarante lieues de longueur à Philadelphie la manufacturière et à New-York la commerçante. Tous les autres États de l'Union imitèrent cet exemple, et s'unirent par les liens du sol, comme ils l'étaient déjà par les liens des institutions et des mœurs.

La circonspecte Autriche se laissa entraîner une des premières aux aventures des chemins de fer; et la France, cette bonne France qui est la pâture prédestinée de tous les escamoteurs et de toutes les inventions, adopta selon ses petits moyens le *roatrail*. Les deux premiers chemins de fer édités en France sont ceux de Saint-Étienne à Lyon, d'Andrézieux à Roanne. Après ces premiers, les chemins de Paris à Versailles et de Paris à Saint-Germain-en-Laye. Depuis ces deux derniers, nous avons eu Lyon, Strasbourg, Orléans et *tutti quanti*. Deux ou trois de ces chemins ne font plus aujourd'hui les frais nécessaires à leur entretien, et on peut leur appliquer avec une légère variante les fameux vers de Malherbe :

Et rail il a vécu ce que vivent les rails,
L'espace d'un matin.

La construction des chemins de fer a eu cela de bon, qu'elle a donné aux professions qui se rattachent à l'architecture de la besogne, et qu'elle leur en promet encore. Les études nécessitées par le tracé des lignes, par le démembrement de la jonction des travaux, a peut-être fait faire aussi quelques pas à la science de l'ingénieur, du géologue et du minéralogiste. Nous le souhaitons et nous le croyons; car les choses les plus funestes à l'humanité apportent avec elles quelques rayons consolateurs.

Les ingénieurs français se sont surtout distingués par ce qu'on est convenu d'appeler *ouvrages d'art*. Il y a en effet, sur les diverses routes où court aujourd'hui la vapeur de Salomon de Causs, des monuments dignes d'avoir été médités par des Grecs et exécutés par des Romains. Des aqueducs, des viaducs, des ponts, des voûtes, des tunnels sont tout à fait dignes d'être pris un jour, par nos derniers neveux, pour des débris de la puissance du peuple-roi. Par malheur, tous les monuments d'art des chemins de fer n'ont pu être élevés d'après les données certaines de la science, et nous pourrions citer une longue, horrible et effroyable voûte qui, de l'aveu même des hommes les plus compétents, ne présente pas toutes les garanties désirables de solidité; et notez déjà qu'aucun tunnel, dit-on, ne pourrait résister à l'explosion d'une chaudière! et cela est dans les événements possibles cependant.

Puisque nous parlons de tunnels, nous sera-t-il permis de consacrer ici quelques mots à propos de ce mot anglo-saxon. Tunnel a un monument bien autrement merveilleux que tous les prétendus chefs-d'œuvre maçonniques de nos jours.

De toutes les excavations pratiquées dans les flancs et dans les entrailles des montagnes pour les besoins de la cause des voies ferrées, — excavations qui ne sont pas toutes faites, il faut le dire en passant, avec tout le succès et toute la solidité désirable; — de tous ces *tunnels*[1] qui émaillent les couches tertiaires du sol de l'Angleterre, de la France et de la Belgique, il n'en existe pas un (chemin de fer à part) qui soit plus admirable par les difficultés vaincues, la hardiesse et la grandeur du travail, que celui qui traverse le lit de la Tamise à Londres, et qui est dû à notre illustre compatriote, M. Brunel. Le pont souterrain de Londres est l'ancien Rialto à l'envers de l'opulente Venise : sous les eaux de la Tamise, comme jadis sous les vagues mortes et lagunées de l'Adriatique, on voit se déployer en abrégé toutes les richesses, toute la puissance industrielle, toute la morgue aristocratique, tous les miracles du commerce de la vieille Angleterre. *Les Mille et une Nuits* n'ont rien de comparable à l'aspect du tunnel de Londres, et pour en donner une description exacte, il faudrait arracher une page au *Paradis perdu* de Milton.

On projeta ce tunnel en 1799; les dimensions et la position de ce grand travail furent même déterminées à cette époque. En 1804, on tenta quelques travaux préparatoires; mais la soudaine irruption des eaux les fit presque aussitôt abandonner. L'ingénieur français Brunel, établi à Londres, médita le plan du tunnel qu'on lui avait communiqué, et, en 1823, il exposa ses idées pour les moyens de l'exécuter. Encouragé par quelques suffrages illustres, aidé par une souscription dont la liste se couvrit en très-peu de jours des noms les plus honorés dans l'aristocratie, le commerce, l'industrie et l'agriculture de la Grande-Bretagne, Brunel commença son œuvre en 1824, en perçant une vaste tour dans le sol; puis, en 1826, il mit en activité un appareil de son invention, qu'il nomma le *bouclier*, qui devait servir à faire la trouée horizontale. Ce *bouclier* était composé de grands châssis de fonte

[1] *Tunnel*, mot anglais qui signifie souterrain creusé à travers une montagne.

mobile à trois étages, où se logeaient les ouvriers pour enlever la terre; des vis de pression agissant sur des planchettes empêchaient les éboulements : on ôtait une à une ces planches à partir du haut pour déblayer, et on les remettait ensuite en serrant plus fort; le travail achevé, on faisait avancer le châssis, et les maçons construisaient les épaulements sur la place devenue libre. C'est ainsi qu'on a pu parvenir à creuser cet immense souterrain, qui ira redire aux générations futures l'opiniâtreté de l'Angleterre dans les grands ouvrages d'utilité publique, et le génie d'un enfant de la France; car le tunnel de la Tamise vivra plus longtemps que la domination britannique, et il sera pour la vieille Albion ce que la pyramide de Cécrops est pour l'Égypte vassale et démantelée.

Il fallut une rare persévérance pour amener un tel travail à bonne fin à travers mille obstacles. L'eau s'infiltra et inonda à plusieurs reprises les travaux, et ils furent suspendus de 1827 à 1835. Enfin, l'orgueil anglais et la foi de Brunel ne voulurent pas désespérer du succès; on ouvrit de nouvelles listes de souscriptions, qui, comme les premières, ne tardèrent pas à se remplir, et l'on se remit à la besogne avec plus d'ardeur que jamais. L'infatigable ingénieur, qui consacrait toutes ses veilles à la solution de ce grand problème qui tenait l'Europe en éveil, fit de nouveaux et prodigieux efforts de mécanique et de statique. On construisit un puisard pour recueillir les eaux, et, outre les épuisements, on se servit de sacs de glaise pour fermer les trous par lesquels l'eau s'infiltrait. Enfin, après des efforts inouïs, des combinaisons et des calculs admirables, après surtout des périls de toute espèce bravés et vaincus, cette voie gigantesque de communication arriva de l'autre côté du fleuve dans les derniers mois de l'année 1841, et elle était livrée au public et à la circulation peu de temps après.

On ne se contente plus aujourd'hui d'aller terre-à-terre et de suivre les ondulations imperceptibles d'une surface plane; la vapeur, ou plutôt les monstres de fer battu qu'elle fait mouvoir gravissent les collines, jusqu'à ce qu'ils puissent gravir les montagnes, et vont se reposer au pavillon de Henri IV, à Saint-Germain, jusqu'à ce qu'ils puissent aller débarquer une armée expéditionnaire dans les collines sablonneuses de Tombouctou. Les voies de fer aériennes sont un progrès, et, après avoir cassé les jambes à notre vaillante espèce chevaline, il ne manquait plus que d'arracher le foin de la bouche de ces utiles mules et de nos infatigables mulets des Pyrénées; mais le mulet est entêté, et il est capable de ne pas abandonner facilement la victoire à l'usurpatrice vapeur.

Quoi qu'il en soit, le chemin de fer atmosphérique présente des inconvénients tellement graves, que les Anglais, qui ne sont pas suspects en cette matière, reculent devant son emploi. Voilà les conclusions du savant ingénieur Stephenson, dans le rapport qu'il adressa, il y a quelques années, à une commission spéciale de la Chambre des communes :

« 1° Le système atmosphérique ne présente pas *un mode économique* de transmission de la force, et est inférieur sous ce rapport, tant au système des machines locomotives, qu'à celui des machines fixes remorquant avec des cordes;

« 2° Ce système n'est pas apte, sous le rapport pratique, à acquérir et à maintenir de plus grandes vitesses que celles comprises dans le travail actuel des machines locomotives;

« 3° Il ne produit pas, dans la majorité des cas, d'économie dans la construction première des chemins de fer, et dans beaucoup d'autres il en augmenterait considérablement les frais;

« 4° Sur quelques chemins de peu de longueur, où un roulage très-considérable exige des convois d'un prix modéré, mais circulant avec de grandes vitesses et des départs multipliés, ainsi que dans les localités où le relief du terrain est tel qu'il s'oppose à l'adoption de rampes qui conviennent aux machines locomotives, le système atmosphérique *pourrait* mériter la préférence;

« 5° Sur les lignes très-courtes de chemins de fer, sept à huit kilomètres, par exemple, dans le voisinage des grandes villes, où il faudrait établir de fréquentes et rapides communications entre *les stations seules*, le système atmosphérique peut être appliqué avantageusement;

« 6° Sur les lignes courtes, où le trafic se fait principalement aux stations intermédiaires, et qui exigent de fréquents arrêts entre ces mêmes stations, le système atmosphérique est *inapplicable*, et est bien inférieur à celui qui décroche les wagons sur une corde pour le service des stations intermédiaires;

« 7° Sur les lignes prolongées, les conditions d'un trafic ou roulage considérable ne sauraient être remplies par un système aussi inflexible que le système atmosphérique, dans lequel le travail effectif de l'ensemble dépend d'une manière si complète du travail parfait de chaque partie séparée du mécanisme. »

Depuis 1844 ou 1845, époque où l'ingénieur anglais posait ces conclusions lumineuses que nous avons empruntées à l'estimable ouvrage de M. Laboulaye, les ingénieurs français sont parvenus, par d'incessantes études, par de nombreux et précieux travaux, à améliorer le système atmosphérique, et à le mettre en état, d'ici à quelques années peut-être, de lutter avec avantage contre son heureux et puissant aîné.

La Russie, l'Espagne, l'Italie et le Portugal, sont les seuls pays de l'Europe où les chemins de fer ne soient point passés à l'état d'établissements de première nécessité. La politique a beaucoup moins de part que le caractère national de ces peuples a l'adoption de la vapeur sur les voies de fer. Le Russe, l'Espagnol et le Portugais sont casaniers, et ils se contenteront de quelques insignifiants spécimens de chemins de fer. L'Italien est fort ami de la locomotion, mais seulement pour s'échapper de son pays; quand il en est sorti, il reste là où il a été accueilli, s'y cramponne, s'y cantonne, s'y implante, et oublie ou ses lagunes, ou ses marais pontins, ou ses montagnes. Les Italiens ont la mémoire courte en toutes choses, et surtout en fait de patrie.

La Chine et la Perse ne vont pas tarder à recevoir, comme l'Inde, des chemins de fer. Les railways de l'Angleterre ressemblent à ce filet que Vulcain fabriqua, et dont il se servit pour surprendre Mars et Vénus en conversation criminelle. Mars et Vénus sont aujourd'hui la virilité et l'indépendance des peuples menacées par le Vulcain britannique.

Si pourtant, grâce à cette vapeur, on peut porter un jour dans les méandres du Caucase et de l'Atlas, dans les déserts où se dressent Tombouctou et Zophine le flambeau de la civilisation, des arts et de la religion, les vrais amis de leur patrie, les véritables philosophes n'en voudront pas trop à Salomon de Causs d'avoir découvert la vapeur, et aux compagnies anglaises, françaises, badoises, américaines et wurtembourgeoises, d'avoir perfectionné ou plutôt inventé l'art de se casser les jambes, de se briser les côtes et de se rompre le cou *par* brevet d'invention, *sans* garantie du gouvernement.

CHAPITRE XVIII.

—

L'ARCHITECTURE.

Les castors. — Les huttes. — Les cabanes. — Les chaumières. — Les maisons. — Les palais. — Les temples et les églises. — Les édifices publics depuis le moyen-âge, etc.

L'ART de l'architecture remonte à

l'origine même du monde, parce que dès qu'il y a eu des hommes, ils ont songé à se bâtir et des cabanes et des maisons pour se mettre à couvert des injures de l'air et des attaques des bêtes féroces. Leurs premières retraites furent vraisemblablement des antres et des cavernes qu'ils trouvèrent toutes faites et qu'ils se creusèrent eux-mêmes. Ces habitations durent leur paraître aussi tristes que malsaines. Ils pensèrent à s'en former d'autres avec des roseaux, des branches d'arbres, des feuilles, de la mousse et des terres grasses : la hutte fut inventée et précéda la chaumière. C'est de ces commencements si grossiers et si simples qu'est jailli cet art pompeux et superbe qui semble ajouter encore à l'ouvrage du Créateur, et donner un nouvel ornement à l'univers.

La hutte du sauvage est donc l'aïeule du temple et du palais, et la basilique de Saint-Pierre de Rome, cette œuvre étincelante et prodigieuse du génie de Michel-Ange et du Bramante, retrouve la chaumière du pâtre à la racine de son arbre généalogique.

Les ruines gigantesques qui nous restent encore des cités, siéges de la puissance des Assyriens, des Mèdes et des Perses, témoignent assez du haut degré de la civilisation de ces peuples et de la majesté colossale de leur architecture. Les Égyptiens héritèrent d'une partie de la grandeur de ces trois grands empires qui dominèrent tour à tour le monde; et c'est chez les Égyptiens que les siècles compris entre la prise de Babylone, par Alexandre le Grand et le règne d'Auguste (siècles qu'on est convenu d'appeler *antiquité*, et qu'on devrait selon nous nommer *moyenne antiquité*, comme on appelle moyen-âge les temps qui séparent les derniers Césars de Constantinople du règne de François premier), rencontrèrent les premiers chefs-d'œuvre d'architecture. Les Grecs imitèrent les Égyptiens et les surpassèrent non par les énormes développements de leurs édifices, mais par l'élégance, la grâce et le bon goût. Les Romains ont copié les Grecs, en alliant heureusement à l'élégance attique les mâles et sévères beautés des constructions républicaines ; et ce sont les monuments splendides de ces trois peuples, c'est-à-dire leurs pyramides, leurs temples, leurs amphithéâtres, leurs obélisques, leurs ponts, leurs aqueducs, leurs arcs de triomphe et leurs colonnes, qui sont devenus les modèles de tous les ouvrages d'architecture dont l'Italie, la France et l'Europe se sont décorés depuis la Renaissance. En un mot, les modernes ne seraient que de misérables plagiaires, si, pour l'honneur de l'esprit humain, de vastes génies, de lumineuses intelligences n'eussent protesté d'avance contre la routine moutonnière des singes d'Hermogène et de Vitruve[1], en semant dans notre vieille Europe, devenue chrétienne, des temples les plus merveilleusement sublimes, les plus spirituellement admirables qu'il a été donné à l'homme d'élever à la gloire et à la toute-puissance de l'Éternel.

Quelques écrivains, de ceux qui cherchent la raison des choses dans le mirage d'une philosophie impertinente, et qui s'évertuent dans leurs livres à faire passer des chimères pour des vérités, et des paradoxes pour des axiomes, ont prétendu que les castors, ces industrieux animaux qui consument instinctivement leur vie à bâtir, comme les araignées à ourdir leurs voiles fragiles, comme les vers à soie à filer les barreaux de leur prison diaphane, avaient appris aux hommes à se construire des maisons. Par la même raison, et en suivant jusqu'au bout l'hypothèse, les cygnes auraient appris à l'homme la navigation; le rossignol, la musique; le lion, l'art de la guerre; le singe, l'art scénique; la fourmi, le commerce, etc. Ce système est absurde, et ne tendrait rien moins qu'à ravir à l'intelligence humaine son initiative et sa puissance. Croyons, pour l'honneur de notre espèce,

[1] Le plus grand et peut-être le plus savant des architectes de l'antiquité. Ce fut lui qui bâtit le temple de Diane à Magnésie; celui de Bacchus à Teos, et inventa ou perfectionna plusieurs parties de l'architecture. Hermogène était né en Carie, et mourut, selon les uns, en Grèce; selon les autres, à Teos, dans le temple même de Bacchus, qu'il avait élevé. — Vitruve, très-célèbre architecte romain, était natif de Vérone, et vécut sous le règne d'Auguste, auquel il dédia son excellent *Traité d'architecture*, divisé en dix livres. Claude Perrault publia une traduction de Vitruve, avec de savantes notes, en 1673. Cette traduction est digne de l'original, disait Voltaire, et il n'appartenait qu'à Perrault de reproduire et de commenter Vitruve, qu'il avait ressuscité par ses ouvrages immortels.

que l'homme, cette image vivante du Créateur, n'avait nul besoin pour dompter les éléments et pour rendre tributaires de ses besoins les trois règnes de la nature, de l'imparfaite industrie et de la brute persévérance des animaux qui ne se livrent, dans le cercle que Dieu même leur a tracé, qu'au travail purement machinal, inhérent à leurs qualités anatomiques.

Les Grecs firent une science de l'art égyptien. L'architecture fut soumise à des règles sûres, inflexibles, mathématiques. Si Athènes, si Thèbes, si Lacédémone, si Corinthe, si les villes de l'Ionie ne virent point surgir dans leurs murs de monstrueux édifices semblables aux halles de Memphis, au temple de Bélus et aux jardins suspendus de Babylone, aux portiques de Ninive, etc., elles s'énorgueillirent avec raison de la majestueuse simplicité, de l'ordonnance sévère et de bon goût de leurs monuments publics, qui paraissaient être construits non pour des géants, mais pour des hommes, non pour les esclaves de dieux terribles et impitoyables, mais pour les adorateurs de divinités plus douces et plus aimables. Diane, Vénus, Cérès, Mars, Bacchus, Apollon, Mercure et Minerve, qui représentaient tous les devoirs, tous les droits et tous les plaisirs de l'humanité, n'exigeaient sur leurs autels que des épis, des parfums et des fleurs; et les effroyables piscines des temples de Babylone et de Ninive, où le sang de trois cents taureaux bouillonnaient aux jours des sacrifices, ne devaient trouver place dans l'étroit sanctuaire où l'on rendait hommage à la mère des dieux et à la mère des amours, au dieu de l'éloquence et au dieu des beaux-arts et de la poésie.

L'apogée de l'architecture grecque fut au temps de Périclès. Ce grand homme joignit le Pyrée à la ville d'Athènes, et donna par là à la République une importance maritime qu'elle n'avait pas eue jusqu'alors. Il éleva neuf trophées en souvenir de ses victoires, fit construire plusieurs temples, et embellit Athènes par des monuments publics d'une grande beauté. L'archíteure se soutint en Grèce avec éclat jusqu'à l'époque où les Romains, qui touchaient à toutes les libertés, et qui n'admettaient l'indépendance des nations que sous le patronage du Capitole, vinrent imposer à la Grèce une dangereuse alliance et leurs suspectes sympathies. L'art architectural passa alors de l'Ionie à Rome et apporta à la terre de Numa et de Tullus Hostilius, ces fondateurs des premiers édifices de la ville éternelle, le secret d'immortaliser le Tibre par des monuments, comme il s'était jusque là immortalisé par ses armes.

Les guerres civiles de Marius et de Sylla, de César et de Pompée, retardèrent l'intronisation de l'art grec sur le sol romain; car les proscriptions, les échafauds, les combats ou les assassinats de rues ne sont pas de nature à inspirer les grandes intelligences artistiques, et les Romains ne poussèrent pas le cynisme politique jusqu'à élever des trophées à leurs fureurs intestines, et des colonnes triomphales au démon fratricide de la guerre civile. Mais avec la domination de César, l'architecture se releva pour atteindre, sous Auguste, son plus haut degré de splendeur; puis elle déclina sous Tibère, et mourut sous Néron.

Trajan et Adrien, Adrien surtout, qui se piquait d'être bon architecte, firent de grands efforts pour rendre à l'architecture sa magnificence et son éclat, et ces efforts ne furent point infructueux. Rome s'enrichit, sous le règne de ces deux princes, d'édifices remarquables; et le savant architecte Apollodore, en élevant la colonne Trajane, prouva que les grands princes et les grandes actions font germer les grandes pensées et jaillir les grands monuments.

L'école architecturale d'Apollodore produisit un grand nombre d'architectes, dont quelques-uns se rendirent illustres, dont quelques autres se bornèrent à être habiles. La profession d'architecte devint même si populaire par la suite, que Végèce[1] assure avoir compté plus de trois cents architectes parmi ses contemporains.

Constantin, en transportant le siége de l'empire sur les rivages

[1] Végèce, écrivain militaire qui florissait sous l'empereur Valentinien le Jeune (380 de Jésus-Christ), a laissé un ouvrage estimé encore aujourd'hui des gens de guerre : c'est le livre des *Institutions militaires*.

du Bosphore, porta un coup terrible aux arts et à la gloire de Rome. L'architecture, aussi bien que la musique, la poésie, l'éloquence, la sculpture, la peinture et la comédie, abandonnèrent Rome, pour la nouvelle capitale du monde, et il ne resta à la vieille cité consulaire, à la ville de Jules-César, d'Auguste, de Trajan, de Titus et de Marc-Aurèle, pour se consoler de son veuvage, que les monuments incrustés profondément dans le sol et que l'on ne pouvait transporter, même par la voie de mer, à Constantinople. L'empire d'Occident, n'avait plus désormais que des souvenirs; l'empire d'Orient naissait avec des espérances; mais souvenirs et espérances devaient bientôt s'évanouir au son des clairons des barbares, et au bruit tumultueux de leurs courses à travers la Germanie et les Gaules.

L'ouragan humain qu'on nomme Goths, Visigoths, Ostrogoths, Gépides, Avares, Huns et Alains, souffla sur l'Italie et détruisit les plus beaux et les plus admirables ouvrages de l'antiquité. Rome, dont ces barbares hurlaient le nom en traversant à la nage les grands fleuves qui séparent le nord de l'Europe de l'attrayante Italie, fut une des premières cités où les arts reçurent la palme du martyre. Ces misérables peuples, qui n'avaient ni annales, ni histoire, ni liens sacrés avec un glorieux passé, se ruaient à qui mieux mieux sur les archives de marbre, de bronze et d'airain d'une nation généreuse, qui avait asservi le monde moins par la force de ses armes que par la justice de ses lois, la noblesse de ses mœurs et l'éclat civilisateur de sa puissance.

Mais du sein de ces hordes passionnées pour le pillage, la ruine et la dévastation, du milieu même de ces brigands devenus possesseurs et législateurs, il s'éleva un homme que l'Athènes du temps de Périclès, que la Rome du temps des Antonins n'aurait pas desavoué. Théodoric, roi des Ostrogoths, maître de toute l'Italie par la mort d'Odacre, appuyé par l'alliance d'Anastase, empereur d'Orient, et de Clovis, roi de France, dont il avait épousé la sœur, résolut de policer son royaume et de faire revivre les sciences, les lettres et les beaux-arts. Secondé dans ses vues généreuses par son ministre Cassiodore[1], il réussit à rendre à l'Italie une partie de sa gloire éclipsée, et en protégeant les cendres de Scipion, de Térence et de Virgile, prouva qu'il était digne de régner sur une terre où le génie, la vertu et la liberté s'étaient, pendant huit siècles, tenues étroitement embrassés.

L'architecture, sous Théodoric, se transforma comme elle s'était déjà transformée en passant de l'Égypte dans la Grèce. Elle prit les formes, l'allure, le caractère du nouveau conquérant de l'Italie. Cette architecture, qu'on nomma gothique, et qui dériva successivement, en perdant son nom et son style original et primitif, en architecture gréco-lombarde et en architecture byzantine, se révéla en Italie, en Espagne, en France et même en Allemagne par des monuments d'une valeur artistique incontestable. Bientôt une fusion complète s'opéra entre tous ces genres d'architecture aux huitième, neuvième, dixième et onzième siècles, et elle eut lieu par l'adoption absolue du style byzantin en élévation appliquée à la disposition des premières églises romaines. Ainsi cette nouvelle architecture réunissait tout à la fois les émanations du génie gréco-romain, et les combinaisons quelque peu terrestres et barbares des architectes goths.

L'église de Saint-Marc, à Venise, est la plus magnifique expression de cette architecture, que les raffinés de l'art appellent *bâtarde*, que nous nommerons, nous, transitionnelle[2].

En effet, les quatorzième et quinzième siècles produisirent l'architecture ogivale, c'est-à-dire la réunion, l'intime alliance du

[1] Cassiodore parvint par son seul mérite au poste de premier ministre de Théodoric. Il fut le Richelieu et le Colbert de son temps. Cassiodore, né en 470, avait été consul, et jouissait d'une grande popularité. Il se retira à l'âge de soixante-dix ans dans un monastère de la Calabre, où il s'amusa à faire des horloges à eau et des lampes perpétuelles. Cassiodore mourut vers 562, à l'âge de plus de quatre-vingt-treize ans.

[2] L'Europe possède encore une infinité d'églises construites dans le style lombardo-byzantin. On en compte plusieurs dans les environs de Paris, et nous citerons entre autres la petite église de Triel, bourg situé entre Poissy et Meulan. Ce monument, qui date évidemment du commencement du treizième siècle, renferme des parties tout à fait dignes d'être étudiées par les amis de l'art.

système gothique avec le système arabe ou maure. Dès ce moment, la religion chrétienne eut des basiliques dignes d'elle, et le séduisant matérialisme des temples païens fut écrasé par le spiritualisme plein de grandeur des églises de Jésus-Christ.

Rien ne caractérise mieux la foi catholique, les aspirations des chrétiens vers la Jérusalem céleste, les espérances d'une autre vie, les félicités futures d'une éternité bienheureuse, que ces voûtes hardies suspendues entre le ciel et la terre, que ces clochers gigantesques qui semblent être les intermédiaires des souffrances humaines avec les miséricordes de Dieu. Les savants du dix-huitième siècle ont trouvé le moyen d'attirer la foudre de la nuée vengeresse à l'aide d'une flèche d'or; nos pères plaçaient aussi au sommet des tours de leurs basiliques des flèches, mais elles étaient de fer; elles n'avaient point la mission d'appeler les tempêtes, mais d'attirer sur une terre sanctifiée par la prière, sur des populations pieuses, morales, intelligentes et laborieuses, les bénédictions de ce père souverain du monde, dont la main, prodigue de bienfaits, répand sans cesse des épis, des fleurs et des rayons.

L'architecture ogivale, cette architecture qui résume en elle toutes les grâces, toute la légèreté, toute la poésie de l'architecture arabe, et toute la colossale gravité de l'architecture septentrionale, devint donc, du treizième siècle à la fin du quinzième, l'architecture monumentale et religieuse de l'Europe. L'Italie, la France, l'Allemagne, l'Espagne et l'Angleterre se couvrirent d'églises construites, à force de bras, par les peuples enivrés de foi, d'espérance et d'amour. On vit se renouveler alors les prodiges de statique opérés, il y a quarante siècles, lors de la construction des grandes pyramides d'Égypte. Des peuples entiers, hommes, femmes, vieillards, enfants, venaient à tour de rôle travailler à l'édification des nouvelles métropoles : tous ces bras, tous ces esprits se soumettaient à l'intelligence, au génie d'un seul homme, et le maître maçon[1], assisté de quelques compagnons,

[1] Aujourd'hui, le premier gredin qui, aura barbouillé pendant cinq ou six ans chez un entrepreneur de maçonnerie des comptes de lattes, de tuiles et de gout-

satellites de sa fortune et voués à son étoile d'artiste, suffisait pour conduire, discipliner et instruire ces multitudes qui se renouvelaient sans cesse. Comme en Égypte, ces actifs et pieux artisans se nourrissaient des plus humbles et des plus viles productions de la terre. Mais qu'importait à ces hommes, à ces chrétiens? une grande idée dominait leur pensée et ne laissait aucune place à de profanes appétits; insensibles aux privations, aux périls de toute espèce[1], ces glorieux ouvriers comprenaient qu'en élevant au Dieu de la France un sanctuaire digne de lui, ils allaient aussi léguer à la patrie les plus belles pages historiques qu'une génération puisse laisser aux générations qui la suivent, et sceller en quelque sorte dans le sol la foi, l'honneur et la gloire du vieil empire de Clovis, de Charlemagne et d'Hugues-Capet.

Nous avons comparé le travail des grands vaisseaux religieux

tières, prend sans vergogne le titre d'*architecte*. Aux treizième et quatorzième siècles, les grands artistes auxquels nous devons tous les grands monuments religieux de l'Europe ne prenaient que l'humble titre de *maçon*, qu'ils ont, à la vérité, rendu glorieux et magnifique. Les impudents qui, sans rien avoir appris, se font appeler aujourd'hui architectes, bâtissent des maisons qui parfois s'écroulent et coûtent la vie à un grand nombre de citoyens. Ces sinistres arrivent journellement, et sont causés par l'ignorance de celui qui s'intitule architecte sans avoir appris les éléments de l'art de bâtir. Ne serait-il pas du devoir d'un gouvernement sincèrement républicain d'obvier à de si cruels et à de si incessants malheurs? On exige d'un avocat et d'un médecin des preuves authentiques de ses études et de son savoir, pourquoi n'agirait-on pas de même à l'égard des architectes, qui, eux aussi, tiennent entre leurs mains la vie et la fortune des citoyens?

[1] Une peste se déclara parmi les travailleurs lorsqu'on construisit la cathédrale de Reims; mais le concours de ceux qui venaient prendre part aux travaux ne diminua pas; bien plus, il augmenta. Même chose arriva à Chartres et à Strasbourg. La vertu et la religion sont aussi énergiques, heureusement, que le crime et la scélératesse. De grands malheurs, mais des malheurs presque inévitables, arrivaient aussi aux ouvriers sur les énormes échafaudages qui entouraient le monument commencé; mais ces malheurs, qui enlevaient souvent des centaines d'hommes, ne refroidissaient pas l'ardeur des survivants. En France, le péril est une fête, et la mort, dans certaines conditions et sous certains points de vue, une partie de plaisir, une joûte. Les Français ressemblent un peu aux veuves du Malabar, qui se brûlaient par point d'honneur sur le bûcher de leurs époux, pour obéir à une tradition et pour faire parler d'elles. Quand nous ne pouvons périr pour la défense de la patrie ou de notre foi, nous courons gaiement après la palme du martyre de l'utopie ou de l'absurde.

du moyen-âge au travail des pyramides d'Égypte, et cette comparaison n'est pas tout à fait juste. Les Égyptiens, oppresseurs de l'Afrique et d'une partie de l'Asie, employaient à leurs monstrueuses constructions les peuples réduits en esclavage. Au quatorzième siècle, — malgré la servitude politique qui régnait en Europe, — les travailleurs étaient libres. Les pyramides furent élevées par des esclaves, nos cathédrales par des chrétiens, c'est-à-dire par des hommes qui connaissaient leurs droits, mais qui connaissaient aussi leurs devoirs envers un ordre de choses qui avait l'assentiment de tous *consensu omnium;* le sabre menaçant planait sur la tête des maçons des pyramides, et le sang et les sueurs de ces malheureux se mêlaient au ciment du cercueil des rois endormis. En Europe, les ouvriers valeureux, qui creusaient, qui fondaient nos églises, qui en arquaient les voûtes, qui en sculptaient les porches, qui en ciselaient les piliers, marchaient, travaillaient sous le niveau chrétien : la fraternité existait dans ces prodigieuses agglomérations d'hommes, et il n'y avait, sous la poussière qui couvrait le sarrau grossier des travailleurs, ni roturier, ni noble, ni clerc, ni ignorant. Si l'on veut avoir une idée de cette sainte égalité, de cette vraie et sincère fraternité, il faut consulter les archives métropolitaines de l'Europe, et on verra qu'à la dédicace de la cathédrale de Strasbourg, de Louvain, d'Agen, de Chartres et de Saint-Quentin, les plus illustres personnages, les plus puissants seigneurs de ces provinces, quelquefois même des princes et des rois, célébraient, dans des agapes solennels, au milieu même des travailleurs qu'ils appelaient leurs enfants, le triomphe de l'art humain, qui était aussi le triomphe de la religion, de la liberté et de la civilisation.

Du treizième siècle au quinzième siècle, les architectes, je ne dirai pas illustres, mais sublimes, se partagent l'Europe pour y semer leurs merveilles. Louis de Montereau, Rodolmadus[1], Erwin

[1] Rodolmadus, l'architecte de la cathédrale de Reims, était serf. Il ne faut pas que ce mot serf effarouche les oreilles républicaines; on disait au quatorzième siècle serf, comme on disait au dix-septième sujet, comme on dit aujourd'hui citoyen. En

de Steinbach, Bernard de Saunder, Gilles du Maillet, Abel de Majorque, Stephane du Brinsier, Jacques Brichelau, etc., émaillent la France, le Hainaut, les Flandres, l'Angleterre, l'Espagne, toute l'Allemagne et toute l'Italie, des puissantes productions de leur génie. L'art grec, au point de vue religieux, est vaincu par ces brillants novateurs; et désormais, grâce à eux, la prière, ce parfum du cœur et l'immortalité de l'âme, cette croyance de toutes les croyances, et cette religion de toutes les religions, est célestement interprétée dans ces épopées de pierre, de marbre et d'airain.

Le seizième siècle arrêta subitement le jet architectural du génie humain. Il se fit une révolution dans les arts aussi bien que dans les idées; et les tristes retours vers l'antiquité philosophique se révélaient dans les plans de Saint-Pierre de Rome, approuvés et contresignés par les papes Jules II et Léon X, bien avant que Luther et Calvin n'aient, par leurs écrits, remis en question, avec la papauté, l'équilibre du monde et le destin même de la civilisation.

Ce temps de Léon X et de François Ier, assez improprement appelé Renaissance, fut, à notre avis, un retour malheureux vers des doctrines, vers des systèmes artistiques qui ne s'accommodent ni à nos mœurs, ni à nos lois, ni à nos préjugés. Rome et Athènes avaient habilement combiné leurs arts avec leurs systèmes religieux et politiques. Mais vouloir ressusciter dans nos sociétés chrétiennes les pompes architecturales du paganisme, enter le trépied de Delphes et de Samos sur l'autel du vrai Dieu, attacher la barque de saint Pierre au promontoire de Sigée, c'est, il faut en convenir, honorer singulièrement les vérités éternelles de notre religion.

Saint-Pierre de Rome est l'œuvre immortelle de la renaissance; mais Saint-Pierre de Rome, comme tous les ouvrages, fruits d'une conception vicieuse, a fait naître plus de monstres qu'il n'a

général, il ne faut pas plus juger les temps avec les mots que les bouteilles avec les étiquettes.

lui-même de beautés. L'architecture religieuse a perdu avec lui sa mystérieuse poésie ; car le seuil de Saint-Pierre de Rome appelle l'étonnement, la surprise, l'admiration, et jamais la prière. Et malheur, au contraire, à celui qui, au milieu des vastes nefs de nos vieilles cathédrales du quatorzième siècle, ne trouve pas dans son âme un écho pour cette grande voix qui vibre autour de lui, à l'homme qui ne trouve pas sur ses lèvres une prière toute faite, une parole toute vive et toute rapide pour adorer son Créateur, son Rédempteur et son Dieu.

Le dix-septième siècle fut l'une des plus belles époques de l'architecture. Les grands hommes surgirent de toutes parts dans cette lice immense, où les architectes du siècle précédent, les Bramante, les Michel-Ange, les Trissin, les Palladio avaient laissé l'empreinte ineffaçable de leurs pas. Dans la liste si longue des architectes qui élevèrent au dix-septième siècle, en Europe, les plus magnifiques monuments, la France, comme toujours, a le bonheur de voir ses enfants occuper le premier rang. Les Le Vau, les Blondel, les Philibert de Lorme, les Bullet, les Perrault, ont laissé des ouvrages impérissables, et qui, respectés des étrangers pendant deux invasions, ne pourront être détruits que par des Français eux-mêmes, dans un accès de folie.

L'architecture, on l'a remarqué, suit la pente des mœurs d'une nation. Aimable chez un peuple aimable, forte chez un peuple fort, religieuse chez un peuple pieux, elle devient courtisane et vile sous les gouvernements faibles, corrompus. Au dix-huitième siècle, l'architecture subit cet inévitable sort, et gagna en colifichets ce qu'elle perdit en gravité, en noblesse, en esprit. Les folies de la cour et de la ville, la morgue des financiers, le stupide orgueil des encyclopédistes, le mépris de toutes choses, tous les sentiments bas, tous les scepticismes, toutes les idolâtries menteuses et toutes les apostasies criminelles déteignirent sur elle, et en firent quelque chose dont on pourrait avoir l'origine et l'utilité dans le pavillon de Louvecienne, — bâti pour madame Dubarry, — et dont on pourrait chercher la chute dans les poteaux de la guillotine de 1793. Cependant quelques architectes, hommes de talent, de goût et de sens, résistèrent aux entraînements du temps, et se firent un nom honorable par quelques monuments où le bon goût s'unit au savoir et l'habileté à la noblesse des formes.

La république de 1792 n'eut que le temps de bâtir des édifices de carton; peut-être eût-elle enfanté des prodiges en architecture, comme elle en enfanta dans l'art de la guerre. Buonaparte, le légataire universel de cette république, Buonaparte, qui avait l'instinct du grand, du beau et de l'utile, ne pouvait, avec toute sa puissance, faire des hommes de génie; il dut se contenter de MM. Perrier et Fontaine, qui gâtèrent, le dernier, surtout, plus de beaux monuments qu'ils n'en élevèrent.

Aujourd'hui, faut-il le dire, l'architecture, comme tant d'autres arts aussi illustres, est devenu un métier, et ce métier, qui fait vivre splendidement à Paris quelques centaines d'hommes sans savoir, étouffe les talents naissants de quelque Palladio en herbe, de quelque Philibert Delorme en jaquette. Cette pauvre architecture française, qui a produit tant de chefs-d'œuvre de toute sorte pendant six longs siècles, en est réduite aujourd'hui à copier servilement le temple d'Agrigente en Sicile, et la maison carrée de Nîmes, pour les Bourses, églises et autres monuments; et à imiter servilement la colonne Trajane pour tout ce qui concerne son état, depuis la loge du portier jusqu'à la grille martiale de la place publique.

« L'architecture deviendra un art extravagant et nuisible, écrivait vers la fin du siècle dernier un architecte philosophe qui semblait avoir prévu la décadence complète de l'architecture française au dix-neuvième siècle, toutes les fois que les artistes et ceux qui les emploient perdront de vue la base de tout gouvernement, les bonnes mœurs. J'aime à voir l'architecture élever des arcs de triomphe aux défenseurs de la patrie; des pyramides, des obélisques, des tombeaux aux mânes des citoyens illustres qui se sont distingués par une bienfaisance extraordinaire; des temples aux sciences et aux talents. Mais elle me semble folle, ridicule, honteuse même et infâme, corruptrice des bonnes mœurs, lorsqu'elle s'épuise en vains ornements pour loger dans un hôtel splendide un faquin enrichi, qui, du haut d'un balcon doré, insulte à la misère publique. Elle n'est guère moins qu'un fléau lorsqu'elle mine lentement la santé du peuple par des maisons mal exposées, mal aérées ou excessivement élevées; par des hôpitaux mal construits; par des rues mal alignées ou sans issues..... L'architecture enfin se manque à elle-même lorsqu'elle sacrifie la solidité et la noble simplicité aux colifichets ordonnés par le luxe et le mauvais goût. »

Hélas! que dirait aujourd'hui le maçon moraliste, s'il voyait Paris remplacer chaque jour ses maisons du dix-septième siècle par d'ignobles constructions qui se dressent en quelques semaines, pour tomber en ruines au bout de quelques mois? s'il voyait la promiscuité des logements préluder à la promiscuité des sexes, dans ces ruches de pierre dont les compartiments adultères sont empruntés aux lupanars de la Rome des empereurs? s'il voyait nos édifices publics, nos monuments, nos églises même entachés de cette aridité d'invention, de ce scepticisme dégradant, de ce matérialisme affreux qui ronge nos cœurs, qui dessèche nos âmes, qui éteint en nous les vertus de nos pères, et qui fera de nous des ilotes, avant de faire de nous des sauvages?

Le vertueux architecte briserait alors son équerre et sa plume, et dirait avec Sedaine le moraliste, ce maçon qui taille aussi habilement une pièce de théâtre qu'une pierre :

« Si la philosophie de nos jours amène tant de dégradation et tant de honte, arrière cette philosophie!!! Ne l'achetons pas aux dépens de ce qu'un peuple a de plus cher, de plus saint et de plus précieux au monde : les traditions de ses ancêtres, la foi nationale, le patriotisme et la vertu. »

CHAPITRE XIX.

—

L'ART DU POTIER.

Les verres, la poterie, la faïence. — La porcelaine en Chine, en Saxe et à Sèvres.

La poterie (mot dérivé sans doute du latin *potio, je bois,* et qui s'applique non-seulement aux vases servant à boire, mais encore aux objets destinés à mille usages domestiques) est l'un des premiers arts que les hommes réunis en société aient inventé. Chez les peuples primitifs, la poterie fut la vaisselle de tout le monde; chez les peuples civilisés, elle fut principalement à l'usage des classes peu favorisées des biens de la fortune. Or, comme dans toute nation bien policée il doit y avoir, et il est moralement et physiquement impossible qu'il en soit autrement, des familles riches et des familles pauvres, — nous ne disons pas misérables, prenez-y garde, lecteur! — la poterie fut alors ce qu'elle est encore de nos jours, la vaisselle plate du petit bourgeois, du marchand, de l'artisan, et surtout du philosophe et de l'artiste.

Les anciens ont poussé très-loin l'art de la poterie; ce qu'on a retrouvé dans les fouilles d'Herculanum et de Pompeï, sur l'emplacement des villes occupées par les Sabins, les Wolsques et les Etrusques, prouve que le sentiment du beau, du gracieux, de l'élégant, avait précédé chez ces peuples les exigences d'une civilisation plus complète et plus éclairée. Les Étrusques, surtout, ont laissé après eux d'inimitables chefs-d'œuvre de poterie; et les vases merveilleux qui ornent encore à Rome les galeries du palais Farnèse et de la villa Aldobrandini, donnent la plus haute idée du génie et de l'habileté des artistes étrusques.

Nous ne parlerons pas de la poterie colossale des Assyriens, des Babyloniens et des Égyptiens. Les débris de pots, de vases, de coupes, de marmites, — qu'on nous pardonne la vulgarité du mot, — retrouvés sous les cadavres de pierres et de granit qui s'appelaient autrefois Ninive, Babylone et Memphis, dépassent tout ce que l'imagination pourrait créer de plus fantastique. Chaque tesson, chaque fragment de ces objets, dont les savants ne peuvent expliquer l'usage, et dont les charlatans seuls prétendent avoir la clé, sont chargés de figures, d'emblèmes, d'hiéroglyphes, de figures, de constellations et de signes dont il est impossible de ne point admirer l'expression et la netteté, bien que dépourvus de ce fini et de cette grâce qui dérivent exclusivement de la perfection capitale de l'art. L'adage latin *ex ungue leonem, à l'ongle on reconnaît le lion,* peut s'appliquer admirablement aux ruines domestiques de ces vieux peuples. L'écuelle cassée par la maladresse d'une cuisinière de Babylone, ou la terrine fêlée jetée au coin d'un sphinx par un marmiton de Memphis, suffiraient pour témoigner de la grandeur de ces nations et de la petitesse *ragotinique* des hommes de nos jours.

Les Grecs et les Romains, et parmi eux les Lacédémoniens, les Siciliens et les gens de Tibur, se distinguèrent par le génie de leurs potiers. A Sparte, les institutions même de la République encouragèrent la fabrication des ustensiles en terre, puisqu'il n'était permis à aucun citoyen de posséder de l'or ou de l'argent dans sa maison. Le fer et la poterie fournissaient donc tous les instruments de cuisine : le fer pour les broches, les chenets, les plats des festins civiques, les coupes et les fourchettes; la poterie pour les assiettes, les plats de famille, les coupes de libation, les cuvettes des sacrifices. Les Siciliens façonnaient des vaisseaux, des coupes et des vases de grand prix, moins, bien entendu, par la rareté de la matière que par l'excellence de la main-d'œuvre. Enfin, les gens de Tibur, — de cette Tibur si célébrée par les poëtes et si chère à Virgile, à Horace et aux Pisons, — avaient la réputation d'être les meilleurs potiers de l'Italie : c'étaient eux qui fabriquaient ces pénates d'argile[1] qui sont venus s'ensevelir avec les légions romaines dans toutes les contrées de l'Europe, de l'Afrique et de l'Asie. Sous Numa, et dans les premiers temps de la République, ces petits dieux lares étaient en fer; plus tard, ils furent

[1] Un certain Valérius Mapadus, potier de Tibur, fit une fortune considérable en vendant aux soldats des légions partant pour la troisième guerre punique, des dieux lares d'argile. Les soldats romains portaient tous avec eux un de leurs dieux domestiques, comme un souvenir de la patrie absente, comme une consécration du foyer domestique. C'était le beau temps de la République. Les soldats de Constantin et de ses successeurs avaient remplacé les pénates par une croix de bois : de là est peut-être venu l'usage de distribuer des croix comme récompense militaire.

en argile; sous les empereurs, ils furent en argent et en or. Mais hélas! dans ces temps de lumières philosophiques on n'y croyait plus; et comme tous les peuples en décomposition, les Romains, avant de renier leur drapeau, avaient renié leur foi, leurs croyances et leur dieu. Ce ne fut point le christianisme qui tua la puissance de la Rome impériale, ce fut le matérialisme, ce fut l'athéisme qui s'attache aux vieilles sociétés pour les renverser, comme la pariétaire et le lichen aux vieux murs et aux édifices chancelants.

Les Gaulois n'apprirent rien des Romains dans tout ce qui constitue les arts utiles. Il est prouvé que bien des siècles avant l'arrivée des soldats de Rome dans les Gaules, nos ancêtres avaient, outre des institutions très-vigoureuses et très-bien appropriées à leur caractère, des fabriques considérables d'objets nécessaires à une civilisation mitoyenne : c'est ainsi que dans l'Armorique (aujourd'hui Bretagne), la Neüstrie (Normandie), l'Aquitaine (Guyenne et Provence), on trouvait des bourgs entiers composés d'artisans de toute espèce. Les Armoricains fabriquaient des armes et savaient s'en servir, — car l'Armorique a sauvé trois fois la France; et si la traînée de poudre corruptrice qu'entraînent après eux les chemins de fer ne va pas l'énerver et la corrompre, peut-être la France lui devra-t-elle encore de n'être pas rayée de sitôt de la liste des nations; — ils fabriquaient aussi de la poterie de grès; et il y a quelques années, on a trouvé dans des *dolmens* des vases en grès[1] d'une dimension colossale, et

[1] On sait que les *dolmens* sont des tombeaux qui remontent pour la plupart à six ou huit siècles avant la domination romaine dans les Gaules. Ces tombeaux, dont le silence avait été respecté pendant deux mille ans, ont allumé la curiosité tant soit peu profane de quelques flâneurs d'antiquités, qui se décorent assez mal à propos du titre de savants. Ces tombeaux ont donc été violés, et les violateurs n'y ont trouvé que des ossements et des caractères indéchiffrables. Les paysans gardiens de ces cendres héroïques n'auraient pas permis, il y a un siècle, ces investigations parricides; mais les paysans, aujourd'hui, sont moins nationaux qu'il y a un siècle. Qu'est-il résulté de ces violations de sépultures? Rien. Où prétendent arriver ceux qui les commandent? Je ne sais. Ignorent-ils qu'un peuple qui jette au vent les cendres de ses aïeux est bien près de périr lui-même? Le mépris de Dieu et le mépris de la tombe marchent au même but. Il est vrai que ceux qui en-

qui gisaient au milieu d'ossements prodigieux. La Neustrie et la Guyenne étaient également renommées dans toutes les Gaules pour leur poterie; et le César lui-même admirait l'industrieuse activité des populations qu'il avait soumises, et qui, toutes, fournissaient des soldats aussi valeureux que des ouvriers infatigables. Les druides encourageaient chez nos ancêtres le commerce, les manufactures et l'industrie, et souvent ils étaient les maîtres ou les propagateurs d'idées nouvelles ou de procédés ingénieux; aussi les grands centres de populations gauloises étaient-ils presque toujours déterminés par les colléges ou par les réunions officielles et permanentes des druides. Ce qui arrivait dans les temps les plus reculés de notre existence comme nation, arriva encore lors de l'invasion du christianisme dans la Gaule : tous les lieux où les apôtres du Christ, où les confesseurs de la foi vinrent planter le signe révéré de la rédemption du monde et de l'affranchissement de l'humanité, devinrent avec le temps des villes et des cités considérables, florissantes par l'industrie, par le commerce, par les sciences, par les beaux-arts, par les mœurs, étincelantes des lumières de l'Évangile et des rayons sacrés de la liberté. La philosophie voudrait vainement nier ces bienfaits impérissables, trois cents villes en France démentiraient par leur nom seul son inique mauvaise foi et ses allégations mensongères. Cette rosée de grandeur, de puissance et de liberté, tombée sur notre pays par l'influence de la croix, faisait dire à un pape, illustre par la sainteté de sa vie et par l'éclat de son génie, que *la France était la république des évêques*.

Une petite ville d'Italie, Faënza, dans la délégation de Ravennes (États de l'Église), acquit vers le commencement du treizième siècle, en 1228, une réputation extraordinaire par sa poterie de terre vernissée. Vers le milieu du siècle suivant, un Italien, domestique du duc de Nevers, crut trouver dans le

treprennent de pareilles croisades contre les guerriers d'un autre âge, sont encouragés par l'impunité de ceux qui violent les tombeaux. Du moins le progrès de la science est le bouclier commode dont se servent les premiers.

Morvan, contrée limitrophe du Nivernais, une terre semblable à celle que l'on employait dans son pays à la fabrication de la poterie. Il fit part de sa découverte au duc de Nevers, qui lui donna vingt mille francs pour établir une manufacture pareille à celles de Faënza. L'Italien réussit au-delà de ses espérances, et, dès ce moment, la France cessa d'être tributaire de l'étranger pour cet article de consommation si utile et si universel. On se mit de toutes parts, en France, à fabriquer de la faïence; et, à l'exemple de Nevers, Angers, Rouen, Nantes, Rennes, Montereau, créèrent des manufactures qui prospèrent encore aujourd'hui. Les provinces les plus pauvres trouvèrent dans cette industrie les moyens d'alléger le fardeau de leurs besoins et de leurs impôts; et, au moment où nous traçons ces lignes, le département des Bouches-du-Rhône compte plus de deux cent cinquante fabriques de faïence; le Var, plus de quatre-vingts, et les Basses-Alpes, vingt-cinq. Cet humble commerce nourrit plus de vingt mille familles, et assure un travail régulier à plus de soixante mille personnes.

Pline, le naturaliste, rapporte que des marchands phéniciens s'étant servis par hasard, dans leurs voyages, de quelques blocs de soude pour construire un foyer sur le sable, virent avec surprise le natron et le sable se combiner par la fusion et donner existence au verre. Cette origine est quelque peu fabuleuse, et il est beaucoup plus simple de penser que l'idée de la fabrication du verre a été donnée aux hommes par les éruptions de volcans, dont les laves, composées d'éléments divers, forment dans leurs courses brûlantes à travers les campagnes des combinaisons multiples, que tout le génie humain n'aurait pu ni prévoir ni créer.

En Égypte, où les monuments en verre n'étaient pas rares, on citait divers scarabées en émail portant le cartouche de différents rois. Parmi ces scarabées, il y en avait un en émail vert qui portait le cartouche de Thautmosis III, septième roi de la dix-huitième dynastie, qui régnait dix-sept cents ans avant Jésus-Christ. On sait, en outre, que Cléopâtre, reine d'Égypte, donna au triumvir

Marc-Antoine un sphinx colossal en émail, qui sombra en vue du port d'Ostie avec le vaisseau qui le portait à Rome.

Les Chaldéens et les Hébreux connaissaient le verre, et il est fait mention de ce produit de l'industrie humaine dans le livre de Job. Le temple de Jérusalem contenait même plusieurs vaisseaux destinés aux sacrifices faits en verre. On lit dans l'Écriture que le grand-prêtre Abimeleck ordonna de réduire en poussière tous les vases mutilés qui servaient aux cérémonies du temple, et de les remplacer par d'autres vases *n'ayant jamais servi.*

Le verre fut apporté à Rome sous le règne de Numa, 714 ans avant Jésus-Christ. Le prix des objets en verre fin tiré des verreries de Memphis, de Sydon et de Tyr, était encore si élevé sous Néron, que cet empereur paya six mille sesterces (environ dix mille francs de notre monnaie d'aujourd'hui) deux coupes de verre de moyenne grandeur.

La fabrication du verre resta stationnaire pendant plus de trois mille ans[1]. Ce ne fut qu'au moyen-âge que les loisirs du cloître inspirèrent à quelques moines le désir de surpasser les anciens dans la confection des utiles vaisseaux consacrés à conserver et à perpétuer le parfum des grappes conquises par Brennus. Les Romains gardaient leur cécube et leur falerne dans des outres ou des amphores qui portaient le nom des consulats sous lesquels elles avaient été remplies. Mais ce mode de conservation avait de graves inconvénients; et le voluptueux et gourmand Lucullus avait raison de dire à son maître-d'hôtel : « Ne sers jamais sur ma table les vins de mon consulat; à la lie qu'ils déposent au fond de l'amphore, je m'aperçois que je suis vieux, et de mon passé je ne prétends garder que le souvenir de mes victoires sur Mithridate et sur Tygranes. »

[1] Le verre soluble est un silicate simple de potasse ou de soude.

Le verre de bouteille un silicate de potasse ou de soude, de chaux, d'alumine de fer.

Le verre à vitres est un silicate de potasse ou de soude et de chaux.

Cristal ordinaire de silicate de potasse et de plomb.

L'émail, silicate et stomate, ou antimoniate de potasse ou de soude et de chaux.

Les moines inventèrent les bouteilles; et cette heureuse application de l'art verrier, qui laisse au vin captif, dans une gracieuse prison, tout son arôme et toute sa sève, qui permet à la vue de s'associer aux jouissances du goût et de l'odorat, est une des plus heureuses découvertes du moyen-âge. Peut-être nos vins de France, dont la gloire a fait le tour du monde bien avant la gloire de nos armes, doivent-ils à l'habit fragile combiné par quelques pieux cénobites, une partie de leur splendeur et de leur renommée. L'attrait pratique de la liqueur bourguignonne et champenoise réside incontestablement dans son uniforme, et il est à croire qu'un épicurien qui sablerait, sans intempérance, deux bouteilles de vin de champagne, n'en boirait pas une seule si le jus pétillant d'Épernay et d'Aï lui était présenté dans une cruche de grès. L'habit ne fait pas le moine, dit-on communément et assez hypocritement, mais ici les bouteilles ou ceux qui les ont inventés, les moines, font le vin.

Le métier de souffler le verre, et particulièrement les bouteilles, devint bientôt un privilége[1]. Dès le douzième siècle, les pauvres gentilshommes furent, par des édits royaux, investis de la fatigante et périlleuse mission de souffler le verre. Les rois pensaient sans doute qu'il appartenait à la noblesse indigente, dont le sang coulait habituellement sur les champs de bataille

[1] Ce privilége dangereux dura jusqu'à la révolution de 1789. Il y avait en France des milliers de familles de gentilshommes verriers, qui toutes, ou presque toutes, se rendirent recommandables par leur vaillance, leur probité, leurs vertus, et donnèrent parfois le jour à des hommes distingués dans les arts, dans la magistrature, dans l'épiscopat, dans les armes et dans les lettres. Un poète aimable et négligé du dix-septième siècle, Gérard de Saint-Amand, si sévèrement traité par Boileau, était issu, entre autres, d'une famille de gentilshommes verriers. Ses ennemis lui décochèrent l'épigramme suivante :

Votre noblesse est mince;
Car ce n'est pas d'un prince,
Daphnis, que vous sortez.
Gentilhomme de verre,
Si vous tombez par terre,
Adieu vos qualités.

Saint-Amand mourut pauvre, comme il avait vécu.

pour la défense du territoire, — noblesse sans fief, sans domaine héréditaire et sans récompense, — de servir encore la patrie pendant la paix au péril de ses jours et de l'enrichir au prix de ses sueurs, de ses fatigues et de sa pauvreté.

L'illustre Bernard de Palissy, le génie le plus universel et le plus encyclopédique du seizième siècle, porta l'art de la poterie à un degré de perfection inconnu jusqu'à lui. Bernard enfanta des chefs-d'œuvre, et les produits de cet artisan sublime décorent encore aujourd'hui les musées nationaux et les cabinets des amateurs et des curieux. On a vu en Angleterre, en Allemagne, en Suède et en Espagne, les ouvrages de Bernard de Palissy, au dix-septième et au dix-huitième siècle, se vendre jusqu'à 10, 15 et 20 mille francs. Hélas! ce potier-philosophe, ce penseur, ce mathématicien profond, ce Benvenuto-Cellini[1] de la France, ce grand homme qui ne burinait pas sa gloire sur les métaux précieux comme l'artiste florentin, mourut presque ignoré, presque pauvre... car il avait sacrifié jusqu'à son dernier écu, jusqu'au dernier meuble de son manoir héréditaire, pour assurer le triomphe de ses découvertes et la suprématie de la France dans la seconde industrie qu'il avait découverte.

L'art du verrier, fortifié par l'accroissement des connaissances scientifiques, et surtout par l'intervention de la chimie, a fait, en Europe et en France, principalement depuis un siècle, d'immenses progrès. Les différents verres, le verre de bouteilles, le verre à vitres, l'émail, etc., ont subi ou de précieuses améliorations, ou de complètes transformations. Un nouveau produit a même augmenté depuis cent cinquante ans l'industrie verrière : c'est le

[1] Benvenuto Cellini, de Florence, était peintre, sculpteur et graveur. Le pape Clément VII l'admit dans son intimité, et lui confia la défense du château Saint-Ange, où Cellini acquit beaucoup de gloire par sa prudence et par sa bravoure. Ce qu'il y a d'honorable pour la France, c'est qu'au nombre des princes qui comblèrent Benvenuto Cellini, artiste et soldat, de témoignages de sympathie, de récompenses et d'honneurs, on trouve François Ier. Ce monarque voulut attirer Cellini à Paris. L'artiste répondit en Spartiate : « Mon cœur est à vous et à la France; mais mon âme et mon bras appartiennent à l'Italie. »

cristal artificiel qui, grâce au talent, à la précision, au bon goût de nos ouvriers, rivalise parfois avec le cristal de roche, et est susceptible comme lui de recevoir les inspirations hiéroglyphiques de l'amour, de l'amitié, de la reconnaissance. On peut avoir aujourd'hui, pour un franc vingt-cinq centimes, ce que Néron et Titus auraient payés six mille francs, et ce que Charlemagne, dans le palais des Thermes, n'aurait pas craint d'acheter cent ou deux cents carolus d'or. Le talent ressemble à la vertu, il se donne, et quand celle-ci reçoit et empoche des récompenses, c'est qu'elle n'existe plus, ou plutôt c'est que la philantropie, — la vertu des bateleurs, — a usurpé sa place et volé son nom.

Tandis que l'art du potier ne faisait au moyen-âge, en Europe, que de lents et incertains progrès, la fabrication de la porcelaine florissait en Chine et au Japon depuis un temps immémorial. Les soixante-seize tasses et les douze jattes de porcelaine apportées à Louis XIV, en 1667, par des missionnaires jésuites qui arrivaient de Pékin, furent un événement à la cour et défrayèrent la conversation de la ville pendant six mois. Le roi, informé des angoisses de la curiosité publique, ordonna que ces pièces de porcelaine fussent exposées dans un salon des Tuileries, et la foule s'y porta avec frénésie. Des voleurs y allèrent avec la foule, et dérobèrent six des plus belles tasses qu'on ne put jamais retrouver. Louis XIV, à qui on fit part de ce malheur, en lui demandant s'il ne serait pas à propos de clore l'exposition pour sauver ce qui restait des produits chinois, répondit : « Que les larrons me prennent le reste de mes tasses, si cela leur convient; mais je ne priverai point mon peuple, par une crainte qui n'est que chimérique, du plaisir d'admirer ces belles porcelaines; d'ailleurs ce tribut de l'industrie étrangère lui appartient aussi bien qu'à moi : en France, tout ce qui est au roi est au peuple. »

Louis XIV, par les mains de Colbert, devait jeter plus tard les fondements d'une industrie où les Chinois du dix-neuvième siècle nous reconnaissent pour leurs maîtres.

Les Portugais avaient importé, vers le commencement du seizième siècle, les premières porcelaines de l'Asie orientale; mais les droits dont ces produits étaient frappés à la sortie des ports chinois et japonais, et les prix exhorbitants auxquels les marchands étaient obligés de vendre cette porcelaine pour obtenir quelques bénéfices, ne les encouragèrent pas à poursuivre ce genre de commerce, et ils y renoncèrent. Ce ne fut qu'au commencement du dix-huitième siècle qu'on découvrit en Saxe (dans la province de Misnie), la composition et le secret de la vraie porcelaine, c'est-à-dire de la porcelaine dure. Vers la même époque, on commença à fabriquer en France la porcelaine tendre; mais en 1770 seulement, la découverte du kaolin de Limoges [1] permit d'entreprendre à Sèvres la fabrication de la porcelaine dure, qui depuis a été portée à un si merveilleux degré de perfection.

Tout le monde connaît les magnifiques produits de la manufacture de Sèvres, et les principaux chefs-d'œuvre de ses ateliers, où les sciences et les arts sont représentés par leurs plus profonds et plus habiles interprètes. Sèvres a détrôné la Chine et la Saxe; et le sceptre de la porcelaine, qu'elle ne se laissera pas ravir par les artistes de Pékin et de Dresde, ne sortira plus de ses mains. La France, si elle honore encore longtemps les arts de la civilisation et de la paix, restera en possession de fournir à l'Europe et à l'Amérique, aux rois d'ici et aux riches républicains d'au-delà de l'Atlantique, les plus riches, les plus nobles et les plus gracieux ornements de leurs buffets et de leurs tables. Et comme la peinture, même la peinture historique, s'allie avec un rare bonheur à l'art de Sèvres, les grands événements de notre histoire, les fameuses batailles de nos longues guerres, les portraits de nos grands capitaines, de nos grands magistrats, de nos grands orateurs et de nos grands poètes, apparaîtront un jour dans les

[1] La porcelaine se fait avec le kaolin, terre argileuse, blanche, résultant de la décomposition du feldspath du granit, le petunsé ou feldspath pur ou un mélange de craie de sable et de feldspath, auquel on ajoute quequefois du gypse et même des tessons de porcelaine.

musées de l'Orénoque, du Missisipi et de l'Ohio, et rappelleront à des peuples nouveaux les prospérités, les vertus et les hauts faits de la France naufragée, en leur montrant, sur le fragile mais éloquent émail, les victoires de Tolbiac et de Fontenoy, d'Austerlitz et de Wagram, et les héroïques effigies des Duguesclin, des Sancerre, des Clisson, des Tourville, des Turenne, des Catinat, des Luxembourg, des Hoche, des Desaix, des Kléber, des Ney et de Napoléon.

Malgré la supériorité incontestable des produits de la manufacture de Sèvres, les riches amateurs recherchent encore la porcelaine de la Chine et du Japon et la porcelaine de Saxe. Cette dernière est arrivée à la vérité à l'état de mythe, et n'est plus dans le cabinet des curieux qu'un point de départ historique et chronologique, ainsi que le *biscuit*, pâte assez semblable à la porcelaine, avec laquelle on exécutait divers ornements de surtouts de table et de cheminée vers la fin du dix-septième siècle. Mais il n'en est pas de même de la porcelaine chinoise, qui a conservé, à défaut de la poésie de ses couleurs et des sujets magots qu'elle adopte, la poésie de l'éloignement, ce qui est pour le commun des hommes un mérite supérieur à bien d'autres mérites. Un baragouineur iroquois, dont l'intelligence épaisse ou vulgaire ne brillerait en aucune façon dans son pays, est sur une terre étrangère, et au préjudice même des enfants légitimes de cette terre, accablé, par des niais, de témoignages de respect et d'admiration. On le truffe d'argent, on le chamarre de cordons, et l'homme de mérite expire de froid, de faim et de désespoir à la porte de l'hôtel du faquin cosmopolite.

Un Nabab, — un de ces hommes qui après avoir réalisé dans les Indes des bénéfices fabuleux viennent mener à Londres la vie des Satrapes et des Sybarites, — a fait venir récemment de Canton un service en porcelaine qui ne coûte pas moins de deux cent quatre-vingt mille francs. Ce service est de la plus grande beauté chinoise. Pour cent mille francs cependant le Nabab aurait eu un service en Sèvres mille fois plus digne sous le rapport de l'art, de l'admiration de ses clients et de ses parasites. Mais l'esprit anglais avant tout : Sèvres n'est point située dans le céleste Empire, et les Français ne sont pas des Chinois.

Nous remarquerons, en passant, que les premières verreries furent établies, soutenues et encouragées en France par Philippe de Valois et par le roi Jean au quatorzième siècle ; que Louis XIV et Colbert, au dix-septième siècle, imprimèrent aux verreries une impulsion si puissante et si active, qu'elles renversèrent, pour ne plus se relever, les verreries de Venise ; et qu'enfin ce fut aux efforts réunis de Louis XV et de son ministre, le duc de Choiseul, que la France dût sa splendide, nationale et précieuse manufacture de Sèvres.

Mais il est une autre conquête encore dont notre heureuse patrie enrichit son commerce et agrandit son industrie : nous voulons parler du coulage des glaces et de la confection des miroirs de toute espèce.

Les anciens connaissaient l'usage des miroirs, non pas seulement en acier ou en fer poli, mais en verre. Pline assure qu'à Sidon les Phéniciens taillaient, gravaient et doraient le verre ; ils étaient même arrivés à faire des verres imitant à s'y méprendre les pierres précieuses. Les Romains et les Grecs se servaient même de miroirs en verre ; et les dames d'Athènes ainsi que les femmes de qualité de Rome, sous les empereurs, faisaient venir à grands frais de l'Asie ces objets pour en orner leurs gynécées.

L'art de la verrerie ne fut réellement bien établi en Europe qu'au douzième siècle, et Venise, qui fut bientôt dépassée par la France pour ses verreries, conserva fort longtemps le monopole de ses miroirs. Ce fut même à Venise qu'on fabriqua pour la première fois les glaces soufflées, et l'on sait quel immense parti cette république de marchands tira de cette nouvelle et magique industrie. De la fin du quinzième siècle à la fin du dix-septième, Venise fut en possession de fournir de glaces tous les palais, toutes les maisons princières de l'Europe. C'est Venise qui transporta la première ses glaces, non-seulement dans le Nouveau-

Monde, au Mexique et au Pérou, d'où elle rapporta en échange des lingots d'or et d'argent, des bois de construction, des parfums et des épiceries, mais encore en Asie, en Afrique et dans les contrées les plus reculées du nord de l'Europe. Bougainville, dans un de ses voyages sur la côte d'Afrique, remarqua chez un chef d'une tribu considérable, guerrière et marchande tout à la fois, une glace de Venise qui portait le millésime de 1474. Les glaces de Venise n'étaient ni hautes, ni larges, ni d'une eau très-limpide, et si l'on en excepte quelques-unes qu'on retrouve encore dans les anciens palais et notamment à Compiègne, à Fontainebleau et à Chambord, elles n'avaient rien d'attrayant ni dans la forme ni dans la couleur; mais les Vénitiens avaient seuls le secret du coulage, et le mystère de la fabrication de leurs glaces était strictement gardé. Ce mystère, qu'on pouvait comparer à celui des délibérations de leur conseil des Dix, ne laissait aucun espoir à l'industrie étrangère pour lutter, sous ce rapport, avec le commerce de la sérénissime République.

Il était réservé à un Français de percer les voiles qui entouraient cette ténébreuse manufacture, et de deviner les procédés employés par le génie vénitien. Abraham Thevart inventa, — c'est le mot, car il perfectionna le système général des Vénitiens, — le coulage des glaces en 1685, et fonda l'admirable manufacture de Saint-Gobain. Dès ce moment, les essais informes que l'Angleterre et l'Allemagne avaient tentés pour rivaliser avec Venise furent comme non avenus, et la France marcha encore dans cette carrière nouvelle à la tête des principes et des progrès civilisateurs.

Colbert n'était plus; mais le marquis de Seignelay, son fils, ministre secrétaire d'état, et Louis XIV vivaient encore, et Abraham Thevart qui venait de doter la France d'une si magnifique et d'une si miraculeuse industrie, fut soutenu et encouragé. Le roi commença par lui commander pour six cent mille francs de glaces, et les plus riches seigneurs de la cour, les plus opulents bourgeois adoptant la royale initiative, adressèrent à

Saint-Gobain de nombreuses demandes qui mirent tout à coup Abraham Thevart en état d'incruster de plus en plus dans le sol Français la glorieuse industrie que son génie y avait naturalisé. Les glaces de Saint-Gobain, coulées en 1785 et années suivantes, passent encore pour des morceaux d'un fini précieux, et quoique les procédés de fabrication aient faits depuis la fin du dix-septième siècle de notables progrès, dûs au perfectionnement de la statique et de la chimie, ces glaces qui ont écrasé par la limpidité de leur eau et par leur grandeur les fameuses glaces de Venise, conservent encore le prestige qu'on accorde à tout ce qui ouvre résolument, — hommes ou choses, — une lice de gloire et de prospérité nationale. La manufacture de Saint-Gobain, qui prit quelques années après le titre de manufacture royale, reçut une adjonction, ou plutôt une succursale dans la manufacture de glaces créée au dix-huitième siècle dans le faubourg Saint-Antoine. Mais là bas était la gloire, la vieille gloire; ici le reflet.

L'oisiveté, la captivité surtout ont fait entreprendre des choses merveilleuses en fils de verre ou filigrane. En 1776 on voyait, à l'Hôtel des Invalides, à Paris, un prodige de cette espèce. Un soldat amputé des deux jambes, et qui avait fait la guerre de Sept Ans, avait consacré ses loisirs à reproduire, en fil de verre, la ville et la forteresse de Magdebourg, où il avait été retenu prisonnier pendant près de trois années. Rien ne manquait à cette œuvre ingénieuse, ni l'exactitude, ni l'originalité, ni la délicatesse, ni l'animation; on reconnaissait jusqu'aux plus humbles poternes, jusqu'aux plus simples bastions, jusqu'aux accidents de terrain de la ville, jusqu'aux flèches de ses vieux édifices, les canons, les mortiers, les piles de boulets étaient braqués et placés en leur lieu, et pour ajouter un nouveau sujet d'intérêt à son tableau, l'auteur avait semé les glacis et les cours de la citadelle, ainsi que les rues de la ville, de personnages dont les vêtements, peints avec une parfaite vérité, donnaient à l'aspect général de l'œuvre un air de vie et d'activité. Cet invalide n'avait pourtant jamais appris ni le dessin, ni la perspective, ni même les premiers et grossiers éléments que les gens de bâtiment possèdent; mais il était intelligent, et l'existence méditative du soldat et du prisonnier avait développé en lui les qualités de l'artiste et du philosophe. Du philosophe, car le maréchal de Castries ayant voulu lui acheter son œuvre, le soldat répondit : « Je suis bien fâché de vous refuser, monsieur le maréchal, mais le roi me donne ici tout ce dont j'ai besoin, et je n'ai que faire d'un trésor que je ne saurais où fourrer. » Et comme le maréchal insistait et lui demandait le sort qu'il destinait à une besogne de quinze années de patience. « Monseigneur, lui répondit l'invalide, après ma mort je lègue Magdebourg à la pauvre église de mon village. On viendra y voir de quinze lieues à la ronde l'ouvrage du soldat, et ça rapportera quelqu'argent aux marguiliers pour faire rebâtir le clocher. » Le maréchal de Castries prit la main de l'invalide, la lui serra avec effusion, et lui dit : « Vous conserverez ici votre travail et le clocher de votre village sera rebâti. »

M. de Castries tint parole, et lorsque le pauvre soldat mourut, en 1790, il laissa à la famille du maréchal la ville et la forteresse de Magdebourg. Ce chef-d'œuvre de patience et d'habileté soldatesque a été perdu comme bien d'autres.

CHAPITRE XX.

LA PEINTURE.

La peinture sur toile, le bois, la tapisserie, le verre, la porcelaine. — Les Gobelins.— L'École vénitienne. — L'Eocle flamande ou hollandaise. — L'École, française, etc., etc.

On a dit que la Peinture était sœur de la Poésie et de l'Éloquence, et cette comparaison, transmise d'âge en âge par les rhéteurs et les beaux-esprits, est arrivée jusqu'à nous, grâce aux écrivains, qui ne trouvent rien de plus commode que de se servir des guenilles philosophiques et littéraires de l'antiquité. Cette comparaison, à notre avis, est fausse de tous points. Les beautés de la poésie, les séductions de l'éloquence sont relatives. Débitez les plus fougueuses philippiques de Démosthènes, les plus nobles discours de Cicéron, les plus violentes harangues de Mirabeau devant la populace de Londres, de Milan ou de Paris; récitez devant un parterre composé de Hurons, d'Iroquois ou de Samoyèdes les vers les plus délicats de Tibulle et de Parny, les plus belles odes de Pindare, d'Horace ou de Jean-Baptiste Rousseau, les plus dramatiques scènes de *Polyeucte*, de *Cinna*, d'*Athalie* ou de *Mérope*, et vous verrez si cette foule d'animaux à deux pieds, sans plumes, selon la définition de Platon, ne reste pas aussi froide, aussi impassible qu'un Therme, au développement de tant de passion, de tant d'amour, de tant de haine. Mais montrez à cette populace barbarement civilisée, à ces Iroquois, à ces Hurons, à ces Samoyèdes quelques-unes de ces grandes pages picturales qui retracent un événement mémorable, historique ou religieux; livrez à leurs regards hébétés la *Descente de croix* de Rubens, le *Jugement dernier* de Michel-Ange, le *Martyr de saint Gervais* de Lesueur, la *Communion de saint Jérôme* du Dominiquin, la *Bataille de San Christino* de Salvator Rosa, la *Peste de Jaffa* de Gros ou la *Révolte du Caire* de Girodet, vous verrez toutes ces faces humaines s'illuminer d'un rayon céleste; le génie du peintre, la magie de ses pinceaux, l'éloquence de ses couleurs, aura été remuer violemment les fibres de ces troupeaux d'hommes restés insensibles au tonnerre de la parole de Démosthènes, de Cicéron, de Mirabeau, aux euphoniques douceurs de Tibulle et de Parny, aux accents passionnés de Corneille et de Racine; car la peinture n'est pas le résultat, comme la langue humaine, de cris réglés, de gloussements perfectionnés, de clameurs plus ou moins agréables à l'oreille : c'est une pensée qui éclate, qui bondit, qui subjugue, qui est comprise indépendamment de l'idiome, du dialecte ou du patois que l'on parle. La peinture ne s'adresse pas à l'oreille, elle s'adresse à l'âme et au cœur, et comme tous les hommes à peu près ont un cœur plus ou

LA PEINTURE.

moins honnête, et une âme plus ou moins corrompue, il s'ensuit que les quatre cinquièmes des habitants de ce globe sublunaire qui ne seraient pas capables de s'entendre, grâce à l'énorme variété de langages qui s'y parlent, comprennent tous électriquement la poésie et l'éloquence d'un tableau. Notre maître Rabelais comparait, lui, — avec cette liberté de style et d'allure que nous lui connaissons, — la peinture à une fenêtre, où, disait-il, on se place pour voir passer la comédie des siècles écoulés. A Dieu ne plaise que pour augmenter le nombre de la milice comparative, nous essayions d'établir, après l'auteur de *Pantagruel* et de *Gargantua*, un parallèle entre l'art de Zeuxis et de Raphaël et une mansarde! mais nous avouerons que, depuis bientôt un demi-siècle, la peinture, la fenêtre du joyeux curé de Meudon, est, — à quelques glorieuses exceptions près, — descendue à l'état de lucarne en Europe. Cet abâtardissement, qui se révèle dans tous les arts, dérive d'une cause trop connue. Il n'y a plus, aujourd'hui, de vocation, et on se fait peintre, sculpteur, architecte, comédien, comme on se fait bonnetier, apothicaire ou officier de santé. Ceci vous explique pourquoi il y a tant de rapins qui s'intitulent artistes peintres, et tant d'histrions qui se font appeler comédiens.

Les Grecs, qui revêtaient toutes choses des fleurs de la poésie et de l'imagination, racontaient qu'une jeune fille de Corinthe, nommée Dibutade, au moment de se séparer de son amant partant pour la guerre, traça sur un mur le profil de cet objet chéri, et devint ainsi, grâce à l'inspiration de l'amour, le premier peintre, comme dans notre vieux roman de *la Rose*, le beau Sargines devint le premier savant parmi les gentilshommes de la cour de Charles V.

Cette aventure, toute charmante qu'elle paraisse, n'est et ne doit être qu'une fiction. La peinture était connue et pratiquée bien avant le temps de Dibutade, et la vierge de Corinthe avait été devancée de plusieurs milliers d'années par cent peuples civilisés dans la découverte de l'art merveilleux qui s'associe comme symbole, comme souvenir ou comme mythe, aux destinées générales des nations, aussi bien qu'au sort obscur des citoyens.

La peinture naît, grandit, se développe, décline et meurt chez les nations avec les institutions politiques, morales et religieuses, dont elle est le corollaire le plus brillant et le plus admiré. Quand une nation est fière, libre, heureuse, attachée à son Dieu et à ses lois, la peinture est vigoureuse, énergique, chaste, pleine de foi et d'inspiration; quand une société, au contraire, a renié ses croyances, a déserté ses institutions, ses traditions, son honneur, la peinture reflète la décomposition sociale; elle est folle, désordonnée, obscène ou fanatique, immorale ou frivole; du culte des dieux, des héros, des fastes glorieux de la patrie, elle descend au culte de l'ignoble, du laid, de l'affreux. Sa mission importante n'est plus de reproduire, pour les plaisirs des yeux d'un peuple libre, les événements augustes qui ont, sur les champs de bataille comme au Forum, cimenté, affermi la gloire et les droits de la nation, ou les traits vénérés des citoyens utiles, des magistrats intègres, des pontifes consolateurs : toute la vigueur de l'art, ou plutôt le peu de forces qui lui reste, est de retracer des scènes funestes, des drames impurs ou les effigies salies encore des bravos populaires d'un histrion, d'un brigand, d'un bateleur ou d'un sophiste corrupteur. La populace de Rome et de Constantinople, au temps détesté des empereurs, avant de se battre dans les rues pour le triomphe des histrions et des cochers, s'extasiait, dans les galeries du palais d'Héliogabale et de Justinien, devant les plates figures d'un mime, d'un musicien, d'un jongleur et d'un affranchi.

La peinture, longtemps donc avant l'origine que lui donnaient les Grecs dans la fable de Dibutade, était connue chez les Hindous, chez les Perses, chez les Chinois; symbolique et hiéroglyphique, elle participait dans les mœurs de ces peuples à toutes les croyances morales, civiles et religieuses. L'art était alors une espèce de sacerdoce, et les artistes des législateurs et des prophètes.

En Égypte, la peinture était contemporaine d'Hermès Trismégiste; elle florissait dans ce pays sous les Pharaons; et Moïse, dans le *Pentateuque,* nous a transmis un irrécusable témoignage de l'existence de cet art, en défendant à son peuple d'imiter les *peintures* de ses anciens oppresseurs.

Les Arabes excellèrent aussi dans la peinture, et leur supériorité dans cet art se cache non dans les lueurs trompeuses de la fiction, mais dans la nuit des temps. Les fleurs, les fruits, les hommes, les animaux, les arbres et les plantes, furent représentés chez ces peuples avec une exquise fidélité. La fantaisie arabe brodait, sur les riches modèles offerts par la nature, mille capricieuses folies, et cet assemblage bizarre de perles, de femmes, de fleurs, de papillons, de scarabées, de gazelles et de roses, portait jadis et porte encore aujourd'hui le nom d'arabesques, qui constate ses grâces et son antiquité.

Mais l'art de peindre n'exista dans toute sa splendeur, dans toute sa perfection, dans toute sa vérité que dans la Grèce, que sur cette terre favorisée du ciel où les poètes, les orateurs, les philosophes, les héros et les artistes semblaient surgir du sol comme les soldats des dents fécondes du serpent de Cadmus. Zeuxis, Parrhasius, Apelle, Asclepiodore, Pamphile, Timante, Cléside, Protogène sont des noms immortels; et quoique leurs ouvrages ne soient pas parvenus jusqu'à nous, on ne peut douter de leurs talents, puisque les historiens qui leur ont décerné de magnifiques éloges étaient leurs contemporains et leurs juges, et que les monuments d'architecture et de sculpture grecques que nous voyons encore ont été l'objet des mêmes louanges de la part des mêmes écrivains.

D'ailleurs, les mosaïques,—cette lithographie de l'antiquité,—nous ont révélé le génie des grands peintres de la Grèce, et nous ont initiés à la conception de ces œuvres sublimes. On a trouvé dans les fouilles des petites villes de Pompeï et d'Herculanum d'admirables et précieux débris de l'art antique. Le Vésuve s'est chargé de dérober à l'aveugle rapacité des barbares, pendant quatorze siècles, les trésors artistiques de la civilisation grecque et romaine.

Hélas! pourvu que de nouveaux barbares n'aillent pas, de nos jours, poussés par je ne sais quel délire, poser une main sacrilége sur les épaves si miraculeusement conservées de la grandeur du peuple-roi.

A Pompeï, dans la *Maison du Faune*, on a trouvé une mosaïque représentant la *Bataille d'Issus*, d'après le tableau du peintre grec Philoxène, élève de Nicomaque; à Herculanum, six autres mosaïques reproduisent des tableaux d'Aristide, de Nicomaque, de Cléside, de Philoxène. Ces découvertes successives[1] ont prouvé que les peintres de l'antiquité réussissaient aussi bien que les modernes dans le paysage, dans les marines, dans les fruits et dans les fleurs, et que tous les sujets, jusqu'à la *caricature*, étaient traités par eux avec la même supériorité de talent. On remarquait dans une maison d'Herculanum une suite de personnages évidemment empruntés à la cour de Vespasien, sous la forme de rats, d'oiseaux, de reptiles et de poissons. Vespasien lui-même était représenté sous la figure de l'aigle de Jupiter; il se désaltère dans un vase que les Romains nommaient volontiers, et que la pudeur de notre langue nous défend d'indiquer ici autrement que par l'épithète de *nocturne*[2]. Les courtisans les plus chers de l'empereur, sous la figure de rats, de serpents et de lézards, font des efforts inouïs pour s'associer à la libation de l'aigle, tandis que les poissons, plus heureux, nagent dans la piscine que Jupiter

[1] Les fouilles se continuent avec activité à Pompeï et à Herculanum, et si on les suspend quelquefois, c'est faute de tranquillité et non d'argent. Le dessus fait tort au-dessous, et les arts perdent tout ce que gagnent les discordes civiles. Tous les objets qu'on trouve dans les deux villes sont transportés dans le musée du roi de Naples, qui est peut-être le premier et le plus riche de tous les musées de l'Europe.

[2] On sait que Vespasien inventa et fit établir un impôt sur les urines, et que Titus, son fils, s'efforçant de lui faire abolir ce singulier tribut, Vespasien dit, en lui approchant du visage une grosse somme en or, que cet impôt venait de lui rapporter : « Cela sent-il mauvais? » Vespasien n'en fut pas moins un très-digne et très-illustre empereur; il gouverna avec sagesse, vainquit avec humanité et mourut avec intrépidité. L'empire romain et le monde entier lui durent Titus, qu'on surnomma les délices du genre humain. Et ne peut-on pas pardonner quelques faiblesses au père d'un sage couronné, d'un Titus!

maintient sur ses genoux. Or, tous ces animaux ont des figures d'hommes, et, en examinant de près le fini et la délicatesse du travail, il est facile de se convaincre que les différents visages sont des portraits fort ressemblants.

La *Pénélope* et l'*Hélène*, de Zeuxis; la *Vénus Anadyomède*, d'Apelle; l'*Yalise*, de Protogène, tableau qui sauva Rhodes de la colère de Démétrius[1]; le *Sacrifice d'Iphigénie*, de Timanthe; la *Bataille de Phléonte* et l'*Ulysse en mer*, par Aristide; l'*Apollon berger*, par Philoxène, jouissaient dans l'antiquité d'une renommée universelle. Horace a rendu hommage au génie pictural des Grecs en disant dans son ode VIII :

Divite me scilicet artium
Quos aut Parrhasius aut Scopas...

« Pourquoi suis-je trop pauvre pour ne point posséder dans mon cabinet les chefs-d'œuvre de Parrhasius et de Scopas! »

Et Pline a écrit quelque part : *Pictor que rei communis terrarum erat.* « Un peintre appartient à l'univers entier. »

Quoi qu'il en soit, les Romains regardaient la peinture moins comme un art que comme une de ces professions manuelles indignes d'un citoyen. Cet art ne fut par conséquent l'objet d'aucune culture suivie de la part de ces républicains, qui plaçaient l'art de la guerre et l'art de la parole, le Capitole et le Forum, bien au-dessus du Parnasse et de l'Hélicon des Grecs. A la vérité, un certain Fabius Pictor exécuta, vers l'an 450 de Rome, quelques peintures dans le temple de la déesse *Salus*, et les Romains en tiraient une espèce d'orgueil; mais à cette époque même Apelle et Protogène avaient produit leurs chefs-d'œuvre, et la seule ville

[1] Ami d'Apelle et d'Aristote, Protogène était né à Caune, dans l'île de Rhodes. Le talent de ce grand artiste était si généralement connu, que Démétrius Poliorcète (le preneur de villes), assiégeant Rhodes, aima mieux renoncer à prendre cette place, que de courir le risque de détruire les tableaux de Protogène. Démétrius ayant appris, en se retirant, que le grand peintre travaillait dans une maison à quelques lieues de Rhodes, l'alla voir, et lui demanda s'il se croyait en sûreté au milieu des ennemis. « Oui, seigneur, répartit l'artiste, car je sais qu'un grand prince tel que Démétrius ne fait point la guerre aux arts. »

d'Athènes possédait plus de six cents tableaux capitaux dans le temple de Minerve et dans plusieurs autres édifices publics.

Le poète dramatique Pacuvius, et Claudius Pulcher, avocat, peignirent également des décorations de théâtres; mais les Romains ne connurent réellement les arts et ne leur accordèrent de protection qu'après que Sylla eût ruiné la Grèce et ramené avec lui, pour les pompes de son triomphe, tous les trésors artistiques des républiques grecques vaincues et soumises. Et pourtant le préjugé qui reléguait l'art de la peinture dans les professions manuelles existait toujours! Quintus Pedius, muet de naissance, fils d'un personnage consulaire, eut besoin d'une permission d'Auguste pour apprendre à manier le pinceau. Du règne d'Auguste au règne des Antonins, les Grecs fugitifs furent les seuls peintres de Rome, et ces artistes se bornèrent à décorer, à embellir, à illustrer les habitations privées. Les Romains employèrent même le talent des peintres grecs à des usages beaucoup plus graves. Quintilien nous assure avoir vu plusieurs fois les accusateurs faire exposer dans le Tribunal un tableau où le crime dont ils poursuivaient la vengeance était représenté [1], afin d'exciter l'indignation des juges et la compassion du public.

[1] Beaucoup de gens se rappellent encore le beau tableau de Proud'hon qu'on avait placé, il y a une cinquantaine d'années, dans la salle d'audience du tribunal criminel du département de la Seine. Ce tableau représentait *la Justice et la Vengeance divine poursuivant le crime*, et remplissait admirablement le but que l'on voulait atteindre. Tous les assassins qui comparaissaient devant le tribunal ne cessaient de contempler ce chef-d'œuvre, qui éveillait en eux sinon le remords, du moins l'épouvante et la triste certitude de ne point échapper au glaive que la poétique inspiration du peintre faisait briller devant eux. On a vu des scélérats endurcis s'évanouir à la suite de la muette contemplation de ce chef-d'œuvre d'exécution, d'ordonnance et de poésie. Depuis trente-cinq ans environ, le tableau de Proud'hon a été remplacé par un Christ; et, il faut l'avouer, l'aspect de l'homme-Dieu expirant sur la croix pour le salut de l'humanité, et ne demandant au criminel que du repentir et de la foi pour regagner un pardon que le sang de Jésus-Christ a déjà conquis, est plus consolant pour les malheureux... quand ils croient encore, et quand ils ne sont pas descendus au rang des bêtes fauves et des matérialistes à poignard.

Au surplus, la peinture a fait naître en tous temps des miracles. Saint Grégoire de Naziance nous apprend qu'une courtisane s'étant rendue un jour dans une

Toute courbée qu'elle était sous les fers de l'esclavage ou plutôt sous les humiliations de l'exil, toute meurtrie qu'elle était de sa chute, — car peindre les étuves et l'atrim d'un proconsul ou d'un exacteur ancien ou moderne, est une honte et une ignominie pour l'artiste qui a travaillé dans les temples des dieux et dans les palais des héros, — la peinture grecque produisit encore à Rome des chefs-d'œuvre. La *Noce de la vigne Aldobrandine*, dont le Poussin estimait la noble simplicité, la composition et le grandiose du dessin; les peintures des bains de Titus et de Bérénice, qui transportaient Raphaël d'enthousiasme et d'admiration, sont un glorieux témoignage de la pureté, du charme et de l'excellence de la peinture grecque à Rome.

Les anciens avaient surtout l'avantage de connaître le secret de la perpétuité des couleurs et le moyen de les rendre durables. Après plusieurs milliers d'années, les peintures des Hindous, des Perses, des Égyptiens, des Chinois et des Grecs de Rome, ont conservé leur splendeur et leur éclat. Et chez nous, misérables modernes bouffis d'outrecuidance, de sottise et de vanité; chez nous, qui usons toutes les trompettes de la Renommée à proclamer notre supériorité sur les Anciens; chez nous où, si l'on en croit nos docteurs et nos esprits forts, la chimie a fait de si magiques, de si gigantesques progrès, que l'on pourrait faire concurrence à Dieu même pour la création, la reproduction et la combinaison des trois règnes de la nature; chez nous, dix années suffisent, — et souvent moins, — pour enlever à nos tableaux le charme puissant du coloris. Si l'on en excepte les œuvres de deux ou trois maîtres de l'école française moderne, tous les tableaux composés depuis un demi-siècle en France sont méconnaissables et n'offrent plus, aux regards étonnés des contemporains de leur jeune gloire,

maison de plaisir, où elle attendait quelques étrangers, se mit à regarder le portrait du philosophe Polémon, peint par Callimaque. L'austérité du philosophe était si habilement interprétée par l'artiste, que la courtisane sentit revivre en elle des sentiments que le vice avait longtemps étouffés. Elle se sauva précipitamment de la maison, se retira aux champs, et devint un modèle de sagesse et de chasteté.

que des cadavres et des ombres sans poésie, sans grâce et sans valeur.

D'Auguste à Constantin, l'Italie fut la mère des beaux-arts. Mais le luxe plus que le goût, l'orgueil plus que l'amour sincère de l'art, présidaient aux encouragements, aux travaux que l'on donnait aux peintres. Les mosaïques et la gravure sur les métaux précieux prirent le pas sur les grandes œuvres picturales, et la peinture ne servit qu'à la décoration des maisons des riches citoyens, jusqu'au moment où elle devint l'auxiliaire obligé de l'architecture des palais et des temples.

Les peintres grecs étaient précisément en Italie, du temps des empereurs, ce que furent au moyen-âge les francs-maçons. Les uns et les autres, — à cinq cents ans de distance, — étaient tout uniment des fabricants de chefs-d'œuvre, travaillant à juste prix, se contentant de légers salaires, et ne retirant la plupart du temps d'autre profit de leurs œuvres magnifiques qu'une immortalité douteuse pour leurs noms, mais inévitable pour leurs ouvrages. Ces hommes de génie, pour atteindre le sublime, n'avaient besoin ni de la perspective d'une palme verte sur un coin de leur manteau, ni d'une étoile plus ou moins brillante au côté sénestre de leur épitoge; ces artistes, ces véritables enfants de lumière, confondaient l'art avec Dieu même, et pour adorer Dieu faut-il une récompense?

Les peintres grecs quittèrent Rome et l'Italie à la suite de Constantin, et allèrent fonder avec lui la nouvelle capitale de l'empire, Constantinople.

Ce furent ces artistes nomades qui conservèrent le feu sacré des arts pendant les siècles de barbarie et de destruction qui s'écoulèrent entre la fondation de l'empire d'Orient (330) et le sac de Rome par Odoacre (476), entre Totila, qui acheva de la ruiner en 546, et Charlemagne qui y fut couronné empereur d'Occident. Les victoires de Charlemagne, d'une part, et la destruction complète d'une secte folle et impie, qui, sous le nom d'iconoclastes ou de briseurs d'images, voulait faire rétrograder l'humanité jusqu'à une barbarie mille fois plus horrible que celle des Goths et des Gépides, donnèrent aux beaux-arts et à la peinture en particulier le loisir de se reconstituer. On vit alors, comme à la fin des persécutions commandées par les empereurs, sortir des catacombes de Rome des légions d'artistes qui s'y étaient cachés, comme jadis des légions de chrétiens. Ainsi, les catacombes de la ville éternelle avaient par deux fois sauvé la liberté et la civilisation du monde, en abritant la croix proscrite et les beaux-arts persécutés.

Ce furent encore les Grecs qui reportèrent en Italie l'art de la peinture. Au neuvième siècle, les arrières disciples de Zeuxis et de Protogène exerçaient encore presque exclusivement à Rome la peinture. Les démêlés du Saint-Siége avec l'Empire, les regrettables querelles surtout de Grégoire VII et de l'empereur Henri IV, reculèrent la résurrection de la peinture. Mais l'art, patient comme la vertu, attendit en silence, et bientôt les républiques italiennes, Pise, Florence, Gênes, Venise, rivales de puissance, de richesses et de gloire, ouvrirent à deux battants la porte de leurs opulentes Cités au génie des arts, qui devait plus que leurs flottes, plus que leurs trésors, plus que toute la magnificence du Bucentaure et de la Cavarina, honorer leurs noms, et donner généreusement, pour une hospitalité passagère, un brevet d'immortalité.

Dès ce moment, la civilisation était encore une fois sauvée du naufrage, et l'Italie, après la Grèce, redevenait l'arche sainte, où l'intelligence humaine attendait le retour de la colombe et l'apparition de l'arc-en-ciel.

Trois hommes, trois peintres illustres, se révélèrent coup sur coup à Florence vers la fin du treizième siècle :

Cimabué,
Giotto,
Giovanni de Fiesole, dit Fra-Angelico[1].

[1] Fra-Angelico était moine dominicain, et fut aussi admirable par ses vertus que par ses talents. Le pape Nicolas V, dont il avait peint la chapelle, lui offrit l'archevêché de Florence, que Fra-Angelico refusa par modestie. Angelico mourut en peignant et en priant, à soixante-huit ans. Cimabué, peintre et architecte, fut le

Cimabué représentait le type grec; Giotto, le type toscan; Giovanni, le type chrétien. Tout l'avenir, toutes les destinées de l'art étaient incarnées dans ces trois hommes.

Vers le même temps, la Hollande, la Flandre et l'Allemagne continuaient dans leur architecture, dans la peinture et dans la sculpture l'art byzantin. Les monuments qui restent du treizième siècle, dans ces différents pays, portent encore le cachet sec et aride de l'art byzantin, qui poussait jusqu'au servilisme l'imitation de la nature et cet éclat des plus vives couleurs qui le rendait parfois son égal.

L'école de Cologne, comme sa contemporaine l'école florentine, reconnaissait pour mère et pour origine l'école byzantine.

Deux siècles après, les trois grands genres fondés par Cimabué, Giotto, Giovanni, se fondaient en un seul, et l'art achevait de sortir des limbes de l'incertitude et du tâtonnement. Verocchio[1] formait Léonard de Vincy; Gherlando, Michel-Ange; Perugin, Raphaël. La peinture moderne était trouvée, et Dieu disait à cet art sublime, comme autrefois à la mer : « Tu n'iras pas plus loin ! »

premier élève des peintres grecs, et s'acquit une réputation digne de son génie. Un roi de Naples, Charles Ier, alla lui rendre visite, et tâcha, par ses brillantes promesses, de l'attirer dans sa capitale. « Sire, répondit Cimabué, je suis Florentin, et je mourrai Florentin. Si vous daignez me reconnaître quelque talent, je dois employer ce talent au service de mon pays. Je veux aussi conserver votre estime, et je la perdrais infailliblement si j'acceptais vos offres. Je ne puis vous donner que mon respect..... — Et votre amitié, interrompit Charles en prenant la main du peintre. — Je l'accepte, et elle sera pour moi la première et la plus glorieuse de mes affections. » On a encore des fresques et un petit nombre de tableaux dûs à ce grand artiste.

Le Giotto était élève de Cimabué, et avait été enlevé par l'illustre artiste à la garde d'un troupeau de moutons, que le petit pâtre tâchait de reproduire sur le sable. Le Giotto suivit les traces de son maître, et devint avec Angelico, son émule et son ami, le plus habile peintre de l'Italie. Giotto fut aussi l'ami du Dante, et les papes Benoît II et Clément V l'admirent dans leur intimité.

[1] André Verocchio, grand peintre, habile orfèvre, savant géomètre, graveur, sculpteur, musicien, chimiste, poète, diplomate, architecte, fut l'un des hommes les plus universellement illustres du quinzième siècle, qui produisit cependant un grand nombre de génies semblables. Nous n'avons aujourd'hui aucune individualité pareille à ces grands hommes, et nous nous persuadons leur être supérieurs ! !

La doctrine picturale enseignée par Verocchio et ses illustres élèves se répandit, se propagea, et fut mise en pratique avec ferveur, non-seulement en Italie, mais encore en Espagne, dans les Pays-Bas, en Allemagne et en France. La peinture se modifia selon le caractère, le goût, les préjugés et les mœurs des nations. L'Italie elle-même compta dix-sept écoles célèbres; et Jean de Bruges (ou Van Eyck), l'inventeur de la peinture à l'huile, transforma l'école de Cologne, qui eut pour héritière l'école allemande, dont Albert Durer fut tout à la fois le chef et le législateur.

Il n'existe et il n'a jamais existé que deux écoles : l'école italienne qui, nous l'avons dit plus haut, se subdivise en école romaine, florentine, vénitienne, lombarde, pisane, napolitaine, mantouanne, etc., et l'école flamande ou hollandaise.

A cette dernière, magistralement personnifiée par Rubens et par Van Dick, se rattachent l'école Allemande, l'école des Pays-Bas et l'école Anglaise.

A l'école Italienne se rattachent l'école Espagnole et l'école Française. L'école espagnole, que les ouvrages immortels de Murillo ont élevée au niveau des écoles italiennes; l'école française fondée par le Rosso et par le Primatice, qui avaient apporté, au seizième siècle, les traditions de l'art italien, et qui a compté, un siècle à peine après son établissement, les plus beaux génies de la peinture après Raphaël : le Poussin et Lesueur.

Et, par une faveur toute particulière du ciel, cette école française a survécu, malgré quelques phases malheureuses résultant de la corruption des mœurs et de la rouille sanglante des révolutions, aux deux grands écoles italienne et hollandaise.

La terre de Cimabué, du Perrugin, de Raphaël, de Michel-Ange, du Dominiquin, des Carraches, du Titien et du Corrège, ne produit plus depuis longtemps de grands peintres, et les poignards y brillent plus que les pinceaux. La Hollande et les Pays-Bas ne possèdent plus aujourd'hui que les cendres refroidies d'Albert Durer, de Rembrandt, de Gérard Dow, de Mieris, de Tilborg, des Téniers, de Rubens et de Van-Dick. La France seule, qui depuis le seizième siècle a compté permi ses enfants d'excellents peintres et de grands artistes, tels que Philippe de Champaigne, Jouvenet, Lebrun, Mignard, Claude Lorrain, Stella, de Troyes, Boucher, Vien, David, Gros, Guérin, Gérard, Proud'hon et Girodet, voit encore aujourd'hui des artistes éminents soutenir dignement l'éclat et la gloire de la bannière picturale de la France. Les noms d'Horace Vernet, de Paul Delaroche, d'Ingres, de Rouget, de Müller, de Delacroix et d'Abel de Pujol, dont les pages éloquentes vont initier tous les peuples de l'Europe et de l'Amérique aux grands événements de notre histoire passée ou contemporaine, font espérer que la France, déchue depuis un demi-siècle de tant de prospérités et de grandeurs, conservera au moins celles que lui promettent ses artistes. Elle aura du moins, cette pauvre France, la consolation d'avoir ses vieilles mœurs, ses vieilles croyances et sa vieille gloire en peinture; de penser qu'en cas de cataclysme social, sa vie politique de quatorze cents ans revivra sur les bords du Niémen et de l'Orénoque, comme les souvenirs de Salamine et de Chéronée s'épanouirent aux temps d'esclavage de la Grèce, sur les rives protectrices du Tibre et de l'Arno.

C'est une question de savoir si les artistes grecs peignaient leurs tableaux sur la toile ou sur le bois. L'avis le plus communément adopté est qu'ils peignaient sur bois. Les premiers peintres toscans, tels que Cimabué, Giotto et Giovanni, ont exécuté leurs premiers ouvrages sur bois, ce qui conduit naturellement à penser que la tradition entrait beaucoup plus que l'adoption raisonnée dans le choix de la matière sur laquelle on peignait.

Nous sortirions du cadre que nous nous sommes imposé, si nous tentions de donner ici un aperçu, même rapide, de tous les genres de peinture connus. Nous nous sommes étendus sur le cœur de la peinture; mais nous devons nécessairement omettre les veines et les artères de cet art sublime. Ainsi, le genre de paysage, de marine, de fruits, de fleurs, d'animaux, d'ornements, le portrait; l'art de la décoration scénique, qui a acquis chez nous depuis quelques années, aux dépens de l'art dramatique lui-même, une si grande importance et de si merveilleux développements, ne peuvent nous arrêter un instant. La peinture à fresque, ce travail si difficile et si estimable, quelles que soient les mains qui l'ont accompli, si grandiose et si splendide sous le pinceau de Michel-Ange et de Raphaël, ne peut, malgré nous, exiger que quelques lignes de notre plume. La peinture à fresque, inventée par les Babyloniens, connue des Égyptiens, perfectionnée et poétisée par les Grecs, fut apportée par ceux-ci à Rome, et devint monumentale et domestique, c'est-à-dire qu'elle concourut également à l'ornement des temples et des maisons particulières. La fresque disparut devant les dévastations de l'Italie, pour reparaître avec Cimabué, grandir avec Michel-Ange, et briller d'un éclat tout nouveau avec Raphaël.

Il serait difficile d'assigner à la gravure des médailles une origine positive; en vain des numismates, pleins de science et d'érudition, ont-ils voulu préciser le temps et le pays où les premières médailles ont été frappées. Leurs hypothèses sont presque toutes inadmissibles. Ce qu'il y a de certain, c'est que l'art de la gravure des médailles existait à Babylone, à Ninive, à Persépolis; que les Chinois possèdent une collection de médailles gravées authentiques qui remontent à plus de quatre mille ans, et que nos ancêtres, les Celtes et les Gaulois, avaient dans leurs archives nationales des médailles frappées à l'effigie des dieux et des héros, et commémoratives de grands événements ou de grandes actions.

La gravure des estampes, quoique incomparablement plus moderne que la gravure sur médailles, est cependant entourée de la même obscurité. Quelques-uns donnent pour berceau à la gravure sur bois plusieurs monastères de l'Allemagne aux dixième et onzième siècles; quelques autres la font venir directement de la Chine, à la suite des expéditions commerciales faites vers ce temps par les Portugais et les Arabes de Tunis réunis en caravane maritime. Quelle que soit son origine, que la gravure sur bois nous vienne des moines ou des Chinois, il est incontestable que cette découverte a été pour la peinture un précieux encouragement. L'art de graver est le ménechme de l'art de peindre, et si l'antiquité eût trouvé le secret de reproduire par le burin les ouvrages immortels de ses peintres, nous ne regretterions pas si amèrement aujourd'hui les tableaux de Zeuxis, de Protogène et de Timante. La gravure sur cuivre suivit de près la gravure sur bois. La première horloge de bois était le génie, la première horloge de cuivre était le talent; le tout est de trouver une idée génératrice, et l'œuf de Christophe Colomb est toujours comme symbole d'une invincible vérité; et dès le commencement du treizième siècle, les moines de l'ordre de Saint Bernard excellaient dans ce genre de travail. L'illustre Albert Durer, de Nuremberg, fonda la véritable école de gravure au quinzième siècle, comme Cimabué, à la fin du treizième siècle, avait jeté les fondements de la grande peinture; et depuis Albert Durer, le nombre des graveurs en Allemagne, en France, en Angleterre, en Italie et en Espagne s'est prodigieusement augmenté, et dans ce nombre des hommes de génie ont surgi à diverses époques. Les Marc-Antoine, les Drevet, les Schapfer, les Miraguez se sont associés à la gloire des grands peintres dont ils se sont fait les interprètes, ont partagé leurs palmes et conquis quelques fleurons de leurs couronnes.

Nous avons vu dans le chapitre précédent que l'art céramique (l'art du potier) avait, chez les anciens comme chez les modernes, emprunté à la peinture ses plus attrayantes qualités. Les vases, les jattes, les magots, les tasses de porcelaine de la Chine et du Japon sont redevables à l'éclat plus encore qu'à l'originalité de leurs peintures, de la vogue dont ils n'ont cessé de jouir en Europe depuis bientôt sept cents ans. Notre manufacture de porcelaine de Sèvres a associé tous les genres de peinture à ses triomphes purement céramiques, et plusieurs de ses produits pourraient, sous le rapport pictural, rivaliser avec les toiles éloquentes des plus grands maîtres de notre école. C'est sans doute moins pour nous que pour les âges futurs que ces splendides travaux s'accomplissent, et dans deux ou trois mille ans on reconnaîtra l'industrie de la France et la puissance de ses artistes bien mieux par ces fragiles chefs-d'œuvre que par les monuments de pierre, de marbre et de bronze couchés dans la poussière, et peut-être mutilés et déshonorés par ses propres enfants. Aux musées de l'avenir nos services, nos vases, nos tables, nos guéridons de porcelaine; à l'herbe, linceul annuel de Ninive et de Babylone, les temples de notre Dieu, les statues de nos héros, les monuments de notre gloire et de notre civilisation.

Le verre, au moyen-âge, servit aux révélations de l'art et de la foi. Échappé de Byzance, où il avait été inventé par des peintres rhodiens, l'art de peindre sur verre s'établit en Europe, et enrichit nos cathédrales de ces magnifiques vitraux, de ces splendides rosaces qui excitent encore aujourd'hui notre admiration, et qui ajoutent dans les églises à notre recueillement et à notre piété, quand nous en avons. Cet art magique, tout céleste et tout chrétien, avait disparu au seizième siècle avec les maçons des grandes cathédrales et les grands peintres byzantins. Nos discordes civiles, nos querelles religieuses, nos révolutions ont fait renaître l'odieuse secte des iconoclastes, et une grande quantité de ces verrières, de ces vitraux et de ces rosaces encadrés dans les ciselures de pierre de nos vieilles cathédrales, a été brisée, pulvérisée, jetée aux quatre vents du monde. On assure que le secret de la peinture sur verre a été retrouvé, et que, grâce à cette heureuse circonstance, nos églises pourront reconquérir cette sombre clarté, ces lueurs angéliques et mystérieuses qui donnent à l'encens un nouveau parfum, à la prière une nouvelle onction, à l'âme une nouvelle espérance. Nous sommes loin de vouloir contester le mérite de nos artistes, nous reconnaissons que les premiers élèves de Ingres et de Delaroche sont beaucoup plus savants dans l'art du dessin, dans la perspective, dans l'ordonnance d'une œuvre picturale, que les artistes byzantins du douzième siècle; mais nous l'avouons ici avec franchise, nous croyons fermement que malgré le secret de la peinture sur verre retrouvé, nos cathédrales et nos églises ne gagneront rien à ces embellissements pour ainsi dire posthumes. Pourquoi? faut-il le dire? C'est que la force principale, la direction suprême, l'inspiration perpétuelle des artistes les plus illustres comme les plus humbles du moyen-âge, était la foi, et que dans notre siècle de scepticisme la foi n'échauffe plus les âmes, n'éclaire plus le génie et ne guide plus le talent. On fera de fort belles verrières, sans doute, mais ces verrières siéront à l'art chrétien comme le bâtiment carré de la Madeleine sied à une église catholique, comme la redingote et le chapeau à corne sied au sommet de la sœur jumelle de la colonne Trajane.

Il y a quarante ans à peu près, les Allemands, un seul Allemand, sans doute, inventa la lithographie ou l'art de dessiner sur la pierre et de soumettre cette pierre comme une forme d'imprimerie à l'action de la presse. Nous ne dirons pas si cette découverte, qui a multiplié à l'infini les prétendus artistes, a été un bonheur ou un malheur pour l'art, nous confesserons seulement que dans notre opinion la lithographie comme l'invention plus moderne et plus ingénieuse du daguérréotype, a porté un coup sensible, mortel à la dignité, nous allions écrire, à la divinité de la peinture. On veut faire disparaître l'artiste comme on veut faire disparaître l'ouvrier; mais Dieu aidant, tous nos faiseurs de mécaniques, tous nos distributeurs d'iode, de sulfate et de soude n'y parviendront pas, pour la gloire de la France et l'honneur de l'humanité. Le pape Jules II avait attiré à Rome une foule de Siciliens qui s'étaient adonnés à graver sur les pierres fines et à contrefaire ou à imiter les camées de l'antiquité. Ces pierres gravées et ces faux camées firent fortune, et les dames romaines raffolaient des Siciliens, de leurs pierres et de leurs faux camées. C'était à qui, parmi elles, aurait des bracelets, des bagues et des colliers où toutes les impératrices, depuis Clodia jusqu'à Messaline, et depuis Poppée jusqu'à Faustine, étaient représentées. Ces Siciliens avaient certainement quelque mérite, mais ils ne valaient pas qu'on abandonnât pour eux la peinture et la sculpture des grands maîtres dont l'Italie était fière alors. Jules II mourut; Léon X lui succéda, et le premier acte de pouvoir papal du cardinal de Médicis fut de chasser de Rome les bateleurs et les histrions qui l'empoisonnaient. Les fabricants de faux camées furent compris dans cette proscription, et les fresques du Vatican par Raphaël achevèrent de rappeler le peuple romain au sentiment du beau, de l'honnête, au sentiment de l'art et de la véritable grandeur.

Sous le règne de François Ier, un teinturier, Gilles Gobelin, vint s'établir à Paris, sur les confins du faubourg Saint-Marcel, et sur les bords de la petite rivière de Bièvre. Cet homme intelligent avait trouvé le secret de teindre la belle écarlate qui, depuis ce temps-là, fût nommée *écarlate des Gobelins*. Le teinturier fit une grande fortune, obtint une popularité considérable, et mérita par sa bienfaisance et ses vertus civiques, qu'on donnât son nom à la rivière de Bièvre, qui fut depuis appelée rivière des Gobelins. Illustre et magnanime preuve de la gratitude d'une population à qui il donnait du travail et du pain. Les fils de Gilles Gobelin soutinrent avec persévérance la réputation acquise par leur père, et donnèrent à leurs ateliers d'importants développements. Le règne de Louis XIV arriva, et avec lui l'administration de Colbert. Ce vigilant ministre qui ne laissait échapper rien de ce qui pouvait contribuer à la grandeur, à la prospérité, à la suprématie de la France, protégea les Gobelins et érigea leur maison en établissement royal. Bientôt, après des phases de succès et de revers qu'il serait trop long d'énumérer ici, la manufacture royale des Gobelins joignit, à son importance industrielle, une importance artistique. Par une admirable combinaison de procédés, par la non moins admirable intelligence de ses ouvriers, elle fut appelée à reproduire en tapisserie, les plus vastes, les plus beaux, les plus célèbres tableaux des écoles française, italienne, hollandaise et espagnole.

Les tapisseries des Gobelins sont admirées chez tous les peuples du monde, et le plus beau présent que les gouvernements de la France aient pu faire, sous tous les régimes, aux États amis ou alliés, furent des tapisseries des Gobelins. Aussi de Philadelphie à

Moscou, et de Madrid à Stokolm, ces splendides *fac simile* de la peinture française sont-ils connus et admirés.

Il y a loin de ces tapisseries qui retracent avec une exquise délicatesse toutes les nuances, toutes les couleurs, tout l'éclat de la palette des grands maîtres, à cette vénérable et informe tapisserie, dite de la reine Mathilde, qui nous était venue par un jour de victoire, que nous avons perdue par un jour de défaite, et que tout Paris a visitée dans le Louvre au commencement de ce siècle; mais la tapisserie de la reine Mathilde était un chef-d'œuvre d'industrie domestique, de labeur patriarchal[1]; et les tapisseries des Gobelins, dont la fabrication exige l'intervention de plusieurs arts et de plusieurs sciences, sont des monuments désormais impérissables du génie de Colbert et du génie de la France.

[1] Mathilde, reine d'Allemagne, était mère de l'empereur Othon, aïeule maternelle de Hugues-Capet et femme de Henri *l'Oiseleur*, roi de Germanie. Exilée par ses propres enfants, Mathilde se confina volontairement dans un monastère, où elle se consola par la religion de ses malheurs et des ingratitudes des siens. Son fils Othon la rappela cependant auprès de lui, et elle mourut à sa cour en 968.

CHAPITRE XXI.

—

LA SCULPTURE.

La statuaire à Athènes, à Rome, en France. — Les marbres de Paros, de Corse, d'Auvergne. — Le rémouleur et les chevaux de Marly, etc.

Falconnet, non moins habile statuaire qu'ingénieux écrivain, définit la sculpture, *l'art qui, par le moyen du dessin et de la matière solide, imite avec le ciseau les objets palpables de la nature.*

La sculpture fut un des premiers besoins de la civilisation : l'homme éprouva, dès qu'il vécut en société, le désir de matérialiser en quelque sorte ses croyances et d'honorer la vertu. De là, les images plus ou moins grossières des dieux, des rois, des législateurs et des héros.

Les vieux peuples conservent encore aujourd'hui les monuments primitifs de leur civilisation, et on voit encore dans les grottes sacrées des Hindous les statues colossales de leurs divinités; la pagode d'Éléphantine, près de Bombay, renferme la gigantesque figure de Brahma, et çà et là, sur les bords du Gange, on rencontre encore dans les débris de temples et de palais d'énormes fragments de statues qui servent d'oreillers aux caïmans, aux serpents et aux crocodiles.

Les Hindous ne manquaient ni d'imagination ni de science manuelle, mais leur goût, ou plutôt l'esprit de leurs institutions religieuses et politiques, les entraînait vers les emblêmes, les symboles et les allégories. Les Perses, moins esclaves que les Hindous, des théories religieuses, donnaient à leurs sculptures un caractère moins sombre et moins austère; les ruines de Persépolis et de quelques autres cités fameuses de la Perse, nous ont appris le parti prodigieux que cette nation savait tirer de son architecture et de sa sculpture. Mais les artistes perses, par scrupule religieux ou par impuissance, ne faisaient pas le nu, et se trouvaient ainsi privés de reproduire la beauté des formes humaines.

La sculpture atteignit à un très-haut degré de perfectionnement en Assyrie. Sous Bélus, sous Sémiramis, sous Ninus, de nombreux ouvrages de sculpture embellirent Babylone et s'allièrent admirablement aux gigantesques développements de son architecture militaire, civile et sacrée. Le bronze même, connu des sculpteurs assyriens, prit sous leurs mains puissantes toutes les formes, tous les caractères et toutes les dimensions. En Arménie, dans le Kurdistan, on voit des statues qui représentent Cosroès et Chirine sa femme bien-aimée, et qui sont dues au ciseau de Ferhad, poète, sculpteur et capitaine distingué. Car une remarque est à faire ici : chez les trois grands peuples où la religion des arts s'est maintenue le plus longtemps, chez les Perses, chez les Grecs et chez les Italiens, les artistes éminents joignaient presque tous au génie propre à l'art qu'ils cultivaient, l'intelligence des armes, de la politique, de la philosophie, de la physique et de la poésie. C'est une justice à rendre aux artistes modernes, même les plus illustres, ils se renferment humblement dans le cercle de leurs travaux et de leurs études, et ne courent pas, comme on dit, deux lièvres à la fois. Ils sont tout uniment des hommes de génie, quand ils en ont. Rubens est peut-être le dernier grand peintre qui ait attaché à sa palette immortelle la plume du poète, l'équerre de l'architecte, la clef du diplomate; Rubens fut réellement le dernier coloriste comme il fut le dernier peintre ambassadeur.

Les Égyptiens adoptèrent le style et le caractère de la sculpture des Assyriens et des Perses, mais ils la soumirent à des règles fixes et invariables. La sculpture aussi bien que l'architecture se teignit en Égypte des dogmes religieux et politiques : elle fut sombre, grave, absolue. Par ses hiéroglyphes et par ses symboles, la sculpture se rattache à la patrie et à l'histoire; par la momie, cette éternité ou plutôt cette perpétuité du cadavre, à la croyance et à l'immortalité de l'âme, cette foi de toutes les nations, et qui n'abandonne que les sociétés corrompues et prêtes à tomber sous le niveau de la barbarie ou sous le sabre de la conquête. Quoi qu'il en soit, les traditions sculpturales de l'Hindoustan se révèlent dans la sculpture égyptienne dont le style est âpre et funèbre, dont la pensée tire plutôt son effet de la mort que de la vie. Les cariatides qui terminent les colonnes du temple de Denderah par la taille longuement allongée des corps de femmes et le monstrueux accouplement des formes de l'homme et des animaux sont des émanations de l'art Hindou. Les sphinx, les anubis, les ibis et les serpents allégoriques portent tous l'indélébile cachet de cette trois fois antique origine.

De l'Égypte la sculpture passa dans la Grèce. Les premières sculptures de l'Élide, de l'Ionie et de la Béotie sont du style hindo-égyptien. Là comme partout, la sculpture en relief a précédé la ronde-bosse. Ces sculptures grecques étaient d'informes gaînes de pierre ou de granit sur lesquelles on mettait des nez, des yeux, des oreilles, quelquefois un phallus. Voilà l'origine des Hermès, voilà le point de départ de la statuaire antique. On a dit de nos jours que le grand siècle de Louis XIV avait été tout entier dans le couteau de Ravaillac ; on peut dire avec plus de raison, ce me semble, que le siècle de Périclès et le ciseau de Phidias se trouvaient dans le premier Hermès.

Dédale parut, et quand on dit qu'il fit marcher des statues sur les places publiques et dans les rues d'Athènes, on veut faire entendre qu'il ajouta des pieds aux statues des dieux et des héros semés sur le territoire de cette ville encore barbare qu'on appelait Athènes.

La sculpture grecque grandit en peu de siècles, et elle ne se borna point à orner les temples des dieux et les palais des magistrats et des riches citoyens, elle se consacra aussi à d'autres études, et trouva le moyen de multiplier les chefs-d'œuvre en multipliant ses travaux. Des trônes, des boucliers, des vases, des trépieds, des piscines pour les temples ; des armes superbes, des panoplies, des trophées pour les prêtres de Minerve et de Bellone, n'absorbèrent point toute la verve de la sculpture antique. Les artistes grecs marquaient du sceau de leur génie tout ce qui s'échappait de leurs mains. La cassette de Cypselus d'Olympie [1] avait une renommée égale à celle du trône d'Apollon à Amyclée [2], et la table Thébaine [3] n'était pas moins célèbre que la galère de Salamine suspendue aux murailles de l'Acropolis.

Dipœnus et Syllis de Crète perfectionnèrent l'art de tailler le

[1] Cette cassette était de bois de cèdre, avec des incrustations d'or et d'ivoire. Les figures que l'artiste avait jetées sur ce meuble étaient si prodigieusement magiques, qu'elles excitaient tour à tour la joie, l'épouvante et la pitié, selon la manière dont on les regardait.

[2] Le trône d'Apollon, dans le temple qui lui était consacré à Amyclée, était le chef-d'œuvre d'un certain Bathicles de Magnésie, qui vivait du temps de Solon. Tous les dieux, toutes les déesses, tous les demi-dieux et les héros de la fable y étaient représentés avec leurs attributs. Cette œuvre avait coûté dix années d'incessants travaux à son auteur.

[3] La table thébaine était une pièce de marbre de vingt-huit palmes de longueur et de quatorze palmes de largeur, sur laquelle le statuaire Nivocles avait sculpté l'histoire de Cécrops.

marbre, et à peu près vers la même époque, les artistes d'Egine, de Samos, d'Argos et de Sicyone, se signalèrent par leur habileté à couler en bronze les statues des dieux et des grands hommes. La sculpture enfin, qui avait marché sous les Pisistratides, reprit son essor sous Périclès. Athènes, pendant le glorieux règne de Périclès, s'enrichit de plus de chefs-d'œuvre qu'elle n'en put conquérir pendant sept cents ans. On a dit, on a répété, on a imprimé cent fois peut-être que les grands poëtes du siècle de Périclès avaient exercé une heureuse et puissante influence sur les arts plastiques. Cette allégation est une de ces mille niaiseries qu'on se passe de main en main comme ces pièces de monnaie de bas aloi et de peu de valeur dont on ne prend pas la peine de vérifier le titre et de regarder l'empreinte. Les grands poëtes ne font pas plus les grands artistes que les grands peintres, les grands sculpteurs, les grands graveurs et les grands musiciens ne font les grands poëtes. Les siècles de Périclès, d'Auguste, de Léon X et de Louis XIV présentent en effet une pléïade toute lumineuse et toute splendide de tous les genres de gloire, mais il est absurde de penser que Phidias n'aurait pu exister sans Sophocle, Rutinus Galbus sans Virgile, Michel-Ange sans l'Arioste et Girardon sans Corneille. Les poëtes peuvent se rencontrer avec les artistes, mais le firmament de l'intelligence est trop étendu pour que les astres, rois de l'infini, s'empruntent mutuellement leurs rayons, leur éclat et leur gloire.

Phidias fut l'Homère de la sculpture. Les deux types de la beauté surnaturelle, de la beauté idéale, jaillirent du ciseau de cet artiste sublime : la Minerve du Parthénon et le Jupiter Olympien d'Elis[1]. Polyclète, contemporain de Phidias, forma une école fameuse qui donna à la Grèce une foule d'artistes éminents. Myron enfin, l'auteur du Discobule et de l'Hercule, créa le genre

[1] Le Jupiter olympien de Phidias était une statue toreutique, c'est-à-dire de pièces et de morceaux : elle était en or et en ivoire; mais la tête, d'une expression sublime, qu'on était terrifié à son aspect, n'était que d'ivoire. Les historiens ne sont pas d'accord sur la hauteur de cette statue merveilleuse, mais il est probable qu'elle dépassait quinze pieds.

athlétique, qui vulgarisa sous quelques rapports la sculpture, et lui ôta une partie de cette pompe olympienne dont l'avait dotée le divin ciseau de Phidias[1].

Un siècle après Phidias, l'art grec abandonna les formes idéales pour adopter exclusivement la beauté des formes humaines. Le spiritualisme dont la *Minerve* et le *Jupiter* étaient la plus brillante expression, s'effaça devant le matérialisme ou le sensualisme de la nouvelle école. Scopas et Praxitèle marchèrent à la tête des artistes novateurs, et arborèrent ainsi l'étendard de la décadence de la statuaire grecque.

Le relâchement des mœurs poussait l'art comme toujours à la licence et à la dégradation. La Grèce ne cherchait plus à honorer le courage, à immortaliser la vertu, à récompenser les dévouements civiques; elle n'était amoureuse que des jeux, des spectacles et des fêtes: ses athlètes étaient des personnages importants, comme plus tard, à Rome et ailleurs, les histrions; et la volupté, les doux loisirs, les molles heures de l'ivresse étaient recherchées, désirées, convoitées par les dernières classes de citoyens, qui faisaient jadis à Athènes, par leur tempérance, leur vigueur et leur mâle attitude, la force et l'orgueil de la République. Partout les vices triomphaient, et l'austère Pallas du Parthénon recevait bien moins d'hommages que la Vénus de Gnide de Praxitèle, et le Cupidon et le Satyre endormi du même artiste. Les bas-reliefs eux-mêmes, — ces petits journaux de l'antiquité, — reflétaient comme les nôtres la décrépitude et les funestes tendances de la société grecque; et

[1] Cette triste manie de chercher à mmortaliser TOUT par les beaux-arts, — dont la mission est de glorifier les dieux, la patrie et la vertu, — ne fit que croître et embellir avec le temps. Myron avait tout uniment reproduit avec le ciseau les figures des athlètes, comme de nos jours le premier grand peintre venu retrace le visage d'un comédien impudique, dont la face est encore barbouillée de fard et des huées du public. Mais plus tard, les statuaires grecs et romains renchérirent encore sur cette misérable apothéose du vice plus que du talent : on alla jusqu'à mouler les membres de ces athlètes de profession qui avaient remporté trois fois la palme de la victoire. Il n'est point permis d'en douter, puisque Pline nous l'affirme en ces termes : *Ex membris ipsorum similitudine expressâ*. Nations, vous cessez d'être quand vous prostituez ainsi votre encens, vos louanges et vos arts.

les danses lascives, les thyades échevelées, les bacchanales impies qui remplaçaient les chastes amours d'Endymion, et les sévères mélopées en marbre de Minerve et de Neptune, n'indiquaient que trop l'approche de l'heure fatale à la Grèce. Elle ne tarda pas à sonner; et la prédiction offerte par les arts devenus corrupteurs devenait presque une certitude, quand on voyait les Spartiates eux-mêmes, ces farouches citoyens, ces soldats intrépides qui avaient sauvé tant de fois l'indépendance de la Grèce, oublier leur vieille sobriété, et, désertant les lois de Lycurgue, se livrer comme le reste des républiques grecques, à l'esclavage des besoins les plus honteux et des passions les plus basses de l'humanité : la débauche et l'ivrognerie.

Le maître avait erré, mais avec tact, avec circonspection, avec génie. Praxitèle avait perdu l'art, mais comme tous les grands hommes perdent les religions, les lois, les arts, la morale, les mœurs, avec un immense talent, avec une incomparable bonne foi, — car il serait trop affreux pour l'humanité de croire que ses faux guides sont des hypocrites; — mais ses aveugles, ses fanatiques disciples imitèrent servilement ses erreurs sans pouvoir imiter ses talents. La statuaire descendit au dernier degré de l'abjection : ce ne fut plus des Vénus, des Cupidons, des satyres dont les rois se disputèrent la possession[1]; ce ne fut plus des vainqueurs des jeux olympiques, ce ne fut plus même des citoyens recommandables seulement par leurs richesses, — pauvre recommandation! — qui inspirèrent les statuaires grecs, ce furent des courtisanes éhontées, des athlètes sans palmes, des philosophes

[1] La Vénus de Gnide, par Praxitèle, avait une telle réputation de beauté, que Nicomède, roi de Bithinie, offrit aux Gnidiens de les affranchir du tribut qu'ils lui payaient s'ils voulaient la lui donner. Les Gnidiens répondirent : « Nous vous payerons toujours; et nous conserverons notre Vénus. » Réponse noble, généreuse, qui sera assez peu comprise aujourd'hui, où des villages et des villes mêmes donnent pour quelques sous, à de misérables juifs brocanteurs, des morceaux précieux en bois, en pierre et en argent, de l'art bizantin et galliaque, conservés dans nos vieilles églises; et ces brocanteurs juifs *français* vont vendre au poids de l'or, en Angleterre ou ailleurs, les dépouilles artistiques de la patrie, qu'ils vendraient elle-même, si elle voulait se laisser vendre.

sans doctrine, des rhéteurs sans éloquence, et des étrangers vomis sur le sol de la Grèce hospitalière à la suite des révoltes de quelques royaumes de l'Asie, qui occupèrent le ciseau des indignes héritiers de Phidias, et déshonorèrent la ville de Minerve et la liberté elle-même.

Lysippe[1], qui florissait du temps d'Alexandre le Grand, ne put opposer une digue au torrent, mais il sut, du moins, retenir l'art dans les limites du vrai, et s'efforça de le rappeler dans les bornes de l'honnêteté. Ses vœux ne furent pas tout à fait exaucés ; mais il laissa après lui trois fils, Dahippe, Bedos et Eutycrates, qui honorèrent la Grèce, et qui s'honorèrent eux-mêmes en pratiquant les leçons et en suivant les exemples de leur illustre père.

La période Lysippienne, qui commença 334 ans avant Jésus-Christ, fut la dernière où fleurit la sculpture grecque, et le Laocoon fut l'expression dernière et suprême de cet art magnifique qui, né dans l'Attique, se répandit, sinon dans toute sa pureté, du moins dans toute sa splendeur, deux mille ans plus tard, dans toutes les parties de l'Europe civilisée. Ainsi le colossal, qui avait marqué l'art grec à son aurore, le signala encore à son déclin, et l'admirable et monstrueux groupe de *Laocoon* toucha, du moins

[1] Lysippe avait été serrurier ; il se fit peintre et ensuite sculpteur, par le conseil du peintre Eupompe, qui lui indiqua la nature pour maître et pour modèle. Lysippe excellait dans l'art de reproduire les chevaux, et il fut le premier statuaire qui fit les têtes d'hommes plus petites et les corps moins gros, ce qui lui faisait dire : « Les autres ont représenté dans leurs statues les hommes tels qu'ils étaient faits ; moi, je les représente tels qu'ils paraissent. Alexandre le Grand ne permit qu'au seul Lysippe de tailler sa figure dans le marbre. C'est ce qui a fait dire à Horace :

Edicto vetuit, ne quis se, præter Apelem,
Pingeret, aut alius Lysippo duceret æra
Fortis Alexandri vultum simulantia.

Lysippe fit un grand nombre de chefs-d'œuvre, entre autres la statue du soleil à Rhodes, et un Homme sortant du bain, qui faillit amener une révolte du peuple romain sous Tibère ; car l'empereur ayant fait enlever cette statue, qui se trouvait devant les thermes d'Agrippa, le peuple en conçut un si violent déplaisir, qu'en plein théâtre il demanda à grands cris qu'on remît à sa place le chef-d'œuvre de Lysippe, quoique Tibère eût fait dresser sur le même piédestal une fort belle statue de Scopas. Les clameurs furent si vives que Tibère, tout Tibère qu'il était, donna l'ordre de rendre aux Romains le chef-d'œuvre qu'ils affectionnaient si fort.

par l'ampleur de sa composition, par l'énormité de sa forme, à la *Minerve* du Parthénon.

La scupture grecque peut donc être divisée en trois époques bien distinctes : l'époque de Phidias ou de l'idéalisme, l'époque de Praxitèle ou du sensualisme; l'époque de Lysippe, ou du réalisme.

L'art du fondeur et du ciseleur survécut en Grèce à la statuaire. Longtemps après la complète décadence des écoles d'Athènes et de Corinthe, longtemps après le passage, en Italie, du petit nombre d'artistes éminents qui conservaient encore les traditions de Scopas et de Lysippe, il sortit, des fonderies de l'Attique et de la Béotie, des ateliers de Sicyone et de Corinthe, des pièces capitales, des statues d'une rare perfection, qui rappelaient les plus belles œuvres de Phidias, de Praxitèle, de Lysippe et de leurs principaux disciples. Les nations qui n'ont plus de sève pour créer ont du talent pour reproduire, et l'imitation en toutes choses devient ainsi le dernier soupir de l'intelligence des peuples.

Après la guerre de Macédoine (150 ans avant Jésus-Christ), Paul-Émile orna son triple triomphe des mille chefs-d'œuvre enlevés à la Grèce. Trois fois le Forum fut tendu de tapis précieux, d'étoffes d'or et d'argent, d'étendards et de drapeaux enrichis de pierres précieuses, et surmontés de statuettes merveilleuses en airain, en or et en argent; ce sanctuaire politique, où venaient aboutir les richesses, les pleurs et la liberté des nations, fut transformé en théâtre, et trois mille statues représentant, pour la plupart, les dieux et les grands hommes de la Grèce, se dressèrent sous les enseignes captives des républiques grecques et sous les regards orgueilleux du peuple-roi; de cette république du vieux Brutus, qui ne souffrait pas plus patiemment la puissance des républiques, ses sœurs, que la puissance des rois, ses amis ou ses alliés. Le Capitole ne tarda point à avoir aussi sa garnison de chefs-d'œuvre, et douze mille statues de sculpteurs grecs les plus célèbres vinrent se ranger fatalement sous les drapeaux des légions romaines au repos, et les faisceaux consulaires s'appuyèrent contre ces prodiges de l'art encore parfumés de l'encens des temples, des guirlandes votives des vierges et des poètes, et des fleurs épanouies des sacrifices.

Les artistes grecs suivirent pieusement les chères reliques de leur patrie et les accompagnèrent à Rome. Doués d'une résignation surhumaine, ces hommes, qui se proscrivaient eux-mêmes, assistaient ainsi aux funérailles de la gloire artistique et de la liberté de leur patrie, dont ils avaient courageusement suivi, pour ainsi dire, le convoi et mené le deuil.

Quoi qu'il en soit, la sculpture ne se naturalisa pas immédiatement à Rome; elle ne commença à y fleurir que sous la dictature de Sylla. L'amour de l'art statuaire fut poussé alors jusqu'à la fureur.

La sculpture, comme tous les autres arts, atteignit son apogée sous le règne d'Auguste. Les statuaires grecs firent d'habiles élèves parmi les Siciliens, les Liguriens, et même parmi les Romains. Elle déclina sous Tibère, et jeta un vif éclat sous Adrien, qui se piquait d'être architecte, peintre et sculpteur. Le bon goût se maintint sous les Antonin, s'amoindrit sous Sévère, et disparut tout à fait à l'avénement à l'empire de Constantin.

La sculpture, au moyen-âge, forma une étroite alliance avec l'architecture, s'associa à ses transformations, et partagea ses conquêtes, ses triomphes et surtout ses erreurs, ses prétentions et ses apostasies. Cependant, on le voit par les monuments du moyen-âge qui sont encore debout, l'art n'était pas perdu, l'intelligence sculpturale n'était pas éteinte. La pierre, le marbre, le jaspe, le porphyre, le grès même, étaient travaillés avec une habileté sans pareille; on ciselait les tours, les clochers, les portails, les voûtes de nos églises, et les dentelles de pierre n'étaient pas moins merveilleuses que les dentelles de fil de lin de la Frise et du Hainaut. On coulait le métal, on reproduisait les images saintes des grands docteurs et des grands martyrs, et au plus fort des dévastations gothiques, le signe auguste de la Rédemption du monde se dressait en pierre, en bois, en airain, en fer et en plomb sur tous les points de l'Europe, de l'Afrique et de l'Asie, partout où il y avait un chrétien, et partout où il y avait une espérance d'émancipation et de liberté. Les barbares, enfin, parqués sur ce vaste empire romain qui s'étendait sur les trois quarts du monde connu; les barbares, rafraîchis par la clémence de nos climats, réjouis par les rayons de notre soleil, apprivoisés par les charmes dorés de nos vendanges et de nos moissons; les barbares, qui ne possédaient rien, devenus propriétaires, trouvèrent très-opportun d'embrasser une religion qui prescrit le pardon des injures, et qui ordonne à celui qui est frappé sur une joue de présenter l'autre à l'affront. Quelle plus douce chose, en effet, après le meurtre, le pillage, l'incendie, le vol, de se reposer tranquillement dans le logis du voisin qui est devenu le nôtre, et d'étouffer le cri de sa conscience dans cette horrible justification de rhéteur : « Le mal que j'ai fait était une nécessité du temps, et je me suis assuré du pain par mon glaive, par la grande raison que : qui a du fer, a du pain. » Les barbares, donc, se disciplinèrent peu à peu, après s'être donnés des rois, des institutions et s'être faits chrétiens, et devinrent avec le temps les meilleurs gens du monde. Il se mêlaient même fort activement à la résurrection des arts; et les Allemands de Nuremberg et de Masbourg nous conservent encore aujourd'hui une fontaine et un maître-autel, ouvrages de Kœln, artiste du treizième siècle, qui attestent que les descendants de ces brigands goths étaient devenus, de fait, bons artistes et de très-magnifiques bourgeois. L'érection de ces deux chefs-d'œuvre coûta des sommes considérables à Masbourg et à Nuremberg.

La sculpture, vers le quinzième siècle, se débarrassa violemment des étreintes par trop fraternelles de l'architecture; car on pourrait prêter au second de ces arts la pensée de Néron :

> J'embrasse mon rival, mais c'est pour l'étouffer.

La sculpture osa donc reconquérir sa personnalité, et dès 1485, Milan voit naître dans ses murs une académie des beaux arts; Venise, en 1485, inaugura dans l'église de Saint-Marc les statuts de la confrérie des peintres, sculpteurs et architectes; et la petite ville de Montpellier, en France, s'honore par sa communauté des tailleurs d'images, verriers et peintres réunis.

Toutes les branches de la plastique avaient marché, et lorsque l'heure de la Renaissance vint à sonner au commencement du seizième siècle, tout était préparé d'avance pour la révélation de l'art moderne.

La passion qui avait saisi l'Italie et le reste de l'Europe, dit un savant théoricien, pour les débris de l'antiquité, se changea en frénésie à la suite des nouvelles et importantes découvertes que l'on fit sur plusieurs points de l'Italie et de la Grèce; toutefois, l'étude de l'anatomie permit à Michel-Ange de donner à ses statues une grande vérité de mouvement et d'expression. La France, restée fidèle à la sculpture du moyen-âge, fut jetée dans le mouvement par le Primatice; mais le matérialisme *du faire* des élèves de Michel-Ange, entraîna les artistes français dans une imitation trop servile de la nature. Ainsi, notre illustre Jean Goujon est parfois maniéré, et sa riche et abondante imagination est, on le devine, souvent refroidie par les préoccupations malheureuses d'une théorie mathématique, et par conséquent absurde dans les arts où l'absolu ne règne pas.

Les sculpteurs français du dix-septième siècle secouèrent le joug italien et redevinrent eux-mêmes. Cette Italie, si l'on en excepte Michel-Ange, n'a point produit de sculpteur supérieur à Jean Goujon, à Puget, à Girardon; et, dans les siècles suivants, nous avons encore à opposer aux artistes italiens, les Bouchardon, les Pigalle, les Houdon, les Foucou, les Chaudet, qui ont eu pour héritiers directs, au commencement de ce dix-neuvième siècle, les Cortot, les Bosio, les Flatters, les Pradier, les Duret et les Lemaire.

La sculpture française, il faut cependant le confesser ici, est tombée depuis le milieu du dix-huitième siècle dans sa période de décadence : comme à Athènes le sensualisme a tué l'art et les passions politiques, les fanatismes de carrefours ont achevé l'œuvre de la philosophie encyclopédique. L'art, aujourd'hui, quand il n'est point un instrument pour fausser le jugement populaire, est un vil outil de manœuvre. On fait des hommes célèbres, des femmes ou des reines illustres à tant la pièce ; et quand toutes ces figures sont hissées sur leurs piédestaux, quand, se promenant autour de ces marbres on cherche à y surprendre une lueur, une étincelle de l'âme de ceux qu'ils représentent, on est tout étonné de se trouver tout bonnement au milieu de pantins travestis ou de grisettes couronnées. Vous n'avez que des modèles, et quels modèles sous les yeux ! et vous vous prenez à rougir pour Charlemagne, pour Duguesclin, pour Jeanne-d'Arc et pour Anne d'Autriche.

Cette trivialité de composition et d'exécution s'étend jusqu'à des bas-reliefs que la postérité traitera, s'ils arrivent jusqu'à elle, comme des caricatures de pierre.

Canova et Thorwaldsen, l'un Romain, l'autre Danois, ont tenu pendant les trente premières années de ce siècle le sceptre de la sculpture et se sont partagés les écoles de l'Europe; car, aujourd'hui, l'art statuaire est cultivé partout, même au-delà de l'Atlantique, et si le Torregiano qui a porté, au seizième siècle, le style italien en Angleterre, en Espagne et en Allemagne, revenait au monde, il saluerait plus d'un nom illustre, plus d'une œuvre grandiose, qui, — sans approcher du *Moïse* de Michel-Ange, qui n'a d'autre point de comparaison que le *Jupiter* de Phidias, — a conquis d'avance les suffrages de la postérité.

Les deux grands statuaires ont naturellement fait deux camps et deux écoles, et chaque école a fourni de glorieux champions. En Allemagne est Fernow, Zauner, Schadow, Schaller et quelques autres; en Angleterre, c'est Cibber, Flaxmann, Wilter, Wiat, tous marchant sous le drapeau de Canova.

En Danemarck et en Suède, c'est Freund, Blunck, Bystrœm; en Russie, Orlowiski et Martos qui appartiennent à l'école de Thorwaldsen. Il est permis d'espérer que ces deux grandes fractions de l'art statuaire se réuniront un jour en un seul corps, corps invincible, pour faire triompher l'art, le bon sens, la vérité; et que ce bataillon sacré marchant sous l'oriflamme de Michel-Ange, chassera du sanctuaire le laid, le difforme et l'immoral que quelques fous de génie ont voulu de nos jours placer au rang des Muses grecques et des Grâces latines.

Notre France a surpassé les Grecs dans plus d'une science et plus d'un art. L'art du fondeur a atteint chez nous, dès le quatorzième siècle, une grande perfection, et au dix-septième, les Keller ont reproduit pour des milliers d'années les chefs-d'œuvre de la statuaire grecque, romaine et française. Versailles est rempli de leurs beaux ouvrages, et ces illustres ouvriers ont trouvé l'immortalité en perpétuant et en multipliant les merveilles de Phidias, de Lysippe, de Scopas, du Puget et de Girardon.

L'orfèvrerie monumentale est une branche considérable de l'art statuaire. L'orfèvre, le véritable orfèvre de Tyr, de Sidon, d'Athènes, de Rome et de Paris, est un artiste. Depuis saint Éloy, cet habile orfèvre qui fut grand ministre et grand évêque [1], jusqu'à Benvenuto Cellini, l'orfèvre florentin, le moyen-âge produisit un grand nombre de savants ouvriers en or. Sinary, en Angleterre; Donald-Abber, en Écosse; Rovalès, en Espagne; Zeuggler, en Allemagne, et Turgolin, en Hongrie remplirent l'Europe de leurs noms par la perfection, la délicatesse et le fini de leurs ouvrages. Les deux Germain, aux dix-septième et dix-huitième siècles, s'acquirent par leur talent une grande réputation. Aujourd'hui cette magnifique branche de l'art sculptural est à peu près perdue, car là où il n'y a plus ni Dieu, ni Rois, l'orfèvre n'est plus qu'un fabricant de fourchettes. César devient Laridon.

Les artistes grecs trouvaient leurs marbres dans l'île de Paros, et jusqu'au dix-septième siècle, les statuaires de l'Europe étaient

[1] Saint Éloy, trésorier du roi Dagobert au septième siècle, puis évêque de Noyon, était orfèvre, et fit entre autres un trône et une châsse qui furent regardés comme des prodiges de dessin, de ciselure et de gravure. Saint Éloy était éloquent, et a laissé des épîtres qu'on lit encore avec fruit. Il mourut en 658.

tributaires de la Grèce, ou, pour parler avec plus de justesse, des Turcs maîtres de la Grèce et de ses îles. Colbert, que ses pressentiments patriotiques ne trompaient jamais, fit chercher en France même des carrières de marbre, et on en trouva trois en Auvergne. Turgot continua l'œuvre de Colbert, fit explorer la Corse, et dans cette île, cousine de la grande Grèce, on trouva plusieurs carrières de marbre. Grâce à Colbert et à Turgot, des ciseaux français peuvent tailler du marbre français, et plus favorisés que beaucoup de peuples, nous avons le génie qui crée et la matière qui révèle le génie.

Le souvenir des grands capitaines, des grands ministres, des grands prélats échappe quelquefois à l'oubli ; les noms des grands artistes, des grands sculpteurs n'y échappent jamais. On ne sait à qui attribuer l'*Apollon du Belvéder*, la *Vénus de Milo*, l'*Hercule Farnèse;* les Romains eux-mêmes, au temps de Constantin, ignoraient l'auteur de cette admirable statue de l'*Esclave aux aguets*, plus connue sous le nom du *Rémouleur*. Faut-il s'en étonner, quand chez-nous, de nos jours, le vulgaire ne connaît pas l'auteur de ces deux admirables groupes de chevaux de Marly[1] qui hennissent à l'entrée des Champs-Élysées, et qui

[1] Louis XIV commanda à Coysevoz ces deux groupes, et les fit placer aux extrémités de l'immense abreuvoir du château de Marly. Le jour où le roi, entouré de sa cour, vint visiter ce double chef-d'œuvre, il dit au nonce du pape qui marchait à sa droite : « Eh bien, monsieur le nonce, Rome pourrait-elle nous envoyer de si belles statues? — Sire, repartit le nonce, Paris et Rome ne font qu'un, et partout où il plaira à Votre Majesté de commander des prodiges, on en fera. » Réponse très spirituelle et très-adroite qui fit sourire Louis XIV.

Coysevoz reçut cinquante mille écus pour ses deux groupes, et le roi lui donna des lettres de noblesse et le cordon de Saint-Michel, en lui disant : « Monsieur Coysevoz, le génie ne se paie pas en argent : les cinquante mille écus sont pour votre maison; le cordon de Saint-Michel pour vous. »

Coysevoz, né à Lyon en 1640, mourut à Paris en 1720, chargé de gloire, de fortune et d'honneurs. Il était professeur, recteur et chancelier de l'Académie de peinture et de sculpture de Paris.

A la révolution, on amena de Marly — de Marly dont le château avait été saccagé et détruit — à Paris les deux magnifiques groupes de l'abreuvoir, et le gouvernement les fit placer à l'endroit où on les voit encore aujourd'hui. Dieu préserve les chefs-d'œuvre du Lysippe français des balles rondes ou coniques de nos disputes à coups de mousquets!!!

auraient passé même à Athènes, du temps de Lysippe, pour des chefs-d'œuvre. Coysevoz, le créateur de ces merveilles est aussi inconnu de ce peuple que Phidias, Praxitèle ou Lysippe. Ayez-donc du génie en France, et comptez sur l'admiration des Français.

O singes d'Athènes, qu'on a tort de vous aimer!

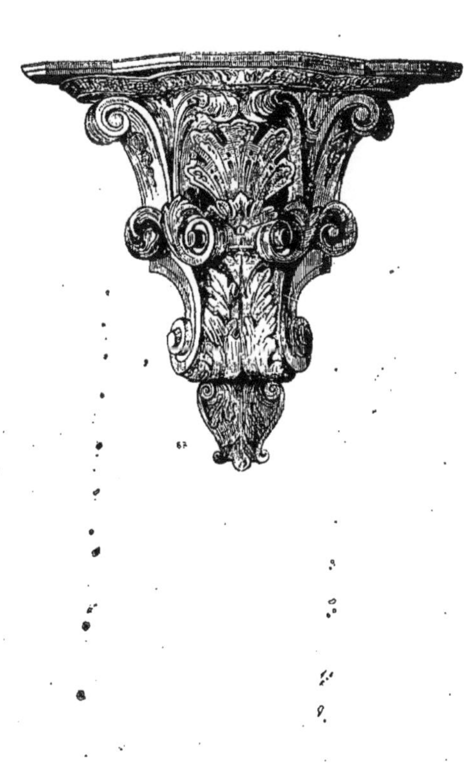

LA PHYSIQUE.

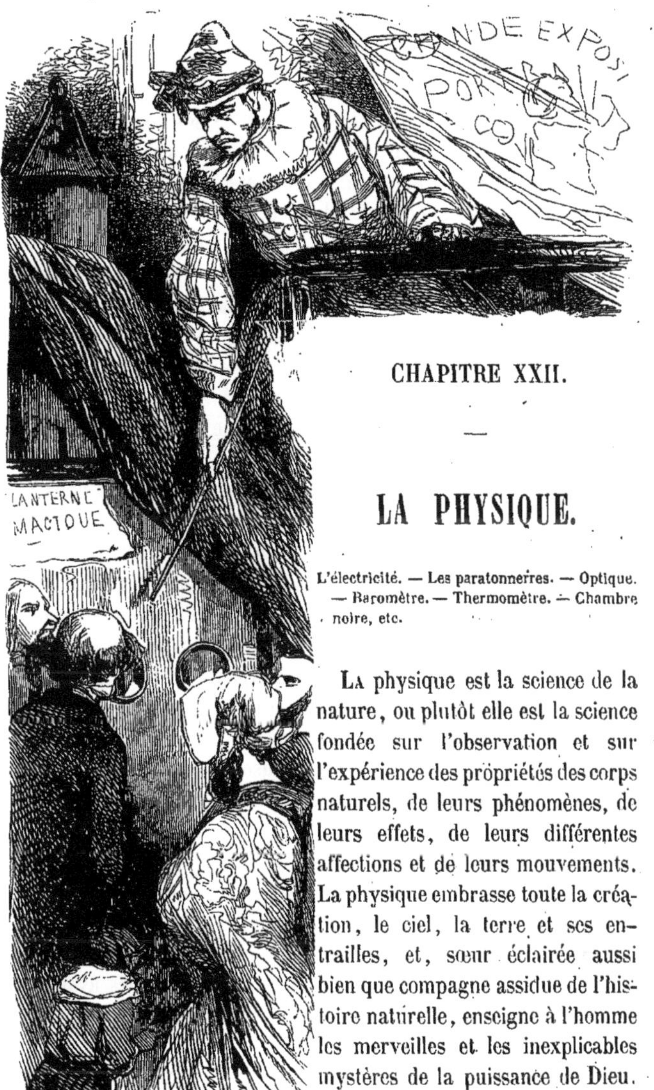

CHAPITRE XXII.

LA PHYSIQUE.

L'électricité. — Les paratonnerres. — Optique. — Baromètre. — Thermomètre. — Chambre noire, etc.

La physique est la science de la nature, ou plutôt elle est la science fondée sur l'observation et sur l'expérience des propriétés des corps naturels, de leurs phénomènes, de leurs effets, de leurs différentes affections et de leurs mouvements. La physique embrasse toute la création, le ciel, la terre et ses entrailles, et, sœur éclairée aussi bien que compagne assidue de l'histoire naturelle, enseigne à l'homme les merveilles et les inexplicables mystères de la puissance de Dieu.

La physique est l'adversaire le plus formidable de l'athéisme et de l'irréligion; et le philosophe Thalès, le plus grand et le premier physicien parmi les Grecs, a résumé ses doctrines physiques et philosophiques par ces belles paroles : « Ce qu'il y a de plus ancien, c'est Dieu, car il est incréé; de plus beau, le monde, parce qu'il est l'ouvrage de Dieu; de plus grand, l'espace; de plus prompt, l'esprit; de plus fort, la nécessité; de plus sage, le temps. »

Les anciens peuples ont cultivé la physique avec une grande ferveur : quelques-uns la rattachaient à leurs dogmes religieux et à leurs croyances. Les Assyriens, les Mèdes, les Perses et les Hindous, et après eux les Égyptiens, se distinguèrent dans l'observation de la nature, et l'astronomie, la cosmogonie, la géodésie n'étaient chez eux, comme chez nous, que des rameaux du grand arbre de la physique. Mais ce qui doit confondre notre orgueil, ce qui doit nous rappeler aux chétives proportions de notre intelligence dégénérée comme notre corps, c'est de voir les physiciens de la haute et de la moyenne antiquité, dépourvus des instruments merveilleux dont le hasard ou le génie d'un très-petit nombre de penseurs nous ont dotés depuis trois siècles tout au plus, s'avancer hardiment dans le domaine inexploré de la physique, y faire par la seule force de leur génie des découvertes importantes, et laisser à leurs ingrats successeurs des théories empreintes de l'observation la plus consciencieuse et de la sagacité la plus vraie.

Les druides et les bardes, dans nos régions septentrionales, étaient comme les mages de la Chaldée, comme les brames de l'Inde, comme les bracmanes de l'Égypte, d'infatigables, de persévérants physiciens. L'Écosse, l'Irlande et l'Armorique produisirent dans des temps fort reculés des hommes qui se vouaient exclusivement à la contemplation et à l'observation de la nature; et Pline l'Ancien nous apprend que les Étrusques avaient depuis un temps immémorial trouvé le secret d'attirer la foudre et de la diriger à leur gré.

Thalès, ainsi que nous l'avons dit plus haut, Thalès, le premier des sept sages, apporta d'Égypte dans la Grèce l'étude et le goût de la physique[1]. Pythagore, un siècle après lui, entreprit un voyage en Égypte, y fit un long séjour, et comme Thalès, nourri des doctrines et de la sagesse des prêtres égyptiens et des mages, initia ses disciples, à son retour à Samos, aux connaissances générales de la physique. Cette science fit de grands progrès[2] parmi les Grecs, et des écoles de Pythagore passa aux écoles de Platon, de Xénocrate[3] et des péripatéticiens. La physique théo-

[1] Thalès était de Milet, et florissait 640 ans avant Jésus-Christ. Il voyagea en Égypte, et conféra avec les prêtres et les savants de ce pays. Avant son départ pour l'Égypte, sa mère, qu'il aimait tendrement, voulut le marier pour hâter son retour. Thalès avait vingt-cinq ans. « Il est trop tôt, ma mère, » dit-il. En revenant d'Égypte, la bonne femme renouvela ses instances. Thalès avait alors quarante ans. « Il est trop tard, ma mère, » répondit-il ; et le philosophe ne se maria pas du tout. Thalès mourut à quatre-vingt-dix ans, et laissa à ses élèves un grand nombre d'écrits sur la physique, la morale et la philosophie, qui ne sont point parvenus jusqu'à nous.

[2] Pythagore, l'un des plus grands génies qui aient paru dans le monde, vivait 540 ans avant Jésus-Christ, était de Samos, et exerçait la profession d'athlète lorsque, ayant entendu raisonner le sage Pherecyde sur l'immortalité de l'âme, il se fit son disciple. Pythagore prit le titre de philosophe, qui lui semblait moins ambitieux que celui de sage, et voyagea en Phénicie, en Chaldée, en Égypte, et, assure-t-on, même en Espagne. La morale de Pythagore était pure, et sa doctrine, si l'on en excepte la métempsycose, digne en tout point de sa morale et surtout de ses mœurs, qui étaient douces, chastes et bienveillantes. Grand physicien et grand mathématicien, Pythagore inventa cette fameuse démonstration connue sous le nom de *carré de l'hypothénuse*. Il eut des disciples illustres, et, entre autres, Zaleucus et Charondas, qui furent les législateurs de leur patrie. Pythagore mourut à Métaponte, — au gouvernement de laquelle il concourut pendant trente ans, — dans un âge avancé, et peu de temps après son maître Pherecyde, dont il avait pieusement soigné la vieillesse et les infirmités.

[3] Xénocrate, de Chalcédoine, fut disciple de Platon en même temps qu'Aristote. Aristote avait l'esprit aussi vif que Xénocrate l'avait lourd et pesant, ce qui faisait dire à Platon que le premier avait besoin d'une bride et le second d'un éperon. Un travail opiniâtre, une étude incessante firent surmonter à Xénocrate les imperfections de sa nature. Il devint grand orateur et grand philosophe, comme habile physicien et savant géomètre. Un jour, un certain Polémon, jeune homme à la mode, et fort connu dans Athènes par l'irrégularité de ses mœurs, étant entré à moitié ivre, et escorté de ses compagnons de débauche, dans l'école de Xénocrate, avec l'intention de se moquer de sa philosophie, Xénocrate calma ses disciples indignés d'une telle insolence, et tourna aussitôt son discours sur la tempérance. Il fit un si attrayant portrait de cette vertu, il peignit avec tant de force, de vérité et d'énergie l'abjection de l'homme qui abandonnait sa raison au fond d'une

rique, plus que la physique appliquée, fut l'objet, dans ces diverses écoles, de discussions lumineuses et de développements ingénieux; et les pythagoriciens, les platoniciens, les xénocratiens et les aristotéliciens, se répandirent dans la petite et dans la grande Grèce, en Italie et jusque dans les colonies des Phéniciens, popularisant cette science, et la rendirent pour ainsi dire universelle chez les nations policées ou qui tendaient à le devenir.

Chez les Romains, Lucrèce, Sénèque, Pline l'Ancien et Varron, furent à peu près les seuls auteurs qui parlèrent de la physique, ou qui rattachèrent cette science à leurs systèmes philosophiques. Plutarque effleura dans quelques parties de son admirable ouvrage quelques questions de haute physique, et envoya, même quand il était intendant en Illyrie, à l'empereur Trajan, un rapport fort étendu sur le climat, les productions et les richesses minérales de la province confiée à ses soins.

Les barbares ignoraient jusqu'aux plus simples éléments de la physique, et les chrétiens négligèrent longtemps cette science, qui, comme toutes les autres, ne peut fleurir au milieu des persécutions, des guerres et des convulsions sociales. Les Arabes, dès le neuvième siècle, les Arabes, dépositaires de tous les écrits, de tous les principes civilisateurs de l'antiquité, les Arabes, possesseurs de toutes les clés des connaissances humaines, se mirent à cultiver la physique, et ressuscitèrent cette science, comme ils avaient déjà fait renaître la philosophie, la médecine, la poésie, les mathématiques et les beaux-arts. Au onzième siècle, Alhazen, auteur arabe fort célèbre, composait un *Traité d'optique* que les savants estiment encore aujourd'hui.

On a mal expliqué jusqu'ici, selon nous, la suprématie que les Arabes obtinrent dans les sciences, dans les arts et dans les lettres,

amphore et sur les bords d'une coupe, que le *lion* d'Athènes se jeta aux pieds de Xénocrate, déplorant ses erreurs, et demanda la grâce d'être son disciple, ce qui lui fut accordé. Polémon, en effet, se corrigea si bien, qu'il succéda à son maître dans la chaire de philosophie. Pourquoi, aujourd'hui, avons-nous tant de Polémons et si peu de Xénocrates!!!

du septième siècle au treizième siècle. Les écrivains qui ont retracé cette mémorable période du moyen-âge ont fait injustement honneur au génie arabe, à l'initiative de l'intelligence civilisatrice des califes successeurs d'Aly et d'Omar, de cette merveilleuse impulsion qui faisait rentrer le monde ébranlé dans les voies lumineuses de l'antiquité. Sans vouloir porter atteinte à la gloire des auteurs arabes, sans chercher à affaiblir la reconnaissance que nous devons conserver pour un peuple qui fut notre rival en vaillance, et qui faillit, sans l'épée de Charles-Martel, devenir notre maître, nous croyons devoir indiquer la cause de cette prodigieuse émanation de lumières dont les conquérants en Afrique, en Asie et dans les contrées méridionales de l'Europe furent les foyers vivants.

Nous avons dit, dans le chapitre de l'*Imprimerie*, que les ordres du calife Omar, cet impitoyable et farouche brûleur de la bibliothèque d'Alexandrie, ce digne émule d'Érostrate et du soldat grossier qui pilla Corinthe, n'avaient pas été rigoureusement exécutés. Omar avait prescrit à ses lieutenants la combustion de tous les dépôts de livres dans les villes d'Égypte, et la plupart de ces bibliothèques furent saccagées et non incendiées; en outre, à Alexandrie même, quelques hommes, moins par amour de la science que par amour du gain, étaient parvenus à sauver des flammes un grand nombre de manuscrits. Un peuple qui spécule sur toutes choses, sur les malheurs des nations, sur les calamités, sur les angoisses de l'humanité, sur la liberté comme sur l'esclavage, sur la peste, sur la guerre, sur la famine et sur la mort, le peuple juif enfin, qui était alors, comme aujourd'hui, partout et nulle part, qui se revêtait en tout lieu d'une nationalité menteuse pour mieux voler, trahir et rançonner ses protecteurs, le peuple juif, représenté par ses trafiquants, ses banquiers, ses agioteurs et ses brocanteurs, acheta tous les manuscrits échappés aux flammes allumées par Omar, — il en sauva même, dit-on, quelques-uns, car l'avarice a son intrépidité, — les cacha soigneusement jusqu'à la mort du terrible incendiaire, et, le calme à peu près rétabli, la paix à peu près revenue, se hâta de désenfouir de greniers infects ces trésors de l'intelligence antique, et de coter aux bourses de ce temps-là cette nouvelle denrée, cette singulière marchandise, qui n'avait eu cours jusqu'alors que dans les écoles d'Athènes, de Corinthe et de Samos, dans les assemblées chrétiennes d'Antioche, de Constantinople et d'Hippone. Mais fidèles à leur haine contre les chrétiens, fidèles surtout à ces bas et vils instincts que les Romains avaient flétris du sobriquet *sentiments de pourceau*, les juifs vendirent exclusivement aux Arabes les ouvrages des grandes bibliothèques de l'Égypte, et déshéritèrent ainsi les descendants des fils aînés de la civilisation, les chrétiens romains, grecs, gaulois, africains et bretons du patrimoine de leurs pères. Les louches et rouges enfants de Jacob continuaient ainsi le drame du Golgotha, et, après avoir immolé le Fils de l'homme, immolaient à leur tour les idées d'émancipation, d'indépendance, de liberté que Jésus-Christ était venu répandre sur la terre, et que les bibliothèques, après lui, devaient populariser à l'ombre de la croix.

Les Arabes profitèrent donc exclusivement de l'industrie des juifs, et ceux-ci s'applaudirent longtemps de l'épaississement des ténèbres dont ils étaient les principaux auteurs; car, malgré les sophistes et les sophismes, malgré toutes ces belles paroles d'orateurs philanthropes et de penseurs ubiquistes, les juifs ne sont jamais si à l'aise que chez les peuples ignorants, comme ils ne sont jamais si riches que chez les peuples qui s'en vont. Les Arabes, possesseurs, de tous les reliefs bibliographiques de quarante siècles, travaillèrent à se rendre dignes d'une telle richesse; ils traduisirent, copièrent, transcrivirent, commentèrent et s'assimilèrent, il faut en convenir, souvent avec une rare éloquence et un bonheur plus grand encore, les sciences, les hautes vertus, les arts, l'éloquence, la poésie surtout de la civilisation des plus grands, des plus nobles, des plus éclairés et des plus célèbres peuples de l'antiquité. Voilà, à notre avis, le secret de la triple puissance artistique, scientifique et littéraire des Arabes du septième au treizième siècle; voilà la seule, l'unique cause de la prolongation de la barbarie dans les contrées septentrionales de l'Europe.

Aux dixième et onzième siècles, la physique commença à pénétrer dans le nord de l'empire. Au douzième, Gerbert, plus connu sous le nom de Sylvestre II[1], rehaussa l'éclat du souverain pontificat par la protection qu'il accorda aux sciences dont il fut l'une des plus fermes colonnes. Frédéric II, empereur d'Allemagne, Alphonse X, roi de Castille, se signalèrent par la variété de leurs connaissances, et furent les premiers géomètres, physiciens, chronologistes et astronomes de leur temps. A cette même époque, les Arabes restituaient à l'Occident le dépôt des sciences et des lettres que le hasard des révolutions avait remis entre leurs mains.

Cependant l'astrologie et l'alchimie, ces deux branches jumelles de la physique, florissaient en Europe, et, parmi beaucoup d'erreurs et de préjugés, inspiraient à leurs adeptes la soif des découvertes, la passion des recherches, le fanatisme de l'inconnu. Tandis que le génie arabe brodait de ses poétiques fantaisies les plus graves, les plus austères théories des sciences, le génie des peuples occidentaux, encore engourdi sous le suaire de la conquête et de la féodalité, se laissait aller aux spéculations philosophiques les plus sombres et les plus audacieuses. Le culte d'Irminsul des vieux Saxons régnait encore dans ces imaginations chrétiennes; et si les Arabes mêlaient encore à leurs travaux les pratiques du sabisme et des mages, en revanche, les alchimistes et les astrologues de la France, de l'Allemagne et de l'Angleterre, alliaient les évocations de Teutatès aux aspirations et aux croyances du christianisme. Chez les Arabes, le soleil, dieu du jour, était, comme

[1] Gerbert, fils d'un pauvre cordonnier de village, était né en Auvergne. Élevé au monastère d'Aurillac, il devint abbé de Bobbio. Il alla ensuite à Reims, et fut chargé de l'école alors célèbre de cette ville, où il eut pour disciple le jeune Robert, fils de Hugues Capet. Gerbert fut tour à tour archevêque de Reims et archevêque de Ravennes, et finit par succéder au pape Grégoire V, en 999. Gerbert, devenu pape, ne cessa pas de cultiver les sciences qui avaient fait sa fortune, les protégea avec éclat, et mourut plein de vertus et plein de gloire la quatorzième année de son pontificat.

au temps des mages, le symbole de la science; chez les Anglais, chez les Saxons, chez les Français, chez les Écossais, c'était encore Ovéha (la lune) avec ses mystérieuses et placides clartés, avec sa milice d'étoiles nébuleuses qu'on voyait briller à côté de la croix.

Des hommes éminents se révélèrent pourtant alors. En Angleterre, ce fut Roger Bacon[1], ce moine à la tête encyclopédique qui toucha à toutes les sciences, et qui laissa sur chacune d'elles l'empreinte ineffaçable de son génie; en France, moins d'un siècle plus tard, ce fut Nicolas Flamel, le plus grand philosophe hermétique qui fut jamais[2]; en Italie, ce fut Thomas de Pisan[3], que la France adopta, et que Charles V, le sage Charles V, honora d'une amitié fondée sur l'amour du peuple et sur l'amour de la science.

[1] Roger Bacon, religieux anglais de l'ordre de Saint-François, fut surnommé le *docteur admirable*. Roger s'appliqua à l'astronomie, à la chimie, aux mathématiques, à la médecine, à la mécanique et à la perspective. Il était lié avec tous les savants de son temps, et découvrit une erreur considérable dans le calendrier, dont il proposa, en 1267, la correction au pape Clément IV. Bacon a décrit dans ses ouvrages la *chambre obscure*, toutes les espèces de miroirs propres à grossir ou à diminuer les objets; il fabriqua un télescope, donna la recette de la poudre à canon, et fit un grand nombre de découvertes utiles. Son *grand œuvre*, ouvrage à peu près oublié des savants d'aujourd'hui, est la critique la plus sanglante des prétendues découvertes modernes, car il les indique à peu près toutes. Accusé de magie, Bacon se justifia, sortit de prison et retourna à Oxford, où il mourut en 1294, à soixante-dix-huit ans.

[2] Nicolas Flamel, natif de Pontoise, au quatorzième siècle, vint à Paris, où il fit une fortune considérable par la part qu'il prit, sous le ministère de Jean de Montaigu, au maniement des finances. Nicolas Flamel fit de doctes recherches sur la pierre philosophale, composa un sommaire philosophique dont les idées sont fort avancées pour le temps, et se distingua autant par sa science calligraphique que par sa charité envers les pauvres. Il mourut, ou, ce qui est plus probable, il s'enfuit de Paris peu de temps après la mort de sa femme Pernelle, qui trépassa en 1412.

[3] Thomas de Pisan fut appelé en France, comme nous avons déjà eu l'occasion de le dire, par Charles V, qui lui accorda des honneurs et des pensions considérables. De doctes critiques modernes ont trouvé mauvais que Charles V eût appelé cet étranger illustre dans ses conseils. Mais que faisons-nous donc, nous qui meublons nos bibliothèques de bandits et de voleurs étrangers, et qui stipendions l'oisiveté, la paresse et la fainéantise de cent mille vagabonds de tous les coins du globe? Du moins les bienfaits de la France et de son roi, au quatorzième siècle, ne s'adressaient-ils qu'à des hommes véritablement dignes de louanges, qu'à d'honnêtes gens.

A la fin du treizième siècle, un banquier florentin, nommé Salvinio Degli Armati, inventa les lunettes. Un certain fra Alexandro de Spina, s'appropria cette découverte et la donna comme sienne.

Pendant les quatorzième et quinzième siècles, la physique resta stationnaire, et si l'on en excepte Nicolas Flamel et Thomas de Pisan, en France; Parneld, en Allemagne; Mac-Fermal, en Écosse; et Blaise Picolani, à Parme, cette science n'eut aucun adepte digne d'elle. Blaise Picolani s'occupa spécialement de statique et de perspective.

Au seizième siècle, au contraire, la physique marche à pas de géant. La révolution des esprits s'étendait des matières religieuses, politiques et morales, aux matières scientifiques. Jean-Baptiste Porta, sur les indications de Roger Bacon, trouve la chambre obscure, et avant lui les connaissances qu'on avait sur la lumière, sont augmentées par Maurolici de Messine. Ses différents traités et surtout son *Archimedis monumenta omnia;* son *Photesmus de lumine et umbra,* et son *Cosmographia de forma, situ numero que cœlorum elementarum,* lui assignent un rang distingué parmi les physiciens.

Les deux grands agents physiques, — l'électricité et le magnétisme, — Deux fluides absolument distincts, sont révélés par Gilbert, médecin et physicien de la reine Élisabeth d'Angleterre.

Le dix-septième siècle s'ouvre avec Descartes et Suellius, qui s'appliquent à la marche et à la décomposition de la lumière. L'Allemagne, l'Angleterre, la Suède, le Danemark, la Hollande et les Flandres, voient surgir de leur sein de grands philosophes et de grands physiciens. Il semble que l'esprit humain, si profondément remué dans le siècle précédent par les dissentions religieuses et les interminables querelles théologiques, ait besoin de se retremper dans la piscine salutaire de la science pour se rapprocher de la nature et de la toute-puissance de Dieu.

Un paysan hollandais, nommé Drebbel, invente le thermomètre; l'Ecossais Jacques Gregory construit les premiers télescopes à réflexion; et le savant astronome Keppler perfectionne les lunettes du banquier florentin, Degli Armati.

Galilée ajoute aux télescopes de nouveaux procédés, et conçoit la possibilité de faire du pendule un instrument propre à mesurer le temps; mais soit timidité, soit réserve, le grand philosophe n'en donne point l'application.

Toricelli, élève de Galilée, invente le baromètre, et notre immortel Pascal crée la science de l'hydrostatique; tandis que Gassendi rédige une nouvelle théorie de la lumière, et que Otto de Guericke, bourgmestre de Magdebourg, invente la machine pneumatique, et la machine électrique qui porta son nom tout un siècle.

A peu près vers ce temps-là, Salomon de Causs écrivait son livre *De la raison des forces mouvantes* et *De la puissance élastique de l'eau;* Gilles Personne de Roberval trouvait la presse hydraulique; le père Kircher rappelait, des limbes de la Babylonie et de l'Égypte, le cadran solaire et les lois de l'acoustique, et rendait compte, en poète, en archéologue et en musicien, des phénomènes de l'écho. Ce savant jésuite peut être regardé, avec raison, comme le véritable père du magnétisme, à l'étude et à la glorification duquel il consacra une grande partie de ses veilles.

Mariotte et Amontons imprimèrent à la physique un élan qui se répandit de France dans le reste de l'Europe, et de l'Europe en Asie, et dans les deux Amériques. Le premier de ces deux savants a eu l'honneur de donner son nom à des calculs absolus qu'on appelle encore de nos jours la Loi de Mariotte.

Parent, Camus, Ausout, Richer et plusieurs autres physiciens distingués marchèrent sur les traces de Mariotte et d'Amontons, et élargirent les voies déjà spacieuses qui unissent la physique à la philosophie.

Newton parut enfin, et ce génie sublime, plus heureux que notre immortel Descartes, put jouir durant une longue vie des honneurs et des distinctions que les hommes attachent à la gloire et à la vertu. L'attraction, découverte par Newton, produisit en physique une espèce de révolution, et ouvrit une ère toute nouvelle non-seulement à la physique et aux sciences qui en découlent, mais encore à la philosophie [1]. Tous les systèmes philosophiques s'écroulèrent, et depuis Pythagore jamais le monde ne fut peut-être plus profondément remué que par les doctrines neuves et hardies du philosophe anglais.

Hanksbée perfectionna la machine pneumatique, et laissa à Étienne Gray des travaux importants sur l'électricité.

Boze, ajouta un conducteur métallique à la machine électrique, et produisit des étincelles assez vives pour enflammer des corps combustibles et foudroyer de petits animaux.

Fareinheit, fit adopter le mercure dans le thermomètre, et agrandit, par ses observations intelligentes, le champ déjà si vaste de la science. Denis Papin continue Salomon de Causs, et jette les fondements du triomphe de la vapeur, cette puissance apocalyptique, qui doit faire du monde entier un paradis ou un enfer, un chaos d'athéïsme ou une Jérusalem céleste.

Nous voici en plein dix-huitième siècle. Comme au seizième, les cerveaux bouillonnent, les passions s'enflamment, les orgueils se dressent. Ce n'est plus la réforme religieuse qui travaille les âmes, qui fait bondir et brûler les cœurs, c'est l'amour d'une liberté que personne ne connaît, que personne ne définit, que personne ne comprend de la même manière. La littérature et la science se ressentent de ce malaise général, de cette fièvre uni-

[1] Il n'est point inutile de faire remarquer ici que ce grand Newton, qui changea les idées philosophiques, astronomiques et géométriques de son siècle, qui découvrit peut-être un des secrets les plus admirables de la Divinité, que ce philosophe, dans toute la force et dans toute la dignité du mot, lisait chaque jour la Bible, se faisait gloire d'être chrétien et croyait, partant, à la révélation. Et aujourd'hui le dernier garçon perruquier, le dernier courtaud de boutique se fait une joie de rire et de plaisanter aux dépens d'une religion et d'une croyance que le sublime Newton a servies et aimées pendant quatre-vingts ans! Ah! soyons, s'il le faut, imbéciles avec Newton et Descartes, plutôt qu'esprits forts avec les Spinosa du coin. Newton fut enterré dans l'abbaye de Westminster, avec les rois, les grands capitaines et les grands poètes de l'Angleterre.

verselle : on arrive par l'encyclopédie aux drames; des drames aux procès scandaleux ; des procès aux comédies, où, à l'exemple d'Aristophane, on se moque des lois, des bienséances, de la foi publique, des mœurs et de la vertu ; les sciences et la physique en particulier s'associent à cette inconcevable débauche des imaginations, et les frères Montgolfier, qui ont trouvé, sur les feuillets poudreux de Roger Bacon, les éléments de l'aérostation, lancent dans les airs leurs ballons, comme des précurseurs, un peu gauches à la vérité, de la liberté de tout dire, de tout écrire, de tout calomnier et de tout détruire, qui ne va pas tarder à se révéler.

Quelques années avant l'apparition des frères Montgolfier et de leurs ballons, Benjamin Franklin, qui se mêla depuis si activement aux événements qui amenèrent la complette émancipation des colonies anglaises, Benjamin Franklin, disons-nous, mettant à profit les traditions des Étrusques et les expériences modernes de Baze, inventa les paratonnerres, et mérita, par l'énergique fermeté qu'il déploya pour arracher sa patrie à l'avare domination de l'Angleterre, qu'on lui adressât ce beau vers :

Eripuit cœlo fulmen, sceptrumque tyrannis.

« Il a arraché la foudre du ciel et le sceptre de la main des tyrans. »

Les travaux de Coulomb, de Laplace et de Lavoisier, firent époque dans les annales de la physique, et manifestèrent, aux yeux du monde savant, la supériorité intellectuelle de la France et les rudes et patients labeurs de ses enfants.

Galvani avait fait, vers la fin du siècle précédent, de nombreuses et curieuses expériences sur l'électricité. Volta régularisa ces expériences, et inventa un instrument qui porte encore le nom de pile de Volta. De cette ingénieuse et précieuse découverte, date l'alliance intime de la physique et de la chimie.

Herschell donna aux télescopes une force et une puissance miraculeuses. Cette puissance et cette force faisaient dire à un ambassadeur turc, qui visitait l'observatoire du célèbre astronome : « Encore quelques efforts, Monsieur, et je ne doute pas que vous ne puissiez nous montrer tous les appartements du ciel. Pour contempler les houris de notre grand prophète, nous n'avons bientôt plus besoin de quitter la vie. Le paradis de Mahomet sera au bout de votre lunette. »

Hales a réussi à faire fondre le marbre, et démontré la fusibilité d'un grand nombre de substances volcaniques.

La météorologie trouva dans Cutter un expérimentateur sagace et profond. Aujourd'hui MM. de Humbold et Pouillet, marchant en capitaines, beaucoup plus qu'en soldats, sur les traces de Réaumur et de La Saussure, ont donné à cette branche intéressante de la physique toute la gravité et tout l'intérêt agricole et sanitaire qu'elle semble comporter.

En 1839, un artiste distingué, M. Daguerre, que tout le monde croyait n'être qu'un peintre habile et qu'un homme d'esprit, a trouvé le moyen de fixer, sur une plaque de métal, l'image des objets produits par la lumière au foyer de la chambre obscure. Les savants, auxquels il faut toujours un peu de grec, même de cuisine, ont appelé cet ingénieux procédé photographie. Le peuple, qui n'y regarde pas de si près, appelle la photographie le daguerréotype. Nous rendons hommage, comme tout le monde, à l'originalité de cette découverte, mais nous regrettons qu'elle ait été faite par l'un des plus spirituels et des plus charmants peintres de l'école française. Dix tableaux éclos du pinceau si vrai et si facile de M. Daguerre, nous eussent charmés bien davantage que les douze cents mille faces plus ou moins laides, plus ou moins ignobles que son invention a mises en circulation sur tous les murs de Paris. Car une des manies, une des maladies de notre époque, c'est de *poser* en buste, en pied, à mi-corps, à pied ou à cheval.

> Se croire un personnage est fort commun en France ;
> On y fait l'homme d'importance.....
> Tout petit prince a des ambassadeurs ;
> Tout marquis veut avoir des pages.

Il n'y a plus aujourd'hui de marquis, mais force gens épiciers, médecins, bonnetiers, histrions, saltimbanques, orateurs aussi sots, aussi vains que les marquis de l'ancien régime. Ces infortunés niais saisissent donc avec une espèce de frénésie tous les moyens de se reproduire; ils mettent en réquisition la brosse des moindres rapins (voyez les expositions de peinture depuis vingt ans), les ciseaux des plus tristes praticiens pour passer à la postérité. Les malheureux ont déshonoré la lithographie, et ils en sont venus ajourd'hui à rendre la photographie un fléau pour les yeux... et pour la physique, que leur physique doit indigner autant que leur fatuité irrévérencieuse.

Heureusement que cette noble et belle science est en fonds pour se consoler. Elle ne marche plus, elle court, elle s'élance, elle vole. Les Pouillet, les Arago, les Dumas, les Biot, les Humboldt, les Cauchy, les Dupin, et mille autres que nous pourrions citer dans notre seul pays, l'enrichissent chaque jour de quelque observation nouvelle, de quelque combinaison neuve, de quelque aperçu fécond en grands résultats pour les arts, pour le commerce, pour l'agriculture et pour l'industrie. Une science, qui a pour interprètes et pour régulateurs de tels hommes, ne peut plus reculer, et vingt Omar, — ce qu'à Dieu ne plaise! — viendraient-ils fondre sur le monde; la flamme dévorante, en réduisant en poussière nos bibliothèques, ne détruirait pas la suprématie scientifique de la France, qui compte autant ses gloires par homme que par livre. La France est immortelle comme la physique elle-même.

CHAPITRE XXIII.

LES TISSUS.

Les premiers tisserands. — Les Arabes de Ségovie. — Les Abencerrages. — Laine, fil, soie, coton, cachemire, etc.

La quenouille doit dater, aussi bien que la charrue, des premiers âges du monde. Les hommes réunis en société durent diriger principalement les efforts de leur imagination vers la recherche des moyens de conserver la vie et la santé, cette fleur de l'existence. Se nourrir et se vêtir sont les deux pôles de l'être intelligent. « *La vie et l'habit*, disait le philosophe Anaximènes à Alexandre le Grand, dont il avait été l'un des précepteurs, ou plutôt la nourriture et le vêtement sont indispensables aux hommes : faites donc en-sorte que vos peuples ne manquent de rien sous ces deux rapports, et vous n'aurez ni révoltes à punir, ni séditions à réprimer. Le mot plein de sens et de sagesse d'Anaximènes est parvenu jusqu'à nous, en se purifiant encore au souffle divin de la foi chrétienne, et la charité enseignée par Jésus-Christ, la raison, la politique et la justice éternelle, nous apprennent que les sociétés humaines, qu'elles soient dirigées par des lois ou par des rois, qu'elles s'intitulent républiques ou monarchies, doivent avant tout pourvoir, — en échange d'un travail régulier, — à la subsistance et au vêtement de chacun de leurs membres. La pauvreté est un mal inhérent à tout état social et peut-être même à la nature humaine, on ne peut la détruire; mais la misère n'est qu'un accident, une monstruosité, un crime permanent : il faut l'extirper et radicalement guérir cette lèpre morale, comme on a su guérir la lèpre physique apportée par les Goths avec la barbarie des régions glacées du Nord.

Sans remonter aux souvenirs très-confus des grands peuples et des grandes nations de l'antiquité, et en nous bornant à consulter les saintes Écritures et les poésies d'Homère, nous voyons que l'art de fabriquer les étoffes était en honneur non-seulement chez les patriarches et les rois leurs contemporains, mais encore chez les anciens Egyptiens. On a retrouvé des statues de la déesse Isis, ornées de quenouilles et de fuseaux. Minerve, chez les Grecs, n'était pas seulement le symbole de la sagesse, des arts et de la guerre, elle était encore le mythe le plus éloquent de l'activité domestique et des occupations utiles du foyer. La divinité qui présidait aux beaux arts et à la philosophie, présidait aussi aux humbles labeurs de l'aiguille, de la quenouille et du fuseau : comme si les Grecs eussent voulu enseigner, par cette ingénieuse allégorie, que la sagesse et la vertu, dont Minerve était l'expression la plus haute et la plus pure, devait être, dans toutes les conditions, chez tous les sexes et au sein de tous les peuples civilisés, l'apanage le plus précieux, le privilége le plus beau, l'ornement le plus splendide et le plus nécessaire de l'humanité, et que le travail, le saint travail de la famille, était la garantie des bonnes mœurs, de l'honneur, de la félicité publique et du bonheur privé.

Nous lisons dans Homère que l'épouse du vieux roi Priam, Hécube, filait au milieu de ses filles et de ses esclaves, tandis que les jeunes capitaines troyens fourbissaient leurs armes pour repousser les Grecs. Omphale, reine de Lydie et femme d'Hercule, portait avec une égale majesté le sceptre et la quenouille; et Hercule, s'il faut en croire la mythologie, Hercule, ce demi-dieu, ce dompteur de monstres, cet intrépide vengeur des opprimés, Hercule lui-même s'associa aux pacifiques travaux de la beauté, et fila aux pieds d'Omphale. Chez les Romains et aux premiers temps de la République, l'unique occupation des femmes était de filer et de tisser les étoffes pour les vêtements de leurs époux, de leurs enfants et de leurs esclaves. Sextus, fils de Tarquin-le-Superbe, qui déshonora Lucrèce, trouva, lors de son attentat, cette pudique Romaine occupée à filer. La quenouille que tenait Lucrèce fit bientôt place au poignard dont elle se perça le sein, et les fuseaux ensanglantés de la femme de Collatin devinrent le signal de la chute de la royauté et du triomphe de la république, comme deux cents ans plus tard, dans cette même Rome, la robe de César assassiné fut le prélude de la tyrannie et inaugura l'empire d'Auguste.

Les récits bibliques sont remplis des touchants tableaux de l'industrie domestique. Ici, c'est Sara qui veille, avec sa servante Agar, à la tonte des nombreux troupeaux d'Abraham, et qui fait mettre de côté, par le petit Ismaël, la laine la plus onctueuse et la plus fine pour en filer la première tunique du fils promis par le Seigneur, d'Isaac. Là, c'est la vieille Noëmie qui, assise sur le revers d'un fossé, encourage Ruth, sa belle-fille, à glaner dans le champ du riche Booz, et promet de lui filer un jour les plus belles laines du pays de Chanaan. Plus loin, c'est Judith, la libératrice de sa patrie, couvrant de pourpre et d'or la tunique, ouvrage de ses mains, dont elle doit se revêtir pour aller trouver le général de

Nabuchodonosor, le farouche Holopherne; plus loin encore, c'est la mère des Macchabées, revêtant chacun de ses sept fils des blanches robes de lin qu'elle leur avait taillées, et leur disant : « Mes mains maternelles ont filé ce lin, qu'il vous serve de drapeau si vous restez vainqueurs des ennemis de votre Dieu et de votre patrie; qu'il vous serve de linceuil, si le fer de l'Infidèle tranche vos jours. Mais vaincus ou vainqueurs, Dieu, votre patrie et votre mère ne vous oublieront jamais. »

La civilisation grecque et romaine étouffa les mœurs patriarchales et les occupations saintement utiles des vieux âges. Cependant, lorsque le monde romain eut reçu le double baptême que Dieu lui envoyait, le baptême du salut et de la miséricorde par les apôtres de Jésus-Christ, et le baptême des persécutions, des ignominies, des vengeances dont les barbares, aveugles instruments de la colère divine, étaient les horribles prêtres, les habitudes, les travaux, les vertus même du foyer domestique, revinrent comme d'eux-mêmes au sein de la société nouvelle qui se formait et qui était un assemblage confus de toutes sortes de peuples; mais le ciment divin du christianisme avait solidement relié entre eux tous ces matériaux hétérogènes, et les lumières de l'Evangile, qui jetaient sur cette société naissante un éclat si pur, un parfum si suave et si céleste, ramenèrent en quelque façon le monde aux joies, aux devoirs, aux travaux, aux aspirations patriarchales. Nous avons tous lu dans nos vieilles légendes cette histoire de la reine Berthe, qui employait les loisirs et les trésors de la couronne à soulager les pauvres, et dont la tendre piété se plaisait à transformer son palais en maison de prière et de travail, métamorphose heureuse qui avait mérité à ce palais le surnom de Palais-des-Quenouilles, que la reconnaissance populaire lui avait décerné. La reine Berthe a été précédée et suivie de femmes non moins illustres par le rang, par la charité et par l'amour du travail. Clotilde, femme de Clovis; Hildegarde, épouse de Charlemagne; Ingelberge, Mathilde, Bérengère, Ogine, Isabelle de Hainaut, toutes femmes, filles ou sœurs de rois et d'empereurs, allièrent la passion du travail à la passion de la prière, et l'amour de Dieu à l'amour du peuple. Dans les siècles plus rapprochés du nôtre, et lorsque le goût de la politesse, des beaux arts et des discours fleuris fut apporté en Europe avec les pierres du Parthénon et les œuvres d'Euripide et de Sophocle, l'établissement des cours d'amour et des aréopages de doctes matrones, de jolies femmes, de hardis chevaliers et de spirituels troubadours, ménestrels, trouvères, maîtres et bacheliers en gai savoir, n'affaiblit point la religion du travail. Les femmes, au contraire, les plus honorées, les plus aimables et les plus illustres par leur naissance, leur esprit et leurs dignités, mêlaient, aux fleurs de la poésie et de l'éloquence, aux charmes des doux entretiens et des savantes conversations, aux jeux du cœur et de l'imagination, les nobles attributions du travail domestique. Les premières aiguilles à tricoter furent inventées au treizième siècle par une comtesse de Flandres; le dé fut trouvé par une duchesse de Bourgogne; et la tapisserie, si lentement ingénieuse de Pénélope, fut ressuscitée, pendant les deux premières croisades et pour faire supporter l'absence des nouveaux Ulysses, par Éléonore de Guienne, femme de Louis VII, et d'Isabelle de Hainaut, première femme de Philippe-Auguste.

Tyr et Sidon furent, dans l'antiquité, les villes où l'on fabriquait les plus belles et les plus riches étoffes. La pourpre de Tyr était la bure des rois, et fut célébrée par tous les poètes, maudite par tous les philosophes. Sidon, et les principales villes de la Phénicie, fournissaient aux heureux de la terre, qui n'étaient ni rois, ni princes, ni ministres, ni généraux d'armées, les tissus les plus moëlleux, les plus fins et des couleurs les plus attrayantes. Les premiers tisserands furent donc vraisemblablement des Phéniciens[1], car l'histoire ne nous a pas initiés à une civilisation plus

[1] Ce nom (tisserand) est commun à plusieurs ouvriers travaillant de la navette, tels que sont ceux qui font les étoffes de laine ou tisserand-drapant. Les autres artisans qui se servent de la navette pour fabriquer des étoffes d'or, d'argent, de soie, d'autres étoffes mélangées pour faire des tissus, ne se font point nommer tisserands, mais *monteurs ouvriers* en drap d'or, d'argent, en soie, ou simplement ouvriers de la grande navette.

reculée. Les Grecs, dans leur siècle de décadence, tiraient de l'Asie et de quelques villes d'Afrique toutes les étoffes dont ils avaient besoin pour leurs vêtements et pour les robes splendides de leurs femmes[1]; et les Romains, à dater de la dictature de Sylla, firent venir également d'Asie les tissus les plus fins qu'ils ornèrent, — Auguste et l'empire arrivés, — de broderies d'or et d'argent, de palmes, et même de perles et de pierres précieuses[2]. Le luxe avait étouffé la liberté bien avant la tyrannie, et la vieille simplicité républicaine ne convenait plus à ces Romains dégénérés, qui s'enivraient des dépouilles du monde.

Les barbares, vêtus de peaux, la poitrine à peine couverte d'une cuirasse de bois durcie au feu, la main chargée d'un affreux coutelas ou de masses à éperons, ne trouvèrent plus les soldats de Marius qui avaient taillé en pièces les Cimbres et les Teutons leurs ancêtres. Ils eurent bon marché de ces soldats, de ces légions, qui n'avaient conservé de leur ancienne gloire que l'aigle de Romulus et la vaine splendeur de leurs armures, mais qui ne possé-

On fabrique les tissus avec toutes sortes de matières qu'on peut filer, comme l'or, l'argent, la soie, la laine, le fil, le coton.

[1] Les dames d'Athènes et de Rome déployaient dans leurs toilettes un luxe et une élégance qui étonneraient même nos lionnes de Londres et de Paris, auxquelles les Athéniennes ne le cédaient ni en grâces ni en esprit. Il faut lire dans le *Voyage du jeune Anacharsis*, du savant abbé Barthélemy, les mille futilités, les mille et charmants riens dont se composait la toilette ordinaire des femmes de conditions à Athènes et à Corinthe. La courtisane Aspasie reçut de Périclès, après la guerre de Mégare, une robe qui valait, par les perles et les broderies dont elle était enrichie, plus de 50 talents, c'est-à-dire à peu près 75,000 francs de notre monnaie.

[2] Lucullus, si célèbre par sa gourmandise et par ses richesses, changeait trois fois de robe pendant ses repas. Dans un festin qu'il donna à un ambassadeur du roi de Bythinie, il portait une robe si merveilleusement splendide, si surchargée de perles et de pierres précieuses, que l'ambassadeur en fut ébloui et ne put s'empêcher de manifester son admiration. « Ce n'est rien, lui répondit Lucullus, et si vous visitez les caveaux du temple de la Victoire, vous en verrez bien d'autres. Lucullus n'a voulu garder pour lui que ce qu'il a jugé indigne d'être offert aux dieux et à la République. » Ce grand général avait en effet apporté des valeurs inestimables en or, en argent et en pierres précieuses à Rome, après avoir défait Mithridate et Tigrane, et n'avait réellement conservé que des objets de peu de valeur, mais ce peu de valeur se montait à 80 millions.

daient plus ni la tactique, ni la vigueur individuelle et collective, ni la discipline, ce gage presqu'assuré de la victoire, des troupes invincibles de Pompée, de César, de Titus et de Trajan. L'empire romain tomba donc avec sa dernière armée; mais l'empire d'Orient se débattit encore longtemps, et opposa une assez longue résistance pour donner le temps aux barbares, campés en Europe, de se familiariser avec le luxe et le faste militaire et civil de ceux qu'ils étaient venus combattre, et qu'ils avaient faits esclaves.

Mais ces Gètes, ces Gépides, ces Avares, toutes ces races grossières de la nation Gothique, étaient, comme tous les barbares et, tous les hommes mûris trop vite au soleil de la victoire et de la liberté, fort amoureux des magnifiques vêtements et des marques distinctives du commandement et de la souveraineté. La splendide tenue des empereurs, des consuls, des patrices, des généraux qu'ils avaient battus ou faits prisonniers, leur donnaient d'étranges tentations de s'habiller comme eux, et de rayonner sur le monde[1] comme ces astres dont ils avaient fait pâlir la fortune et l'éclat. Ces Goths succombèrent enfin à la tentation, et leurs chefs, décorés du titre de rois, emmaillotés de la pourpre, coiffés de couronnes qu'ils forgèrent d'abord en fer, qu'ils fondirent plus tard en or, devinrent bientôt aussi esclaves du cérémonial, aussi passionnés pour la parure royale, aussi avides de hochets superbes que les empereurs de Constantinople. Cette folie sauva l'industrie, le commerce du monde; et en même temps que les admirables produits tissuaires de l'Asie et de l'Afrique, un moment ébranlés, se relevaient plus beaux que jamais, les nombreux ouvriers, que cette magnifique industrie faisait vivre dans les deux parties du

[1] Nous voyons aujourd'hui les nègres d'Haïti faire tout justement ce qu'ont fait les Goths. Après avoir voulu la liberté, et avoir arrosé de sang les pieds de la divinité qui n'était en réalité qu'une abominable licence, ils se sont donné un empereur, et aujourd'hui cet empereur et ses grands dignitaires renchérissent sur toutes les niaiseries, sur toutes les vanités, sur toutes les folies honorifiques des plus vieux gouvernements de l'Europe. Ce n'est pas tout de se proclamer citoyen, il faut avoir l'esprit de l'être, et conserver ce titre précieux quand on le tient. Ah! pauvres nègres, les classificateurs d'histoire naturelle ont-ils raison?

monde, se sauvaient avec les épaves de ce naufrage universel de la civilisation.

Mais si l'art du tisserand reprit quelque activité en Afrique et en Asie, grâce à la pompe et au faste des rois barbares, il n'en fut pas de même en Europe. On ignorait presque généralement, dans les contrées septentrionales, l'art de fabriquer la soie ; le tissage de la laine était dans l'enfance, et la toile, — produit précieux du chanvre et du lin, — était rare et n'était pas, vu sa cherté, d'un usage général. La Frise, la Hollande, le Brabant et la Flandre ne commencèrent à fabriquer leurs toiles, si renommées depuis, que vers les dernières années du treizième siècle ; et le luxe, dans le linge de corps, était une chose si merveilleuse, que la reine Isabeau de Bavière, femme de Charles VI, ayant apporté dans son trousseau trois douzaines de chemises de Hollande, on cita à la cour de France cette particularité mémorable. Un siècle environ plus tard, Anne de Bretagne enrichit les armoires royales de l'hôtel Saint-Paul et de la Tour-du-Louvre de quatre douzaines et demie de chemises et de six paires de draps filés par les femmes de la Cornouaille qui avaient voulu donner à leur bien-aimée duchesse, devenant reine de France, un témoignage suprême de leur amour et de leur respect. Ainsi, de deux reines, d'Isabeau de Bavière et d'Anne de Bretagne, l'une apporte quarante-deux chemises de Hollande à son royal époux, l'autre quarante-huit chemises et six paires de gros draps jaunes à Charles VIII. Mais Anne apportait aussi en dot au fils de Louis XI la vaillante et généreuse Bretagne, et pour ce beau nid de soldats et de matelots, pour cette riche et plantureuse province qui est si féconde en grands hommes et en grandes moissons, le jeune époux pouvait se consoler de la rudesse du linge de sa noble épouse, en songeant de quel beau fleuron elle venait de fortifier la couronne de Clovis, de Charlemagne et de saint Louis.

Si le linge de corps n'était pas abondant au quatorzième siècle en France et dans les autres pays de l'Europe, en revanche le linge de table avait déjà atteint l'apogée de la perfection. Rien de plus splendide, de plus beau que les services de table fabriqués du quatorzième au dix-septième siècles en Hollande et dans les Pays-Bas. Chaque nappe, chaque serviette représentaient des fleurs, des fruits, des animaux ou des sujets complets avec personnages et paysages de l'histoire sainte et de l'histoire profane. On conserve encore de nos jours, en Espagne, le magnifique service de linge de table offert par les bourgmestres et notables bourgeois de Bruxelles au fameux duc d'Albe, et rien n'approche de la finesse de grain et de la finesse d'exécution de ce service, qui compte trois grandes nappes de quarante pieds carrés chacune, de six petites nappes ou napperons, et de deux cent-cinquante serviettes qui, toutes, sont des tableaux historiques et dignes des grands artistes qui en dirigèrent le travail [1].

La France paya longtemps, ainsi que les autres états de l'Europe, un tribut à la Hollande et aux Pays-Bas pour cette miraculeuse industrie. Mais au dix-septième siècle, sous l'administration de Colbert, des fabriques de linge damassé, gravé et historié s'élevèrent simultanément dans l'Artois, dans la Picardie, dans la Lorraine et dans la Flandre, et non-seulement nous fûmes affranchis d'un tribut onéreux, mais encore nos produits, grâce aux encouragements de Colbert et de Louis XIV, purent rivaliser, tant par la finesse et la bonne qualité des matières premières, que par la perfection et l'originalité des dessins, avec les toiles étrangères destinées à l'usage de la table. Au surplus, le linge, au dix-septième siècle, était devenu, par le perfectionnement des mœurs, par l'application plus stricte des soins de l'hygiène, mais surtout par la concurrence des ateliers et par l'emploi de moyens plus expéditifs dans le rouissage des chanvres et dans la préparation des lins, plus communs en France, et tout y gagna; l'agriculture, l'industrie, le commerce et la santé publique, dont le linge est peut-être

[1] La grande nappe représentait tous les grands capitaines de la Grèce et de Rome, depuis Agésilas jusqu'à Narsès. Les napperons offraient des fruits et des fleurs. Enfin, par un raffinement d'adulation dont on ne croirait pas les lourds Flamands capables, chaque serviette retraçait un trait de l'histoire d'Espagne, depuis Pélage jusqu'à Charles-Quint.

le plus important et peut-être, hélas! aussi le plus négligé, et relativement le plus cher auxiliaire.

On peut graduer ainsi l'art de fabriquer les tissus.

La laine fut travaillée, ainsi que nous l'avons déjà dit, dès les premiers âges du monde. La soie fut transformée en étoffe chez les Hindous, chez les Assyriens, chez les Egyptiens, en Phénicie, à Sidon, à Ptolemaïs, chez les Carthaginois à Carthage, chez les Chinois, qui montrent encore aujourd'hui la robe de soie que portait leur philosophe Confucius [1], il y a plus de deux mille ans. Le fil, presque totalement inconnu des anciens, est d'origine barbare, et n'a été soumis à une fabrication plus ou moins grossière qu'à la fin du cinquième siècle de notre ère; le coton, enfin, connu des Hindous, des Chinois et des Japonais, n'a été connu et n'est devenu commun, en Europe, que depuis le premier quart du seizième siècle. Quant à ces tissus légers, qui obscurcissent plus qu'ils ne voilent les traits vulgaires ou charmants du beau sexe en Asie, en Afrique et dans quelques pays de notre Europe, quant à ces tissus, dis-je, que les Arabes, dans leur poétique langage, appellent de la *fumée filée*, et qui sont moins un voile à la pudeur qu'un appât

[1] Confucius, non pas le dieu, comme le vulgaire le croit encore, mais le plus grand philosophe des Chinois, est né à Champing, dans le royaume de Lée, 560 ans avant Jésus-Christ. Ce grand homme qui fut ministre, et qui cessa de l'être quand il ne put avantageusement servir les intérêts de son pays, se consacra, en déposant les fonctions publiques, à l'étude et à l'enseignement de la philosophie morale. Confucius avait divisé ses disciples en quatre classes. Le premier ordre était pour ceux qui tendaient à acquérir la vertu (c'était le moins nombreux); le deuxième était destiné à ceux qui voulaient raisonner avec justesse; le troisième était pour ceux qui voulaient se livrer à l'administration, à la magistrature ou à l'armée; le quatrième était pour ceux qui voulaient discourir noblement et avec connaissance de cause sur toutes choses.

Plus de dix mille temples, statues et monuments, disséminés sur le territoire de l'empire, apprennent assez combien les Chinois ont en vénération la mémoire de leur grand philosophe. Lorsqu'un fonctionnaire public passe devant un de ces monuments élevés par la reconnaissance de tout un peuple, il descend de son palanquin et fait, par honneur, quelques pas à pied devant la statue ou le temple dédié à Confucius.

Les descendants de ce grand homme sont tous mandarins de naissance, et jusqu'à présent l'hérédité de la vertu s'est constamment alliée chez eux à l'hérédité de la gloire.

de la coquetterie et qu'une amorce à la convoitise et à la curiosité des hommes, ils ont des origines diverses. Les gazes viennent de l'Inde; la blonde, variété de la gaze proprement dite, a été inventée à Paris en plein dix-septième siècle; et ces tissus, si merveilleux par la richesse de leurs dessins, par la difficulté même de leur travail et par les âpres et longues heures qu'on est obligé de consacrer à leur création, ces dentelles, puisqu'il faut les appeler par leur nom, qui assurent le pain de cent mille familles pauvres, et qui affichent les richesses de cent mille familles opulentes, ont été inventées au quatorzième siècle, à Venise, par des femmes esclavonnes, et en Flandre, à Valenciennes surtout, par des femmes et des filles d'ouvriers, travaillant aux mines de charbons de terre, au commencement du quinzième siècle. Ainsi, ces humbles et laborieuses femmes, les unes sur les bords de l'Adriatique, les autres sur les bords de la Meuse, manquant de tout, mais ne désespérant ni de la Providence, ni de leur courage, se sont créée une abondante et féconde industrie, et ont doté leur pays d'une source de richesses qui a aidé puissamment, en plusieurs occasions, Venise et la Flandre à supporter des tributs fort lourds imposés par un sénat avare ou par un maître passager. La dentelle de Venise s'appelait *point de Venise*, et la dentelle de Flandre *point* de Flandres ou Valenciennes. A ces deux points est venu, vers le milieu du seizième siècle, s'en joindre un troisième, le *point d'Angleterre*.

La fabrication des draps prit un grand essor en Europe, vers le milieu du quatorzième siècle; mais un de ces hasards qui détruisent ou qui fondent les fortunes publiques ou commerciales des nations, vint donner à l'Espagne une suprématie manufacturière qu'elle ne conserva, malheureusement pour elle, que l'espace de deux siècles.

Les Abencerages et les Zégris, Guelphes et Gibelins de l'Ibérie, deux fractions puissantes du royaume arabe de Grenade, se disputaient avec acharnement le pouvoir; et en s'emparant tour à tour de l'Alhambra et de l'Albaycin, les bastilles ou les hôtels-de-ville des rois maures, mettaient sans cesse en question la sécurité publique et jusqu'à l'inviolabilité du trône. Ces interminables dissentions portèrent leurs fruits : un usurpateur s'empara d'abord de l'autorité royale et fut chaudement soutenu par les Zégris. Aben-Zeragh (dont nous avons fait le mot Abencerrage) n'eut pas honte d'appeler l'étranger au secours de son parti vaincu; il invoqua le secours des Castillans; ceux-ci arrivent, battent les Zégris, détrônent l'usurpateur; mais au lieu de rétablir le monarque dépossédé, ils confient le sceptre de Grenade à un parent du malheureux roi; bientôt ce roi musulman, intronisé par des guerriers chrétiens, est renversé à son tour par ceux qui lui ont jeté cette couronne de paille, et Grenade, peu de temps après, redevient espagnole et chrétienne.

Les Abencerrages s'enfuirent, et les Zégris imitèrent leur exemple; mais, parmi les premiers, la fuite était plus périlleuse encore que l'immobilité. Le chef des Abencerrages, l'haljeb Aben-Zeragh, était promis, une fois sur la terre d'Afrique, au poignard des Zégris, qui l'accusaient, avec quelque fondement, d'avoir déterminé la perte de sa patrie. Aben-Zeragh se décida donc à rester en Espagne, se rendit à Ségovie, et là cet ambitieux sans emploi, ce conspirateur sans complices se fit industriel et marchand. Aben fit venir à grands frais, de l'Afrique, des moutons à laine fine (mérinos, qui veut dire tout simplement mouton en espagnol), fit tisser leur laine par des procédés cachés jusqu'alors aux Castillans, et dont le secret n'était connu que des Arabes, établit de nombreux métiers, et rendit sa patrie d'adoption, Ségovie, la première ville d'Espagne, et peut-être de l'Europe, pour la fabrication des draps. Aben fit une fortune considérable, et cette fois encore le commerce cicatrisa les blessures de la politique.

Plusieurs Arabes, à l'exemple d'Aben, créèrent de semblables établissements dans les diverses provinces d'Espagne; mais Ségovie[1] eut seule le privilége de la priorité, du talent et des ri-

[1] Ségovie, avant d'être célèbre par ses manufactures de draps, l'était par ses

chesses, richesses véritables qui valaient mieux que les trésors de convention du Nouveau-Monde.

La France ne suivit que cent vingt ans après l'impulsion donnée par l'Espagne à la fabrication des draps. En effet, les belles manufactures de draps d'Elbœuf, de Louviers, de Sédan; les fabriques de velours, d'étamine, de serge d'Amiens, de Péronne et de Saint-Quentin ne datent guère que de 1590 à 1620 ou 30[1].

Mais, à peu près à cette même époque, dans ce même temps où les Maures, chassés de Grenade, enrichissaient malgré eux cette Espagne qui les proscrivait et qui les maudissait, vers 1492, il survenait à notre France un de ces bonheurs qui la sauvent, qui la consolent ou qui l'exaltent.

Au nombre des esclaves chrétiens que les pères Mathurins ramenèrent des États barbaresques (Alger, Tripoli, Maroc et Gigery), en 1598[2], se trouvaient quelques pauvres ouvriers Lyonnais. Ces braves gens avaient fait — lorsqu'ils étaient cap-

monuments romains. On admire encore aujourd'hui son château (Alcaçar), bâti sur un rocher, et qui a défié plus d'une fois la bravoure arabe et française, et son splendide aquéduc construit par Trajan, *puente segoviana*, qui joint deux montagnes séparées de trois mille pas : 177 arcades à deux rangs, posées l'une sur l'autre, présentent l'aspect le plus grandiose et le plus magnifique. Ségovie, quoique bien déchue de son ancienne splendeur, possède pourtant encore quelque fabriques importantes, et ses troupeaux de moutons à fine laine jouissent encore de quelque réputation, quoiqu'ils se trouvent aujourd'hui acclimatés dans tous les pays de l'Europe centrale.

[1] Les belles mnufactures de draps d'Angleterre ne datent que de la fin du dix-septième siècle; et les fabriques célèbres de la Hongrie, de la Hollande et de l'Allemagne, du commencement du même siècle.

[2] Il y avait jadis en France deux ordres qui allaient racheter les captifs chrétiens sur les côtes de Barbarie. Ces ordres étaient les Pères Mathurins, fondés en 1196, par Jean de Matha et saint Félix de Valois. Le second ordre rédempteur était les Pères de la Mercy, fondé en 1218 en Espagne, par Pierre de Nolasque, gentilhomme languedocien. Ces deux ordres faisaient des quêtes annuelles pour le rachat des captifs, et les Pères de la Mercy étaient en outre obligés, par leurs statuts, de prendre eux-mêmes les fers de ceux qu'ils ne pouvaient délivrer faute de fonds suffisants, si ces malheureux étaient en danger de mort ou d'apostasie. En vérité, il n'y a que la religion chrétienne qui puisse inspirer de pareils dévouements et commander de semblables obéissances; et nous n'avons pas encore vu que, depuis soixante ans, la philosophie et la philantropie réunies aient produits de tels miracles d'abnégation et de vertu.

tifs, — plusieurs voyages, avec leurs maîtres, au Japon et en Chine; et, dans ce dernier pays ils avaient saisi, avec cette promptitude de coup d'œil et d'intelligence qui distinguent les ouvriers français, quelques-uns des procédés que les Chinois emploient pour la fabrication de leurs grandes pièces de soie. De retour dans leur patrie, ces bonnes gens n'eurent rien de plus pressé que d'appliquer ce qu'ils avaient vu au genre de travail qu'ils avaient pratiqué dès leur jeunesse, et bien plus, ils se firent un plaisir et presqu'un devoir de communiquer à leurs camarades les précieuses observations qu'ils avaient rapportées et mûries par la réflexion et par l'expérience. Dès lors, la fabrique de soierie de Lyon prit un essor que ni les guerres de religion, ni les guerres étrangères ne purent arrêter, et la France compta encore une de ces nobles conquêtes qui ne coûtent ni une goutte de sang à ses enfants, ni une larme à l'humanité.

Lyon, déjà considérable par sa population, son antiquité et son industrie, devint, au dix-septième siècle, la métropole du commerce du royaume et la seconde ville de France. La magnificence de Louis XIV, les sages largesses de Colbert, répandirent sur cette cité florissante un nouveau vernis de gloire et de splendeur. Les ouvriers de Lyon furent les premiers ouvriers du royaume, et quand Colbert disait à la députation de ces hommes utiles qui venaient apporter au pied du trône le tribut de leur reconnaissance et de leur dévouement : « Le roi a beaucoup fait pour vous, et il compte bientôt faire plus encore ; car votre industrie tient si essentiellement aux intérêts les plus chers, à la gloire la plus intime de la France, que l'encourager, que la protéger est non-seulement une satisfaction mais un devoir pour le roi. Continuez mes amis, poursuivit le ministre, continuez avec ardeur, avec persévérance vos intéressants travaux, et rappelez-vous bien, rappelez-vous tous, que l'ouvrier peut concourir aussi bien que l'artiste et le soldat à la prospérité de la patrie, et que le roi, ce roi dont vous me parliez tout à l'heure avec tant d'amour, est assez puissant, est assez riche pour récompenser tous ses enfants, et pour mettre en évidence tous les mérites. Retournez dans votre chère cité, mes amis, conservez-là, gardez-là, illustrez-là par votre vigilance et par vos labeurs, et n'oubliez jamais que vous avez entre les mains une partie de la gloire et de l'honneur de la France.»

La fabrique de Lyon est, en effet, selon la juste et pieuse expression de Colbert, la gloire et l'honneur de la France, et cette gloire et cet honneur sont vivaces; car malgré les malheurs successifs de notre pays, malgré les habiles tactiques de l'étranger qui voudrait nous dépouiller de cette opulente branche d'industrie, la fabrique de Lyon n'a pu succomber encore aux embûches qui lui sont tendues. Un rayon de soleil, quelques jours de calme au milieu de nos tempêtes civiles, suffisent pour rendre à Lyon sa prospérité, son vieux patriotisme, ses talents et sa joie.

Si Lyon a dû beaucoup à Louis XIV et à Colbert, qui ont agrandi la sphère déjà si vaste de ses productions et de son commerce; si Lyon doit de la reconnaissance à Napoléon qui a relevé ses murailles, renversées par les démons de la guerre civile, et ressuscité son commerce; elle doit beaucoup aussi à un de ses plus obscurs enfants, qui s'est élevé par son génie à la hauteur des grands hommes, et qui a décuplé ses produits, en décuplant ses forces. Nous voulons parler de Jacquard, dont les métiers, si ingénieusement combinés, ont amené une révolution, mais une révolution heureuse, féconde en humains résultats, honnête et productive dans la fabrique de Lyon. Jacquard ne doit pas être seulement inscrit parmi les inventeurs célestement inspirés, il doit être encore honoré comme un citoyen modèle, comme un bienfaiteur de l'humanité; car ses métiers, loin d'abréger la vie des ouvriers comme les anciens métiers, la conservent tout en simplifiant le travail et en rendent plus libres les allures de l'intelligence[1].

[1] Jacquard était fils d'un pauvre ouvrier en soie, et passa les premières années de sa vie dans un état voisin de l'indigence. Après bien des tribulations de tous les genres, Jacquard, qui méditait depuis vingt-cinq ans une réforme radicale

La Révolution française de 1789, la grande Révolution voulut implanter en France les mœurs républicaines. On essaya des habitudes et des modes lacédémoniennes, mais les législateurs reconnurent bientôt qu'ils n'étaient pas des Lycurgue, et que les Français, hors du champ de bataille, n'étaient plus des Spartiates. On se rejeta sur les mœurs d'Athènes, de Corinthe, de Caprée et de la Rome impériale, et alors ce peuple si fou, si enthousiaste et si caméléon, adopta avec fureur les modes renouvelées des Grecs et des Romains.... du Bas-Empire. Les hommes se coiffèrent à la Titus, se chaussèrent à la Caracalla, et eurent des gilets et des culottes à la Commode; les femmes les plus jolies, les plus célèbres, sinon les plus vertueuses de l'époque se déguisèrent en Aspasie, en Phrinées, en Laïs, en Lucrèce, en Cornélie et en Faustine. Bref, il ne manquait plus, pour rendre la mascarade complète, que de trouver un Périclès et des Antonins. Les promoteurs de la mode, les lions et les mousquetaires du Directoire ne les trouvèrent pas; mais ils inventèrent, ou plutôt ils empruntèrent aux Musulmans le shall, que l'horrible vulgaire se mit à prononcer *châle*, et en affublèrent les divinités de la mythologie parisienne qui avaient grand besoin de cet appendice à leur toilette, tant le climat

dans la construction des métiers, inventa le sien et le présenta au gouvernement, qui fut frappé des améliorations profondes apportées par Jacquard à ce grand outil de la fabrication. On gratifia Jacquard, pour une si belle, pour une si utile découverte, d'une pension de 3,000 francs, reversible par moitié sur la tête de sa femme : le métier tomba par conséquent dans le domaine public. Cependant le modeste inventeur, qui avait fait de grands frais, et qui avait contracté des dettes pour mener à bonne fin son entreprise, demanda comme une grâce, au ministre de l'intérieur, qu'une somme de cinquante francs, une fois payée, lui fût allouée par chaque métier qu'on construirait. Napoléon, auquel la requête de Jacquard fut présentée par le ministre, s'écria en souriant et en accordant la demande : « Diable! en voilà un qui se contente de peu. » Jacquard, en effet, se contentait de peu, et sa modération éclata plus encore quand il refusa les sommes offertes par l'Angleterre pour venir monter ses métiers au-delà du détroit. « Mes métiers apartiennent à Lyon et à la France, dit Jacquard; Lyon m'aime, et la France m'a récompensé. Je ne veux rien des Anglais au détriment de mon pays. »

Jacquard est mort à Oullins en 1834, à quatre-vingt-deux ans. Ses concitoyens lui ont élevé une statue, et le modeste et ingénieux mécanicien repose dans le cimetière d'Oullins, à côté du poète Thomas. L'homme qui perfectionna son art, mérite bien de reposer à côté de celui qui l'éclaira.

de Paris ressemblait peu au soleil d'Athènes et de Rome. Le shall défendit ainsi les nudités de l'Olympe, des injures de notre ciel septentrional.

En 1798 et 1799, l'expédition d'Égypte vint apporter à la mode des shalls une effroyable importance. Quelques généraux de l'armée expéditionnaire, profitant du voisinage de l'Inde, envoyèrent à leurs femmes et à leurs amies, des shalls, si célèbres encore en Orient, de Kachemire. Le général en chef Buonaparte, fut un de ceux, bien entendu, qui adressèrent à leurs compagnes les plus parfaits échantillons de l'industrie hindoue. A partir de ce moment, la maladie, qu'on pourrait appeler la fièvre du cachemire, prit des proportions considérables; elle grandit sous le Consulat, grandit sous l'Empire, devint gigantesque sous la Restauration, colossale sous le gouvernement de Juillet, et est enfin arrivée à l'état de sphinx depuis la Révolution de Février 1848. Toutes les femmes, depuis la grisette jusqu'à la financière; depuis la colonelle jusqu'à la femme du maréchal de France; depuis l'humble bouchère jusqu'à la plus humble femme du chef de bureau, voulurent avoir un cachemire. C'était le rêve de toutes les nuits, la dispute de toutes les journées, la révolution domestique de tous les instants. Le cachemire portait dans ses plis, comme la robe de ce consul romain, la paix ou la guerre, et on connaît les armes d'une des parties belligérantes. La rage augmentait toujours et les cachemires ne diminuaient pas de prix. Quelques industriels de Lyon et de Saint-Étienne s'avisèrent alors de créer des cachemires français — cachemires français, comme on dirait romain français, — et grâce à leur talent d'imitation, à leur insigne habileté, parvinrent à faire surgir une branche d'industrie profitable à la France, et au beau sexe, qui accueillit avec acclamation ce mirage trompeur jeté à ses désirs effrénés, ce modeste sucre d'orge offert à sa gourmandise à la place d'un pain de sucre de la Martinique.

Au premier rang de ces fabricants de cachemires qui acquirent en peu d'années une fortune et une popularité considérables, il faut citer MM. Ternaux et Lagorce, dont les produits, vingt fois couronnés dans nos expositions de l'industrie, feraient rougir les chèvres du Thibet, si les chèvres du Thibet pouvaient rougir, tant ils ont savamment imité et la finesse de tissu, et la capricieuse bizarrerie des dessins, et la riche variété des couleurs. Mais ce ne sont que des cachemires français, et notre patriotisme, ou plutôt celui de nos mères, de nos femmes et de nos filles, ne va pas jusqu'à abdiquer la passion, innée chez les dames, de l'extraordinaire et de l'excellent. Faites ce que vous voudrez, la femme la plus sage préférera toujours le diamant à la rose, l'or à l'argent, la dentelle à la gaze, et le cachemire de Kachemire, au cachemire de la place des Victoires, à Paris.

On sait la place que le cachemire tient dans l'histoire de nos mœurs; elle est grande, mais elle n'est pas belle. Nul, je crois, n'est tenté de priser trop haut ces fatals trophées de nos armes, et beaucoup d'époux en pensant à l'expédition d'Égypte, à ses tristes résultats et aux cachemires, ont pu dire du général Buonaparte, comme du personnage de la comédie :

Que diable allait-il faire dans cette galère?

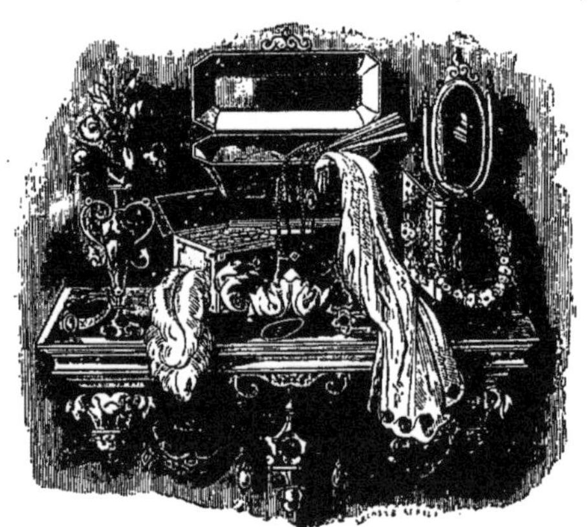

CHAPITRE XXIV.

LA CHIMIE.

Les poisons. — Les allumettes. — Application de la chimie à tous les arts. — Danger de populariser cette science au-delà de certaines limites, etc., etc.

Jadis la chimie n'était l'étude que d'un petit nombre de savants, de sorcières ou de scélérats. Il fallait s'appeler Locuste, Madilla, Agrinème, la Voisin, la Vigoureux ou la Brinvilliers; il fallait s'appeler Épidemne, Leuxippe, Aldènes, Paracelse, Flamel, Homberg ou le chevalier de Lorraine pour cultiver cette science, et pour en approfondir les secrets par amour du crime, par ambition, par avarice ou par amour même de la science. Aujourd'hui, l'étude de la chimie est à la portée de tout le monde : cet art dangereux n'est plus le monopole exclusif de quelques hardis esprits en forfaits et en connaissances physiques; il rampe avec les ruisseaux des rues, il s'élève avec les ballons, il nage avec les navires, il s'accroupit au coin du foyer domestique. Votre boulanger est chimiste, votre coiffeur est chimiste, votre boucher est chimiste, votre maçon, votre cuisinier, votre glacier, votre épicier, votre pâtissier sont des chimistes; estimez-vous heureux, trois fois heureux si votre marchand de vin ne l'est pas, mais il l'est.

Quand on songe qu'il y a en France seulement plus de quatre-vingt mille individus médecins, chirurgiens, officiers de santé, dentistes, oculistes et apothicaires qui doivent par état s'initier aux plus arcanes mystères de la chimie, et qui sont plus experts que Locuste, que la Brinvilliers, que le chevalier de Lorraine, que le grand Paracelse lui-même dans la combinaison et dans la composition des substances, on est effrayé d'une semblable diffusion de *lumières*. Si ensuite, sur ce nombre effroyable de quatre-vingt mille, — non pas savants, mais ouvriers en chimie, — vous supposez, selon les plus modestes hypothèses mathématiques et selon les lois les plus étroites de la statistique morale, mille scélérats, mille ambitieux et mille étourdis, vous frémirez des périls que court cette pauvre société française, qui se trouve exposée non pas seulement à ces empoisonneurs habituels en politique, en morale et en littérature, mais encore à ces légions de guérisseurs qui cachent trop souvent sous le bonnet de docteur le bonnet d'âne de Midas et le bonnet rouge de Spinosa, c'est-à-dire l'ignorance et l'athéisme, les deux fléaux de ce siècle, les deux lèpres morales qui doivent inévitablement nous conduire de la négation de Dieu à la négation de notre nationalité et de notre civilisation.

Notez bien que dans ce chiffre de trois mille scélérats, ambitieux et étourdis nous n'avons pas compris les pauvres diables qui, sans être précisément entraînés par les affreux attraits du crime et de la perversité, sont pourtant, par leur indigence même, les esclaves de ceux qui sont assez riches pour commettre des forfaits par procuration, et qu'ils paient au poids de l'or. La pauvreté aux prises avec la faim d'un côté, avec la corruption de l'autre, reste bien rarement vertueuse, et l'éclat de l'or éblouit les yeux et la conscience, et fascine la vertu en haillons. L'immortel Shakespeare, dans sa tragédie de *Roméo et Juliette*, a tracé de main de maître ces combats du crime et de l'honnêteté. C'est une bataille de Salvator Rosa dont le champ est le cœur humain, dont le héros est un apothicaire, dont les trophées sont le poison!

La chimie fut, suivant les siècles et les époques, appelée alchimie, chrysopée, argyropée, pyrotechnie, art spagyrique, science hermétique. Son origine date d'une haute antiquité; les Mèdes et les Perses la cultivèrent; les Egyptiens, et à leur imitation les Juifs, s'y appliquèrent avec succès; les Grecs et les Romains, au temps de leur décadence, en firent une étude spéciale qui était pourtant expressément limitée dans quelques professions. Ainsi que son nom qui l'indique, χυμός, *suc*, le mot exprimait chez les anciens la science des poisons.

La chimie est l'art, — la science, si l'on veut, — de rechercher l'action intime et réciproque que tous les corps de la nature exercent les uns sur les autres, quelles que soient les circonstances dans lesquelles ils se trouvent placés. La chimie est peut-être l'une des sciences qui exigent de la part de ceux qui s'y livrent le moins d'études préliminaires, le moins d'esprit et le moins d'imagination. La patience est la première qualité du chimiste; le hasard et l'observation, mais surtout le hasard, font le reste. La chimie est, après l'astronomie, la science la plus profitable aux véritables savants et aux intrigants; c'est le Pactole aux flots d'or pour ces derniers, parce que le secret de combiner des sucs de plantes et des métaux, et celui d'expliquer bien ou mal aux niais et aux imbéciles la marche des corps célestes, est depuis la création du monde une source de richesse et d'honneurs pour les chimistes et pour les astronomes. Le sucre de betterave et la révélation suspecte de quelques planètes ou de quelque pauvre comète ont valu à leurs auteurs plus de cordons, plus de bureaux de poste, de tabac ou de papier timbré que jamais les gouvernements de la France n'en ont distribué aux filles, aux femmes et aux mères de ceux qui tombaient glorieusement sur les champs de bataille en défendant le drapeau et l'indépendance de la France aux cris de vive la liberté! vive la France! C'est que le sang glorieusement répandu n'a chez nous qu'une valeur poétique, qu'une valeur de circonstance; les utopies, les systèmes plus ou moins absurdes, les théories extravagantes, les découvertes apocryphes ou singulièrement suspectes sont, au contraire, des leurres invincibles auxquels se laissent prendre toujours bêtement et toujours facilement la tête et la queue de la nation, c'est-à-dire le gouvernement et les gouvernés.

La chimie telle qu'elle est aujourd'hui est un monde, c'est un immense Capharnaum où chacun apporte incessamment le tribut de ses observations, de ses expériences, et trop souvent aussi de ses rêveries. Pour parcourir les méandres de cette science, les lagunes limoneuses de cet océan de connaissances aussi variées, aussi indéfinies que la nature elle-même, il faudrait écrire cent volumes. Car où peut, où doit s'arrêter une science qui décompose toutes choses, qui analyse la feuille de rose et le fumier; l'aile du coléoptère et la défense du sanglier; qui soumet aux fournaises de son creuset le diamant et le zinc, l'or et le plomb, le fer et l'étain, ce qu'il y a de plus noble et de plus vil dans la création; qui, dans ses théories orgueilleuses, explique la formation d'une fleur et d'un pavé, et ne pourrait parvenir à faire un coquelicot ou un morceau de craie; qui procède à l'anatomie de la nature par la destruction, en singeant la mort, et qui ne pourrait parvenir à imiter la création, à contrefaire Dieu. La chimie moderne a détrôné la poésie, elle a fait descendre la nature sous le niveau brutal de l'analyse, et ses innombrables gaz sont l'encens qu'elle brûle sur les autels du Chaos et devant la stupide idole du Néant.

Paracelse fut au seizième siècle, ainsi que nous avons eu occasion de le dire au chapitre de la médecine, le régénérateur de la chimie; sans la dépouiller entièrement des pratiques superstitieuses et des préjugés dont les savants maures, juifs et arabes avaient entouré son étude, le grand homme, en l'alliant à la médecine, lui donna un caractère d'utilité et de grandeur qu'elle n'avait pas avant lui. « J'ai réhabilité la chimie, s'écrie-t-il dans un accès de légitime orgueil; depuis quatorze siècles, cette science mal comprise, et encore plus mal étudiée, était le patrimoine des empoisonneurs, des prétendus magiciens, des tireurs d'horoscopes et des donneurs de philtres et de breuvages amoureux. J'ai renversé d'un trait de plume tous ces faux prêtres de la science; j'ai rétabli la chimie dans la plénitude de ses droits, et pour assurer à jamais ses succès, son indépendance, ses progrès et son triomphe, j'en ai fait l'une des plus fermes colonnes de la médecine. Sans chimie désormais, il n'y aura plus de médecine possible, et sans médecine la chimie pourrait, sans aucun doute, exister, croître et fleurir. »

Le très-célèbre Fourcroy, médecin peu habile, mais républicain ardent et chimiste distingué, a, au commencement de ce siècle, établi huit espèces de chimie :

1° La chimie philosophique, dans laquelle il exposait les lois générales déduites des faits particuliers;

2° La chimie météorique, où se trouvent développés tous les phénomènes relatifs aux météores, partie qui est plutôt du ressort de la physique générale;

3° La chimie minérale;

4° La chimie végétale;

5° La chimie animale;

6° La chimie pharmacologique;

7° La chimie manufacturière;

8° La chimie économique.

Avant Fourcroy, Lavoisier avait simplement divisé la chimie en minérale, végétale et animale, et les chimistes d'aujourd'hui ont adopté cette division plus concise et plus lucide. Chacune de ces trois grandes divisions se subdivisent et se sectionnent à l'infini.

La chimie, il serait injuste de le nier, a fait faire de grands progrès à l'industrie et aux manufactures, dont elle est parvenue à doubler, à tripler et à améliorer les produits. La statique et la vapeur d'une part, la chimie de l'autre, ont opéré une révolution dans certaines branches de commerce. Ainsi, pour ne parler que d'une seule de ces améliorations qui touchent de près aux mœurs et au bien-être des populations, nous dirons que sous Henri IV, sous Louis XIII et même sous Louis XIV, jusqu'à Colbert, une femme du peuple ne pouvait se vêtir à moins de dix-huit ou vingt francs, ce qui représentait cinquante-deux francs d'aujourd'hui. Depuis quarante ans, les femmes de toutes les conditions, et même des plus hautes, portent des robes qui leur reviennent de dix à quarante francs, et la modicité du prix a déterminé l'égalité de la parure. Ce résultat est important aux yeux de la religion et de la philosophie, et si l'on est obligé de convenir que les étoffes modernes de Jouy, de Roubaix, de Lille et de Saint-Quentin sont loin de valoir pour la durée, la solidité et la couleur, les étoffes dont se servaient nos aïeules, il n'en est pas moins équitable de reconnaître que la chimie, en prêtant son concours scientifique aux manufactures de toiles peintes, a rendu à la consommation en général, à l'élégance publique et aux populations pauvres de nos villes manufacturières, un de ces services qui ne s'oublient pas, et qui ne se récompensent que par la gratitude nationale.

La chimie a porté, nous le répétons, dans tous les canaux de l'industrie française, le bénéfice de ses riches découvertes. L'Anglais, toujours à l'affut des révolutions — des bonnes révolutions, bien entendu, — que nous opérons dans les sciences, nous a bien volé quelques secrets, dérobé sous forme d'emprunt quelques heureuses découvertes; mais ses pénibles efforts, pour nous imiter, ne prévaudront jamais contre notre intelligence nationale, et nos chimistes seront toujours les premiers savants de l'Europe, et les premiers chimistes du monde.

Les beaux-arts ont aussi gagné aux progrès de la chimie, et, si le secours que la médecine en tire depuis Paracelse, n'est qu'hypothétique et purement imaginaire; la peinture sur porcelaine, sur verre, sur métaux, la tapisserie, le décor, la fonte et la fabrication des métaux précieux lui doivent d'utiles et fécondes améliorations.

La chimie est même descendue jusque dans les bas fonds de l'industrie, pour y improviser des mines d'or plus productives que celles du Pérou et de la Californie. Sans compter la pommade du lion qui, par le temps de moustaches qui court, est un véritable bienfait pour les mentons qui visent à l'état de barbarie; sans parler du vin du Rhin à deux francs la bouteille, et du vin de Champagne à un franc soixante-quinze centimes, qui sont dus aux élucubrations de quelques chimistes en expectative, nous avons vu surgir, il y a quinze ans à peine, une industrie toute nouvelle, qui avait pris pour base la chose la plus vile du monde et en même temps la plus utile, les allumettes!!! Les allumettes allemandes qui ont eu d'abord assez de peine à prendre — calembourg à part, — ont fini par usurper définitivement la place de ces pauvres allumettes de chanvre, que nos pères tenaient en réserve, sur leurs cheminées, dans une boîte de ferblanc peinte en vert. Le phosphore avait débusqué l'amadou et la pierre à fusil; l'allumette chimique a chassé sans retour les briquets phosphoriques et les papiers inflammables. Mais pour en revenir à notre propos, ces nouvelles allumettes, décorées du nom d'*allemandes*, furent reçues — chose rare en France, — assez froidement, malgré leur origine étrangère et leur cachet d'outre-Rhin. Petit à petit on s'y accoutuma cependant, et une levée en masse de cinq ou six cents gamins, faite par les importateurs de ces éclairs de poche, suffit pour hâter le succès et déterminer la victoire. Rien n'étourdit et ne séduit plus le bourgeois de Paris, que les voix aigrelettes ou rauqueusement braillardes de ces quarts de citoyens, en blouses, déguenillés, qui crient, qui chantent, ou qui annoncent tout ce que l'on veut à raison de six sous par heure. Les marchands en gros d'allumettes étrangères achetèrent donc les vociférations de ces Stentors qui ne demandaient pas mieux que de s'entretenir la voix, et bientôt on vit à chaque coin de rue, à chaque borne, à chaque bec de gaz, ou plutôt à chaque poteau de réverbère, un orateur, vantant la merveilleuse utilité de l'allumette chimique allemande, et assaisonnant son éloquence naturelle, de la combustion instantanée de quelques-uns de ses produits, à la fin de chaque parade. Dès ce jour là, le triomphe de l'allumette chimique fut décidé, et la défaite du briquet de fer et du briquet phosphorique fut accomplie. Les amis du progrès, en fait d'allumettes, battirent des mains, les gens qui voient un peu plus loin que leur nez, quelle que soit sa longueur, soupirèrent; et la régie royale, — excusez le mot, mais c'est de l'histoire, et mettre en 1838, la régie républicaine, ce serait ressembler à ce directeur de spectacle, du temps de la Restauration, qui fit représenter je ne sais quelle bataille de l'Empire avec des drapeaux blancs, — la régie royale des tabacs se frotta les mains, en pensant que ces philantropiques allumettes allaient nécessairement faire augmenter la consommation des tabacs, ce qui n'a pas manqué, vu la facilité de se procurer du feu. Par malheur, si le chiffre de la vente des tabacs royaux s'éleva, le chiffre des incendies et des accidents dûs à la *malveillance*, — mot d'une lâche indulgence, et qui est, à la justice qui cherche, ce que les déplorables *circonstances atténuantes* sont au jury qui condamne, — s'éleva également, et le service des pompiers à Paris, et de la gendarmerie dans les campagnes, s'augmenta, en raison directe de la fabrication des cigares de la Havane et des allumettes chimiques allemandes.

Cette dernière fabrication prit un essor considerable, car nos petits industriels ne sont pas hommes à se laisser couper l'herbe sous le pied, et surtout à se laisser primer en inventions chimiques, principalement par de grosses intelligences tudesques. On renvoya les chimistes allemands et leurs allumettes d'où ils étaient venus, et le Français *né malin*, comme disait Boileau, et né chimiste, comme disait Fourcroy, se mit à fabriquer pour son compte et pour le compte des quatre autres parties du monde, en y comprenant l'Océanie, ces allumettes admirables qui avaient joui de la vogue accordée jadis aux ballons de MM. Montgolfier, au bonnet de M. Francklin, à la perruque de M. de Voltaire, au cheval de M. de Lafayette, et à l'orteil enrichi de diamants de l'ex-couronne de France de Mme Tallien.

Mais quels qu'aient été l'activité, le talent et l'adresse de nos fabricants d'allumettes chimiques français, aucun établissement consacré à ce genre de produits n'est comparable à celui que l'on visite en Angleterre, et qui est regardé, même par les Anglais, ces grands maîtres ès-sciences industrielles, comme une création commerciale aussi singulière par ses détails, qu'importante par ses résultats pécuniaires. Nous croyons faire plaisir à nos lecteurs en reproduisant un article fort piquant et fort original dû à un homme d'esprit anonyme, et qui dépeint avec une exactitude scrupuleuse la physionomie, les aspects et le caractère de cet établissement, qui n'a probablement pas son pareil dans le monde.

« Au milieu de la lande de Newton, un peu en arrière de la grande route, et à demi-cachée par les arbres d'un joli verger et d'un parterre en fleurs, on aperçoit une vieille et pittoresque maison, jadis la propriété du chapitre cathédral de Manchester, et la résidence de quelqu'un de ses dignitaires aux bons temps de l'Église catholique. Lorsque le voyageur qu'amène le chemin de fer d'York, suit la vallée de Moston, il aperçoit au loin cette vieille demeure avec son toit antique, ses gouttières sculptées et les croix de pierre de ses fenêtres. Les traditions religieuses qui se rattachent à cet édifice, lui prêtent un charme et une dignité que ne peuvent avoir des constructions beaucoup plus imposantes. Il n'y a pas bien longtemps encore, la vieille demeure était tout à fait solitaire. Un jardin de quelques arpents, cultivé à grand'peine, car l'air est froid et la terre stérile, l'entourait. La ferme et les bâtiments d'exploitation étaient un peu plus loin, et le tout occupait le centre d'une immense lande nue, où rien ne venait arrêter la vue, qui s'étendait sur les belles vallées de Culcheth et de Moston, et se terminait à la chaîne de montagnes la plus élevée de l'Angleterre, depuis le Grand Pic jusqu'aux hauteurs de Pendle et de Helvellyn.

« Un petit nombre d'années a suffi pour opérer dans le nord de l'Angleterre les plus merveilleux changements. Les sommets âpres et nus des monts de Derby et d'York dominent encore les landes comme autrefois; mais les deux vallées ont été envahies par des teintureries, des blanchisseries, des fabriques et des manufactures. La lande elle-même est presque entièrement couverte d'églises, d'écoles, de maisons, d'ateliers, de manufactures de soie, de fabriques de coton. La grande rue du village de Newton, qui coïncide presque avec l'antique voie romaine d'York à Manchester, dont les restes sont encore faciles à distinguer, cette rue, par le mouvement perpétuel qui s'y opère, ressemble à quelqu'une des routes qui aboutissent à Londres, et deux chemins de fer ceignent le village. Les manufactures sont très-variées; les principales sont cependant celles de coton, de soie, de bonneterie et d'allumettes chimiques. Quelques-unes emploient un nombre très-considérable d'ouvriers. Les habitants de Newton se font remarquer par leur attachement aux coutumes et au vieux langage du comté de Lancastre : ils parlent le pur et vrai saxon.

« La plus considérable de toutes ces fabriques est celle d'allumettes chimiques, qui a pour propriétaires M. Elie Dixon, son fils, et M. Edouard Nightingale. La maison a été fondée par le premier, qui est un penseur original et qui a comme deviné la chimie. L'histoire de M. Dixon, dans ses traits généraux, est celle d'un millier de fabricants du comté de Lancastre. C'est d'abord la pauvreté, l'oubli, le malheur, pendant la première partie de la vie; puis un changement de fortune, un redoublement d'énergie et de talent, et enfin le succès. Mais, en outre, M. Dixon a commencé par être à l'état de révolte contre la société, comme agitateur politique, comme partisan de la réforme municipale, comme prédicateur religieux. Il a souffert pour ses opinions l'amende et l'emprisonnement. C'est quelque chose de piquant d'entendre le digne vieillard parler des jours d'autrefois, maintenant à jamais passés, où c'était un crime politique de porter un chapeau blanc dans les rues de Manchester. Le chapeau blanc, ce signe extérieur du radicalisme, porté et conquis alors en dépit des agents de police de Castlereagh, M. Dixon ne l'a jamais quitté depuis. Près de vingt années se sont écoulées depuis que l'adoption du bill de réforme a pleinement légitimé l'usage du chapeau blanc. Mais cet événement, qui a éteint le radicalisme de la vieille école, n'a pas tout à fait désintéressé le vieux réformiste de la politique. Il avait souffert six mois d'emprisonnement pour la couleur de son chapeau, et ce séjour involontaire au château de Lancastre l'a lié pour toujours à la cause libérale.

« Elie Dixon est né dans le comté d'York. Sa famille était établie depuis plusieurs siècles sur les collines pierreuses du West-Riding, près de Hepworth; un de ses ancêtres, dit-on, était un capitaine en réputation dans la guerre civile, et leva à ses dépens une compagnie de cavalerie pour le service de la république. Le père de M. Dixon avait entrepris en grand la fabrique et le commerce des laines. Il était engagé dans le commerce très-hasardeux, mais très-lucratif, qu'on faisait alors avec les Flandres. L'explosion de la révolution française et la guerre qui suivit le ruinèrent complètement. La plus grande partie de son avoir se trouvait à Anvers quand cette ville tomba au pouvoir des républicains victorieux; il en résulta pour lui de graves embarras, et ses correspondants de Londres, loin de lui laisser le temps de se relever, l'exécutèrent sans miséricorde.

« Un beau matin le manufacturier annonça à sa famille qu'il était mis en faillite avec un passif considérable. Sa femme, qui, quelques années auparavant, avait été renommée pour sa beauté dans tout le comté d'York, écouta la nouvelle en silence. Bientôt après on s'aperçut qu'elle n'était plus là. Son mari se rendit dans sa chambre; elle n'y était pas. Ses enfants alarmés commencèrent à l'appeler à grands cris; elle ne répondit pas. Après avoir parcouru toute la maison, on entra dans l'atelier de teinture et on l'y trouva déjà privée de vie. Fière autant que belle, faible autant que vive, elle n'avait pu supporter l'idée de sa ruine; elle s'était réfugiée dans l'atelier, et s'y était étranglée avec son mouchoir. Le malheureux époux, désireux d'échapper à la vue d'objets qui lui rappelaient son malheur, prit ses enfants par la main et les emmena dans le comté de Lancastre, avec l'intention de se consacrer à l'industrie du coton, qui naissait alors.

« Les circonstances en décidèrent autrement. Le manufacturier ruiné avait des parents éloignés et très-riches. L'un d'eux étant mort sans avoir fait de testament, on ne sut à qui revenait l'héritage. Les biens ainsi laissés étaient fort considérables, et les émigrants se croyaient les véritables héritiers. Un procès s'engagea, et la cause fut enfouie dans le gouffre sans fond de la chancellerie anglaise. Les années se passèrent sans qu'une solution fût obtenue. Elie et ses frères eurent le temps de devenir hommes, et furent réduits à prendre un état pour gagner leur vie. L'un des frères devint commissaire-priseur, un second se fit prédicateur, un troisième passa en France, où il dirigea plusieurs années une fabrique. Elie s'était jeté dans la politique. Il devint intime avec Hunt et Cobbett. Il était connu de tous les réformistes ardents du comté. Il parut sur le champ de Peterloo le jour où la milice sabra les ouvriers de Manchester. Il fut arrêté bientôt après, et jeté en prison; il y passa six mois.

« Cette mésaventure ne le refroidit pas; au contraire, il devint de plus en plus ardent pour la réforme, écrivant et prêchant sans cesse en sa faveur, au grand détriment de sa propre fortune. Fort heureusement pour lui, le bill de réforme fut enfin adopté par les lords, et son procès de succession se termina par un compromis. De ces deux événements, l'un lui ôta ses espérances de capitaliste, et l'autre son emploi d'agitateur. Quelques milliers de francs furent tout ce qui lui revint de l'héritage contesté, et Elie vit la nécessité de tourner vers une nouvelle carrière les talents qu'il avait jusqu'ici consacrés à exposer les vices de la constitution et l'absurdité du symbole anglican.

« Il avait un goût très-vif pour la chimie et un amour infatigable pour le travail, deux qualités excellentes pour recommencer à nouveau la lutte de la vie. Ses premières expériences portèrent sur la fabrication du taffetas gommé et ensuite du diachylon, et il réussit à se créer un commerce avec ces articles. Ce fut à ce moment qu'un chimiste allemand produisit la première allumette chimique, qui différait considérablement de celles que la fabrique de Newton produit maintenant par millions; elle était renfermée dans un briquet fort compliqué, très-orné et très-cher. Les premiers briquets se vendaient vingt-cinq francs à Londres. M. Dixon devina du premier coup le secret de la nouvelle découverte, et, habitué à prendre les choses par le grand côté, il résolut de consacrer ses efforts à améliorer l'allumette et à la rendre moins chère, de manière à mettre un terme au règne de l'amadou et du soufre, et à se créer en même temps un commerce aussi étendu que nouveau. Ses succès furent rapides et immenses, et méritaient de l'être.

« L'allumette chimique, quoi qu'elle soit devenue un article de commerce et de consommation considérable, n'a point encore trouvé d'historien. Les livres sont à peu près muets sur elle. Les faiseurs d'encyclopédies et de dictionnaires en Angleterre, l'ont jusqu'ici passée sous silence. Un ou deux écrivains français la nomment, et mentionnent en même temps les savants qui l'ont perfectionnée; çà et là quelque Allemand laborieux a recueilli une couple de faits sur la propagation de l'allumette chimique au-delà du Rhin; mais vous ne trouverez nulle part une histoire sincère de ses progrès. C'est un tort; car quel rôle important l'allumette chimique ne joue-t-elle pas dans le drame quotidien de la vie moderne!

« Vous dînez avec quelques amis dans une taverne du Strand; le porto et les noix sont sur la table; vous demandez un cigare: on apporte, non plus le papier enflammé qui vous brûlait les doigts, salissait la table et donnait au tabac l'odeur de chiffon brûlé, mais une allumette élégante et parfumée.

« Vous rentrez tard; plus de feu, plus de lumière, plus de servante; mais la boîte d'allumettes est sur la table de l'antichambre; en un instant vous avez de la lumière sans le clic-clac de la pierre et de l'acier, sans l'odeur de l'amadou brûlé, sans avoir à changer votre bouche en soufflet pour accélérer l'ignition trop lente de la mèche.

« Vous voyagez par un temps affreux et vous voulez écrire une lettre; sous l'ancien régime, dix fois contre une vous ne pouviez avoir de lumière pour cacheter votre lettre. Les Indiens, dans leur marche, portent toujours avec eux deux énormes morceaux de bois sec pour allumer du feu. Chez nous, tout le monde n'est pas disposé à mettre dans ses poches une boîte à briquet; mais l'allumette chimique peut toujours trouver place dans le portefeuille ou le porte-visite.

« Vous craignez pour un enfant malade qui exige tous vos soins la nuit. Jadis il vous fallait allumer une lampe qui remplissait la chambre d'une vapeur d'huile et de naphte, qui aidait à consommer l'air pur et vous tenait éveillé par sa clarté tremblottante. Vous n'avez plus à redouter ni la nuit, ni les ténèbres; vous laissez votre enfant reposer dans cette obscurité naturelle qui est nécessaire à un sommeil réparateur; seulement vous mettez à votre portée l'allumette chimique, qui peut en un instant éclairer ces ténèbres volontaires.

« C'est ainsi que l'allumette chimique joue son rôle dans presque tous les incidents de la vie domestique. La force et le caractère de la civilisation moderne éclatent dans ces petites choses non moins que dans les grands événements et dans les entreprises nationales. Tout ce qui contribue à l'aisance et au bien-être des masses, quelque simple que soit sa nature, mérite attention. La science n'est plus aujourd'hui la servante d'un petit nombre, ses merveilles ne sont plus un monopole assuré aux riches et aux grands de ce monde. Les ressources de la science et la puissance de la mécanique ne sont plus mises en réquisition pour bâtir des pyramides sous lesquelles reposerait un cadavre royal. L'art et l'industrie sont au service de tout le monde, et consacrent leurs efforts à perfectionner le chemin de fer ou l'allumette chimique.

« MM. Dixon ouvrent sans difficultés l'entrée de leurs ateliers à quiconque n'est pas de *la partie*, et n'est pas de caractère à surprendre les secrets de leur fabrication. Leur établissement est le plus grand du monde, au moins dans cette branche d'industrie. Il y a un an ou deux, dans une enquête parlementaire, le chef de la maison déclarait qu'il fabriquait tous les ans assez d'allumettes pour faire le tour de la terre. Toutes les fabriques de Londres ne sauraient approcher de cette importance. Néanmoins, cette déclaration ne donne qu'une imparfaite idée de l'étendue de ce grand établissement. Le mécanisme en est considérable : il est mû à la vapeur et par des machines d'une rapidité extraordinaire. Environ trois cents personnes sont employées dans les ateliers, et une grande quantité d'ouvrage est donnée en dehors à des femmes et à des enfants qui travaillent à domicile; quatre cent cinquante à cinq cents personnes sont ainsi occupées. Le chantier dans lequel on empile le bois avant de le scier a près de trois hectares d'étendue. Il est rempli d'énormes troncs de pins rouges ou blancs, d'Amérique. La maison a toujours en chantier pour 250,000 francs de bois de pin qui sèche, en attendant qu'on le scie. Ils en achètent souvent pour 150 à 200,000 francs à la fois. De temps en temps ils envoient un agent au Canada ou en Norwége pour acheter le bois sur pied, quoique souvent ils trouvent autant d'avantages à se pourvoir à Liverpool.

« La maison produit chaque jour de six à neuf millions d'allumettes complètement terminées. La moyenne de la production de chaque semaine est de quarante-trois millions. Si on retranche de l'année deux semaines pleines pour les jours fériés, et dans la fabrication des allumettes chimiques les repos sont répartis comme dans toutes les industries du comté de Lancastre, on peut compter sur cinquante semaines effectives, dont le produit s'élève au chiffre effrayant de deux milliards et cent soixante millions par an. Si on évalue à trente millions la population des îles britanniques, cela fait soixante-douze allumettes par tête. En supposant que chaque allumette ait deux pouces un quart de long, elles couvriraient la surface entière d'un département, ou mises bout à bout elles feraient et au-delà le tour de la terre. Cependant la fabrique de Newton, quoique la plus grande probablement du monde, n'est qu'une seule des nombreuses fabriques engagées dans cette industrie. Ces détails ne prouvent-ils pas que l'allumette chimique a mérité depuis longtemps d'occuper une place dans les encyclopédies industrielles et dans l'histoire du commerce? »

« Le boutiquier du Strand qui, il y a quelque années, vendait deux boîtes d'allumettes chimiques par semaine, au prix de quatorze francs la boîte, à des propriétaires riches et amateurs de nouveautés, ne se doutait pas qu'un homme vivait qui enverrait ses agents en pays étranger et dans les plus lointaines colonies, pour y examiner les plus vieilles forêts du monde en vue de les acheter, de les couper, de les envoyer en Angleterre et de les y convertir en allumettes chimiques. »

La chimie est la science la plus répandue et la plus universelle. En Allemagne, en Angleterre, en Italie, en Suède, dans les deux Amériques et jusqu'en Turquie, on la cultive avec une ardeur qui est presque du fanatisme. On ne demande plus à l'art spagyrique du dix-neuvième siècle ce qu'on demandait à l'alchimie du douzième, la pierre philosophale, ou le secret de faire de l'or; on n'exige plus d'elle que les moyens d'en gagner, en multipliant, en embellissant les produits de l'industrie, ou en créant de nouvelles branches de commerce. Des hommes éminents, des savants du premier ordre, donnent dans tous les pays une salutaire impulsion à cette science; mais la France, dans cette voie qui a bien aussi ses mérites et sa gloire, marche encore à la tête de la civilisation du monde, et ses enfants y ont fait des conquêtes que la jalousie et le plagiat étranger ne pourront ni rabaisser, ni détruire. Les Dumas, les Pouillet, les Payen, les Orfila, et vingt autres noms illustres que nous pourrions trouver sous notre plume, ont agrandi et accroissent, en effet, chaque jour encore le domaine de la science dont ils sont les pionniers et les docteurs les plus infatigables et les plus intrépides. La *Toxicologie* de M. Orfila, le *Traité de chimie industrielle* de M. Payen, les lumineux écrits de MM. Dumas et Pouillet, ont rendu à la médecine, à l'agriculture, au commerce et à l'industrie des services si hauts, si puissants, si signalés, que la reconnaissance publique peut seule dignement payer de tels efforts, de telles veilles et de tels travaux.

Mais en accordant à cette science cultivée, agrandie, honorée par l'intelligence supérieure et les vertus de tels hommes, nous ne pouvons nous empêcher de formuler un vœu qui est au fond de la conscience de tous les honnêtes gens, de tous ceux qui ont conservé une étincelle de la foi antique de nos ancêtres, et qui mettent bien avant les progrès scientifiques d'un peuple l'amélioration ou la correction de ses mœurs. Ne serait-il pas possible de renfermer dans de certaines limites quelques rameaux de cette chimie si prodigieusement étendue? Tout en enseignant publiquement, libéralement ses nombreuses applications à l'agriculture, aux arts, à l'industrie, au commerce, ne serait-il pas prudent de voiler, aux yeux du vulgaire, ses épouvantables secrets de destruction, ses trépas soudains, qui ne laissent ni traces, ni corps de délit, et qui peuvent être, par fanatisme d'amour, par avarice ou par vengeance, les ténébreux auxiliaires de la peste et du choléra? Qu'on y prenne garde, sous Louis XIV, en plein dix-septième siècle, quand le peuple avait des croyances religieuses, une foi vive, des mœurs pures, et peu de cabarets et de cafés, — ces déprédateurs du foyer domestique, — il a suffi de cinq ou six misérables de haut et bas étage pour rendre l'art funeste des Locuste et des Borgia presque commun en France. Le gouvernement et l'opinion publique furent épouvantés, et la chambre des poisons fut instituée à l'Arsenal. Mais aujourd'hui que le sensualisme marche tête levée à la conquête de la barbarie; aujourd'hui que le cœur du citoyen reste presqu'étranger à toute foi religieuse, à toute espérance d'une vie céleste; aujourd'hui que les plus hideuses passions sont déchaînées et se cachent, pour dissimuler leur infernale laideur, sous le manteau de la liberté, cette fille du ciel, et sous le masque de la fraternité, cette providence terrestre; aujourd'hui que l'adultère, le muet et tremblant adultère, se glisse dans tous les foyers et arrive en rampant jusqu'au chevet de toutes les alcoves; aujourd'hui que toutes les aspirations ne sont plus pour le ciel, mais pour l'enfer, non pour la vertu, mais pour le plaisir, non pour la gloire désintéressée, mais pour le bruit et la gloriole qui rapportent de l'or et des distinctions sociales, il nous semble que le secret de faire disparaître un rival de science ou un rival d'amour, un bienfaiteur trop lent à mourir, ou un père, — un père! les anciens n'avaient pas de lois contre le parricide, car ils le regardaient comme impossible, et nous, malheureux! nous comptons les parricides par centaines chaque année, et nous condamnons aux travaux forcés l'homme qui est triplement assassin, triplement monstre, triplement criminel!![1] — trop justement courroucé, il nous semble, disons-nous, que ce secret devrait être muré, comme la cosmogonie des druides, dans les arcanes de la science. Les auteurs du Code ont prévu, dira-t-on, le danger de la vente et de la distribution des poisons, et ont su garantir, par des dispositions particulières, la vie et la santé des citoyens. Cela est vrai; mais quand le Code criminel a été rédigé, discuté et promulgué, les législateurs ne se doutaient pas qu'un jour les propriétés des poisons seraient connues de cent mille hommes, que la vente en serait permise à soixante-dix mille autres, et qu'enfin les chaires consacrées à l'enseignement dévoileraient à quinze cent mille auditeurs, sur la surface de la France, les foudroyantes et monstrueuses vertus de l'acétate de morphine et de l'acide prussique.

Dans les premières années du pontificat de Sixte-Quint, les

[1] Un misérable, il n'y a pas longtemps, avait assassiné sa mère, sa sœur et ses deux frères, et avait épargné ou oublié un enfant au berceau. Le jury ayant reconnu des circonstances atténuantes, on condamna ce monstre aux travaux forcés. Quelqu'un fut curieux de connaître ces circonstances atténuantes, et demanda le mot de l'énigme à un juré. « Il aurait *pu* tuer l'enfant qui était dans le berceau, répondit ingénuement le juré, et voilà pourquoi nous avons admis les circonstances atténuantes. » Plaisant jury!

empoisonnements devinrent si fréquents à Rome, qu'on enterrait chaque jour une douzaine de personnes dont les médecins n'avaient pu parvenir à constater la maladie. Le pontife apprend ces nouveaux crimes, et fait venir au Vatican le magistrat supérieur chargé de la police.

« Vous avez fait exactement accrocher aux gibets du mont Aventin les scélérats qui insultaient même en plein jour, dans notre ville de Rome, les femmes, les jeunes filles et jusqu'aux vieillards? dit Sixte.

— Très-saint Père, j'ai exécuté littéralement vos ordres, répartit le magistrat, et maintenant, à midi comme à minuit, on peut se promener dans Rome sans craindre même l'ombre d'un bandit.

— Fort bien. Mais on empoisonne aujourd'hui, et je ne suis pas plus d'humeur à supporter les empoisonneurs que les vagabonds et les meurtriers. Qui vend les poisons?

— De temps immémorial, très-saint Père, les apothicaires ont le privilége exclusif de débiter et de vendre les substances vénéneuses.

— Les apothicaires ne pourront désormais délivrer ces substances que sur le vu d'une ordonnance signée de trois médecins, reprit le pape; les contrevenants seront pendus. Les gens qui, n'étant point apothicaires, vendront ou distribueront des poisons, seront soumis au même châtiment. Vous entendez? Faites afficher ma résolution pontificale, et que dès demain il ne me soit signalé aucun fait d'empoisonnement. »

Sixte-Quint fut obéi. On pendit deux ou trois apothicaires atteints et convaincus de vendre à prix d'or des poisons tout préparés pour assurer des successions, satisfaire des vengeances privées ou couronner des adultères. On orna également les fourches patibulaires du mont Aventin d'une vingtaine de misérables qui, dans les grandes villes, sont toujours prêts à tremper dans les complots contre la sécurité générale ou la tranquillité privée. Ces actes d'une prompte et sévère justice consommés, Rome reprit ses allures et ses joies habituelles, que tant et de si mystérieux forfaits avaient quelque temps suspendues.

Dans les pays de gouvernement régulier, dans les pays où l'on attache encore quelqu'importance à la paix publique, à la concorde, à la nationalité, qui ne peut durer sans ces deux trésors de la civilisation, on laisse entrer la foule, la foule aveugle et frémissante dans les arsenaux. Elle y voit des armes, des canons, des trophées, dépouilles glorieuses d'ennemis vaincus; mais on se garde bien de donner à cette multitude des leçons de tactique; on ne lui apprend pas le maniement des armes, on ne lui montre pas le secret de faire mugir ces gueules de bronze et de cuivre; on se garde bien, surtout, de laisser sur le sol des sacs de poudre et de gargousses... Un soulier ferré ferait jaillir peut-être une étincelle, et arsenal, foule et drapeaux conquis sauteraient ensemble, ne laissant que des chairs, des débris, des cadavres sur ce terrain sacré où reposaient naguères la force, l'espérance et la gloire de la patrie.

CHAPITRE XXV.

—

LES MINES.

L'or, l'argent, le cuivre, etc. — Charbon de terre. — La vie des mineurs. — *L'Angelus* à la Sierra-Morena, etc.

La terre abandonne à l'homme les trésors qu'elle nourrit dans ses entrailles par des soupiraux naturels qu'on appelle volcans; par des excavations artificielles qu'on nomme mines ou carrières; par des exutoires permanents qui sont connus sous le nom de minières.

Les entailles profondes faites dans le giron de la terre se nomment mines ou carrières : mines quand ces travaux souterrains ont pour objet de trouver des métaux, tels que l'or, l'argent, le cuivre, le fer, le plomb; et carrières, quand il s'agit de poursuivre un banc de marbre, de pierre, de moellons, de plâtre, etc.

Les mines, aussi bien que les carrières, sont épuisables, contrairement à l'opinion des anciens, qui pensaient que les grands dépôts de minéraux étaient des espèces de polypes terrestres. Elles ne sauraient se reproduire et se rencontrent habituellement dans des pays montagneux stériles, incultes, et qui n'offrent à l'œil du laboureur qu'un désert affreux, au soc de la charrue qu'un sable aride ou une terre légère. Mais la nature est partout opulente, et là où elle étale avec le plus de complaisance les haillons de la pauvreté, elle cache comme les avares, dans ses flancs, ses plus rares productions et ses plus étincelantes richesses.

L'exploitation des mines et des carrières était connue dès la plus haute antiquité. Les peuples qui ont bâti Babylone, Memphis, Ninive, Thèbes, Suze, Ecbatane, ont dû être initiés à tous les procédés des excavations souterraines, et à une statique si formidablement puissante que la statique de nos jours est un jeu d'enfant. On a regardé, il y a dix ans, comme une espèce de prodige l'érection de l'obélisque du Louqsor sur la place de la Concorde à Paris; et, certes, l'ingénieur Lebas a fait preuve, dans cette circonstance, d'un talent, d'une prévoyance et d'une sagacité que personne ne serait en droit de lui contester. Mais de quel talent, de quelle science, disons le mot, de quel génie merveilleux devaient être doués ces architectes inconnus de Babylone, de Ninive et des grandes pyramides, qui suspendaient des jardins dans les airs, qui forçaient des fleuves tels que le Tigre, l'Euphrate et le Nil à cheminer sur la cîme des montagnes, à serpenter dans des lits de pierre au milieu d'immenses cités; ces ingénieurs qui remuaient des blocs de granit de cent cinquante pieds de hauteur, et qui en érigeaient des sphynx, des statues, des obélisques; ces staticiens qui faisaient descendre des montagnes sablonneuses de la Mésopotamie, des steppes de la Chaldée et de la Haute-Égypte, plus de matériaux, plus de pierre, de granit et de marbre qu'il n'en faudrait pour construire douze villes plus vastes que Londres, que Paris et que Rome. Oh! certes, quand on est en face de ces ruines gigantesques de l'Asie et de l'Afrique, on ne se sent pas le courage de louer outre mesure la statique moderne; et, si la science, comme on le répète chaque jour, avec tant d'aplomb et tant d'impertinente fatuité, a fait de si grands progrès depuis trois siècles, il faut que ces progrès, que cette science soient effectivement en harmonie avec le rachitisme de notre nature physique et la folie fiévreuse de nos intelligences bornées.

Les Grecs apprirent des Égyptiens l'art d'exploiter les mines et les carrières, et ils devinrent, en peu de siècles, plus habiles que leurs maîtres. Les Romains, dont les beaux ouvrages d'architecture ont survécu à la rage destructive des siècles et des révolutions, poussèrent très-loin l'art d'ouvrir des carrières et des mines. Le premier soin des généraux romains et des Préteurs dans les pays et les provinces conquises, était de rechercher le gisement des minéraux de toute espèce et d'en faire opérer immédiatement l'extraction. Les immenses richesses de plusieurs personnages consulaires de l'ancienne Rome provenaient de cette source, et la fortune des Lucullus, des Pisons, des Agrippa et des Apicius n'avait pas d'autre origine. Le travail des mines et des carrières faisait partie, chez les Romains, des corvées militaires, et c'est ce qui explique pourquoi partout où il y avait une légion romaine, il y avait aussi des mines et des carrières en cours d'exploitation; c'est ce qui explique surtout l'énorme diffusion des voies et des monuments d'utilité publique jetés en Europe, en Afrique et en Asie par le génie de Rome. Le territoire occupé par une armée romaine, la terre ombragée par les drapeaux de la République, devenaient le territoire et la terre du Capitole et du Forum, et les soldats romains, en illustrant le sol des provinces conquises, en semant de leurs mains victorieuses des temples, des phares, des aqueducs, des fontaines, des palais sur ces champs, sur ces cités arrosées de leur sang, rendaient un magnifique hommage à la patrie absente, et rattachaient par les bienfaits de la civilisation les nations subjuguées à Rome conquérante. Car la domination romaine avait cela de merveilleux, qu'elle n'apportait aux peuples que des idées de grandeur, de politesse et de générosité. Carthage voulait asservir le monde pour s'emparer du commerce et monopoliser dans ses mains sordides les sueurs, l'industrie, les larmes peut-être de l'humanité. Rome ne convoitait la puissance que pour doter les peuples de ses vertus, de ses arts, de ses institutions et de sa liberté. La victoire et non la corruption politique présidait à ses conquêtes, et le peuple romain, brave et frugal, éprouvait un héroïque sentiment d'orgueil, lorsque montrant le Capitole, il s'écriait : « Voilà où réside la liberté du monde, et le monde est citoyen romain ! ! »

L'Ombrie, la Sardaigne, la Sicile renfermaient une grande quantité de carrières et de mines. Archimède était parvenu, par l'application de machines qu'il avait inventées, à exploiter, avec cinquante hommes seulement, une riche et profonde carrière de marbre qui appartenait à Hiéron, roi de Syracuse, son parent et son ami. Archimède fut aussi le premier ingénieur qui tira partie des matières bitumineuses et sulfureuses que vomissait presque continuellement de son temps le mont Etna ; il pava toutes les rues de Syracuse avec des fragments artistement taillés de lave refroidie et de bitume, et le Seyssel d'aujourd'hui, qui nous prend aux pieds et à la gorge sur nos boulevards, n'est qu'une imparfaite imitation du procédé d'Archimède.

Les gîtes minéraux sont diversement disposés; les minerais et les substances minérales auxquelles se rapporte spécialement le travail des mineurs, ne sont pas toujours cachés au fond de la terre; ils sont souvent répandus à la surface ou à quelques pieds de profondeur. Ces dépôts s'appellent, nous l'avons déjà dit : minerais. La mine, proprement dite, suppose toujours un travail souterrain.

Les Gaulois, nos ancêtres, dont la civilisation était assez avancée lors de la conquête des Gaules par les Romains, savaient exploiter les carrières de pierre et même les mines. Les Romains trouvèrent des carrières en pleine exploitation dans la Gaule narbonnaise; ils rencontrèrent même des mines de fer et de cuivre dans l'Armorique et dans la Grande-Bretagne. Les Romains se servirent des unes et des autres, ils élevèrent des amphithéâtres, des arcs de triomphe, des ponts, des aqueducs avec la pierre et le marbre qu'ils avaient sous la main, et se forgèrent des armes bien supérieures à celles qui les avaient aidés à vaincre avec le fer de la Cornouaille et le cuivre gallois.

Les druides, huit cents ans avant l'occupation romaine, avaient ouvert des carrières sur plusieurs points de la Gaule. Les carrières les plus célèbres étaient celles de l'Anjou, du Berry, de la Touraine et du Vendomois. Ces dernières, qui étaient situées dans la forêt d'Orgères, étaient pour ainsi dire inépuisables, puisque après avoir fourni les matériaux nécessaires pour bâtir les cités les plus florissantes et les forteresses les plus redoutables du pays Chartrain, de la Beauce, du Vendomois, de l'Orléanais et d'une partie de la Touraine, elles furent encore assez abondantes pour donner les pierres innombrables de ce splendide et superbe vaisseau que l'on appelle la cathédrale de Chartres[1].

Les maçons bysantins, qui parcoururent l'Europe de la fin du cinquième siècle au commencement du huitième, trouvèrent en Suède, en Allemagne, en Espagne, en Angleterre, en Italie et surtout en France, de nombreuses carrières toutes prêtes à leur confier le marbre septentrional qu'ils devaient transformer en ba-

[1] Les carrières de la forêt d'Orgères furent pendant plus de sept cents ans le réceptacle immonde des bandits couvés dans nos guerres civiles et dans nos guerres religieuses. Vers la fin du dernier siècle, et sous le Directoire exécutif, la forêt d'Orgères et les immenses souterrains qui lui servent de piédestal devinrent le refuge d'une troupe considérable de voleurs et d'assassins, qu'on nommait alors les chauffeurs, à cause du genre de tortures qu'ils faisaient souffrir à leurs victimes. La forêt d'Orgères fut cernée par des forces considérables, et on livra une espèce d'assaut aux scélérats de la caverne, qui opposèrent une résistance désespérée. Ils furent enfin vaincus, et cent cinquante furent pris, jugés et condamnés à la mort, aux travaux forcés et à la réclusion. On trouva dans ces immenses souterrains des trésors considérables, une espèce de comptabilité, et des papiers qui prouvaient l'antiquité de cette métropole du vol, du viol, du pillage et de l'assassinat.

siliques et en palais somptueux. Les mines de fer n'étaient pas moins productives que les carrières, et la Suède, le Danemark et la Pologne fournissaient amplement aux rudes et noirs forgerons de la Saxe, de la Norwége et de la Hongrie, le métal qui défend Dieu, les lois, le religion, la patrie : le fer! ce roi des métaux qui, soc de charrue ou épée de soldat, a l'auguste privilége de donner au peuple le pain qui le nourrit et la liberté qui l'ennoblit. Dans ce même temps le Danube, le Borysthène, la Vistule, l'Èbre, le Tage, la Saône et la Durance roulaient des paillettes d'or, et le Rhône entraînait dans ses eaux bondissantes le quartz, le cuivre et l'or. Ainsi tous les augures étaient favorables à l'Europe : l'église de Jésus-Christ s'y affermissait par la multiplicité de ses sanctuaires; le fer abondait pour défendre la nouvelle foi, et l'or, recueilli par des populations industrieuses, allait se purifier et prendre une forme céleste dans le creuset des grands orfèvres du temps pour orner les basiliques, les temples de Jésus-Christ; les seuls et véritables temples de la liberté, de l'égalité et de la fraternité.

Paris, le vieux Paris, le Paris de la Cité fut bâti, ainsi que Notre-Dame, avec les pierres extraites de ces côtes escarpées qui sont aujourd'hui couvertes de maisons, — maisons posées sur des abymes, — et qu'on appelle faubourgs Saint-Jacques, Saint-Marcel et Saint-Michel. Déjà, sous le gouvernement temporaire de Julien l'Apostat, le mont de Mars (Montmartre), dont nous avons pu voir, depuis quarante ans, le mamelon s'amoindrir chaque année, fournissait des moellons et du plâtre aux chefs de ces bateliers qui furent les premiers citoyens de Paris. Au prochain tremblement de terre, Montmartre disparaîtra pour toujours avec ses souvenirs, les murailles démantelées de son antique abbaye, les ossements des derniers défenseurs de Paris, en 1814, et les grands bras de son télégraphe; et tandis qu'au nord de Paris cet affaissement s'effectuera, les bourgeois survivants de la rue d'Enfer, de la place Cambrai et de la Montagne Sainte-Geneviève, seront tout étonnés de se réveiller au milieu de l'ossuaire gigantesque qui enserre les funèbres dépouilles des contemporains de Charlemagne, de Hugues Capet et de Louis XII. Les côtes du sud de Paris éprouveront, par la même cause, le même sort que la montagne du dieu Mars, et les habitués de la Chaumière ne trouveront pas plus grâce devant cet épouvantable cataclysme, que les fanatiques de la polka et du Château-Rouge [1].

Philippe-Auguste fut le premier roi de France qui porta, sur l'exploitation des mines et des carrières, le regard du politique et de l'économiste. Philippe-le-Long, en 1318, assujettit les mines et carrières à une permission et déclaration de décret royal et domanial. La jurisprudence de cette branche importante des revenus publics et privés devint, sous les règnes suivants, une véritable science, et sous Louis XIII, elle devenait si confuse que le génie du cardinal de Richelieu eut toutes les peines du monde à concilier les intérêts de l'Etat et ceux des particuliers avec les garanties exigées par l'agriculture et la sécurité publique. L'administration de Colbert acheva de débrouiller ce chaos, et les mines et les carrières cessèrent d'être un objet de folle spéculation pour les uns, un objet d'épouvante et d'effroi pour les autres.

Sous le règne de Charles V, en 1375, on comptait en France 741 carrières de pierre, de moellons ou de plâtre; onze mines de fer; deux mines d'argent; sept mines d'étain et trois mines de cuivre seulement. Les minières n'étaient pas dénombrées, mais le chiffre était supérieur à celui des mines et des carrières. Au dix-septième siècle, le nombre des mines était quintuple, et celui des carrières était diminué d'un cinquième. Il serait peut-être curieux d'établir la statistique des mines et carrières de la France depuis cinq cents ans, et il y aurait certainement à atteindre, dans ce travail, un grand but d'utilité publique et de gloire nationale.

L'Angleterre qui, depuis trois cents ans, a su tirer de son sol

[1] Lorsqu'on défonça le cimetière des Innocents, en 1787, pour y établir le marché qu'on voit encore aujourd'hui, il fut constaté qu'on enterrait dans ce cimetière depuis plus de neuf cent soixante ans. Le savant médecin Thouret prouva cette lugubre succession de cadavres par des documents authentiques.

tant de richesses industrielles, était bien inférieure à la France sous le rapport minéralogique aux treizième et quatorzième siècles. Ce ne fut même que sous le règne d'Édouard III qu'elle commença à exploiter sérieusement ses mines de houilles et de charbons de terre, qui ont tant contribué à sa suprématie commerciale, et qui dans ces derniers temps, grâce à l'application de la vapeur aux manufactures et à la navigation, doivent nécessairement ajouter à ses moyens d'action et à sa puissance maritime. La Belgique et la Flandre ont précédé de plusieurs centaines d'années l'Angleterre dans l'exploitation des mines de charbon de terre; mais les Anglais du quatorzième siècle étaient fort grossiers, fort peu éclairés, et, partant, très-superstitieux (ils se sont bien corrigés depuis). Or, comme la géologie était une science tout à fait inconnue alors; comme la minéralogie n'était cultivée que par un petit nombre de physiciens, il s'en suivait que les corps d'origine organique, que les charbons fossiles, principalement, dont la combustion spontanée est si ardente, si vite anéantie dans de certaines conditions, passaient, aux yeux du vulgaire, pour des créations sataniques. Ces insulaires[1] ignoraient que ces énormes monceaux de charbons qui dormaient sous le sol étaient la dépouille de forêts anté-diluviennes qu'un cataclysme précédent avait jetées, — enflammées sans doute par la chevelure d'une comète, — dans les entrailles de la terre, d'où l'Angleterre du dix-neuvième siècle saurait bien les retirer pour donner des ailes à ses flottes, des bras à ses usines, des jambes à son commerce, des foudres à sa cupide ambition. Les Hollandais, les Belges, les Flamands esprits plus forts dans ces temps-là, se contentèrent de se chauffer avec le charbon de terre. Les Anglais, rassurés, du dix-neuvième siècle ne se bornent point à se chauffer par le charbon de terre, ils veulent par lui incendier le monde.

Les Arabes, maîtres d'une partie de l'Espagne, ne négligèrent pas les richesses intérieures du sol qu'ils avaient conquis; et au

[1] Voyez l'admirable épisode des *feux nocturnes* dans le roman de *l'Antiquaire*, par Walter Scott.

moment même où ils faisaient venir en Espagne les plus belles races bovines et chevalines de l'Afrique, au moment où ils couvraient les gras pâturages de l'Andalousie, du royaume de Murcie, de Cordoue et de Grenade de ces moutons à toisons soyeuses qui devaient plus tard enrichir les deux Castilles, ils fouillaient les montagnes, exploraient le littoral des fleuves et des rivières, pratiquaient de profondes excavations et retiraient de cette terre, vierge encore, de l'or, de l'argent, du cuivre, du jaspe, du porphyre, de l'albâtre, du marbre et des pierres précieuses, dont le génie de leurs maçons sublimes faisait des mosquées, des citadelles, des phares et des alhambras.

L'art de conduire et de diriger les travaux des mines fit de grands progrès au seizième siècle lors de la découverte de l'Amérique; le Mexique et le Pérou offrirent surtout aux ingénieurs et aux mineurs de l'Europe septentrionale un vaste théâtre où ils coururent exercer leurs talents et mettre à profit leur expérience. Il est notoire que les premiers mineurs européens du Pérou ne furent pas des Espagnols, mais des Suédois, des Danois, des Hollandais et des Flamands. Les gains immenses que l'on disait retirer de ces travaux étaient un appât assez puissant pour déterminer des émigrations nombreuses et entraîner des hommes qui, rameurs infatigables et mal payés sur les styx souterrains de l'Europe, espéraient voguer à pleines voiles sur le pactole du nouveau monde, et revenir bientôt dans leur pays troquer les lingots de Guatimozin contre une mine de fer, une forêt à grès rhunique ou une minière de cuivre.

Les souverains du Mexique, les Incas du Pérou avaient bien creusé des carrières et exploité les mines depuis un temps immémorial; mais la nonchalance naturelle de ces peuples, leur peu de connaissances dans l'art de fabriquer les machines et dans la statique, et surtout l'espèce de froideur avec laquelle ils recueillaient les métaux précieux, justifiaient bien l'adage latin : *Ab assuetis non fit passio;* toutes ces raisons réunies rendaient les mines du Mexique et du Pérou fort peu productives, eu égard à l'extrême fécondité de leurs filons et à l'opulence de leurs veines. A l'arrivée des Espagnols, tout changea de face; ces conquérants, plus hardis, plus âpres, plus insatiables que les Maures qui avaient autrefois subjugué l'Espagne, comme ils subjuguaient aujourd'hui l'Amérique, cherchèrent tous les moyens imaginables de pressurer cette terre conquise par le hasard en dessus et en dessous. Ils organisèrent la violence contre les choses aussi bien que contre les hommes, et leur sceptre de fer s'appesantit également et sur le trône du dernier Inca et sur la grotte délaissée de la dernière mine. Les Espagnols avaient remplacé sur leur drapeau catholique l'*In hoc signo vinces,* du grand Constantin, en l'*Auri sacra fames,* du poète payen. On persécutait, on se battait, on devenait parjure, infâme, traître, perfide pour de l'or. Au seizième siècle, l'Amérique du Sud était l'Europe d'aujourd'hui. L'amour du gain, du bien-être, de la satisfaction des sens, avait tué l'amour de Dieu, l'amour du prochain et l'amour de la patrie.

Les salines et les excavations, d'où l'on retire la houille, jusqu'aux modestes tourbières, sont devenues, sous les nations modernes, une branche de revenus publics, plus sûres et moins dispendieuses que les mines d'or et d'argent qui ont appauvri, dépeuplé et démoralisé l'Espagne au seizième siècle.

Les mines de la Suède et de la Norwège étaient les aînées et les modèles de toutes les mines de l'Europe. Ces mines avaient cela de particulier, qu'elles atteignaient d'immenses profondeurs, et que, dans leurs innombrables dédales, elles renfermaient des cités souterraines, sombres et lugubres villes où le soleil ne pénétrait jamais, et où des populations entières naissaient, vivaient et mouraient sans avoir vu passer le char des saisons sur la surface de la terre, sans savoir comment croissait l'épi qui se balançait sur leurs têtes; sans voir un nuage de tempête, un rayon de soleil; sans entendre le chant d'un oiseau, le bêlement d'un troupeau, le hennissement d'un cheval; et cependant, de ces fourmillières d'hommes sortirent des soldats intrépides à l'appel de la patrie en alarmes; car ces hommes, tout séparés du reste de la nation qu'ils étaient par l'épaisseur de douze débris de monde détruits, étaient unis, avec leurs frères, par les mêmes aspirations de l'âme, par les mêmes clartés du cœur. La croix, la croix sublime du Rédempteur des hommes brillait là, au fond de ces royaumes souterrains, avec autant d'éclat que sur la couronne des rois et au front de nos cathédrales ; et cette croix, éloquent symbole du labeur de la vie terrestre et des glorieuses récompenses de la vie éternelle, apprenait à chacun ses devoirs, ses droits, ses sacrifices et ses espérances.

La plus célèbre, entre toutes ces célèbres mines, était celle de Normoé, dans la partie occidentale de la Norwège. Au treizième siècle, cette exploitation considérable occupait six mille ouvriers, quinze cents enfants et trois mille femmes. Elle contenait, dans une profondeur de 1,245 pieds, une longueur de six milles et une largeur de trois milles et demi; mille quatre-vingt-trois chambres ou logements de mineurs. Quatre cents soixante-quinze galeries reliaient entre elles les différentes parties de cette mine immense, et on y descendait par trois points différents, accessibles aux charrettes, et par vingt-sept points à l'aide de machines grossières, mais pourtant fort ingénieusement combinées, si l'on considère le peu de moyens que la statique de cette époque avait à sa disposition. Les mineurs, hommes, femmes et enfants, travaillaient quatorze heures par jour, et, le soir venu, se réunissaient par chambrée pour prendre le repas en commun et prier ensemble ce Dieu qui leur donnait, en échange de leurs sueurs, le pain de chaque jour, et qui leur promettait, en récompense de leur résignation, de leur frugalité et de leur foi, une part dans ce royaume céleste où l'égalité des rangs existera avec l'égalité de la vertu. Le dimanche, une partie de ce peuple, à tour de rôle, remontant sur la terre, allait dans les églises voisines édifier, par sa contenance pieuse, par ses prières ferventes, leurs frères et leurs parents laboureurs, soldats, artisans. Laboureurs et mineurs, ouvriers magnanimes du dessus et du dessous de la terre, portaient alors, dans de sobres libations, des toasts à la prospérité d'un pays dont ils étaient les pères nourriciers, les défenseurs et les héros.

Il ne sera peut-être pas hors de propos de citer ici les détails pleins d'intérêt et d'actualité que M. Derbec, voyageur français d'un esprit observateur et sagace, vient de publier sur les mineurs de la Californie. Outre la curiosité qui s'attache naturellement à l'exploitation cosmopolite des mines de la Californie, il ne sera pas indifférent, au point de vue philosophique et moral, de comparer les mineurs du dix-neuvième siècle aux mineurs du treizième, la Californie à la Norwège; l'homme intelligent, mais avide et affamé de richesses tel qu'il est aujourd'hui, à l'homme grossier, mais plein d'abnégation, d'honneur et de foi tel qu'il était jadis.

« L'or est disséminé sur les bords des cours d'eau des montagnes de la Sierra-Nevada ou dans leur lit même. En Europe, la croyance est répandue qu'il est à la surface du sol ou dans le sable des ruisseaux, qu'il y abonde, et qu'on l'obtient sans efforts. Ce qui avait donné quelque fondement à cette croyance, c'est que, dans plusieurs ruisseaux du Nord peu profonds, l'or avait été trouvé en abondance; mais en général il est rare et éparpillé; bien des placers n'en contiennent point; il n'est pas à la surface du sol, mais bien dans ses profondeurs. Il suit, en effet, les lois de la pesanteur, et par un mouvement lent, mais inévitable, car il est un des corps les plus lourds, son poids l'entraîne constamment au fond, à travers la terre mouillée ou les sables mouvants, jusqu'au moment où il est arrêté ou par la roche même, ou par une terre grasse sur laquelle l'eau est sans action. C'est là où le mineur va le chercher; c'est une rude tâche pour quiconque n'est pas habitué aux travaux pénibles; car le seul moyen pour y parvenir est de creuser des trous ou d'ouvrir des tranchées.

« Il est rare que l'homme reste isolé : son isolement le rendrait impuissant dans les grands travaux. Les mineurs unissent donc leurs forces pour rendre leur travail plus profitable ; ils s'associent en petits groupes ou se forment en compagnies qui s'élèvent quelquefois jusqu'à plusieurs centaines d'hommes. Ces compagnies entreprennent des travaux gigantesques et détournent les grandes rivières les plus fortes, comme la Mercédès, par exemple, dans les endroits supposés les plus riches, pour creuser ensuite dans leur lit même. Mais le succès ne couronne pas toujours leurs efforts, et bien des fois leurs peines ont été perdues ; soit parce que l'eau reprend son niveau souterrain, soit parce que l'or trouvé ne paie pas même les frais faits pour l'obtenir. Les petits groupes d'associés détournent l'eau des plateaux ou le cours des ruisseaux même.

« Avant de commencer un travail quelconque, les mineurs les plus expérimentés se concertent, pèsent les chances de succès et d'insuccès, examinent les effets des courants sur l'or; ils choisissent de préférence les contours des rivières, parce que, disent-ils, porté par le courant, l'or a dû *frapper là*, pour me servir de leur langage même. Quand les terrains aurifères sont sur des ardoisières, et c'est presque partout ainsi dans le Sud, ils cherchent à connaître d'avance la direction que suivent les couches d'ardoises. Pour tout autre pays que la Californie, ces ardoisières qui étonnent par leur grand nombre et par leur bonne qualité seraient une bonne fortune; mais on ne leur donne ici aucune attention. Les couches sont debout; les premières, qui sont feuilletées et souvent un peu tendres, ont toujours la forme d'un delta parfait. A mesure qu'on avance en profondeur, ce delta grandit en proportion ainsi qu'en épaisseur; il forme alors des blocs très-durs.

« Les ardoises sont le plus favorables aux mineurs quand elles ont la même direction que le courant et qu'elles forment des rigoles dans lesquelles, une fois engagé, l'or est poussé par l'eau jusqu'à l'instant où il est arrêté par un obstacle. Plusieurs choses servent d'obstacle : tantôt ce sont des couches plus élevées qui lui barrent le passage, tantôt l'or reste à l'angle d'un coude formé par la réunion de deux ou de plusieurs lignes qui se rejoignent. Les terres grasses inaccessibles à l'eau sont encore des obstacles : elles retiennent l'or, disent les mineurs. Mais ce qu'ils aiment surtout à trouver, ce sont des cavités formées par la nature au bout de ces rigoles. Quelquefois l'or s'est amassé grain par grain pendant des siècles dans ces creux qu'ils nomment *poches*. On a vu des mineurs en retirer plusieurs livres et même une fortune, quoique le cas soit très-rare à présent.

« Les mineurs ont les plateaux en grande estime. Quand le courant est étroitement emprisonné dans un lit de rochers, il entraîne tout dans sa force; puis s'il trouve une plate-forme sur laquelle il s'étale à son aise, ses eaux, roulant avec moins de furie, laissent tomber l'or au lieu le moins rapide de la plate-forme, qui est toujours l'endroit le plus large, c'est-à-dire vers le milieu. Le gros or est entraîné au fond par son poids, à peu près au tiers du débouché; l'or moyen s'arrête vers le milieu, tandis que le petit, qui est très-mince et qu'on nomme *poudre d'or*, est porté plus loin. Mais ce que le mineur recherche avec soin et préfère à tout, c'est le vieux lit de la rivière; il a la croyance qu'à une époque excessivement reculée, l'or a été apporté par les inondations survenues à la suite d'une grande commotion du sol, et rejeté des entrailles de la terre par suite de convulsions volcaniques.

« Le travail aux mines est presque impossible pendant la saison des pluies. C'est donc une erreur des mineurs de passer l'hiver dans les placers; car si leur travail est pénible en été et exige qu'ils soient presque constamment dans l'eau, à plus forte raison l'est-il dans les mauvais temps. Mais une fois aux mines, dépourvus de tout, la nécessité les oblige à se livrer à ce travail incessant pour vivre.

« Quand j'arrivai à l'Agua-Frio, quel fut mon étonnement à la vue de ces travailleurs que les rigueurs de l'hiver n'arrêtaient pas! Deux pieds de neige couvraient le sol. Ils déblayaient la neige pour exécuter des tranchées à ciel ouvert, et arriver ensuite à la terre aurifère ou au rocher.

« Lorsque les mineurs commencent un trou, la moitié d'entre

eux pioche la terre. Quand cette opération est terminée, les autres mineurs les remplacent et enlèvent la terre à la pelle; de telle sorte que le travail n'est jamais interrompu et que les travailleurs peuvent au moins reprendre haleine. Pour rendre le travail possible, on creuse dans le trou primitif un nouveau trou profond et suffisamment large qui est destiné à recevoir l'eau des sources : un homme épuise constamment cette eau à la main au moyen d'une battée en bois ou en fer-blanc; l'usage des pompes n'est point encore introduit partout; on en trouve seulement dans les placers organisés, mais comme ces placers sont ruinés avant d'être organisés, chacun se hâte et opère son travail comme il peut, et non comme il veut. A chaque nouvelle couche, le mineur essaie la terre pour connaître sa valeur : il est rare que l'or se trouve en quantité suffisante dans les premières couches pour qu'elles méritent d'être lavées.

« Cependant, il arrive quelquefois que dans les terrains aurifères primitifs on en rencontre quelques grains dans toutes les couches indistinctement, et jusque dans la terre végétale, mais peu; cette terre *ne paie pas*, dit le mineur, et il la rejette pour aller droit à la couche qui repose sur le roc, car c'est là qu'est la mine. Il redouble de vigilance à mesure qu'il en approche en creusant davantage; alors il essaie de nouveau la terre en la choisisssant parmi celle qu'il juge la meilleure. Le mineur expérimenté se trompe rarement dans son jugement, et reconnaît *la bonne terre* à la première vue. Quand elle est *riche*, il n'est pas rare que celui qui pioche aperçoive un grain d'or ou deux à chacun de ses coups. Cette terre est enlevée avec précaution, puis mise sur une peau de bœuf étendue à terre. Un homme la porte sans cesse auprès du berceau, ou machine à laver, où elle est travaillée par deux ouvriers. L'année dernière, les mineurs lavaient seulement cette terre là; aujourd'hui, c'est différent, la pauvreté des mines les force, afin d'obtenir quelques piastres, à laver de fortes quantités de cette terre pauvre qu'ils dédaignaient naguère.

« L'appauvrissement des mines fait que l'on cherche à produire davantage avec un travail moindre. Les *berceaux* sont plus grands que naguère, *ils dévorent la terre*. Ce nom de berceau s'adapte parfaitement à ces machines, et par leur forme et par l'action du mineur qui les balance comme une mère balance le berceau de son enfant, mais avec plus de vivacité. Dessous le berceau est posée une caisse de deux pieds de longueur ou plus, sur un pied et demi de largeur et un demi de profondeur. Au fond de cette caisse est une plaque de tôle percée de trous de la largeur d'une pièce de 50 centimes, rapprochés les uns des autres à la distance d'un peu moins d'un pouce. C'est dans cette caisse que le mineur place la terre aurifère. Tandis que l'un verse sans cesse l'eau pour délayer cette terre et en séparer l'or, l'autre agite de ses deux mains la machine avec activité pour aider à la décomposition du tout.

« La partie boueuse est entraînée par l'eau; les pierres qui ne passent point par les trous de la plaque de tôle sont rejetées par celui qui verse l'eau, quand elles sont d'une propreté parfaite, car souvent des parcelles d'or sont attachées à leurs parois; celles qui passent à travers la grille, plus petites, sont emportées hors du berceau, qui a une pente très-minime, par un faible courant auquel aide chaque mouvement de l'homme qui berce. Une fois sur la planche du fond, qui a plusieurs compartiments pour la retenir, il est rare que l'or s'échappe si la machine est bien faite et manœuvrée par un bras intelligent. Dans les cas contraires, il s'en échappe une partie notable. Pour éviter la perte, on l'en retire d'heure en heure. L'or mis de côté est de nouveau lavé le soir dans une battée pour le séparer d'un sable fin et du minerai de fer, également très-fin, auxquels il est mélangé. On le pèse ensuite dans de petites balances; son poids est inscrit par les mineurs. L'or est placé sous la tente, dans un endroit connu de tous. La récapitulation en est faite le samedi soir devant les mineurs réunis. On pèse de nouveau le tout, et l'on procède au partage. Je n'ai pas appris qu'il ait manqué une seule fois une parcelle d'or à la masse commune. L'état moral du pays est admirable.

Mais je reviens au travail de nos mineurs.

La partie du trou la plus riche est le roc même. Après qu'il a enlevé avec soin la terre qui la recouvre, le mineur entame la roche à l'aide d'une pince qui sert de levier. La roche, coûte que coûte, doit être brisée tant qu'elle cède à ses coups; car, outre l'or contenu dans ses cavités, dans ses fissures, et qu'on ne peut obtenir que par ce moyen, il s'en glisse jusque dans les fentes invisibles à l'œil et où l'on ne soupçonnerait pas qu'il ait pu parvenir. Ces pierres subissent aussi le lavage. Quand l'opération est terminée, le trou est exploré avec intelligence, gratté, nettoyé à fond, de manière à n'y pas laisser une parcelle. Quand le fond est propre comme le vestibule de nos grandes maisons, il est déclaré terminé.

Le terrain auquel a droit un mineur varie selon les lois de chaque placer, car chaque mine a ses lois, ses règlements, ses coutumes, comme elle a son autorité, je devrais dire son gouvernement, son administration, ses magistrats, ses jurés et jusqu'à sa police! Tous, depuis l'alcade, qui est le chef suprême, jusqu'au citoyen qui fait exécuter ses décisions et qui prête main forte à la loi, tous sont élus à la pluralité des voix, et, ici comme en Amérique, la sentence du juge est respectée, et nul ne méconnaît ses arrêts. A l'Agua-Frio, chaque travailleur a droit à un terrain de vingt pieds carrés; à la Mercédès, à la Mariposa, les vingt pieds s'étendent sur toute la largeur de la rivière. Le mineur est non-seulement propriétaire du lit de la rivière et de ses deux bords, mais il peut étendre sa propriété sur cette même largeur d'une manière illimitée. Je dois dire qu'il n'use pas de cette faculté.

Dans le Nord, au contraire, l'affluence est si considérable, que depuis longtemps il n'y a plus de place pour tous, et qu'on a dû, en plusieurs endroits, restreindre à six pieds carrés l'étendue de terrain attribué à chaque travailleur. Les mineurs disposent de leur terrain comme ils le jugent convenable: un pieu planté aux extrémités en marque la limite. Il ne leur est point permis de jeter leurs déblais sur le terrain voisin s'il est exploité. Si la place est bonne, le mineur s'agrandit, s'il le peut, en se dirigeant du côté de la veine. Dans ce cas, le lendemain ou le jour même, d'autres mineurs nomades, qui sont malheureux dans leurs recherches (et ils sont nombreux), percent sans désemparer des trous autour de celui qu'ils supposent heureux, espérant comme lui trouver la veine. Mais la veine ne vient pas pour tous; on peut même affirmer qu'il en est beaucoup pour lesquels elle ne viendra jamais.

Les mineurs trafiquent souvent de leur emplacement. On dit même qu'à présent il est impossible à l'arrivant dans les mines du Nord d'obtenir un trou s'il ne l'achète pas de son propriétaire. Les trous sont vendus à un prix plus ou moins élevé, selon l'or qu'on en retire, selon le terrain qui reste à travailler, mais surtout selon sa richesse présumée. Le prix varie depuis la somme la plus modique s'il est *pauvre*, jusqu'à 10 livres d'or et même plus s'il est riche. Celui qui achète un trou à un prix élevé fait souvent une bonne affaire, car il n'est pas rare qu'il en retire le double ou le triple du prix d'achat, même davantage. Ceux qui vendent ainsi leur place y ont fait *leur affaire*, comme ils le disent eux-mêmes, et ils ont hâte de retourner dans leur famille, pour y jouir dans l'abondance des bienfaits de la civilisation.

Mais pour quelques-uns qui s'en vont contents, combien il en est qui maudissent la Californie et ses mines! Car il n'est pas donné à tous de rester intrépide dans l'adversité et de résister longtemps à l'infortune. Une fois aux mines, l'homme est condamné à arracher deux piastres (10 francs) par jour des entrailles du sol pour assurer son existence. Deux piastres sont le minimum de sa dépense pour se nourrir; et cependant, si l'on considère que deux cent mille hommes sont astreints à demander à la terre un minimum de deux piastres, sous peine de mourir de faim, on voit que les mines de la Californie ne peuvent fournir moins de deux millions de francs par jour. Je crois être dans la vérité en disant que, toute compensation faite, le terme moyen de la journée du chercheur d'or, — car c'est là le mot propre, — peut être porté de trois à quatre piastres, qui sont en général aussitôt dépensées pour ses besoins. Ce qui prouve d'une manière irrécusable ce que j'avance, c'est que la main-d'œuvre, qui, à San-Francisco, à Sacramento, à Stockton et ailleurs, était encore, dans les premiers mois de cette année, au prix d'une once (80 francs) par jour pour un grand nombre de métiers, est aujourd'hui réduite (dans la saison favorable des mines) à deux, trois, quatre piastres au plus dans toutes les villes et même dans les placers. Quiconque a un état dont il croit tirer avantage, fuit la mine et va dans la ville pour l'exercer. Aussi les ouvriers abondent, et la dépréciation des bras est d'autant plus forte qu'ils sont plus abondants.

L'état de maçon est seul en faveur à San-Francisco; on commence à construire en briques, la construction en bois étant interdite depuis les incendies réitérées qui ont désolé cette malheureuse cité; leur journée vaut huit piastres. Une autre preuve de la rareté de l'or, c'est qu'il a dans les mines la même valeur qu'à San-Francisco et qu'à Monterey : l'once y vaut seize piastres, et son change est recherché. Mais ce qui prouve mieux que tous les raisonnements du monde la pauvreté actuelle des placers, c'est qu'il n'est pas arrivé à ma connaissance qu'un seul homme, dans le Sud, ait payé l'impôt des vingt piastres par mois que le gouvernement de San-José a frappé sur les étrangers. Les alcades ont dû renoncer à le percevoir.

Entre ces deux points extrêmes de la civilisation et de l'intelligence du mineur, entre ces enfers du travail et de l'opiniâtreté inspirée par la cupidité ou le sentiment très-prononcé du devoir, il y a un terme moyen dont nous trouvons l'attrayante description dans l'histoire du commerce et de l'industrie de la monarchie espagnole.

Vers le milieu du seizième siècle, les gorges de la Sierra-Morena contenaient des mines de cuivre qui appartenaient et qui étaient exploitées par une commanderie de Saint-Jean d'Alcantara. La première et la plus riche de ces mines était celle appelée *Maria-Dolorès*, et n'était qu'à une médiocre profondeur dans le sol composé de gypse et de silex de la montagne. Les mineurs ne travaillaient que six heures par jour : tel était l'ordre des chevaliers d'Alcantara, et lorsque l'*Angelus* sonnait aux hermitages juchés sur la cîme de la montagne, tous les ouvriers remontaient pour saluer le soleil, respirer l'air et reprendre leur place au foyer de la famille. Ces mineurs, à peine parvenus à la surface de la terre, se jetaient à genoux pour réciter dévotement l'*Angelus,* puis se mettaient en route au bruit joyeux des castagnettes et en formant des danses qu'animaient encore les gais, charmants et poétiques souvenirs des *romanceros* et des cantilènes navarrois.

La vie du mineur est une vie de périls. Il n'a point assez d'affronter mille trépas cachés que le pic et la hache peuvent faire surgir tout à coup devant lui, il faut encore que l'inflammation du gaz hydrogène, les éboulements, les inondations, les explosions viennent incessamment menacer ses jours. La combustion du gaz est combattue avec succès par l'emploi de la lampe de sûreté; mais quels moyens la chimie, la mécanique, la statique offrent-elles pour le prémunir contre l'irruption des eaux, la chute des roches, l'insanité de l'air? — Aucun. On a comparé les mineurs aux taupes, il vaut mieux les comparer à leurs semblables, les soldats; comme ces derniers, en effet, ils combattent, succombent et meurent, dans le suaire d'une valeur incomprise et d'une gloire qui ne se révélera jamais.

CHAPITRE XXVI.

LES MONNAIES.

La monnaie chez les Égyptiens, les Mèdes, les Assyriens, les Perses. — La monnaie en Europe, en Asie et en Afrique au temps des Romains. — Monnaie française depuis Charlemagne jusqu'à nos jours, etc.

Le bétail a été la première monnaie des peuples : les bœufs, les vaches, les brebis, les béliers, les boucs, les moutons, les chèvres, étaient des signes vivants d'échanges. Les monnaies de métal des nations les plus anciennes portaient, comme réminiscence de ce mode d'échange, l'image d'un bouc, d'une brebis, d'un bœuf ou d'une chèvre. Les Romains empruntèrent cette empreinte allégorique à la monnaie des Étrusques, des Sabins, des

Phéniciens et des Egyptiens. Sur les premières pièces de cuivre frappées avant le règne de Numa, on remarque en effet une brebis *pecus, peculus,* d'où nous avons fait pécune, pécuniaire, péculat, mots qui expriment des idées de finances.

L'invention de la monnaie métallique remonte à un temps bien plus reculé que celui des patriarches. Nous lisons dans les saintes Écritures qu'Abraham pesa à Éphrom quatre cents sicles d'argent qu'il était convenu de lui payer pour le champ de Machpelah.

Dans l'Indoustan, dans la Chine, au Japon, la monnaie d'or et d'argent a une origine de plusieurs milliers d'années. Lorsque les Espagnols conquirent le Mexique et le Pérou, ils trouvèrent des monnaies d'or et d'argent frappées avec une certaine élégance. Ces pièces étaient presqu'ovales, enrichies de gracieux dessins et ornées, selon leur valeur, de l'emblême public de ces peuples, le soleil.

Il résulte, de ce que nous venons de dire, que les premières sociétés humaines ont seules connu l'extrême importance et l'extrême utilité de la monnaie, comme marque d'échange, et que ce serait refouler le monde dans les steppes de la barbarie que d'abolir ces signes communs, matériels et portatifs de tous les besoins, de tous les caprices et de tous les plaisirs. La folie des prétendus réformateurs est immense, et leur audace est profonde; mais pour l'honneur du genre humain, il faut espérer qu'ils n'iront pas jusque-là. Supprimer la monnaie ou le mode d'échange adopté depuis quatre-vingt siècles par tous les peuples civilisés, serait anéantir les sciences, les arts, le commerce, l'industrie, l'agriculture : ce serait couper les ailes à la pensée de l'homme, et ravaler son intelligence au niveau de celle du singe. Il ne faudrait plus songer à la monarchie universelle de Charlemagne, de Louis XIV et de Napoléon, pas davantage à la *République* universelle désirée par les progressistes de nos jours; il faudrait se résigner à la sauvagerie, à la grossièreté, à la barbarie universelle. L'homme n'aurait plus que des appétits honteux, et l'absence de l'or produirait plus de crimes que la soif de ce métal n'en a suscités depuis la création du monde.

Les Mèdes et les Perses, les Assyriens et les Égyptiens possédaient un système monétaire dont Hérodote ne nous a donné, sur les traditions recueillies, que d'imparfaits renseignements. Ce qui est certain, c'est qu'Alexandre fit expédier de Babylone en Grèce une quantité si considérable de pièces d'or et d'argent, que sept mille charriots suffirent à peine pour les transporter en Macédoine. Le conquérant en fit couler des statues d'or et d'argent dont il orna les principaux temples, abandonna des sommes énormes à ses lieutenants, et répandit le reste dans la Grèce et dans la grande Grèce (l'Italie). Il n'est pas douteux que dans la fonte immense que le roi de Macédoine fit faire sur quelques points de l'Épire, à l'île de Rhodes et à Samos, il ne se trouva un nombre considérable de monnaies des trois grandes puissances dont l'invincible épée du fils de Philippe était la légataire universelle. Cette perte fut pour la science numismatique, ce que l'incendie de la bibliothèque d'Alexandrie fut pour la philosophie, les sciences et les arts, neuf cent-soixante ans après.

L'altération ou les modifications apportées à la fabrication de la monnaie, ont presque toujours été, chez les nations modernes, une cause, un sujet ou un prétexte de troubles, de révoltes et de séditions. L'Angleterre seule, de tous les États de l'Europe et peut-être du monde, n'a changé son système monétaire qu'*une* fois depuis onze siècles, et il faut attribuer à cette sage prévoyance financière, beaucoup plus qu'à ses institutions politiques, sa prospérité commerciale, et l'accroissement successif de sa puissance maritime. C'est une roue de cuivre qui fait marcher une aiguille d'or, disait un écrivain du dernier siècle, et cette ingénieuse image peut surtout s'appliquer aux divers royaumes qui se sont élevés sur les débris de l'empire romain. Depuis le douzième siècle, l'argent mène tout; son abondance ou sa disette ébranle ou fortifie les états. Un misérable impôt de quelques deniers sur le sel, met en feu les Pays-Bas à la fin du douzième siècle; un roi de France, au treizième siècle, hausse la valeur de quelques basses monnaies, et on le flétrit du sobriquet de faux monnayeur; la guerre du bien public eut pour prétexte la rareté du numéraire; la Grande-Bretagne perdit ses colonies à la fin du dix-huitième siècle, pour avoir voulu arracher, par un tribut mal déguisé, sous le nom d'impôt, quelques schellings aux Américains; enfin la Révolution française se trouvait beaucoup plus dans les essais administratifs de Turgot, et dans les plans financiers de Necker, que dans les écrits de Voltaire, de Diderot, de Condillac et de Mably.

Le savant Boizard définissait la monnaie une portion de matière à laquelle l'autorité publique a donné un poids et une valeur certaine pour servir de prix à toutes choses dans le commerce. Les encyclopédistes critiquèrent fort aigrement la définition de Boizard, et lui préférèrent celle de Locke pour des motifs qu'il est facile de deviner. Mais avec tout le respect que l'on doit à la mémoire de l'illustre auteur de *l'Essai sur l'Entendement humain,* nous dirons, avec Moraton et d'Alembert, que Locke, dans ses écrits sur la monnaie et sur le commerce, s'est montré beaucoup plus philosophe que financier, et beaucoup plus homme d'état que géomètre et physicien, qualités, cependant, qu'il préférait à toutes celles que la fortune des cours et des révolutions avait amoncelées sur sa tête. Quoi qu'il en soit, Locke sauva l'Angleterre d'une crise imminente, et remonta, par la refonte probe des monnaies, la machine gouvernementale[1] détraquée par une longue et funeste révolution et par une substitution de dynastie.

[1] Locke fut de ceux qui contribuèrent le plus à faire comprendre au Parlement qu'il n'y avait pas d'autre moyen de sauver le commerce d'Angleterre qu'en faisant refondre la monnaie aux dépens du public, sans en bausser le prix. Ce système prévalut malgré les cris de l'opposition, et le commerce de la Grande-Bretagne fut sauvé par cette sage et énergique mesure. Fils d'un capitaine de l'armée du Parlement, Locke, au retour du fils de Charles Ier, cabala toujours contre le gouvernement. Il résida en France, en Hollande, dans les Pays-Bas, et revint en Angleterre avec le roi Guillaume, dont il avait servi l'ambition avec autant d'adresse que de talent. Le nouveau monarque ne fut point ingrat, et Locke fut revêtu successivement de fonctions importantes et lucratives. Le dernier poste

Les États modernes ont trois espèces de monnaies : la monnaie jaune ou d'or; la monnaie blanche ou d'argent; la monnaie grise ou de billon. L'or et l'argent sont suffisamment connus; disons un mot sur le billon qui est la monnaie du peuple, le signe quotidien de ses travaux, de ses sueurs, de ses fatigues et trop souvent de sa vie.

On appelait autrefois en France, monnaie de billon, des espèces en argent que l'on avait altérées par le mélange du cuivre. Il y avait alors deux sortes de monnaies de billon. Le haut billon, qui comprenait toutes les espèces de dix deniers à cinq; la monnaie de bas billon, à laquelle se rapportaient toutes les espèces au-dessous de six deniers. Aujourd'hui, on n'entend plus par billon que les sous et les gros sous de cinq et de dix centimes.

Sous la première et la deuxième race de nos rois, le billon n'existait pas; mais vers le commencement de la troisième race, sous Philippe-Auguste, on trouve quelques deniers d'argent de bas aloi; à dater de saint Louis on ne trouve que des deniers de bas billon. Les blancs, les douzains, les liards, les doubles, les deniers, les mailles, les pites sont autant de monnaies de billon dont on s'est servi dans le royaume sous la troisième race.

La livre d'argent primait toute cette populace de pièces si variées de formes, d'empreintes et de valeur, et ici il y a une remarque à faire.

La livre de France, sous Charlemagne, contenait, non fictivement mais réellement, une livre d'argent du poids de Troyes en Champagne. Mais cette livre a diminué de poids, sous les successeurs de Charlemagne, sans diminuer de valeur. Or, depuis Charlemagne en France, et depuis Guillaume le Conquérant

qu'il obtint fut celui de commis du commerce et des colonies anglaises aux appointements de 1,000 schellings (25,000 fr.). Locke conserva cet emploi, qu'il remplit avec une grande distinction cinq années, de 1695 à 1700, puis se retira de la lice politique pour aller vivre dans la charmante campagne du chevalier Morsham, à quelques lieues de Londres. Ce fut là que la mort vint le frapper en 1704, à l'âge de soixante-treize ans.

en Angleterre, la proportion entre la livre, le schelling et le denier, semble avoir toujours été la même jusqu'au dix-huitième siècle, quoique la valeur de chacun ait été fort différente. En France, pendant la première race, le sol ou schelling français passait pour avoir contenu tantôt cinq, douze, vingt, trente et quarante-huit deniers. La livre ne subissait pas les alternatives de ces subdivisions, c'était toujours la grande livre de de Troyes en Champagne[1].

Remontons à l'origine de la monnaie chez les peuples de notre antiquité, à nous, *remués* de barbares, comme disait et écrivait M. de Voltaire au roi de Prusse.

Eschine et Aristide nous apprennent que les Carthaginois, ces fiers marchands, qui disputaient à Rome l'empire du monde, commencèrent par se servir de monnaie de cuir.

Les Romains eurent une monnaie de terre cuite et de cuir, *asses scortes*. Suétone, cité par Suidas, nous apprend qu'on imprimait une petite marque d'or sur chaque pièce, c'était le sceau,

[1] La foire de Troyes était alors fameuse dans toute l'Europe, et on y venait des confins de la Pologne et de la Moscovie, aussi bien que de l'Espagne, du Portugal et des îles grecques. Les marchands étrangers étaient quelquefois au nombre de plus de cent vingt mille, et étaient obligés de se loger dans les plaines aux environs de la ville. Nous souhaitons que le chemin de fer amène à Troyes cette population merveilleuse qui faisait sa prospérité, sa richesse et sa gloire. Il devient évident que les poids, les mesures d'un marché connu et fréquenté de tous les trafiquants de l'Europe, devaient être estimés et appréciés généralement. Charlemagne, pendant une de ces années de loisir que la guerre lui laissait quelquefois, vint à la foire de Troyes et y passa huit jours, recevant les principaux marchands français et étrangers, et s'entretenant familièrement avec eux des besoins du commerce et de l'industrie. Charlemagne donna des récompenses, et la ville de Troyes fit élever une colonne, ou pour mieux dire un pilier sur l'emplacement même de la tente du monarque. Ce pilier commémoratif était encore debout au quatorzième siècle, et fut détruit par les Anglais, ou plutôt par les Bourguignons, leurs alliés. Quand les Anglais ne peuvent pas détruire, brûler, renverser, dévaster par eux-mêmes, ils paient des auxiliaires, et ils en trouvent toujours... malheureusement!

Charlemagne, pendant son séjour à Troyes, fit frapper en pièces 300 livres d'or et 4,000 livres d'argent. On sait que les rois carlovingiens faisaient frapper partout où ils se trouvaient, dans leurs palais ou tentes, des espèces solides et de bon aloi. Le peuple appelait ce numéraire monnaie palatine.

l'effigie, la foi pour ainsi dire de la République : *formatos a corcisorbas, auro modico signaverunt*. Numa inventa les pièces de bronze; mais Servius Tullius frappa et donna une empreinte ineffaçable à la confiance publique.

Les Romains furent à peu près deux siècles sans monnaie. Sur les pièces frappées par Servius Tullius, on voyait un bœuf et on les nommait *as librales* et *libella*, et elles pesaient une livre. Le *decussis* valait dix as et on le nommait aussi denier; le *quadrassis*, valait quatre de ces petites pièces; le *tricussis*, trois; le *sesterce*, deux et demi; il valut constamment à Rome le quart d'un denier. L'as se subdivisait en une multitude de fractions et toutes ces fractions étaient en cuivre. Il est à remarquer même que, dans les premiers temps de la République, cette pauvre petite monnaie était si rare, que les amendes, décernées pour le manque de respect envers les magistrats, étaient payées en bestiaux. Cette rareté du cuivre fit que l'on donnait du cuivre par masse en paiement, et on en avait même conservé la formule dans les actes, pour exprimer que l'on achetait comptant. Horace dit quelque part : *Liera mercatur et œre*.

L'année 485 de la fondation de Rome on mit en circulation des monnaies d'argent; mais les magistrats imposèrent à ces nouvelles espèces des noms et une valeur relative aux anciennes espèces de cuivre; le denier d'argent valait six as ou dix livres de cuivre; le demi denier, cinq; le sesterce d'argent, deux et demi, etc. La proportion de l'argent au cuivre était alors de 1 à 960.

A la fin de la seconde guerre punique, les Romains, maîtres de la Sicile et ayant un pied en Espagne, apportèrent à Rome des lingots d'argent. La monnaie fut augmentée; mais ce ne fut qu'en 547, sous le consulat de Claudius Nero et de Livius Salinator, qu'on commença à fabriquer des monnaies d'or, *nummus aureus*, dont la taille était de quarante à la livre de douze marcs. Les maîtres des monnaies étaient appelés, à Rome, triumvirs monétaires, et remplissaient les devoirs, les fonctions, et exercaient la surveillance attribuée en France, pendant quatorze siècles, aux commissaires des monnaies, sous Charlemagne, et à la Cour des comptes sous les rois de là troisième race jusqu'à Louis XVI. Les pièces de monnaies portaient la figure d'une femme, c'était la République personnifiée; ou les profils de Castor et Pollux, selon les uns; de Rémus et de Romulus, selon les autres. Jules César fut le premier qui, avec l'agrément du Sénat, fit frapper son image sur les monnaies de la République. Les empereurs, dans la suite, et les impératrices eurent le privilége d'orner de leurs faces, plus ou moins nobles, les monnaies romaines. Constantin, par un respect filial bien rare même chez les empereurs, fit frapper des monnaies à l'effigie de sa mère. Devenu chrétien, il fit appliquer une croix sur le revers de la pièce.

Les Romains comptaient par deniers, sesterces, mines d'Italie ou livres romaines et talents. Quatre sesterces faisaient le denier que nous évaluerons, monnaie d'Angleterre, à cause de son invariable valeur, à 7 sous et demi. Suivant cette évaluation, 96 deniers qui formaient la mine d'Italie ou la livre romaine, représentèrent 3 livres sterlings: et les 72 livres romaines, qui faisaient le talent, produisirent 216 livres sterlings.

Seulement les anciens comptaient généralement par mines et par talents. Les subdivisions varièrent suivant les peuples. Ainsi les Grecs comptaient aussi par mines et talents; mais ils avaient aussi des drachmes et des oboles, et la valeur différait selon les États. Pourtant Athènes était en monnaie comme en sciences, en beaux arts et en politesse la régulatrice des Républiques Grecques: sa monnaie servait d'étalon. Le tableau suivant donnera une idée de ces différences:

La mine de	Syrie......	contenait	25	drachmes	d'Athènes.
—	Ptolémaïque...	—	33	—	—
—	Antioche....	—	100	—	—
—	Tyr.......	—	133	—	—
—	Egine et Rhodes.	—	166	—	—

Quant au talent:

Le talent de Syrie.		contenait	15	mines	d'Athènes.
—	Ptolémaïque.. .	—	20	—	—
—	Antioche. . . .	—	60	—	—
—	Babylone. . . .	—	170	—	—
—	Tyr..	—	80	—	—
—	Egine et Rhodes.	—	100	—	—

Le drachme, selon le savant numismate anglais, Brerevood, valait 7 s. 1/2, monnaie d'Angleterre. Cent drachmes faisaient la mine, 3 fr. 2 s. Soixante mines formaient le talent d'argent, ou 187 fr. 10 s., et le talent d'or, en suivant la même proportion, et sur le pied de 16 d'argent ne faisait pas moins de 3,000 liv.

Les Juifs, outre les mines et les talents qu'ils avaient empruntés aux Grecs, avaient aussi des sicles et des demi-sicles ou bekas; cette monnaie était pour eux une monnaie nationale, puisque nous avons vu Abraham user de ces espèces pour payer le prix d'un champ. L'Exode nous fournit les moyens d'apprécier la valeur du sicle. Nous y lisons que la somme produite par la taxe d'un demi-sicle par tête, payée par 603,550 personnes, amena dans les coffres publics une somme de 301,775 sicles ou 100 talents 1,775 sicles. Par une opération arythmétique fort simple, on s'assure qu'il y avait trois mille sicles au talent.

Notre récit ne serait pas complet, si nous ne donnions ici une idée de deux espèces de monnaies qui comptent une place fort importante dans le cabinet des antiquaires et des numismates : nous voulons parler de la monnaie obsidionale et de la monnaie bractéate.

Monnaie obsidionale. On appelait, et on appelle encore ainsi, une monnaie frappée pendant un siége pour subvenir aux transactions commerciales, au paiement de la garnison, aux achats de toute nature et de toute espèce, pour suppléer à la vraie monnaie qui manque ou que l'on cache. Cette monnaie est souvent en bois, en cire, en fer, en carton et parfois même en papier; s'il y a des métaux dans la ville assiégée, on la fabrique avec de l'argent, du cuivre ou du bronze; mais l'argent est tellement mélangé qu'il est presque toujours de bas aloi. Ces pièces, inventées par la nécessité, par le patriotisme ou par le courage, sont tantôt ovales, tantôt carrées ou en losanges, en triangles, octogones, pentagones, etc. La foi publique, la confiance dans le bon droit, dans la sainteté de la cause qu'on défend, fait toute leur importance et toute leur valeur. Il est rare que les monnaies obsidionales aient entraîné la ruine de ceux qui avaient eu confiance en elles. Pavie et Crémone, pendant l'invasion de l'Italie, sous François Ier, frappèrent un grand nombre de ces pièces éphémères. Vienne, assiégée par Soliman II, empereur des Turcs, créa une monnaie obsidionale ; les Vénitiens en frappèrent également à Nicosie, capitale de Chypre, assiégée par Sélim II, en 1662 ; les Hollandais, dans leurs longues et sanglantes guerres avec les Espagnols, au seizième siècle, firent un usage avantageux et fréquent de cette monnaie. Enfin, si la monnaie obsidionale n'était pas, comme dans l'antiquité, où les intérêts privés cédaient le pas aux intérêts généraux, et où les calamités publiques, loin de faire resserrer l'argent dans les coffres des citoyens, le faisaient au contraire répandre avec plus d'abondance dans la circulation, on peut dire que les modernes ont usé et abusé de cette découverte, qui sert merveilleusement les convoitises des agioteurs et des avares. Depuis le seizième siècle jusqu'au dix-neuvième, les divers peuples de l'Europe ont frappé des sommes fabuleuses en monnaies obsidionales, et les guerres de la République et de l'Empire ont multiplié sur tous les points et dans un grand nombre de villes fortifiées de l'Europe ces espèces, monnaies amphibies, qui servent plutôt, le siége passé, à constater la pauvreté d'un peuple et la rapacité de ses maîtres, que la vaillance de ses soldats ou l'énergie de ses citoyens. Les monnaies obsidionales se glissent parfois dans le cabinet des curieux, — les monnaies du seizième siècle surtout, — et y trouvent une humble place entre les liards du Bas-Empire et les monnerons de la monarchie expirante [1].

[1] On appelle monnerons, du nom de son inventeur, des espèces de médailles qui eurent cours de 1789 à 1793, et dont quelques-uns étaient bien frappés et habile-

Monnaie bractéate. Les antiquaires appellent ainsi une espèce de monnaie du moyen-âge, dont la fabrication offre des singularités remarquables à certains égards, malgré la légèreté du poids et la grossièreté du travail. Simples feuilles de métal chargées d'une empreinte rustiquement tracée, — argent ou or, — ces pièces n'offrent à l'œil le plus exercé ni un chiffre, ni un signe, ni une marque qui puisse révéler leur origine ; on en est réduit aux conjectures et aux suppositions. Pendant les siècles barbares, cette monnaie avait cours en Suède, en Danemark et dans l'Allemagne septentrionale ; mais elles étaient presque inconnues dans les autres pays de l'Europe où les marchands juifs, ces courtiers éternels du commerce et de l'agiotage, n'en apportaient que rarement. Quelques savants ont pensé que cette monnaie a pris naissance sous les empereurs Othon, puisque les lois des Saliens, des Ripuaires, des Visigoths, et les capitulaires mêmes de Charlemagne n'en parlent pas. On découvrit un grand nombre de pièces de cette monnaie en 1736, au monastère de Guengenbuch, diocèse de Strasbourg ; mais cette trouvaille, en réveillant l'ardeur des antiquaires, n'a fait qu'embrouiller la question sur l'origine de cette monnaie. Elias Brenner, savant et patient antiquaire suédois, affirme toutefois avoir rencontré un bractéate à l'effigie du roi Biorno Ier, contemporain de Charlemagne, et assure que de son temps, on a trouvé à Stokolm des deniers de Charlemagne qui sont identiquement semblables au bractéate du roi Biorno. Quoi qu'il en soit, ce problème numismatique est encore à résoudre, et la question toujours pendante laisse, aux Saumaises, aux Locke et aux Boizard futurs, un vaste champ à explorer et à creuser.

Les gouvernements modernes ont eu recours, pour étendre ou affermir leur influence politique ou commerciale, au papier-monnaie. C'est la lettre de change des particuliers appliquée aux besoins généraux d'une nation. Des banques d'Italie, dans le quinzième siècle, émirent des billets qui avaient une valeur si-

ment exécutés, et qui représentaient une grande action, un grand mythe ou une grande journée révolutionnaire.

gnificative, et passaient sur le même pied que l'argent dans toutes les transactions industrielles et commerciales, non-seulement dans le pays qui les avait créés, mais encore dans toutes les parties commerçantes du globe. La bonne foi, la loyauté, la probité inflexible formaient la base des statuts de ces banques. Depuis le seizième siècle, d'autres nations ont imité les Italiens, et, vers le commencement de ce siècle, la Banque de France fut instituée. On sait quelles immenses ressources cette création semi-financière et semi-politique, peut mettre et a mises plus d'une fois à la disposition du commerce et du gouvernement.

Il y a des pays où le gouvernement lui-même émet du papier-monnaie. Le cinquième de la fortune britannique est en papier, et l'Angleterre a trouvé, dans cette combinaison qui date chez elle de plus de deux siècles, un moyen fécond d'échange et un énergique véhicule à ses grands intérêts commerciaux. Le papier-monnaie de l'Angleterre a cours non-seulement dans les trois royaumes, mais encore sur les points les plus éloignés de la terre; aux Indes, à la Chine, en Afrique, dans l'Océanie même, le papier anglais est accueilli avec autant de sûreté que l'or et l'argent. On sait que ces insulaires, à défaut de la bonne foi politique, possèdent, à un degré très-éminent et très-respectable, la foi commerciale.

La Révolution française a enfanté parmi ses excès, ses horreurs et ses prodiges, un papier-monnaie qui, sous le nom d'assignats, représentait la valeur des biens territoriaux et domaniaux conquis sur la royauté, sur la noblesse et sur le clergé. Dans le principe, cette monstrueuse émission de papier-monnaie ne devait pas dépasser la valeur des châteaux, domaines, forêts, etc., dont la République était devenue propriétaire et vendeuse. Mais l'agiotage d'abord, la trahison ensuite, le péculat brochant sur le tout, s'emparèrent de la planche rédemptrice des assignats; l'étranger les fit contrefaire; l'agiotage se chargea de les lancer dans la circulation; la corruption de quelques hommes politiques activa outre mesure l'émission des vrais assignats. La dépréciation de ces signes monétaires ne tarda pas à se manifester, et nos neveux auront peine à croire qu'en 1795 les assignats, — dont le nombre dépassait de plus de trois milliards la valeur des biens nationaux, — étaient arrivés à un tel degré de décadence, qu'un œuf se vendait 25 francs en papier ou *un* sou en numéraire, et qu'un pain de deux livres, pendant la disette qui suivit la funeste moisson de 1794, se paya jusqu'à trois mille francs en papier, ou trois francs en argent. Quoi qu'il en soit, la création de ce papier-monnaie fut un levier puissant et terrible pour la Révolution ; et, tout en déplorant les désastres généraux, les ruines privées, les fatales suites enfin d'une dépréciation inouïe dans les fastes financiers d'un peuple, il est juste de reconnaître et de déclarer que LES ASSIGNATS ONT SAUVÉ LA FRANCE.

Un crime inconnu des anciens, la fabrication frauduleuse de la monnaie, est une des plaies les plus profondes et les plus affreuses des sociétés modernes. Quelquefois les rivalités nationales, le fanatisme des partis, plus communément encore l'avarice, l'oisiveté, l'âpre désir de devenir riche en s'épargnant la peine de travailler et de se livrer à une honnête et paisible industrie, font naître le faux-monnayage, le crime le plus détestable et le plus abominable, à nos yeux, que les hommes puissent punir après le parricide. Le faux-monnayeur doit payer de sa tête sa révolte armée contre la société, et nous regrettons que des législateurs, fort peu philosophes et cachant la pauvreté de leurs vues sous le manteau de la philantropie, aient affaibli, tronqué, et même tout à fait changé les dispositions rigoureuses de notre Code pénal. Oui, le faux-monnayeur est plus coupable aux yeux de la religion, de la philosophie, de la morale et même du bon sens le plus vulgaire que les meurtriers, les empoisonneurs et les incendiaires. Son horrible industrie tue ou plutôt dévore le pain du pauvre ; il empoisonne la sécurité de la famille, il incendie la confiance et livre au supplice d'Ugolin ces nobles ouvriers, ces braves artisans qui, en échange de leurs sueurs, et de leurs travaux de Sisyphe, sont exposés à recevoir un salaire chimérique, une rémunération fabuleuse. La fausse monnaie est l'épée de Damoclès suspendue sans cesse sur la tête du peuple; il faut que cette épée tombe enfin, mais sur la tête des infâmes et des monstres qui, en cherchant à voler les riches, se font un jeu d'égorger les pauvres.

Nous ne demandons pas qu'on fasse bouillir dans des chaudières de poix et de bitume les faux-monnayeurs, comme au treizième siècle, et que le marché aux pourceaux soit le théâtre de ces terribles représailles[1]. Nous ne souhaitons que la stricte et sévère exécution des anciennes prescriptions de notre Code criminel. Les progrès de la mécanique, de la chimie surtout, ont créé autant de faux-monnayeurs que les méthodes calligraphiques, mises à la portée de toutes les mains, ont formé de faussaires en écritures publiques et privées. Il est temps d'appliquer à ce mal qui se propage avec une effrayante rapidité, à cette espèce de lèpre, à cette gangrène qui s'étend sur toutes les parties du corps social, un remède héroïque. Il faut en finir, en un mot,

[1] L'horreur même du supplice, quoiqu'en disent les niais qui se décorent du beau titre de philantropes, prévenait autrefois le crime de fausse monnaie : on n'en compte pas vingt de la fin du douzième siècle au commencement du seizième siècle; et depuis les modifications apportées à notre Code pénal, il n'y a point d'année où nos assises de départements ne soient appelées à juger une douzaine de ces affaires. Il est évident que la peine édictée par le Code refondu n'effraie plus personne, et que l'indulgence et l'aveuglement du législateur ont encouragé l'audace du malfaiteur, en lui faisant espérer l'impunité ou une peine légère. Ce sont les travaux forcés! va me répondre tel individu qui se pare du titre d'homme sensible, d'homme du dix-neuvième siècle. Eh! pauvre homme, ne sais-tu pas que les scélérats qui veulent atteindre un grand but se moquent de toutes les peines *qui n'entraînent pas la perte de la vie*. Philosophe sans barbe ou avec barbe, consulte tout ce qui est philosophe et tout ce qui a observé l'espèce humaine dans les prisons, dans les galères, dans l'exil. Les peines mitoyennes donnent du cœur aux plus poltrons, de la témérité aux plus lâches et une énergie nouvelle aux plus forts. C'est fâcheux, mais c'est vrai.

L'Église s'était jadis associée à l'autorité civile pour flétrir le faux-monnayage, cet homicide déguisé. Plusieurs papes excommunièrent les faux-monnayeurs. Mais aujourd'hui, les excommunications de Rome ne sont plus que les foudres attiédies du Jupiter Olympien, et il faut que la puissance civile soit doublement sévère, doublement opiniâtre à poursuivre les forfaits. Là où la foi est éteinte, il faut l'inexorable et palpable éloquence du glaive.

avec les sangsues privées, arcanes du peuple, comme on en a fini avec les publicains, avec les fermiers-généraux de l'ancien régime.

Le mal est déjà très-grand, nous le répétons; avant qu'il ne ne soit incurable, hâtons-nous de l'éteindre, de l'étouffer, de le foudroyer. C'est le pain de nos frères malheureux qui est en jeu, c'est l'intérêt général, c'est peut-être l'honneur de la France, qui est compromis par ces fatales indulgences, par ces graves et homicides précautions que d'aveugles rhéteurs décorent du nom d'humanité.

Nous citerons, pour tout commentaire à ce que nous venons de dire, les quelques lignes suivantes, empruntées à une feuille connue par la prudence et la sagesse de ses opinions en matière d'économie politique.

« Depuis longtemps on racontait que l'industrie de l'altération de nos monnaies avait pris un dévoloppement inouï, qu'on était parvenu à vider les écus de 5 francs et même les pièces d'or, de manière à conserver les deux faces et presque toute la tranche, puis à couler dans le vide intérieur une composition qui avait le double mérite de conserver le poids et la sonorité de la pièce primitive. On ajoutait que cette industrie était exercée en Suisse et au-delà du Rhin avec un grand succès, et que la France possédait une si forte quantité de cette monnaie altérée que, sur un sac de 1,000 francs, on pouvait à coup sûr compter plusieurs écus ainsi *fourrés*. Maintenant on nous assure que, sur les écus fondus qui ont été trouvés dans la caisse de la recette générale de Lyon, on a vu avec étonnement un grand nombre de pièces partagées dans le sens de l'épaisseur, et contenant un mélange qui n'est pas de l'argent. Quoique tenant le récit de ces deux faits de personnes graves et dignes de foi, nous le donnons sous toutes réserves. »

Les monnaies ont donné naissance à une science aussi étendue qu'intéressante. La numismatique, sœur de l'histoire et de l'archéologie, a été fondée et cultivée au moyen-âge par les Ordres religieux, dont quelques membres ont acquis une réputation européenne par leurs doctes et savantes recherches, et surtout par les points d'histoire qu'ils ont éclaircis à l'aide des monnaies et des médailles. Il n'existait pas un seul monastère en France qui n'eût ses médaillers, et l'on doit à ces citadelles de la religion et de la foi la conservation de toutes ces précieuses reliques des empires détruits et des peuples éteints. Les moines dérobèrent à la rapacité des Barbares pour des sommes considérables de monnaies grecques, romaines, perses, égyptiennes, assyriennes, mèdes, carthaginoises, phocéennes, rhodiennes, etc. Parmi ces grands dépôts de monnaies anciennes qui dormaient non pour la science, mais pour l'avarice humaine, sous les cloîtres et à l'ombre de la croix de l'Homme-Dieu, qui avait dit : « Rendez à Dieu ce qui est à Dieu, et le denier de César à César » ; parmi ces grands dépôts, dis-je, on remarquait, il y a moins d'un siècle, le médailler des chanoines de Sainte-Geneviève à Paris, celui de l'abbaye de Saint-Germain-des-Prés, de Saint-Denis, de Saint-Victor, de Saint-Martin-des-Champs à Paris, et les médaillers de Citeaux, de Clairvaux, de Saint-Hermène, de Chelles et de Cluny. La révolution française, en se ruant sur tous les édifices religieux, ne respecta peut-être pas assez, ne protégea peut-être pas assez efficacement ces rares et précieuses métropoles de la science numismatique. Cependant, les premiers flots du torrent passés, des hommes éminents classèrent ces médailles et les firent rentrer, après des recherches infinies, à peu près complètes, dans les dépôts et dans les bibliothèques nationales, où on les voit encore aujourd'hui. Des voleurs, grâce à l'imprévoyance de ceux que la nation rétribue généreusement pour avoir soin de ses trésors métalliques et bibliographiques, se glissèrent bien, il y a quelques années, dans le cabinet des médailles de la Bibliothèque nationale, et firent main basse sur des pièces inestimables, moins encore par la matière que par la rareté. Ce malheur est à peu près réparé aujourd'hui par la munificence de quelques généreux citoyens, et entre autres de M. de Luynes, qui ont dépouillé leurs propres collections pour remplir les vides occasionnés par ce hardi larcin. « La collection nationale doit passer ayant la mienne, dit M. de Luynes, en offrant une médaille de grande valeur; je suis trop heureux de m'appauvrir en enrichissant la nation. »

A une époque où les projets les plus singulièrement gigantesques germent dans toutes les têtes et fermentent dans toutes les âmes, on pourrait peut-être entreprendre un travail qui aurait le triple avantage d'occuper beaucoup de bras, de faire faire à la science un pas immense et d'éclaircir un point historique, et enfin d'offrir à ceux qui veulent jouer, un appât tout à la fois honorable, sûr et considérable, ce qui ne se rencontre pas toujours dans les loteries des lingots d'or, d'argent ou de platine. Il s'agirait, selon nous, — et après avoir consulté les savants sur les points à attaquer, — de détourner le cours du Busento, d'y pratiquer des fouilles profondes habilement dirigées, et de se rendre maître ainsi des trésors immenses enfouis sous les flots de ce fleuve avec le corps d'Alaric, roi des Goths. Ce Barbare venait de dépouiller cent provinces quand il mourut[1], et il traînait après lui, sur trois mille sept cents charriots, les richesses d'une partie des peuples civilisés du temps. Ces trésors furent ensevelis avec lui, et les savants du onzième siècle les évaluaient à plus de cent quatre-vingt-quatorze millions monnayés, sans compter les pierres précieuses, les diamants, les coupes, les vaisseaux, les ornements de toute espèce, qui furent également enterrés ou plutôt enfluvés avec lui. Quelle belle et noble découverte pour la science, pour l'histoire, pour l'archéologie! quels progrès, quel élan ce rappel, après quinze cents ans de proscription de tant de richesses, imprimerait à

[1] Alaric, roi des Goths, l'un des plus cruels ennemis de l'empire romain, désola plusieurs provinces d'Orient, et vint s'abattre sur l'Italie, où il commit d'affreux ravages, pillant, saccageant et tuant tout sur son passage. Après avoir porté le fer et le feu dans Rome même pour se venger de la défaite qu'il avait éprouvée, et de l'empereur qui l'avait vaincu par les armes de Stilicon, son général, il mourut à Cosenza, en 410. Ses soldats, après avoir détourné le Busento, l'ensevelirent, avec toutes les richesses qu'il avait accumulées, au milieu du fleuve, et pour que le secret de cette tombe abhorrée du reste du monde fût bien gardé, ils égorgèrent les captifs qui avaient creusé la fosse, ou, pour mieux dire, l'immense tranchée qui devait recéler le corps d'un tyran et les richesses de tant de nations.

l'esprit humain! quelle aubaine pour les actionnaires, qui veulent avant tout un résultat positif, et qui ne donneraient pas 50 centimes pour une action contresignée Phidias, si l'Apollon du Belvéder était en loterie! quel travail attrayant pour les ouvriers eux-mêmes, dont chaque coup de pioche, dont chaque pelletée de terre serait un pas vers la conquête d'un trésor réel, vers la souveraineté d'une tombe qui enserre, avec les cendres d'un tyran, les richesses de toute une génération et les trésors de tout un monde!

Nous indiquons la route, nous l'indiquons du geste et de la voix, mais nous craignons bien que ce geste, partant d'un homme de peu, que cette voix, sortie d'une poitrine populaire, ne soit pas entendue. Tant d'illustres plumes qui jouent avec les dés pipés de Machiavel, tant d'éclatantes trompettes qui ont fait tomber aussi des murs de Jéricho, devraient bien donner le signal de cette croisade scientifique, commerciale et industrielle. Hélas! cela vaudrait mieux que de fondre des balles, d'aiguiser des poignards et de bourrer des escopettes pour nous égorger au jour fixé par l'Angleterre, et aux accords waterloniens du *God save the King*.

Ah! les marchands, les marchands sont plus malins que nous, peuple français, le plus malin, à ce qu'il dit, de tous les peuples; et si le Busento passait en Angleterre ou sur les terres de son obéissance, il y aurait longtemps que l'entreprise serait faite. John Bull pourra bien tenter la chose sans cela..... L'Angleterre est partout où l'argent est un Dieu et la patrie..... rien.

Les monnaies d'or et d'argent sont remplacées en partie, chez beaucoup de nations modernes, par des monnaies de papier. La monnaie n'est qu'un terme de comparaison pour la valeur des choses de différentes espèces, et en ce sens la monnaie est le vrai lien de la société; mais tout peut être monnaie. Autrefois, le bétail l'était, les coquillages le sont encore chez plusieurs peuples; le fer fut monnaie à Sparte, le cuivre à Rome, le sel en Abyssinie, la morue à Terre-Neuve, les clous dans un village d'Écosse, les grains de cacao au Mexique, le cuir en Russie.

Quelquefois les législateurs ont employé un tel art, que non-seulement les choses représentaient l'argent par leur nature, mais qu'elles devenaient monnaie comme l'argent même. Sous César, les fonds de terre furent la monnaie qui paya toutes les dettes.

Il paraît qu'on a donné dans la plus haute antiquité, comme on donne encore aujourd'hui, aux pièces de monnaie le nom du prince dont elles portaient l'empreinte. La principale monnaie des Perses était d'or et s'appelait *darique,* du nom de Darius le Mède, qui le premier l'avait fait frapper. Les pièces frappées au coin de Philippe, roi de Macédoine, étaient nommées *philippes.* Chez nous, les monnaies étaient depuis longtemps des *louis.* sous le règne de Napoléon, on leur donnait le nom de ce prince. Plusieurs villes avaient fourni anciennement les noms de plusieurs monnaies : Paris aux *parisis,* Tours aux *tournois,* Poitiers aux *pictes* et *pites,* Provins aux *provinois,* et Byzance aux *besans.*

Aujourd'hui, les pièces de monnaie d'or et d'argent portent leur véritable nom. En France, celles en argent sont de la valeur de vingt et cinquante centimes, d'un, de deux et cinq francs; celles d'or sont de dix, vingt, quarante et cent francs. Elles portent pour exergue, d'un côté : RÉPUBLIQUE FRANÇAISE, et de l'autre côté : LIBERTÉ — ÉGALITÉ — FRATERNITÉ, avec une noble tête de femme pour emblème de la Liberté; au pourtour de ces pièces, on lit ces mots : DIEU PROTÈGE LA FRANCE.

Puisse la France être protégée par cete Providence divine qui dispose de tout! puissent ses enfants mettre en pratique cette fraternité que leur imposent l'égalité devant Dieu, la République devant les hommes chargés de les gouverner!!!

La Révolution française compte, au nombre des bienfaits qu'elle a répandus d'une main libérale, non pas seulement sur la France, mais aussi sur le monde entier, l'invention du système décimal, la plus belle application qui ait été faite peut-être, depuis Pythagore, de la science algébrique. Le jour viendra, et il n'est sans doute pas éloigné, où tous les Etats de l'Europe adopteront ce merveilleux mode de monnaie; c'est alors que le commerce et l'industrie acquerront de nouvelles forces, et que la grande famille européenne, obéissant aux mêmes idées, concourant au même but, adorant le même Dieu et marchant du même pas à la conquête de l'avenir, pourra réaliser le vertueux et sublime rêve de la République de Platon!!!!!

L'EXPOSITION UNIVERSELLE DE LONDRES.

La bataille des nations. — Scènes de mœurs anglaises. — Le Palais de Cristal. — Aspect général de l'Exposition, etc.

Il y a un demi-siècle, en 1804, les côtes de Boulogne se hérissaient de fusils et de canons. Une armée de terre et une armée de mer s'apprêtaient à partir ensemble. Bonaparte, qui était déjà Napoléon, avait réuni dans sa main toutes les forces de la France, comme pour les peser avant de s'en servir. L'empire ne fut qu'un combat; avant le combat, Napoléon passait la revue.

Le lendemain, la lutte s'engagea. Et, pendant dix ans, ce fut une sanglante mêlée de toutes les races européennes. Le peuple français donna rendez-vous à toutes les dynasties dans leurs propres capitales, mit les trônes sans dessus dessous, mêla son sang à celui de tous les peuples, fraternisa à coups de fusils, inaugura l'égalité universelle en remplaçant des rois séculaires par des soldats de la veille.

La civilisation était dans son heure de violence et de brutalité. Les paroles n'auraient pas suffi pour redresser les vices de l'Europe; il fallait les coups. Pendant dix ans, les baïonnettes et les boulets frappèrent, et si rudement que tout en tremble et en retentit encore. Comme l'enfant mal élevé qui ne comprend pas que c'est pour son bien qu'on le corrige, ou comme le gangrené qui se tord sous le scalpel du chirurgien, l'Europe résista, et se coalisa, et se rua toute entière contre le rude bienfaiteur qui la faisait souffrir pour la faire vivre. Et il y eut alors ces batailles inouïes où tous les drapeaux se rencontrèrent, Lutzen, Waterloo, et tant d'autres, que les Allemands appellent les BATAILLES DES NATIONS.

Et bien! aujourd'hui encore, une bataille des nations a lieu. Tous les peuples, et non plus seulement de l'Europe, mais du monde, se trouvent encore une fois en présence, et se disputent la victoire.—Mais ce sera une victoire pacifique. Ils ne se battront plus à coups de canon, mais à coups de découvertes. Le combat ne s'appelle plus Waterloo; il s'appelle l'Exposition universelle de Londres.

C'est toujours la même question qui se pose en d'autres termes; c'est toujours la civilisation qui, par une autre route, mène l'humanité vers le but d'affranchissement, d'émancipation, de pleine possession de soi-même! Toutes les améliorations, toutes les inventions, toutes les recherches, toutes les inquiétudes se prennent corps à corps. C'est encore une fois un immense conflit de toutes les races; — mais cette fois le triomphe de l'une n'est pas le deuil de l'autre. Au contraire, la découverte de la fabrique particulière sert l'industrie générale, et dans la gloire de chacun il y a du bien-être pour tous.

La pensée de l'Exposition universelle avait été proposée à notre gouvernement; mais aussitôt les manufacturiers de la droite, effrayés d'une telle concurrence, ont circonvenu les ministres et ont obtenu que le gouvernement refusât. Paris a perdu de ce coup, d'abord, les cinq cents millions qu'est allée porter à Londres la visite de tous les pays, et, ce qui nous touche encore plus que l'argent, l'honneur immense, qui lui appartenait de droit, d'être le champ de bataille des industries, comme il a toujours été celui des idées.

Le gouvernement anglais, lui, n'a pas eu l'ineptie de laisser échapper cette bonne fortune : c'est Londres qui a été le centre du monde; c'est Londres qui aura dans l'histoire ce mérite grandiose d'avoir été le premier rendez-vous pacifique des peuples.

Il y a quarante ans, les peuples n'allaient les uns chez les autres que pour tuer, brûler, piller et détruire; maintenant, ils se réunissent pour se communiquer leurs trouvailles, leurs procédés et leurs machines. Au lieu de se défier à qui ruinera l'autre, ils se défient à qui enrichira tout le monde. La concurrence a remplacé le combat. Il n'y a plus qu'une force : l'intelligence.

C'est pourquoi nous ne pouvons que hausser les épaules lorsque les rabâcheurs du passé nous demandent ce que le genre humain a gagné à toutes les agitations qui ont remué la vieille société européenne depuis le commencement du siècle. C'est pour quoi nous prenons en pitié les aveugles qui s'obstinent à ne rien voir dans ce grand mot providentiel : Progrès. Laissons dire les gardiens de l'immuabilité; l'homme n'est pas fait pour se coucher dans la tombe des formes mortes; il est fait pour marcher, et, de jour en jour, il avance vers un but marqué par Dieu même. Regardons devant nous. Le terme est encore loin, mais nous y arriverons.

Quel chemin la civilisation a fait depuis le commencement du siècle? — Elle est allée du camp de Boulogne à l'Exposition de Londres!

Courage, penseurs, rêveurs, chercheurs! L'utopie d'aujourd'hui est la vérité de demain. Les grands politiques, les ministres sérieux, les hommes d'affaires et de pratique qui ont prouvé leur habileté en perdant les monarchies qu'on leur avait donné à garder, traitent d'insensés ceux qui osent dire que les peuples ont mieux à faire que de se combattre, et que le jour est proche où ils s'entraideront contre les difficultés de la destinée commune. Et, tandis que les hommes d'État de la taille de M. Thiers décrètent magistralement l'éternité de la guerre, voici qu'à deux pas de nous les travailleurs de toute la terre se réunissent, échangent leurs idées, se serrent la main, et ébauchent la paix universelle dans la communion des produits.

Ceux qui ont raillé le congrès de la Paix railleront-ils l'Exposition de Londres ?

La première impression s'efface difficilement. Si cela est vrai pour les personnes, c'est aussi vrai pour les villes. Il est certain qu'en arrivant dans une capitale étrangère, l'impression qu'on en éprouve alors reviendra toujours à l'esprit toutes les fois qu'on pensera à cette ville, et quand bien même on y serait retourné depuis. Cette première impression dépend ordinairement des circonstances et du temps.

Il est certain, par exemple, que l'étranger qui vient pour la première fois à Paris, s'en fera une idée bien différente selon qu'il arrivera par les Champs-Elysées ou par la barrière d'Italie, par le faubourg Saint-Antoine ou par La Villette. Paris a ses jours. Mobile dans sa physionomie, comme le peuple qui l'habite, il se ressent du caractère changeant qui nous distingue. Tour à tour calme ou terrible, joyeux ou morne, insoucieux ou affairé, il apparaît au visiteur, sous des aspects divers, selon qu'il est dans ses jours d'émeute ou de fête, de travail ou d'ennui.

Mais Londres, cette ville unique aussi dans son genre, où tous les jours se ressemblent, où l'on fera demain ce que l'on faisait hier, où il ne faut rien moins qu'une Exposition universelle de l'industrie, et l'invasion probable d'un monde de visiteurs, pour changer quelque peu l'allure des choses ; Londres n'a point d'époques ; vous le trouverez toujours le même. Un peu plus de brouillard, un peu moins de boue, un peu plus de cloches en branle.

Quand on vient de France, on arrive à Londres par deux

chemins différents : par la Tamise ou par le *South Eastern railway*.

En suivant le premier de ces chemins, que les Anglais appellent le *silent higway* (la grande route silencieuse), sans doute à cause du bruit qu'on y entend et du mouvement qu'on y rencontre, si le mal de mer ne vous a pas retiré tout sentiment, et si l'on peut se tenir sur le pont du bateau à vapeur, on est préparé peu à peu au spectacle qui vous attend à l'arrivée.

A mesure que le fleuve se resserre, on sent l'activité qui commence. L'eau devient plus noire et plus épaisse. Les rives se peuplent, les entrepôts se multiplient, les barques se croisent, les vaisseaux marchands, tout à l'heure éparpillés à distance et voguant à toutes voiles, se rapprochent et ralentissent leur marche comme des soldats qui marquent le pas. Voici les docks, ces immenses bassins qui s'avancent jusqu'au cœur des faubourgs de Londres, où les vaisseaux de toutes les nations viennent s'abriter et chercher les produits qu'ils transporteront sur tous les points du globe. La vue se fatigue à suivre au-dessus des chantiers et des magasins goudronneux et noirs qui bordent le fleuve, et derrière lesquels se cachent les docks, cette forêt de mâts qui laissent flotter leurs mille pavillons aux couleurs de tous les pays de la terre. Puis, voici Woolwich à moitié baigné par la marée montante, et Greenwich avec son hôpital d'invalides, qui ressemble un palais de rois, et son Observatoire posé, comme la sentinelle de la science, sur la colline boisée qui domine ce dernier asile de la guerre. C'est là que le *crescendo* de bruit, d'activité, de mouvement, d'intérêt commence.

Les bateaux à vapeur se croisent en tous sens, comme les omnibus dans nos rues, s'arrêtant çà et là pour déposer ou prendre des voyageurs; l'eau qu'ils agitent vient battre le pied de vastes maisons dont chaque étage regorge de marchandises ; les navires commencent à se ranger sur deux lignes profondes des deux côtés de la Tamise, formant deux baies gigantesques au milieu desquelles vous passez, et qui vont, se resserrant toujours, jusqu'au pont de Londres. C'est là, devant ce pont qui n'a son pareil nulle part, et qu'on ne peut voir sans se rappeler ce vieux chant national anglais ; *Rule Britania !* sans se dire que l'Angleterre est bien vraiment la reine de l'Océan ; c'est là que la douane vous attend, avec ses longueurs et ses vexations.

Si, au contraire, on a pris le chemin de fer à Brighton, à Folkstone ou à Douvres, en descendant au débarcadère de London-Bridge, on se trouve tout à coup, sans préparation aucune, au milieu d'un tohu-bohu inexplicable, d'un concert de cris de toute sorte qui vous assourdit, d'une foule innombrable de voitures, de piétons, allant, courant, qui vous éblouit ; d'un mouvement infernal qui vous donne le vertige. On est sur le pont de Londres; on regarde au-delà du parapet, que longe, en se pressant, une multitude affairée, et en plongeant ses regards dans l'abîme brumeux sur lequel on a passé, on découvre à vol d'oiseau cet admirable et imposant spectacle que je décrivais tout à l'heure. On voudrait s'arrêter pour admirer, mais on est déjà dans les rues populeuses et encombrées de la Cité.

Londres avait un million et demi d'habitants il y a vingt ans; aujourd'hui il en compte deux millions et demi. Sa population équivaut aux populations réunies de Paris, de Vienne, de Madrid et de Bruxelles. Elle est égale à celle du royaume de Hanovre tout entier, dépasse de 450,000 âmes celle de la Westphalie, et représente deux fois la population de la Grèce actuelle. C'est un monde, c'est un chaos!

Londres couvre une superficie de 12 ou 13,000 acres, ou de 18 à 20 milles carrés. (Le mille anglais vaut à peu près le tiers d'une lieue.) On compte environ 9 à 10 milles de l'est à l'ouest, et 5 à 6 du nord au sud. La population étant évaluée à 2,500,000 âmes, il y a donc, en moyenne, par mille carré ou par 1,200 mètres carrés une agglomération de 125,000 êtres humains, vivant de plaisir ou de labeur, manquant d'air ou d'espace; remuant, travaillant, souffrant, et mourant de débauche et de misère! Si l'on prenait à part les quartiers populeux, on pourrait doubler ce chiffre déjà effrayant, et l'on trouverait qu'un quart de million d'âmes luttent contre la mort dans un espace d'un mille carré !

Qu'on s'étonne encore que dans White-Chapel, par exemple, chaque famille n'ait qu'une chambre pour se loger, et que souvent deux familles habitent une même chambre, et qu'il arrive parfois que les quatre coins d'un misérable réduit soient occupés par quatre lits, dans chacun desquels gisent pêlent-mêle un père, une mère et trois ou quatre enfants ! M. Léon Faucher, l'économiste-libre-échangiste et libéral de la veille, a cité, dans son remarquable ouvrage sur l'Angleterre, une enquête faite dans le West-End, le quartier aristocratique de Londres, qui a démontré que « dans la seule paroisse de Saint-George, 929 familles n'avaient chacune, pour habitation, qu'une seule chambre, et que dans 623 cas, la famille était réduite à un seul lit. » Et l'on appelle cela vivre !

Et l'on nomme ces prisons mortelles, où les hommes sont entassés pêle-mêle comme des cadavres dans une fosse commune, des villes florissantes et gigantesques ! Et l'on plaint le laboureur qui travaille sous le soleil, à l'air pur et libre dans les champs, face à face avec Dieu, dans quelque plaine immense ou sur le penchant de quelque colline élevée ! Et l'on plaint le pêcheur qui s'en va, bercé par la vague, respirant à pleins poumons le vent des mers, chercher la vie ou la mort dans les flots qui le portent ! Qu'on plaigne donc plutôt celui que ses besoins ou ses plaisirs retiennent dans ces tombeaux de l'âme et du corps qu'on ose appeler des villes !

Certes, ces réflexions sont les premières qui viennent à l'esprit quand on a passé seulement un jour à Londres. D'abord, étourdi par le mouvement perpétuel qui vous entoure, vous enveloppe et vous entraîne, on regarde avec surprise le spectacle nouveau et étrange qu'on a devant les yeux. On éprouve à peu près la même sensation qu'en entrant dans une de ces immenses manufactures où mille métiers, mis en mouvement par la vapeur, manœuvrent avec la rapidité de l'éclair et avec un bruit incessant. Il semble, en voyant ces longues files de voitures qui se suivent au grand trot, ces omnibus à deux ou quatre chevaux regorgeant de voyageurs à l'intérieur, à l'extérieur, jusque sur le siége du cocher; cette foule de passants, pressés les uns contre les autres, allant d'un côté du trottoir et revenant de l'autre, sans s'arrêter, à aucun prix, détournant à peine la tête si l'un d'eux vient à faire un faux pas et à tomber sous les pieds des chevaux; il semble que tout ce mouvement n'est que momentané, que ces voitures vont devenir plus rares, que cette foule va s'écouler. On ne peut pas croire que ce soit toujours ainsi; mais on est bientôt désabusé, et l'on rentre chez soi harassé, abasourdi, épuisé.

D'abord, aussi, on regarde avec un certain intérêt ces maisons de brique à trois étages noircies par la fumée et le brouillard, à toits plats, à fenêtres en guillotine, dont les murs, simples et tristes comme ceux d'une prison, n'appartiennent à aucune architecture. Mais, quand on voit que toutes ces maisons alignées au cordeau se suivent pendant des lieues entières, sans que le moindre changement dans leur aspect vienne reposer la vue, on en éprouve une lassitude telle qu'on se prend à regretter amèrement les rues les plus tortueuses de Paris, les maisons les plus disparates et les plus bariolées de nos faubourgs.

On veut se distraire en regardant les étalages des boutiques; mais à moins qu'on ne soit dans *Cheapside*, dans le *Strand*, dans Regent street ou dans quelqu'autre grande artère de Londres, il faut renoncer à cette distraction, car il n'y a pas d'étalages, par une excellente raison: c'est que personne ne s'arrêterait pour les regarder. On ne s'arrête pas à Londres; chaque passant est un coli qui va à son adresse. Il y a bien le cockney, mais le *badaud* y est inconnu.

Tous ces visages qui passent devant vos yeux portent l'empreinte de cette préoccupation qui naît des affaires, des spéculations, du travail. Il semble que tous ces gens-là calculent en marchant, et que pendant que la *bête* trotte vers le *dining-room* (restaurant), ou s'en va prendre du repos après une rude journée;

l'autre, comme disait de Maistre, vend, achète, discute, traite, spécule avec ardeur.

Quand je parle de restaurant, qu'on n'aille pas croire que les *dining-rooms* soient, comme ici, des salons où l'on vienne s'attabler pour savourer lentement des mets plus ou moins recherchés ou plus ou moins nombreux. Du tout. Dans la Cité de Londres, par exemple, les *dining-rooms* se composent de deux salles, l'une au rez-de-chaussée, l'autre au premier, avec des tables séparées par des demi-cloisons, comme les chevaux dans certaines écuries; un comptoir à plusieurs robinets pour les différentes espèces d'ale, de stout ou de porter, où la maîtresse de la maison trône noblement, assistée de son mari ou d'un garçon qui, l'oreille au guet et la bouche sur l'orifice d'un porte-voix scellé au mur et descendant jusque dans la cuisine, y transmet par ce moyen les ordres des convives. Ce système de communication d'une pièce à une autre, et le plus souvent dans les manufactures par exemple, du cabinet du patron dans toutes parties de l'établissement, est fort commun en Angleterre.

Il économise le temps, et il y a un proverbe anglais qui dit: *Times is money* (le temps est de l'argent); ce qui est vrai partout, mais ce que les Anglais seuls paraissent bien comprendre. J'en prends à témoins les habitués des *dining-rooms*. Ils entrent, s'assoient, commandent leur dîner, qui se compose presque invariablement d'une tranche large et mince de rôti, — mouton, bœuf ou veau, — ou de jambon; — de trois pommes de terre cuites dans l'eau, d'un plat de légumes *au naturel*, suivant les saisons; le tout se mangeant ensemble avec force moutarde, sel, poivre de Cayenne; d'un verre d'eau pour ceux qui sont de la société de tempérance, ou d'un verre de *scotch ale*, ou encore d'une pinte de porter pour les autres. En mangeant, ils lisent les journaux, puis paient et s'en vont. L'opération tout entière ne dure pas plus de vingt minutes.

Ce qui contribue beaucoup à la tristesse que les étrangers, et les Français surtout, éprouvent dans Londres, c'est le grand nombre d'églises qu'on rencontre presque à chaque pas dans les rues, églises qui ont toutes leur cimetières; de sorte qu'on a sans cesse devant les yeux l'image de la mort, et qu'on heurte des tombes en marchant.

En Angleterre, le sentiment religieux est bien plus développé qu'en France, leur dévotion plus ardente, leur culte journalier et sévère. Relisant et méditant sans cesse les Saintes Écritures, ils s'habituent à l'idée de la mort et ne sont point choqués par ce qui la rappelle à leur esprit. Nous autres Français, au contraire, qui jouons avec la mort, qui l'affrontons pour un mot, pour une idée, pour un rêve, nous n'aimons pas à y penser, à en trouver les tristes attributs sur le chemin de nos joies, de nos distractions ou de nos affaires.

Je me souviens qu'étant à Londres en 1849, j'allais presque tous les matins dans certain passage qui va d'*Old Board street* à *Bishopsgate street,* et qui n'est autre chose qu'une espèce de ruelle qui sépare deux cimetières. Je m'arrêtais presque toujours à regarder trois enfants à la mine joyeuse, aux joues roses et blanches, aux cheveux d'or, qui jouaient sur les tombes. Ils ressemblaient à ces fleurs vivaces et fraîches dont le souvenir et la piété ornent nos pierres sépulcrales. C'était la génération nouvelle toute pleine de vie, toute forte d'espérance et d'avenir, croissant sur les débris des générations passées. Il s'asseyaient sur ces pierres noircies; ils s'en faisaient, dans leurs jeux, un trône ou un autel, un lit ou un piédestal, sans se douter qu'ils faisaient, mieux que de profonds philosophes, l'histoire de l'humanité.

L'Exposition universelle de Londres n'est pas seulement le plus grand événenement industriel du siècle, c'est aussi, c'est surtout un grand événement humain. De l'Angleterre à la Chine et des Etats-Unis à la Russie, tous les peuples de toutes les religions, de tous les climats, de toutes les couleurs, sont venus se montrer, les uns aux autres, leurs découvertes, leurs inventions, leurs travaux. Fait immense! Ils ont commencé par les choses de la matière, ils arriveront un jour à se communiquer les choses de l'esprit. La langue commune qui parle aux yeux les préparera à la langue commune qui parle à l'intelligence. Ce chemin nous fera atteindre ce ciel des rêveurs : la paix du monde dans la liberté des hommes.

Le Palais de Cristal, c'est peut-être la revanche de la tour de Babel.

Dès l'entrée, la première impression est l'éblouissement et le vertige. Qu'on se figure le Jardin-d'Hiver de Paris à deux étages et agrandi a des proportions cinquante fois plus vastes. Des quatre grandes rues de la croix centrale, larges comme la rue de la Paix, partent et jaillissent, rameaux multipliés du tronc énorme, cent galeries avec deux cents salles et huit escaliers. Et par tous les chemins, par tous les degrés de cette cité de verre, à la fois une et multiple, va, vient, se hâte et court, sans confusion, sans embarras, sans gêne, un peuple de peuples où l'Anglais évidemment domine, mais où les costumes orientaux bariolent cependant avec charme les habits noirs, et où l'on trouverait aisément des interlocuteurs pour tous les idiômes du globe.

Amoncellement d'hommes, amoncellement de travail, amoncellement de richesses. Il y a là, dans le domaine physique, le total approximatif de six mille ans d'efforts et de génie du monde. Que fait ce résumé vivant des nations? il constate le résultat matériel de cette masse d'existences présentes et passées. Les hommes se promènent parmi leurs œuvres ; la foule remuante s'agite parmi les choses, pour le moment immobiles, mais qu'elle a faite et qu'elle fera, tout à l'heure encore, aussi actives qu'elle-même; la vie qui passe s'admire dans la vie qui dure, et le suffrage universel des ouvriers des deux continents vient à la fois dire et savoir l'heure qu'il est en industrie.

A chaque angle de la galerie supérieure du transept, on peut embrasser, du même coup-d'œil, tout le transept et toute la nef : cette foule inouïe d'abord, et la quadruple file des plus beaux étalages et des plus précieux chefs-d'œuvre : statues, glaces, vitraux, étoffes, diamants, tapis. Cependant, le grand jet d'eau du centre épanouit sa gerbe de cristal liquide sur sa tige de cristal solide; les buffets d'orgues jouent, de distance en distance, les airs nationaux de tous les peuples; le parfum pénétrant des fleurs exotiques des corbeilles apporte à d'autres sens le souvenir des patries absentes et pour que la nature, la divine, celle qui n'a ni varié, ni progressé depuis le déluge, soit aussi représentée, trois énormes arbres d'Hyde-Park étendent, à l'aise, sous la voûte de verre, leurs branches énormes, où de petits oiseaux, pris à l'improviste par ce piége immense, et, comme l'homme, se croyant libres encore parce que leur prison est grande, chantent gaiement leur chansonnette dans l'immense bourdonnement.

Spectacle grandiose! Ce sera l'honneur de l'Angleterre de l'avoir donné au monde.

Nous dirons plus tard ce que, selon nous, la France devrait faire à son tour, et ce qu'elle fera quand elle aura enfin trouvé le gouvernement intelligent et national qui saura connaître et employer ses vraies forces et ses vrais instincts, au profit du commerce et de l'industrie.

En attendant, l'Angleterre avait peut-être seule la possibilité de tenir le premier grand jubilé industriel. Il ne lui a pas fallu plus d'un an pour construire cette merveilleuse cathédrale de cristal. Une seule usine en a fourni la fonte; une seule manufacture en a fourni le verre. Il s'est pressé par jour dans ces galeries plus de vingt mille visiteurs, lesquels ont payé en moyenne cinq francs pour y entrer.

On voit que nous faisons à l'Angleterre, sans forfanterie et sans jalousie, toute sa part de richesse et de puissance. Maintenant dans ce duel amical où chaque nation a combattu avec ses meilleures armes et s'est fait représenter par ses meilleurs produits, où l'Amérique a envoyé un pont de railway, l'Espagne ses mantilles, le Portugal du tabac, et l'Autriche la statue de Radetzki; — dans cette bataille de la paix, quel a été, jusqu'à présent, celui des deux principaux soldats de la civilisation, de la

France et de l'Angleterre, qui a semblé devoir remporter la victoire? C'est là qu'est la vraie question.

Nous y répondrons avec simplicité selon notre conscience; en même temps que combattants, nous sommes juges. On assure que la commission française voulait, par nous ne savons quel scrupule de délicatesse, se récuser pour le prononcé du jugement et se borner à un rapport sans conclusion. M. Charles Dupin a insisté pour que la France mît aussi son vote dans l'urne, et nous l'en louons hautement. Il faut savoir être juste même pour soi.

Nous dirons donc la conviction sincère et profonde qui est résultée pour nous de l'impression générale de l'Exposition universelle.

Pour tout ce qui est volonté, persévérance, patience, indomptable travail et force matérielle, l'Angleterre a eu le dessus.

Mais pour tout ce qui est le don, la grâce, l'art, et l'esprit, et l'âme, — la supériorité de la France a été tellement incontestable, qu'il n'y a eu ni lutte, ni comparaison possible.

L'Angleterre pourra protester, même de très-bonne foi, contre cet arrêt, précisément parce qu'elle est, dans ces questions, un très-mauvais juge. Mais cette vérité n'en apparaîtra pas moins éclatante à l'Europe : si le domaine du fini est à l'Angleterre, le domaine de l'infini est à la France; si l'Angleterre a tout ce que peut faire l'homme, la France a tout ce que donne Dieu.

Il n'y a pas besoin d'en demander les preuves à la comparaison avec les produits de la France; les preuves sont dans l'Exposition des Anglais eux-mêmes.

L'art, — que nous cherchons partout comme la suprême expansion de l'industrie, — a rayonné admirablement, nous le reconnaissons, sur trois points de l'Exposition anglaise, et ce sont justement ces trois points lumineux qui font l'ombre environnante plus noire, plus vide et plus triste.

On rencontre d'abord, au milieu de l'Exposition anglaise, une salle fermée qui s'appelle *Mediæval Court*, c'est-à-dire la *Chambre du moyen-âge*. Là ont été réunis tous les objets d'ornement et d'ameublement copiés par des artistes et des ouvriers modernes sur les modèles existants des ouvriers et des artistes anglais du moyen-âge. Rien n'est plus exact et jamais traduction historique ne fut plus sincère et plus fidèle. Quand le temps aura ajouté à ces habiles restitutions du passé sa patine et sa couleur, on confondra certainement les calques avec les originaux.

Mais quoi ! ce ne sont là que de beaux pastiches, et qu'est-ce qu'ils attestent, perdus dans le déluge du goût détestable et risible qui les entoure ? Que l'Angleterre, elle aussi a eu son heure d'inspiration et de poésie, mais qu'elle a perdu, volontairement ou non, ces précieuses lueurs. Ces souvenirs des temps anciens ne font que mesurer l'abîme qui les sépare du temps présent. Les cheminées, les bancs, les dressoirs, les tentures, les lustres, d'une orfèvrerie ou d'une serrurerie si variée, si curieuse et fine, sont un terrible voisinage pour les mêmes objets fabriqués par l'industrie actuelle avec une si abominable indifférence. La grandeur et le génie d'autrefois prouvent la faiblesse et la décadence d'aujourd'hui. Les chefs-d'œuvre dénoncent les monstruosités.

Toute la moitié ouest du Palais de Cristal appartient à l'Angleterre. Les trois premières travées, en entrant le Transept, contiennent des armes damasquinées et ciselées avec l'art le plus délicat, des tissus d'un dessin exquis et d'une couleur splendide, des étoffes lamées d'or et d'argent de l'éclat le plus harmonieux, des hamacs qui sont comme des nids de plumes, des châles qui sont comme des parterres de fleurs.

Tout cela est très-beau et très-choisi ; mais tout cela n'appartient à l'Angleterre que parce que les Indes-Orientales lui en ont fait présent. C'est le tribut des colonies à la métropole. Ces pauvres vassaux de la Grande-Bretagne enrichissent et glorifient ainsi leurs vainqueurs. Mais, en même temps, ils vengent leurs défaites sanglantes par cette victoire pacifique, et ils battent sur le champ de bataille de l'art ceux qui les ont battus sur les champs de bataille de la force. L'Angleterre a pu prendre à l'Inde son territoire, mais elle n'a pas pu lui prendre sa grâce. Ces charmants fusils et ces sabres dentelés n'ont pas su, c'est vrai, défendre les Indiens; mais les Anglais ne sauront jamais les sculpter.

Enfin, même parmi les produits indiqués comme appartenant directement à l'Angleterre et au temps présent, nous avouons que nous avons plus d'une fois admiré, par exemple, MM. Storr et Mortimer, orfèvres de la reine qui, au milieu d'un amas d'horreurs en argent massif, exposent un groupe admirable, *Jupiter foudroyant les Titans*, et un bouclier qui, pour nous servir d'un mot de Nodier, n'est pas encore fini et est déjà achevé. Groupe et bouclier sont d'un artiste français, M. Vechte. Un autre orfèvre, qui a des pièces très-délicates et des émaux ravissants, est un Français, qui s'est établi à Londres depuis la révolution de février, M. Morel, l'ancien associé de M. Duponchel. Son émailleur est M. Lefournier, notre premier émailleur français. Les modèles originaux de la galvanoplastie de MM. Elkington sont de Janet, sculpteur français. Un sculpteur français, M. Eugène Prignot, a composé et exécuté, pour le compte MM. Jackson et Graham, ce merveilleux plafond, et, pour le compte de MM. Fawdel et Philipps, ce superbe lit Louis XIV... Nous pourrions citer bien d'autres exemples. Mais en voilà sans doute assez pour établir, chez l'Angleterre elle-même, la reconnaissance de notre supériorité dans les choses de la plastique. Ne pouvant produire l'art, elle achète l'artiste. C'est riche, mais c'est pauvre !

En résumé, aux trois seuls endroits de l'Exposition anglaise où l'art enrichisse et relève la matière, nous trouvons ici la France, là les Indes, là le moyen-âge; mais l'Angleterre n'y est que pour l'or, par le fer ou moyennant la mort.

Qu'on ne croie pourtant pas qu'il entre dans nos sentiments, à l'endroit de cette grande et généreuse nation, la moindre haine mesquine, le moindre dédain puéril. Mais il serait dangereux aussi de se laisser éblouir par de certains prestiges, de se laisser gagner par de certaines influences. La prodigieuse prospérité matérielle de l'Angleterre a, depuis trente ans, trop étonné et trop préoccupé la France. Les Anglais n'estiment au monde que l'argent;

mais il serait par trop naïf de prendre au mot et d'accepter leur mépris. Il faut voir à quel prix elle leur revient, leur richesse! Il faut voir s'ils ne sont pas plus à plaindre qu'à envier. Il faut voir si ce peuple opulent n'est pas au fond, un peuple déshérité.

Il l'est. L'Océan ne le sépare pas seulement du continent, mais aussi de la pensée du temps et du courant de l'humanité. Il est resté réellement barbare dans son île. Il n'y a pas pour lui de soleil. Son ciel ne lui donne que du brouillard, et il le lui rend en fumée. Il est obligé d'acheter l'amour comme il est obligé d'acheter l'art. Il a méconnu, méprisé, presque exilé, le seul grand poète qu'il ait eu dans ce siècle. Toute sa vertu est née d'un vice terrible, — l'orgueil; toute sa prospérité vient d'un terrible malheur, — l'ennui.

Ce n'est donc pas sa richesse que la France doit envier à l'Angleterre; elle lui coûte trop cher! Dieu merci, nous avons rompu à temps avec les funestes tendances anglaises qui, sous le dernier règne, avaient placé dans l'intérêt le but de la vie. L'homme est né pour autre chose que pour amasser des écus dans des coffres, et les grandes nations historiques ne sont pas les nations qui s'enrichissent, ce sont les nations qui se dévouent. Ce n'est pas la Perse, c'est la Grèce; ce n'est pas Carthage, c'est Rome; ce n'est pas l'Angleterre, c'est la France.

Il sera d'une bonne et loyale justice, de tenir compte à nos compatriotes des difficultés de l'entreprise. Cependant, ils ne demandent pas d'indulgence; ils sont forts à la fois et de leur succès d'hier, et de leur travail d'aujourd'hui. Ils se rendent à eux-mêmes cette justice, qu'une fois leur tâche acceptée, ils l'accomplissent en toute conscience, et qu'ils auraient honte de rien négliger de ce qui peut contribuer à la perfection de l'œuvre commencée; et rien ne leur coûte, ni le temps, ni l'argent, ni la peine pour arriver au but que se propose leur légitime orgueil.

On tiendra compte aussi aux nations voisines de tant d'efforts tout nouveaux pour elles; on aura soin de ne pas exiger plus qu'on n'était en droit de leur demander; on se rappellera que, parmi ces nations laborieuses, il y en a plus d'une, hélas! qui est en doute de l'avenir, et qui cherche dans les ténèbres ce but lointain de liberté, de prospérité et de fortune, auquel si peu de chemins conduisent. Tel peuple a produit peu, parce que sa terre est riche; et tel autre, parce qu'il a peu de besoins. Il en est qui se fient, pour vivre, à la Providence; et ceux-là, il faut le dire, ne sont pas les plus mal traités. Quelques-uns ont tenté, pour paraître un peu plus avancés qu'ils ne sont en effet, des efforts inaccoutumés : ils ont pris l'imitation pour le génie, et la copie servile pour l'invention qui leur était permise. Ils trouveront leur châtiment dans leur témérité même, et ils comprendront que celui-là arrive toujours le dernier, qui va toujours après les autres. Tant pis pour ceux qui ont envoyé à cette Exposition solennelle, où ils ont été jugés par leurs pairs, des choses absurdes ou ridicules; ils ont été récompensés par le ridicule. Ils ont été traités, comme autrefois, chez nous, les inventeurs de tant et tant de perruques, de tant et tant de béquilles et autres instruments orthopédiques, que l'on eût dit que la nation entière était composée uniquement de manchots, de chauves, de bossus. C'était autrefois, avec les pommades, les graisses, les onguents, les cheveux postiches et les dents osanores, la partie plaisante de notre exposition, comme les pianos, les harpes, les hautbois, les clarinettes et les guitares en étaient le fléau : on n'entendait, en certains moments, que le bruit des cors, le son des trompettes, le mugissement des orgues, et toutes sortes de cordes frôlées par de rudes archets, qui n'étaient pas des archets d'Eolie. Il faut le dire, à la louange du Palais de Cristal, que les faux cheveux et les fausses dents s'y sont cachés honteusement dans une ombre salutaire, et que, si l'orthopédie a apporté dans ce lieu ses ceintures et ses coussinets, on ne les a guère vus, et on a été le maître de ne les pas voir. Il y a bien eu aussi, çà et là, certains petits morceaux par trop enfantins, certaines inventions puériles tout à fait indignes de la majesté de ce grand lieu; mais ces tristes machines se sont perdues dans cet imposant ensemble de tant de merveilles, et ont produit tout au plus l'effet que nous produisit un jour cette brave madame Saqui, dansant sur sa vieille corde un vieux menuet en un coin de ces arênes de Nîmes, où les anciens Romains déployaient jadis toutes les grandeurs de la conquête et de la souveraine autorité.

Au reste, il ne faut pas trop se fâcher de ces petits incidents qui amusent le parterre, comme fait le clown dans un entr'acte des tragédies de Shakespeare. Il y aura toujours, à côté des grands inventeurs, de petits inventeurs de petites choses; à côté de la statue, une poupée; à côté de la chaudière aux quatre cents chevaux, une marmite autoclave, et non loin du trône, une canne à fauteuil! Nous avons excellé, nous autres, dans ces sortes de bouffonneries qui n'ôtaient rien à la grandeur de nos expositions, et l'on se souviendra longtemps chez nous d'un certain billard, dont les quatre pieds reposaient sur quatre bocaux remplis d'eau dans lesquels nageaient des poissons rouges. L'univers éprouvait depuis longtemps le besoin de posséder un billard orné de poissons rouges, et nous avons eu l'honneur de combler cette lacune..... et de rire! Ce n'est pas un malheur de rire un peu, même au milieu des études les plus sérieuses. Autrefois on s'amusait beaucoup des fabricants de serrures et de coffres-forts, et nos serruriers étaient passés à l'état de bouffons. Que de gorges chaudes nous avons faites, dans notre jeunesse, de ce coffre-fort, qui criait : *Au voleur!* aussitôt qu'on introduisait une clef dans sa serrure épouvantée; et de cette caisse qui vous enveloppait dans une cage de fer, pour peu que vous présentassiez un billet faux à l'encaissement. Et ce coffre-fort merveilleux qui vous prenait au collet par deux mains crispées! en vain vous vous débattiez; vous étiez un homme mort, car, au bout de dix minutes, en l'absence du gendarme, le coffre-fort armait son propre pistolet, et vous brûlait la cervelle à bout portant. On citait même le nom d'un usurier qui était mort de cette façon, en s'écriant : *Bravo, mon coffre!....* C'étaient là nos plaisirs.

Au premier abord, les industries logées au Palais de Cristal nous ont paru exemptes de ces tristes tours de force. On voit que la chose a été sérieusement comprise et dignement exécutée. Il faudra bien du temps pour suivre dans tous ses détails cette œuvre de géants.

A l'heure où j'écris ces lignes, dans la fièvre même du spectacle et avec la bonne foi d'un fanatique des belles choses, toutes les plumes de l'Angleterre, et bientôt toutes les plumes de l'Europe, et, tout à l'heure, la voix entière de l'univers, racontent ce rendez-vous général des forces, des inventions, et des puissances du genre humain!

La voix de tous, *vox clamantis!* dira à tous quelle est cette merveille au milieu de ces frais gazons; et, plus haute que les plus vieux chênes, elle racontera par quel effort de l'inspiration et du génie, un homme audacieux a posé, sur le bord de ce parc royal, cette suite infinie de colonnades, de voûtes, de chapitaux, cette grande serre, éclatante de tous les feux du jour, où les chefs-d'œuvres de l'Orient s'épanouissent comme ces fleurs fabuleuses, qui grandissent dans le jardin des fées. Et tous les esprits les plus divers, l'historien sérieux, le conteur frivole, le rêveur fantastique à la façon d'Hoffmann, le fantaisiste, obéissant à l'inspiration de l'heure présente et à la passion du moment, n'auront qu'un esprit et une âme pour décrire et raconter ces miracles du goût et de la force, ces poëmes de la grâce, ces Odysées de la violence, ces tours de force de la toute-puissance, qui a trouvé le point d'appui que cherchait Archimède, en disant: « Un point d'appui, et je soulève le monde! » Eh bien! le monde est soulevé! Il a laissé à nu tous ses mystères, et par ses gémissements mêmes, il a révélé son impuissance! Il est dompté; il est vaincu! L'homme sait à fond toutes les forces de l'univers créé, et il les emploie à son usage, les soumettant à l'infini dans un agencement inépuisable de roues et de rouages, qui ont pour âme absolue la vapeur!

Tels sont les discours du monde entier! Et plus la confusion est grande de tous ces échos qui s'entrechoquent dans une étincelle électrique, et plus facilement on peut comprendre la grandeur du monument, dont il est question d'un pôle à l'autre! Sous ces voûtes superbes et calmes, le rendez-vous général de quiconque sait tenir d'une main intelligente un des grands outils d'où dépendent le bien-être, la force, la santé et le bonheur des peuples, tous les regards se sont portés, parce que toutes les nations accourues à ce rendez-vous immense, entraînaient avec elles des craintes et des espérances unanimes. Songez donc à tout le chemin parcouru avant d'arriver à ce but glorieux! Rappelez-vous combien d'hommes sont partis et sont arrivés par des sentiers peu frayés, par les tempêtes, par les orages, par les abymes! Figurez-vous que de soins, que de peines, que de sueurs, combien d'inquiétudes et d'insomnies, avant d'avoir entrevu cette Tamise superbe, devenue le fleuve de toutes les nations civilisées! Puis, aux fatigues du voyage, ajoutez le labeur infini, les difficultés de l'entreprise, le capital absorbé et dépensé, le malaise de l'heure présente et les inquiétudes de l'heure à venir! Rappelez-vous que chaque homme, ici présent, laisse derrière lui une maison dont il est la vie, une famille dont il est l'amour, une race d'ouvriers dont il est le père, une armée de travailleurs dont il est le chef, une ville entière dont il est l'exemple! Et toutes ces pensées réunies au fond de votre âme, ajustez-les de façon à vous représenter en bloc, tout ce que ce vaste espace de vingt-deux arpents peut renfermer de merveilles : voilà le point capital de cette œuvre que pas une nation n'eût osé entreprendre, pour peu qu'un seul homme, dans cette nation, se fût rendu compte des difficultés de l'entreprise. Et voilà aussi sous quel point de vue il faut étudier, il faut contempler, il faut respecter ces Argonautes nouveaux, qui s'en viennent semer sur la terre hospitalière, non pas les dents du monstre venimeux, mais les faits, les idées, les inventions généreuses, les plus chers et les plus intimes résultats de leur pensée et de leur travail. Alors, cette œuvre ainsi étudiée avec toutes les sympathies généreuses des âmes honnêtes et des cœurs dévoués, vous comprendrez que ce serait mal agir d'apporter à cette étude patiente, les habitudes ordinaires de la critique, et de traiter ces âmes et ces esprits venus de si loin, avec tant de confiance et de bonhomie, comme on traiterait un manœuvre que l'on paie à la journée, et qui, son œuvre achevée, et son salaire accepté, est sûr de rentrer, chaque soir, en sa maison, pour se remettre le lendemain au travail.

Non! Et si j'ai peu d'autorité dans ces matières, j'ai, du moins, l'autorité du bon sens et de la justice, et peu d'exemples me suffiront pour expliquer ce que nous entendons par ce mot sympathie: appliqué au jugement de tant d'œuvres si diverses, apportées de si loin, et par des ouvriers si différents.

Nos lecteurs n'oublieront pas que le Palais de Cristal a renfermé plusieurs milliers d'exposants, et que les articles catalogués, — non compris ceux qui ne l'étaient pas, — ont dépassé douze cent mille.

Le premier article présenté à l'Exposition a été envoyé par une femme. Avant qu'aucun autre envoi ne fût arrivé, MM. Fox et Henderson reçurent une élégante petite boîte à laquelle une clef était attachée. Cette boîte contenait deux jolis bonnets d'une forme nouvelle et distinguée. Une brève notice indiquait qu'ils étaient destinés à l'Exposition. Ainsi a commencé cette collection résumant tous les trésors de la civilisation.

On sait qu'une des choses qui, dans le Palais de Cristal, ont attiré le plus l'attention des dames, est une fontaine d'où jaillit de l'eau de Cologne, appelée *Aqua d'Oro*. MM. Rowlands, pour subvenir, à la partie féminine du public, à l'approvisionnement de leur fontaine, avaient obtenu des autorités la permission de faire venir en franchise, de leur grand établissement de Cologne, une quantité de leur eau merveilleuse, suffisante pour entretenir leurs jets d'eau, si suavement odorants, pendant toute la durée de l'Exposition.

Les Américains ont exposé un télégraphe domestique, destiné à remplacer les jeux de sonnettes dans les grands hôtels. C'est un petit meuble qui peut se placer sous une console dans le bureau de l'hôtel. Aussitôt qu'un voyageur tire le cordon placé dans sa chambre, le timbre unique du télégraphe résonne, et le numéro de la chambre d'où l'on a sonné se montre sur le cadran.

M. Kuemerle a exposé un tournefeuille qui a reçu l'approbation de mademoiselle Jenny Lind. Une telle invention ne pouvait être brevetée par une autorité plus compétente ; mais voilà encore une industrie à la main que tue le démon de la mécanique. Que va devenir, hélas! le talent de société de ces dilettanti, qui savaient juste assez de musique pour suivre le chant d'une cantatrice et tourner le feuillet au bon moment?

En fait d'originalité vraiment américaine, M. C.-L. Dennington, de New-York, a exposé le modèle d'une église flottante qui existe réellement dans le port de Philadelphie. Elle est fréquentée par les marins des navires en relâche ou en partance. Les frais de sa construction et de son entretien, et les émoluments du chapelain régulier qui la dessert, proviennent de contributions volontaires dans le Pensylvanie et les États voisins.

Les armes, les engins de guerre sont nombreux au Palais de Cristal, et formeraient dans leur ensemble un arsenal complet. « Il est singulier, dit un de nos spirituels attachés au commissariat français, il est singulier de rencontrer tant d'éléments de destruction réunis dans le *Palais de l'Industrie.* » L'on a le droit de se demander ce qu'en pensera M. Cobden, le président du Congrès de la paix ; ce qu'en penseront les profonds et savants économistes, qui nient la raison d'être de la guerre, et qui prétendent que les peuples, désormais amis, sans cesser d'être rivaux, n'auront plus à se mesurer sur les champs de bataille, mais seulement dans les tournois pacifiques du commerce et de l'industrie.

Au premier rang de cette partie importante de l'Exposition universelle, il faut placer la France. *Ex ungue Leonem;* à l'ongle, on reconnait le Lion. A la perfection, à la variété, à l'excellence des armes, on pressent la valeur, la dextérité, le courage de ceux qui sont appelés à les manier. Les fusils et les pistolets de M. Gaudain, dont le fini du travail ne peut être comparé qu'à la justesse du tir; ceux de MM. Devismes, Beringer, Gastine Renette, Lefaucheux et Prélat, sont dignes, en tout point, de la réputation que ces maîtres ont déjà acquise. La France, sous ce rapport, ne connaît point de rivales, et les armes de l'Allemagne, de la Turquie, de l'Angleterre elle-même, ne brillent pas auprès des siennes. La France, comme au temps de César, reste en possession de forger les plus solides, les plus nobles, les plus élégants engins de guerre, et ses enfants, comme ses armes, n'ont point déchu de leur vertu guerrière.

M. Morell, dans son exposition artistique, n'a mis que deux armes: un couteau de chasse en argent ciselé, représentant la figure, la vie et la vision de Saint-Hubert, patron des chasseurs, et un poignard en bronze représentant l'origine du crime. Ces deux morceaux sont deux chefs-d'œuvre, et la pensée philosophique brille, à un égal degré que la pensée artistique, sur le double produit de cet armurier antiquaire et moraliste.

M. Lemonnier a exposé une épée exécutée pour son excellence James Stuart, duc de Berwick et d'Alba, à Madrid. C'est une épée de cour des plus légères malgré sa richesse, et d'autant plus remarquable, que la poignée n'est pas surchargée comme le sont ordinairement celles des épées de luxe, d'une foule d'attributs et d'écussons qui les rendent à peine maniables.

La poignée de cette épée est parsemée de fleurs de lys en brillants montés sur or, sur un fond d'émail bleu; elle est surmontée d'une couronne de duc en diamant. Deux serpents en brillants en forment la garde; la coquille, en or, est percée à jour et ciselée avec une finesse remarquable; elle porte, sur un des côtés, le chiffre du duc de Berwick en brillants.

Nous avons mentionné ces deux armuriers, parce que, chez eux, la perfection et l'originalité du travail semblent s'allier à une connaissance approfondie de l'art, tel que le cultivaient au seizième siècle les Jérôme de Bohême, les Luis de Grenade et les Benvenuto Cellini de Florence.

Par un sentiment de convenance nationale que l'on ne saurait trop louer, le gouvernement n'a point envoyé à l'Exposition de Londres les produits des grandes fabriques d'armes et des fonderies de canons appartenant à l'État. Ces établissements doivent être, en dehors des triomphes de l'amour-propre, au-dessus des palmes de la concurrence : leur mission est sainte et n'a rien d'industriel, car ils ne travaillent que pour l'indépendance et la gloire de la patrie.

De la fabrication des armes à l'accomplissement et à l'affermissement d'une conquête, il n'y a que la longueur d'un drapeau. Il ne sera, par conséquent, pas hors de propos de parler ici de la partie de l'Exposition consacrée à l'Algérie, qui est maintenant, il faut l'espérer, une terre française.

L'exposition de l'Algérie ne dénote certes pas une agriculture et une industrie développées, mais elle donne, — et c'est beaucoup pour l'observateur qui pense et qui prévoit, — elle donne un échantillon de ce qu'elle produit aujourd'hui, et montre ce qu'elle pourrait produire, si des capitaux importants allaient la féconder, si des hommes intelligents se vouaient à l'œuvre de colonisation à laquelle elle nous convie. Voyez! Elle produit des cotons plus beaux, de l'aveu des Anglais eux-mêmes, que ceux que ces derniers tirent de leurs colonies; des céréales de meilleures qualités que celles de France. Sa richesse minéralogique est infinie; ses soies sont dignes d'alimenter nos fabriques de Lyon; ses tabacs, sa cochenille, son quinquina qu'on acclimate en ce moment, ses produits coloniaux, nous dispenseront d'aller les chercher sur les marchés anglais de l'Asie et de l'Afrique. Ses forêts, enfin, sont inépuisables, et elle possède des chênes-liéges de la plus grande beauté.

Les Anglais sont émerveillés de tant de richesses..... Hélas! pourvu qu'en montrant à nos astucieux rivaux les charmes les plus secrets de notre colonie vierge encore, nous ne finissions pas par subir le sort de ce roi de Lydie qui perdit son honneur, sa couronne et sa vie pour avoir indiscrètement initié les regards de son favori, Gygès, aux beautés les plus secrètes de la reine son épouse.

A côté de soies grèges en cocons et filées, se trouvent de la soie jaune bouillie, de la soie longue jumel; des foulards de soie blanche, dont le tissu est aussi léger, aussi beau que celui des foulards des Indes, et qui peuvent tenir dans une petite main de femme; des robes en soie brodées d'or, telles qu'en portent les femmes juives, et qui sont d'un excellent goût comme broderies; un gandoura de laine et de soie, sorte de vêtement algérien.

Des tabacs en feuille, des cigares, du scaferlati (tabac haché), sont là pour attester que la plante popularisée en Europe par Nicot, cultivée en Afrique, est de bonne qualité, et que la culture peut en être propagée avec succès.

Une partie non moins intéressante de l'exposition algérienne, est la partie minéralogique; du minerai de fer du mont Filfilha; des spécimens de pyrites de cuivre rouge des mines d'Ouedalhlah; du minerai de cuivre gris crystallisé des mines de Mouzaïa; des limes et des faulx fabriquées en France, en acier fondu et raffinées; du minerai de fer d'Aïn-Morka; des fontes d'acier brut et de l'acier fondu, des mines et fonderies de Bone, différents minerais des mines d'Alger, des minerais d'or de Bone.

Des échantillons de savons blanc de bonne fabrication, et qui, peut-être donneront à songer à l'industrie de Marseille et de Grasse.

Du crin végétal, fait de feuilles de palmier nain d'Algérie, produit qui commence à s'utiliser dans beaucoup de spécialités.

Du sel cristallisé du lac salé d'Arsew.

De la laine brute, de la laine peignée, de la laine filée, toutes fort belles et fort enviées à Hyde-Park.

Des burnous d'une grande richesse, auprès d'autres d'une extrême simplicité, mais dignes d'attention à cause du tissu imperméable dont ils sont faits; des tapis, des nattes, des couvertures de laine de belle fabrication.

Des huiles d'olive et de sésame supérieures.

De la farine de racine de canne, nouveau et important produit alimentaire;

Des blés durs et tendres, des variétés de maïs, de l'orge, de la farine de blé native, de l'avoine brune;

Des racines de garance d'une admirable couleur, à l'emploi; de l'opium, de la cochenille, produit qui pourrait à lui seul enrichir un pays; du riz, des cannes de bambou, des conserves d'olives et de sardines, du safran, des essences parfumées;

Des bois de toute espèce, du liége, des échantillons de plaqué pour l'ébénisterie, un pupitre de bois natif, des tables incrustées, des papiers et des cartons faits de feuilles de palmier nain, du papier d'aloës et de bananier, le tout travaillé avec beaucoup de grâce et d'élégance;

Un manteau de fil d'aloës, tissé par un soldat détenu dans la prison militaire de Bone et qu'on se montre avec intérêt comme un ouvrage de patience; des ceintures, des écharpes, des chapeaux de feutre; un panier fait de feuilles de palmier, un burnous de poil de chameau, une natte d'écorce de palmier, une hache en fer, des objets de harnachement et d'équipement en cuir, en velours, un mors fait sur un nouveau modèle et dont les Anglais discutent avec intérêt l'opportunité et l'usage.

Il est regrettable peut-être que le gouvernement de l'Algérie n'ait pas cru devoir envoyer à l'Exposition des armes arabes. Bien qu'en résumé ces armes ne fussent pas des produits français, il eut toujours été aussi curieux de les voir figurer dans notre exposition, que les armes de l'Inde, que l'Angleterre y fait parader avec tant d'éclat comme une sorte de trophée de victoire. Cela, nous le savons bien, n'eut rien prouvé pour l'avenir de notre précieuse colonie; et à ce point de vue sans doute, un sac de coton blanc vaut mille fois la plus riche arquebuse de Constantine et le plus splendide yatagan de la Kabylie.

— Si quelque chose peut consoler des éventualités périlleuses de l'avenir, c'est sans contredit la contemplation au Palais de Cristal des instruments perfectionnés de l'agriculture. Toutes les nations semblent s'être donné rendez-vous sur ce terrain pour manifester le prix qu'elles attachent au progrès de la culture des terres et au perfectionnement des outils que le laboureur emploie journellement. Les peuples comprennent que l'agriculture est appelée tôt ou tard à cicatriser les plaies profondes faites à la civilisation, par une fausse et perverse philosophie, et ils s'appliquent avec non moins de ferveur à fabriquer des charrues, qu'à fourbir des armes et à couler des canons. Quoi qu'il en soit, la France et l'Angleterre tiennent le sceptre des perfectionnements aratoires, et on ne voit pas sans plaisir auprès de nos charrues Granger, de nos herses, de nos semoirs, de nos machines à battre les grains, les charrues d'Abott, les rouleaux de Bennett et l'ingénieux charriot à trois roues de Iwan. Les Etats-Unis ont envoyé des faulx d'un facile maniement. Enfin la Turquie, l'Egypte et la Chine elle-même, la Chine, où l'un des plus beaux titres de l'empereur est d'être le premier laboureur de son empire, ont envoyé des collections complètes de leurs richesses agriculturales.

La Turquie a envoyé à l'Exposition une collection qui comprend plus de trois mille trois cents objets, et ce riche envoi est divisé en royaume végétal, minéral et animal. Ce premier royaume embrasse toute la production végétale des immenses domaines de la Porte-Ottomane. Des grains, des fleurs, des fruits, des plantes, des gommes, des sucres et des vins, dont la plupart étaient inconnus des Européens, et qui vont devenir, grâce à la tiédeur des enfants de Mahomet pour les préceptes du Koran, une des plus importantes branches d'industrie de l'empire. Encore un quart de siècle, et les vins de Damascène, de Smyrne et de Koriah, feront une furieuse concurrence aux vins de Lunel et de Roussillon.

La Chine, cette aïeule de la civilisation et de l'agriculture, étale avec complaisance ses graines, ses thés, ses cotons, ses riz et son safran; et l'Egypte, qui a retrouvé dans ses sillons la terre féconde de Sésostris, nous offre ses dattes, ses rayons de miel, son maïs, ses fèves, chantées par les prophètes, son blé, ses lupins, ses réglisses et ses huiles.

L'Orient comme l'Occident se réveille à l'agriculture et après le règne du glaive, se dresse comme toujours, le triomphe du soc et l'ère du labourage.

S'il est une partie de l'Exposition où l'opulente Angleterre règne sans rivale, c'est, sans contredit, celle où se développent dans toute leur gigantesque puissance les machines à vapeur. L'œil, à la vue de ces énormes moteurs, reste surpris comme devant les monstrueux débris de Ninive; dans la cité de la Mésopotamie, c'est le silence, c'est la mort que l'on contemple; dans la vaste galerie du Palais de Cristal, c'est le bruit, c'est le mouvement, c'est la vie que l'on a devant soi. En pensant que ces colossales machines possèdent les cent bras de Briarée et les poumons des Titans pour répandre le luxe, le bien-être et l'abondance, on songe aussi que ces formidables engins, appliqués à l'art de la guerre, peuvent improviser des massacres inouïs, des batailles sans armées, des victoires sans honneur, et l'âme en frémit. Mais le mugissement de ces monstres jusqu'à présent pacifiques vous tire de votre rêverie, et de la crainte vous passez à l'admiration pour ces redoutables découvertes de l'intelligence humaine.

Il y a là des machines à vapeur de toutes les formes et de toutes les dimensions. Il y en a qui font marcher des vaisseaux de ligne et des parcs d'artillerie, il y en a d'autres qui font tricoter des bas, et d'autres qui fabriquent des briques; là elles font tisser humblement le lin et la laine; là elles mettent en mouvement une fonderie qui vomit cent boulets et mille balles à l'heure. Il semble que l'homme ait abdiqué pour toujours ses forces et son intelligence : les machines ont des mains, des pieds, une aptitude castorienne pour lui. Voilà les colonnes de l'Angleterre, voilà les véritables trésors de Birmingham, de Liverpool et de Manchester.

En avançant que l'Angleterre n'avait pas de rivales dans la construction et dans l'exploitation des machines à vapeur, nous n'avons pas prétendu dire qu'elle n'avait point d'émules. Elle en a, et de très-respectables. La France et la Belgique produisent des machines à vapeur d'une grande puissance, d'une grande exactitude et d'une grande solidité, et aux noms populaires en Angleterre des Robinson, des Ingrave, des Applegarth [1], des Campbell et des Saunders, la France et la Belgique peuvent opposer les noms des Cockerell, des Kessels, des Van-Gœthems, des Cavé, etc.

Si nos voisins d'outre-mer ont porté les machines à un haut degré de perfection, il n'en est pas ainsi de l'imprimerie, cette autre machine qui soulève les intelligences comme les premières soulèvent la matière. Pour l'imprimerie, pour la presse en général, la palme appartient à la France, et nul pays ne peut la lui disputer. Chacun reste donc dans le rôle attribué à chaque peuple par l'Éternel lui-même : l'Angleterre, dont la puissance réside tout entière dans ses ballots de marchandises, dans ses exportations sur tous les points du globe, a centuplé l'agilité déjà si grande de ses vaisseaux; la France, qui règne sur le monde par les beaux-arts et par l'esprit, n'a cessé de cultiver, d'étendre et d'illustrer l'art merveilleux qui donne des ailes à la pensée humaine, et cet art, qui n'est point ingrat, étend sur tous les pays du monde l'influence intellectuelle de la France; de sorte que là où l'Anglais ne gagne que de l'or ou des diamants, la France gagne des sympathies, de l'admiration, et la langue de Corneille, de Bossuet, de Lafontaine et de Molière devient le langage de tous les peuples, ou du moins de tout ce qui est honorable, sensé, honnête et poli chez tous les peuples. Sous ce rapport, les Anglais sont fondés en raison quand ils prétendent que la France a toujours visé à la domination universelle. Nous acceptons le reproche, nous en déclarons la sincérité et nous espérons bien que notre glorieuse patrie saura toujours le mériter de la part de ses alliés... comme l'Angleterre.

De l'imprimerie aux instruments de musique il n'y a qu'un

[1] M. Applegarth est l'auteur d'une machine capable d'imprimer quatre à cinq mille exemplaires d'un journal format du *Times*. L'inventeur a proposé d'en construire une qui imprimerait dans le même espace de temps (une heure!) quarante mille exemplaires. Mais la construction de cette machine parut trop dispendieuse, et on a ajourné pour le moment sa création; mais elle arrivera.

pas. En effet, si par l'imprimerie les beaux vers, les grandes pensées, l'éloquence et les beaux exemples se propagent et se perpétuent; par les instruments, les immortels peintres des passions humaines, les Gluck, les Sacchini, les Haydn, les Lesueur, les Chérubini, les Méhul, les Béethoven, les grands poëtes aussi se font entendre sur mille points différents de la terre et font battre le cœur de cent peuples divers. La plupart des instruments de musique d'aujourd'hui, qui, il faut bien le dire, ont tourné aussi à la machine par l'ampleur de leurs formes, par la puissance et le volume de leurs sons, étaient inconnus aux grands compositeurs de l'autre siècle et ne leur faisaient pourtant pas défaut, s'il faut en juger par *Armide, Alceste, Iphigénie* et tant d'autres chefs-d'œuvre. Cependant, comme plusieurs des grands musiciens de nos jours doivent à ces monstres de cuivre une partie de leur réputation et peut-être de leur vogue, il faut parler d'eux et faire la part de leur utilité relative et de leur importance artistique.

Loin des maigres cors du pays de Galles et des cornemuses de l'Écosse, brillent les énormes et poussifs instruments de cuivre de M. Sax. M. Sax, moitié Belge, moitié Français, a été chargé, il y a quelques années, de renouveler le matériel musical de nos régiments, et ses instruments ont eu l'insigne honneur de faire entendre, plus d'une fois, aux lions et aux tigres du Caucase et des deux Kabylies, les airs de la *Marseillaise*, du *Réveil du Peuple* et de la *Parisienne*. Il ne fallait pas moins que de tels auditeurs pour entendre les instruments de cuivre de M. Sax, qui surmontent, en se jouant, le babillage d'un feu de peloton, et qui ne se laissent pas imposer silence par une batterie d'artillerie.

Non loin de ces belliqueux interprètes de la note guerrière des Corybantes, se montrent — *utile dulce* — les instruments de musique de Marchesi, de Lodi, ville chère à la gloire française; les pianos Piccolo de bois de rose avec ornements sculptés de Schneider de Vienne, et les violons, violoncelles, contrebasses, guitares et mandolines de Nerzlieb de Styrie, d'Enrico de Crémone, de Kiendl et de Hutter de Vienne. C'est la douce rosée après l'averse, c'est l'arc-en-ciel après la tempête.

Les flûtes de Clinton, par M. Potter; les cornets à piston, les trompettes et les trombonnes de M. Kolher; la grande harpe de M. Jones, du pays de Galles, sont dignes en tout point d'arrêter les regards des amateurs et surtout des artistes.

Il n'est point jusqu'à ces braves et innocents Chinois qui ne se soient crus forcés de fournir leur contingent d'instruments de musique. On voit à la partie chinoise les instruments les plus bizarres, les plus singuliers et les moins susceptibles, ce semble, d'un son quelconque. La plupart des noms de ces instruments impossibles, sont parfaitement inconnus des visiteurs de l'Exposition, et on se prendrait à désirer, pour cette exploration, la science de M. Stanislas Julien, si M. Stanislas Julien savait le chinois.

Toute la presse a retenti, non pas du bruit, Dieu merci! Mais de la renommée de ces maîtres orgues, confinées dans quelques coins de l'Exposition, et qui mugissent à des instants donnés pour le plus grand effrôi et pour le plus grand plaisir des auditeurs. La dure oreille saxonne de nos voisins trouve admirable ces ouragans d'harmonie qui, il faut en bien en convenir, ont quelque analogie avec les concerts naturels que Dieu donne sur les plages et sur les grèves de l'Océan; mais les amateurs qui appartiennent à des nations moins maritimes que la Grande-Bretagne, sont médiocrement charmés de ces symphonies plutôt navales que célestes, et beaucoup plus propres à réjouir des équipages de vaisseaux de ligne le lendemain d'une victoire, que des cœurs de fidèles. Les Français, bien que quelques-uns de leurs orgues soient aussi fortement organisés que ceux de l'Angleterre; les Espagnols et les Italiens, surtout, ne savent où se fourrer, quand ils entendent préluder ces *chaudières à vapeur musicale,* comme disait un Romain : pour notre part, nous préférons les vénérables orgues de nos églises et de nos cathédrales, qui possèdent peut-être moins de puissance de son que les orgues d'aujourd'hui, mais qui ont le grand mérite, à nos yeux, d'être de leur temps et d'avoir traversé des siècles sans porter la moindre trace de décrépitude et de dissolution. Ajoutons à cette considération que la place normale d'un orgue, quel qu'il soit, est dans une église; dans une église byzantine ou gothique à voûtes élancées, à jubé dentelé, à piliers ronds. Partout ailleurs, l'orgue est une monstruosité ou une caricature musicale; c'est une harpe éolienne au milieu du marché des Innocents, c'est un Stradivarius pincé par un marchand d'habits, c'est un orgue, enfin, mais un orgue de Barbarie, fut-il colloqué à la place d'honneur de Regent-Street, et dût-il faire dresser les oreilles de toute l'aristocratie anglaise, et pâmer d'aise les chasseurs de renard du Middlesex et du Lincolnshire.

Nous sommes loin, bien entendu, de nier le talent dont les facteurs d'instruments anglais, suisses, allemands et français ont fait preuve dans l'installation de ces monstrueux instruments; mais nous sommes de ceux qui préfèrent la flûte de Pâris et la lyre d'Apollon; — vieux style, — à la grosse caisse du saltimbanque et aux cymbales de l'arracheur de dents; et notre oreille est infiniment plus flattée du discret gazouillememt d'une montre à répétition, que du rugissement calculé du plus beau tournebroche.

Mais une invention musicale des plus originales et des plus divertissantes — il est vrai qu'elle est due à un Anglais — c'est un piano à lit ou plutôt un lit à piano. Le possesseur de cet heureux meuble en montant dans son lit, exécute, sans le vouloir, l'ouverture de la *Pie voleuse*, de la *Sémiramide* ou de *Norma;* il met son bonnet de coton et le mouvement qu'il imprime à son torse, engage l'arcane instrument à changer de gamme, c'est une walse de Strauss, c'est une *Polka*, c'est une *Mazurka* qu'il fait entendre; le patient pose la tête sur son oreiller et aussitôt le lit chante la romance du *Saule*, la cavatine de la *Gazza*, le duo de *Picaros et Diégo*. Notre homme s'endort alors du sommeil du juste, et s'il est dilettante comme l'achat du lit doit le faire présumer, son âme se laisse bercer doucement sur les flots de mélodie qui doivent la conduire jusqu'aux portes de corne et d'écaille du palais de Morphée. Mais les voluptés de ce monde ne sont jamais complètes, et il y a toujours au cœur du fruit savoureux de la jouissance un petit ver rongeur où du moins un noyau de fiel.

Notre dormeur, placidement étendu sur l'instrument de sa joie, et livré tout entier aux charmantes reverbérations de l'harmonie des sons et de l'harmonie des images peut, sur ce, reposer avec sécurité. Mais cependant il suffit d'un mouvement un peu brusque, d'une réaction de son torse en avant ou en arrière, pour qu'il soit exposé à être réveillé en sursaut. Le lit musical, lui qui ne dort pas, entonne aussitôt le bruyant final du *Barbier de Séville,* ou bien la *Marseillaise* et le *God save the king* à grand renfort d'orchestre. Notre dormeur éperdu se dresse sur son séant et croit, par un jeu fort ordinaire de l'imagination, assister, en chemise, à une représentation du chef-d'œuvre de Meyerbeer et de Rossini, à l'Opéra, à la prise d'une barricade sur le boulevart Saint-Denis ou à la revue des Horse-Guards sur les vertes pelouses du château de Windsor. Ils se frotte les yeux, il promène ses regards effarés autour de sa chambre et reconnaît enfin qu'il est chez lui et dans son lit chromatique. Il se recouche alors en pestant un peu contre les progrès harmoniques de l'époque et contre sa propre passion musicale ; il se recouche avec précaution, mais l'instrument persiste à gagner ses éperons, et il recommence ses symphonies. Heureux le dormeur si le capricieux piano ne fait entendre, en sourdine, que ces airs charmants de la vieille musique française : *Tandis que tout sommeille ! Ah c'en est fait je me marie ; Du moment qu'on aime* et *Allez vous-en gens de la noce !*

Nous avons vu que des princes, des reines, des ducs qui valent des princes et des reines pour la protection généreuse qu'ils accordent aux lettres et aux arts, ont exposé au Palais de Cristal. On ne sera donc pas surpris que la reine Pomaré, cette Hélène et tout à la fois cette Sémiramis des Iles-Pacifiques — où depuis quinze ans les Anglais et les Français préludent par de petits combats de langues à de grandes batailles de canon — ait aussi exposé ses produits. Cette chaste reine présente à l'admiration des Européens, huit belles nattes de feuilles du Pacore, variété du *Pandanus odoratissimus* de Linné; trois pièces de drap blanc et un hinai ou vase indien dont les Indiennes se servent pour les usages domestiques. Les rois de l'Afrique, les chefs noirs du Sénégal et de Madagascar auraient exposé de plus remarquables produits de leur industrie que ceux de la reine Pomaré, si on les eût conviés au festin mécanique de Hyde-Park. Quoi qu'il en soit, nous ne serions pas étonnés que la reine Pomaré obtînt une grande médaille d'encouragement, d'abord parce que les reines ne se... laissent jamais manquer de caresses entre elles, et ensuite parce que préconiser une souveraine qui hait notre pays, ce serait donner une chiquenaude sur le nez de la France.

Peut-être la plupart des noms que nous avons cités dans le cours de cette rapide promenade resteront-ils inconnus dans la bataille industrielle et ne trouveront-ils même pas sur le sable de la lice, quelques feuilles échappées aux couronnes des vainqueurs. Peu nous importe! avec le pressentiment de leur défaite nous eussions agi de même, car nous aimons à honorer et à entourer de nos sympathies les nobles efforts et le courage malheureux. Moins chétif personnage que nous ne sommes et monté sur une tribune plus haute que celle où nous tâchons de proclamer des vérités utiles, il y a longtemps que nous aurions pris pour devise ce beau vers du poète Lucain, qui sied à notre cœur et qui soutient notre courage et notre espérance :

Victrix causa Diis placuit, sed victa Catoni.

Un autre point qu'il faut aborder de front c'est la grande question de la rivalité de la France et de l'Angleterre. Elles se sont rencontrées, ces deux forces, qui, réunies, domineraient le monde, et l'écraseraient sous la masse romaine, dans tous les champs de bataille, et dans toutes les questions qui ont agité le genre humain. Elles sont nées rivales ; elles vivront rivales, et ce serait peut-être le plus grand malheur qui pût frapper le monde, si cette rivalité n'existait pas. Les voilà maintenant qui, lassées de la gloire des armes et de tant de sang répandu dans tous les Océans et sous toutes les latitudes, se rencontrent dans un champ de bataille où elles se battront sans nul doute à armes courtoises, chacune d'elles disant à l'autre, comme les gardes-françaises à Fontenoy : « A vous, Messieurs, le premier feu. » A peine cette arène nouvelle s'est-elle ouverte, que les deux peuples s'y sont élancés avec la même ardeur, mais, non pas, il faut le dire, avec les mêmes chances de succès. Le combat est le même, la gloire sera grande des deux parts; de chaque côté de ce détroit, représenté par un cordon de soie, se trouvent l'invention et le génie, la force et le goût, le beau et le joli, la fantaisie et le bon sens. Il se trouve, par une faveur singulière et le malheur des circonstances, que, pour cette fois, c'est l'Angleterre qui a eu l'honneur d'ouvrir le champ-clos. On se bat dans ses murs, à son abri, et même il se trouve que ces murailles dont un Français, M. Horeau, avait obtenu le prix sur un projet couronné, s'est vu enlever, par un de ces bonheurs devant lesquels chacun s'incline, la juste espérance qu'il pouvait avoir, d'élever un monument français sur le sol d'Angleterre. Ainsi, l'emplacement et le palais ne nous appartiennent en aucune sorte. Nous ne sommes chez nous ni dans le fond ni dans la forme. Nous sommes chez nos voisins; nous sommes leurs hôtes, et déjà l'on comprend combien de difficultés se sont présentées pour nous, au commencement de cette bataille illustre. A Paris même, et dans les têtes bien faites, des difficultés sérieuses se sont présentées tout d'abord, et, la discorde aidant, plusieurs grands industriels, sur lesquels nous devions compter, plusieurs soldats excellents, plusieurs capitaines décorés dans les batailles précédentes, ont manqué à cet appel loyal, dont ils n'ont pas compris toute la portée. Après s'être refusés résolûment à entrer en lice avec des rivaux qui combattaient chez eux, sous leur propre drapeau, dans leur propre foyer, ils ont fini par comprendre que ce dépit était de mauvais goût, que cette opposition ressemblait à une fuite : ils se sont repentis, et quelques-uns sont revenus sur leurs pas. Mais ceux-là avaient perdu bien du temps dans ces hésitations, et ils n'ont pu arriver qu'avec des œuvres incomplètes, faites à la hâte, et qui donnent tout au plus une idée juste de ce qu'elles pouvaient être, si elles avaient été entreprises à l'instant même. Quant aux autres, dont les regrets ont été tardifs, il n'était plus temps de revenir sur leur décision, et ils ont vu partir, non pas sans des regrets profonds, leurs rivaux et leurs émules des batailles précédentes. C'est un peu l'histoire de ce héros grec qui boude sous sa tente, et qui attend que Patrocle soit mort, pour courir à l'ennemi.

Cette division de nos forces, et ces hésitations aux commencements d'une si grande entreprise, ont dû porter un certain préjudice aux efforts de la France. Encore, si elle avait été dans un de ces moments prospères, où la fortune de chacun devient, par le crédit, la fortune de tous ; si elle s'était sentie entourée de cette sécurité au dehors, et de cette paix profonde au dedans, cette hésitation de la France et cette abstention de plusieurs chefs de son industrie, auraient été neutralisées et combattues à force de zèle et d'ardeur. Il faut être, avant tout, une nation heureuse, pour être une nation habile. Il faut savoir à qui profiteront ces pénibles travaux, ces dépenses énormes ; et, si le père de famille est en doute de voir le fruit de ses labeurs passer à ses enfants ; et, si le fabricant se demande avec terreur si quelque tempête soudaine ne va pas tomber sur la moisson qu'il a semée — il arrive alors que l'ensemble n'est pas le même, et que le doute des uns, l'inquiétude des autres, le malaise de tous, rejaillissent nécessairement sur ces grandes entreprises, qui ont besoin, pour réussir, d'être unanimes, et de marcher comme marche une armée, avec armes et bagages, à la voix de son général.

Nous exposons nos réserves en toute humilité. L'œuvre de la France, au Palais de l'Industrie, est arrivée un peu tard. En vain, le gouvernement français, représenté à Londres lui-même, par des hommes intelligents autant qu'habiles, que présidait avec une courtoisie et une fermeté dignes des plus grands éloges, un des plus illustres fabricants de la France, un de ces hommes excellents et jeunes, qui donnent, tout à la fois, l'exemple et le conseil, et qui ont le droit de dire, comme ses anciens preux en leurs devises : *Fais comme moi* — activait de toutes ses forces cette France en retard. Il est arrivé, cette fois comme toujours, que nos compatriotes n'ont obéi qu'à la seule autorité qu'ils reconnaissent : à la nécessité, à l'heure qui les presse ; et alors, enfin, on les a vus accourir et se presser avec une hâte facile à comprendre, dans l'espace qui leur était désigné. De cette hâte, et de ce retard en toute choses, il est résulté que nous avons perdu, en partie du moins, ce rare et merveilleux ensemble, à l'aide duquel nos artisans et nos artistes font valoir leurs moindres créations. Arrangez, en effet, avec l'art, le goût et le soin qui sont innés dans la nation française, ce rare assemblage de tant de belles œuvres, éclatantes de nouveauté, où la beauté de la matière le dispute à l'élégance de la forme ; arrangez à la façon française, ces tissus, ces étoffes, ces rubans, ces velours, ces bijoux, ces armes, ces dessins, ces vastes machines, ces instruments d'une précision égale à l'ordre même des constellations qui accomplissent là-haut leurs cours régulier ; mêlez dans une harmonie savante et graduée avec art ces formes, ces couleurs, ces grâces flottantes, ces forces énergiques, ces exquises recherches de tant d'ouvriers savants à chercher et à trouver toujours ; faites, en un mot, que cette variété, çà et là diffuse, éparse et qui se recherche, finisse par composer quelque ensemble pareil à ce grand chœur de Handel qui se chantait par toutes ces voix réunies au pied du trône de la Grande-Bretagne, — et vous verrez combien est vraie, pour nous, cette parole, qui pourrait nous sauver : que l'union fait la force : *Vis unita fortior*. En un mot, nous sommes un peuple qui vaut surtout par l'ensemble : chez nous une idée éveille une autre idée, et chaque idée éveillée réveille à son tour sa voisine ; et la chose est si vraie, que l'on a composé de gros livres sur cet enfantement des idées, lesquels livres n'ont pas enfanté une seule idée. *Et voilà pourquoi votre fille est muette.*

Il a donc fallu donner à la France le temps de se reconnaître, et de s'appeler, et de s'arranger dans ce chaos. Nous avons entendu plusieurs ouvriers et plusieurs fabricants très-considérés, se réjouir de deux ou trois jours de répit, comme d'une grande victoire, et blâmer eux-mêmes leur précipitation, en même temps qu'ils rendaient toute justice au sang-froid de leurs voisins, à cette patience qui est la sœur du génie, à cette grandeur dans le projet, cette libéralité dans l'exécution, à cette volonté implacable, et surtout à ce respect du temps, qui nous manque à nous autres, par la raison que nous ne respectons plus rien ni personne. A peine eut-il entendu parler de ce projet d'une représentation universelle des forces de l'industrie humaine, que soudain l'Anglais se mit à l'œuvre; et il ne renvoya pas au lendemain cette affaire, sérieuse pour lui entre toutes les affaires sérieuses; il commença tout de suite, à l'instant même; et, comme il s'agissait d'une grande bataille, il appela à son aide toutes ses forces, il mit à l'œuvre tous ses ouvriers, il prodigua l'argent, comme fait un peuple riche, qui ne craint pas que la terre lui manque, et qui marche sur un terrain ferme. Ce sont là, sans nul doute, de grands inventeurs ! mais, comme en fin de compte, nous pouvions nous y prendre aussi vite que nos rivaux, et que nous étions parfaitement avertis par l'expérience ancienne et continue, de leur façon d'agir, il ne faut nous en prendre qu'à nous-mêmes, si nous n'avons été prêts aussitôt qu'eux. Heureusement nous allons vite en besogne, quand nous sommes une fois à l'œuvre, et cette parole d'un homme d'Etat au chancelier de l'Echiquier : « Voulez-vous m'accorder un petit quart d'heure pour m'expliquer le système financier de l'Angleterre ? » n'est pas pour nos industriels une parole aussi insolite qu'elle le paraît au premier abord.

Notre supériorité sur toutes les industries est un fait si complètement acquis, qu'aujourd'hui ce qui peut seulement nous intéresser, c'est de savoir quelle a été dans la distribution des récompenses notre unique rivale.

« Nous reproduisons les chiffres de ces récompenses :

« *Récompenses de premier ordre* : Pour les Français, 56. — Nombre des exposants : 1,687.

« Pour les étrangers, 119. — Nombre des exposants : 15,029.

« Proportion des récompenses par mille exposants : étrangers, 8; Français, 33.

« *Récompenses de second ordre* : Nombre total, 2,550. Pour les Français, 621, pour les étrangers, 1,929.

« Proportion par mille exposants : étrangers, 122 ; Français, 369. »

L'Éditeur : P. Boizard.

Paris. — Imp. Blondeau, rue du Petit-Carreau, 32.

www.ingramcontent.com/pod-product-compliance
Ingram Content Group UK Ltd.
Pitfield, Milton Keynes, MK11 3LW, UK
UKHW012003240726
13965UKWH00001B/132

9 782013 435895